Kafka入门与实践

牟大恩 著

人 民 邮 电 出 版 社
北 京

图书在版编目（C I P）数据

Kafka入门与实践 / 牟大恩著. -- 北京 : 人民邮电出版社, 2017.11
ISBN 978-7-115-46957-1

Ⅰ. ①K… Ⅱ. ①牟… Ⅲ. ①分布式操作系统 Ⅳ. ①TP316.4

中国版本图书馆CIP数据核字(2017)第235944号

内 容 提 要

本书以 Kafka 0.10.1.1 版本以基础，对 Kafka 的基本组件的实现细节及其基本应用进行了详细介绍，同时，通过对 Kafka 与当前大数据主流框架整合应用案例的讲解，进一步展现了 Kafka 在实际业务中的作用和地位。本书共 10 章，按照从抽象到具体、从点到线再到面的学习思维模式，由浅入深，理论与实践相结合，对 Kafka 进行了分析讲解。

本书中的大量实例来源于作者在实际工作中的实践，具有现实指导意义。相信读者阅读完本书之后，能够全面掌握 Kafka 的基本实现原理及其基本操作，能够根据书中的案例举一反三，解决实际工作和学习中的问题。此外，在阅读本书时，读者可以根据本书对 Kafka 理论的分析，再结合 Kafka 源码进行定位学习，了解 Kafka 优秀的设计和思想以及更多的编码技巧。

本书适合应用 Kafka 的专业技术人员阅读，包括但不限于大数据相关应用的开发者、运维者和爱好者，也适合高等院校、培训结构相关专业的师生使用。

◆ 著　　　　牟大恩
　责任编辑　杨海玲
　责任印制　焦志炜

◆ 人民邮电出版社出版发行　　北京市丰台区成寿寺路 11 号
　邮编　100164　　电子邮件　315@ptpress.com.cn
　网址　http://www.ptpress.com.cn
　北京鑫正大印刷有限公司印刷

◆ 开本：800×1000　1/16
　印张：22
　字数：495 千字　　　　2017 年 11 月第 1 版
　印数：1 – 2 400 册　　　2017 年 11 月北京第 1 次印刷

定价：69.00 元

读者服务热线：(010)81055410　印装质量热线：(010)81055316
反盗版热线：(010)81055315
广告经营许可证：京东工商广登字 20170147 号

前　言

为什么要写这本书

Kafka 由于高吞吐量、可持久化、分布式、支持流数据处理等特性而被广泛应用。但当前关于 Kafka 原理及应用的相关资料较少，在我打算编写本书时，还没有见到中文版本的 Kafka 相关书籍，对于初学者甚至是一些中高级应用者来说学习成本还是比较高的，因此我打算在对 Kafka 进行深入而系统的研究基础上，结合自己在工作中的实践经验，编写一本介绍 Kafka 原理及其基本应用的书籍，以帮助 Kafka 初、中、高级应用者更快、更好地全面掌握 Kafka 的基础理论及其基本应用，从而解决实际业务中的问题。同时，一直以来我都考虑在技术方面写点什么，将自己所学、所积累的知识沉淀下来。

通过编写本书，我最大收获有如下两点。

第一，凡事不是要尽力而为，而是要全力以赴，持之以恒。写书和阅读源码其实都是很枯燥的事，理工科出身的我，在文字表达能力上还是有所欠缺的，有些知识点可能在脑海里十分清晰，然而当用文字表述出来时，就显得有些“力不从心”了。对于纯技术的东西要用让读者阅读时感觉轻松的文字描述出来更是不易，因此看似简短的几行文字，我在编写时可能斟酌和修改了很久。我真的很钦佩那些大师们，他们写出来的东西总让人很轻松地就能够掌握，“路漫漫其修远兮，吾将上下而求索”，向大师们致敬！虽然有很多客观或主观的因素存在，但我依然没有放弃。还记得 2016 年 10 月的一天，当我决定编写本书时，我告诉妻子：“我要写一本书作为送给我们未来宝宝的见面礼！”带着这份动力我利用下班时间、周末时间，在夜深人静时默默地进行着 Kafka 相关内容的研究、学习、实战，妻子对我的鼓励、陪伴更是激励我要坚持本书的编写。带着这份动力，带着这份爱，我终于完成了本书。

第二，通过对 Kafka 源码的阅读，我除了对很多原来在实践中只知其然而不知其所以然的问题有了更深入的理解以外，还对 Kafka 优秀的设计思想及其编码技巧有所了解。

如何阅读本书

本书共 10 章，各章主要内容具体描述如下。

第 1 章对 Kafka 的基本概念进行简要介绍，方便读者对 Kafka 有一个大致的了解。

第 2 章详细介绍 Kafka 安装环境的配置及 Kafka 源码的编译，这一章为后续各章的 Kafka 原理讲解及基本操作进行准备。

第 3 章对 Kafka 基本组件的实现原理、实现细节进行了分析。如果只想了解 Kafka 的相关应用，而不关注 Kafka 的实现原理，在阅读时可以直接跳过这一章。但我觉得，如果想真正掌握 Kafka 及其实现细节，这一章是值得花时间仔细阅读的。

第 4 章对 Kafka 核心流程进行分析，主要从 Kafka 启动流程到创建一个主题、生产者发送消息、消费者消费消息的过程进行了简要介绍。这一章是 Kafka 运行机制的缩影，如果跳过了第 3 章关于组件实现原理的讲解，那么建议一定要阅读这一章，因为通过阅读这一章可以更进一步地了解 Kafka 运行时的主要角色及其职责，为后面的 Kafka 实战部分打下坚实基础。

第 5 章开始就进入了 Kafka 实战部分。这一章通过 Kafka 自带脚本演示，详细介绍了 Kafka 基本应用的操作步骤，基本覆盖了 Kafka 相关操作，因此请读者在阅读时要跟随本书所讲内容进行实战。

第 6 章对 Kafka 的 API 应用进行了详细介绍。如果读者在实践工作中不会用到调用 Kafka 的相关 API，在阅读时也可以跳过这一章。

第 7 章对 Kafka Streams 进行了介绍。Kafka Streams 是 Kafka 新增的支持流数据处理的 Java 库。如果读者不希望使用此功能，也可以跳过这一章。

第 8 章介绍 Kafka 在数据采集方面的应用，主要包括与 Log4j、Flume 和 HDFS 的整合应用。

第 9 章对 Kafka 与 ELK（Elasticsearch、Logstash 和 Kibana）整合实现日志采集平台相关应用进行介绍。

第 10 章通过两个简单的实例，介绍了 Spark 以及 Kafka 与 Spark 整合在离线计算、实时计算方面的应用。

本书的结构安排上，各章的内容相互独立，因此读者可以首先选择自己最感兴趣的章进行阅读，之后再阅读其他章。例如，读者可以先阅读第 5 章及其之后的几章，先通过实践操作对 Kafka 有一个感性的认识，然后再阅读第 3 章和第 4 章的相关原理及运行机制的内容，逐步加深对 Kafka 实现细节的理解。而第 8 章至第 10 章则是 Kafka 与当前大数据处理主流框架的整合应用，属于 Kafka 高级应用部分，可以帮助读者解决实际业务问题。

我建议读者一定要阅读第 2 章。通过第 2 章介绍的环境配置，读者能自己在本地搭建 Kafka 运行环境，阅读本书时，可跟随本书所讲解的操作进行实践。

读者对象

本书的目标读者定位是应用 Kafka 的初、中、高级开发人员及运维工程师。

从事 Kafka 应用开发的技术人员读完本书，可以学习到 Kafka 原理的分析及相关 API 应用以及结合当前主流大数据框架整合的应用，应该能够全面掌握 Kafka 的基本原理和整体结构，并为实际业务实现提供思路，从而能够更加快速地解决一些问题。

从事 Kafka 或数据运维的技术人员，读完本书详细的 Kafka 基本操作以及 Kafka 与其他大数据框架的整合应用案例，应该可以快速搭建、运维和管理 Kafka 及相应的系统平台。

从事 Kafka 相关应用的资深开发或架构人员，读完本书对 Kafka 原理的分析有助于对 Kafka

性能进行调优，可以更好地开发和设计与 Kafka 相关的应用。

对于初学者，通过阅读本书可以全面掌握 Kafka 的知识，同时可以通过 Kafka 与其他框架整合的案例来拓宽视野，为学习分布式相关知识打下基础。

在阅读本书之前，读者需要具备以下基础。

- 具有一定的 Linux 操作系统基本操作的基础知识。
- 对于分布式系统的基础有所了解，这关系到对集群的理解。
- 如果希望阅读本书第 3 章至第 7 章关于 Kafka 基本组件实现原理及编程实战的内容，需要具有 Java 或 Scala 语言基础，尤其是 Java 语言基础，这有助于阅读 Kafka 源码和调用相应的 API。

参考资料

在写作过程当中，我除阅读了 Kafka 源码之外，还从网络上阅读了大量参考资料，从中获得了很多帮助，在此对这些前辈的无私奉献精神表示由衷的钦佩和衷心的感谢。本书参考的资料如下。

- 书籍
  - ♦ 怀特. Hadoop 权威指南［M］. 3 版. 华东师范大学数据科学与工程学院，译. 北京：清华大学出版社，2015：20-156.
  - ♦ 霍夫曼，佩雷拉. Flume 日志收集与 MapReduce 模式［M］. 张龙，译. 北京：机械工业出版社，2015：1-61.
  - ♦ 耿嘉安. 深入理解 Spark：核心思想与源码分析［M］. 北京：机械工业出版社，2016：224-282.
- 网络资源
  - ♦ Kafka 官方网站：http://kafka.apache.org/0101/documentation.html。
  - ♦ Elasticsearch 官方网站：https://www.elastic.co/guide/en/elasticsearch/reference/index.html。
  - ♦ http://orchome.com/网站上关于 Kafka 系列文章。
  - ♦ conflument 官方博客：https://www.confluent.io/blog/。
  - ♦ zqhxuyuan 的博客：http://zqhxuyuan.github.io/。
  - ♦ lizhitao 的博客：http://blog.csdn.net/lizhitao。

读者反馈

非常高兴能将这本书分享给大家，也十分感谢大家购买和阅读本书。在编写本书时，虽然我精益求精，尽了最大的努力，但由于能力有限，加之时间仓促，书中难免存在不足甚至错误，敬请读者给予指正。如果有任何问题和建议，读者可发送邮件至 moudaen@163.com。

致谢

在编写本书时得到了很多人的帮助。

首先我要感谢我的妻子，在我编写本书时你承担了所有家务，让我过着饭来张口、衣来伸手的生活，使我能够全身心投入到写作当中，这本书能够完成有你一半的功劳。也要感谢我的家人，家永远是我心灵的港湾，家人的爱永远是我奋斗的动力。同时也将本书献给我即将出生的宝宝，愿你健康成长，在未来的日子里我会给你更多的惊喜。

然后我特别要感谢人民邮电出版社的杨海玲老师，感谢你一直以来给予我的支持和鼓励，感谢你在本书编写、出版整个过程当中的辛勤付出。也要感谢人民邮电出版社所有参与本书编辑和出版的老师们，正是由于你们的辛勤付出和一丝不苟的工作态度才让本书出版成为可能。

同时要感谢我的工作单位海通证券，公司为我提供了一个非常优越的工作、学习和生活环境。在此要特别感谢部门领导和同事在我编写本书过程中提出很多宝贵的建议，我很荣幸能够与大家成为同事，共同奋斗。

最后我要感谢所有培养过我的老师们，是你们教会了我用知识改变命运，用学习成就未来。

牟大恩

2017 年 9 月于上海

目 录

第 1 章 Kafka 简介

Kafka 是一个高吞吐量、分布式的发布—订阅消息系统。据 Kafka 官方网站介绍，当前的 Kafka 已经定位为一个分布式流式处理平台（a distributed streaming platform），它最初由 LinkedIn 公司开发，后来成为 Apache 项目的一部分。Kafka 核心模块使用 Scala 语言开发，支持多语言（如 Java、C/C++、Python、Go、Erlang、Node.js 等）客户端，它以可水平扩展和具有高吞吐量等特性而被广泛使用。目前越来越多的开源分布式处理系统（如 Flume、Apache Storm、Spark、Flink 等）支持与 Kafka 集成，本书第 8 章至第 10 章将通过具体案例详细介绍 Kafka 与当前一些流行的分布式处理系统的集成应用。接下来我们将对 Kafka 相关知识做进一步深入介绍。

1.1 Kafka 背景

随着信息技术的快速发展及互联网用户规模的急剧增长，计算机所存储的信息量正呈爆炸式增长，目前数据量已进入大规模和超大规模的海量数据时代，如何高效地存储、分析、处理和挖掘海量数据已成为技术研究领域的热点和难点问题。当前出现的云存储、分布式存储系统、NoSQL 数据库及列存储等前沿技术在海量数据的驱使下，正日新月异地向前发展，采用这些技术来处理大数据成为一种发展趋势。而如何采集和运营管理、分析这些数据也是大数据处理中一个至关重要的组成环节，这就需要相应的基础设施对其提供支持。针对这个需求，当前业界已有很多开源的消息系统应运而生，本书介绍的 Kafka 就是当前流行的一款非常优秀的消息系统。

Kafka 是一款开源的、轻量级的、分布式、可分区和具有复制备份的（Replicated）、基于 ZooKeeper 协调管理的分布式流平台的功能强大的消息系统。与传统的消息系统相比，Kafka 能够很好地处理活跃的流数据，使得数据在各个子系统中高性能、低延迟地不停流转。

据 Kafka 官方网站介绍，Kafka 定位就是一个分布式流处理平台。在官方看来，作为一个流式处理平台，必须具备以下 3 个关键特性。

- 能够允许发布和订阅流数据。从这个角度来讲，平台更像一个消息队列或者企业级的消息系统。

- 存储流数据时提供相应的容错机制。
- 当流数据到达时能够被及时处理。

Kafka 能够很好满足以上 3 个特性，通过 Kafka 能够很好地建立实时流式数据通道，由该通道可靠地获取系统或应用程序的数据，也可以通过 Kafka 方便地构建实时流数据应用来转换或是对流式数据进行响应处理。特别是在 0.10 版本之后，Kafka 推出了 Kafka Streams，这让 Kafka 对流数据处理变得更加方便。

Kafka 已发布多个版本。截止到编写本书时，Kafka 的最新版本为 0.10.1.1，因此本书内容都是基于该版本进行讲解。

1.2　Kafka 基本结构

通过前面对 Kafka 背景知识的简短介绍，我们对 Kafka 是什么有了初步的了解，本节我们将进一步介绍 Kafka 作为消息系统的基本结构。我们知道，作为一个消息系统，其基本结构中至少要有产生消息的组件（消息生产者，Producer）以及消费消息的组件（消费者，Consumer）。虽然消费者并不是必需的，但离开了消费者构建一个消息系统终究是毫无意义的。Kafka 消息系统最基本的体系结构如图 1-1 所示。

生产者负责生产消息，将消息写入 Kafka 集群；消费者从 Kafka 集群中拉取消息。至于生产者如何将生产的消息写入 Kafka，消费者如何从 Kafka 集群消费消息，Kafka 如何存储消息，Kafka 集群如何管理调度，如何进行消息负载均衡，以及各组件间如何进行通信等诸多问题，我们将在后续章节进行详细阐述，在本节我们只需对 Kafka 基本结构轮廓有个清晰认识即可。随着对 Kafka 相关知识的深入学习，我们将逐步对 Kafka 的结构图进行完善。

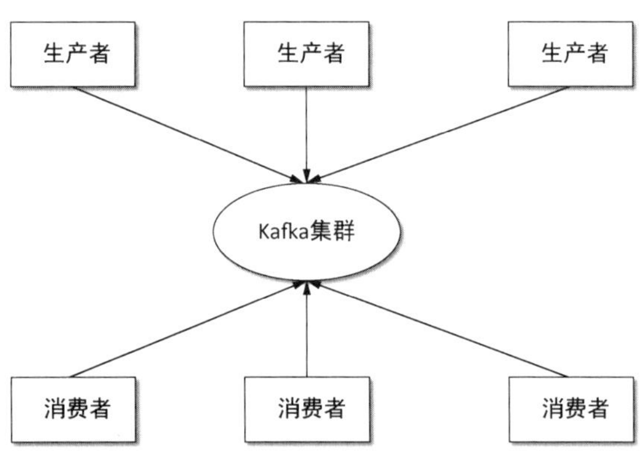

图 1-1　Kafka 消息系统最基本的体系结构

1.3　Kafka 基本概念

在对 Kafka 基本体系结构有了一定了解后，本节我们对 Kafka 的基本概念进行详细阐述。

1. 主题

Kafka 将一组消息抽象归纳为一个主题（Topic），也就是说，一个主题就是对消息的一个分类。生产者将消息发送到特定主题，消费者订阅主题或主题的某些分区进行消费。

2. 消息

消息是 Kafka 通信的基本单位，由一个固定长度的消息头和一个可变长度的消息体构成。在老版本中，每一条消息称为 Message；在由 Java 重新实现的客户端中，每一条消息称为 Record。

3. 分区和副本

Kafka 将一组消息归纳为一个主题，而每个主题又被分成一个或多个分区（Partition）。每个分区由一系列有序、不可变的消息组成，是一个有序队列。

每个分区在物理上对应为一个文件夹，分区的命名规则为主题名称后接“—”连接符，之后再接分区编号，分区编号从 0 开始，编号最大值为分区的总数减 1。每个分区又有一至多个副本（Replica），分区的副本分布在集群的不同代理上，以提高可用性。从存储角度上分析，分区的每个副本在逻辑上抽象为一个日志（Log）对象，即分区的副本与日志对象是一一对应的。每个主题对应的分区数可以在 Kafka 启动时所加载的配置文件中配置，也可以在创建主题时指定。当然，客户端还可以在主题创建后修改主题的分区数。

分区使得 Kafka 在并发处理上变得更加容易，理论上来说，分区数越多吞吐量越高，但这要根据集群实际环境及业务场景而定。同时，分区也是 Kafka 保证消息被顺序消费以及对消息进行负载均衡的基础。

Kafka 只能保证一个分区之内消息的有序性，并不能保证跨分区消息的有序性。每条消息被追加到相应的分区中，是顺序写磁盘，因此效率非常高，这是 Kafka 高吞吐率的一个重要保证。同时与传统消息系统不同的是，Kafka 并不会立即删除已被消费的消息，由于磁盘的限制消息也不会一直被存储（事实上这也是没有必要的），因此 Kafka 提供两种删除老数据的策略，一是基于消息已存储的时间长度，二是基于分区的大小。这两种策略都能通过配置文件进行配置，在这里不展开探讨，在 3.5.4 节将详细介绍。

4. Leader 副本和 Follower 副本

由于 Kafka 副本的存在，就需要保证一个分区的多个副本之间数据的一致性，Kafka 会选择该分区的一个副本作为 Leader 副本，而该分区其他副本即为 Follower 副本，只有 Leader 副本才负责处理客户端读/写请求，Follower 副本从 Leader 副本同步数据。如果没有 Leader 副本，那就需要所有的副本都同时负责读/写请求处理，同时还得保证这些副本之间数据的一致性，假设有 n 个副本则需要有 $n \times n$ 条通路来同步数据，这样数据的一致性和有序性就很难保证。

引入 Leader 副本后客户端只需与 Leader 副本进行交互，这样数据一致性及顺序性就有了保证。Follower 副本从 Leader 副本同步消息，对于 n 个副本只需 $n-1$ 条通路即可，这样就使得系统更加简单而高效。副本 Follower 与 Leader 的角色并不是固定不变的，如果 Leader 失效，通过相应的选举算法将从其他 Follower 副本中选出新的 Leader 副本。

5. 偏移量

任何发布到分区的消息会被直接追加到日志文件（分区目录下以“.log”为文件名后缀的数据文件）的尾部，而每条消息在日志文件中的位置都会对应一个按序递增的偏移量。偏移量是一个分区下严格有序的逻辑值，它并不表示消息在磁盘上的物理位置。由于 Kafka 几乎不允许对消息进行随机读写，因此 Kafka 并没有提供额外索引机制到存储偏移量，也就是说并不会给偏移量再提供索引。消费者可以通过控制消息偏移量来对消息进行消费，如消费者可以指定消费的起始偏移量。为了保证消息被顺序消费，消费者已消费的消息对应的偏移量也需要保存。需要说明的是，消费者对消息偏移量的操作并不会影响消息本身的偏移量。旧版消费者将消费偏移量保存到 ZooKeeper 当中，而新版消费者是将消费偏移量保存到 Kafka 内部一个主题当中。当然，消费者也可以自己在外部系统保存消费偏移量，而无需保存到 Kafka 中。

6. 日志段

一个日志又被划分为多个日志段（LogSegment），日志段是 Kafka 日志对象分片的最小单位。与日志对象一样，日志段也是一个逻辑概念，一个日志段对应磁盘上一个具体日志文件和两个索引文件。日志文件是以“.log”为文件名后缀的数据文件，用于保存消息实际数据。两个索引文件分别以“.index”和“.timeindex”作为文件名后缀，分别表示消息偏移量索引文件和消息时间戳索引文件。

7. 代理

在 Kafka 基本体系结构中我们提到了 Kafka 集群。Kafka 集群就是由一个或多个 Kafka 实例构成，我们将每一个 Kafka 实例称为代理（Broker），通常也称代理为 Kafka 服务器（KafkaServer）。在生产环境中 Kafka 集群一般包括一台或多台服务器，我们可以在一台服务器上配置一个或多个代理。每一个代理都有唯一的标识 id，这个 id 是一个非负整数。在一个 Kafka 集群中，每增加一个代理就需要为这个代理配置一个与该集群中其他代理不同的 id，id 值可以选择任意非负整数即可，只要保证它在整个 Kafka 集群中唯一，这个 id 就是代理的名字，也就是在启动代理时配置的 broker.id 对应的值，因此在本书中有时我们也称为 brokerId。由于给每个代理分配了不同的 brokerId，这样对代理进行迁移就变得更方便，从而对消费者来说是透明的，不会影响消费者对消息的消费。代理有很多个参数配置，由于在本节只是对其概念进行阐述，因此不做深入展开，对于代理相关配置将穿插在本书具体组件实现原理、流程分析及相关实战操作章节进行介绍。

8. 生产者

生产者（Producer）负责将消息发送给代理，也就是向 Kafka 代理发送消息的客户端。

9. 消费者和消费组

消费者（Comsumer）以拉取（pull）方式拉取数据，它是消费的客户端。在 Kafka 中每一个消费者都属于一个特定消费组（ConsumerGroup），我们可以为每个消费者指定一个消费组，以 groupId 代表消费组名称，通过 group.id 配置设置。如果不指定消费组，则该消费者属于默认消费组 test-consumer-group。同时，每个消费者也有一个全局唯一的 id，通过配置项 client.id 指定，如果客户端没有指定消费者的 id，Kafka 会自动为该消费者生成一个全局唯一的 id，格式为${groupId}-${hostName}-${timestamp}-${UUID 前 8 位字符}。同一个主题的一条消息只能被同一个消费组下某一个消费者消费，但不同消费组的消费者可同时消费该消息。消费组是Kafka用来实现对一个主题消息进行广播和单播的手段，实现消息广播只需指定各消费者均属于不同的消费组，消息单播则只需让各消费者属于同一个消费组。

10. ISR

Kafka 在 ZooKeeper 中动态维护了一个 ISR（In-sync Replica），即保存同步的副本列表，该列表中保存的是与 Leader 副本保持消息同步的所有副本对应的代理节点 id。如果一个 Follower 副本宕机（本书用宕机来特指某个代理失效的情景，包括但不限于代理被关闭，如代理被人为关闭或是发生物理故障、心跳检测过期、网络延迟、进程崩溃等）或是落后太多，则该 Follower 副本节点将从 ISR 列表中移除。

11. ZooKeeper

这里我们并不打算介绍 ZooKeeper 的相关知识，只是简要介绍 ZooKeeper 在 Kafka 中的作用。Kafka 利用 ZooKeeper 保存相应元数据信息，Kafka 元数据信息包括如代理节点信息、Kafka 集群信息、旧版消费者信息及其消费偏移量信息、主题信息、分区状态信息、分区副本分配方案信息、动态配置信息等。Kafka 在启动或运行过程当中会在 ZooKeeper 上创建相应节点来保存元数据信息，Kafka 通过监听机制在这些节点注册相应监听器来监听节点元数据的变化，从而由 ZooKeeper 负责管理维护 Kafka 集群，同时通过 ZooKeeper 我们能够很方便地对 Kafka 集群进行水平扩展及数据迁移。

通过以上 Kafka 基本概念的介绍，我们可以对 Kafka 基本结构图进行完善，如图 1-2 所示。

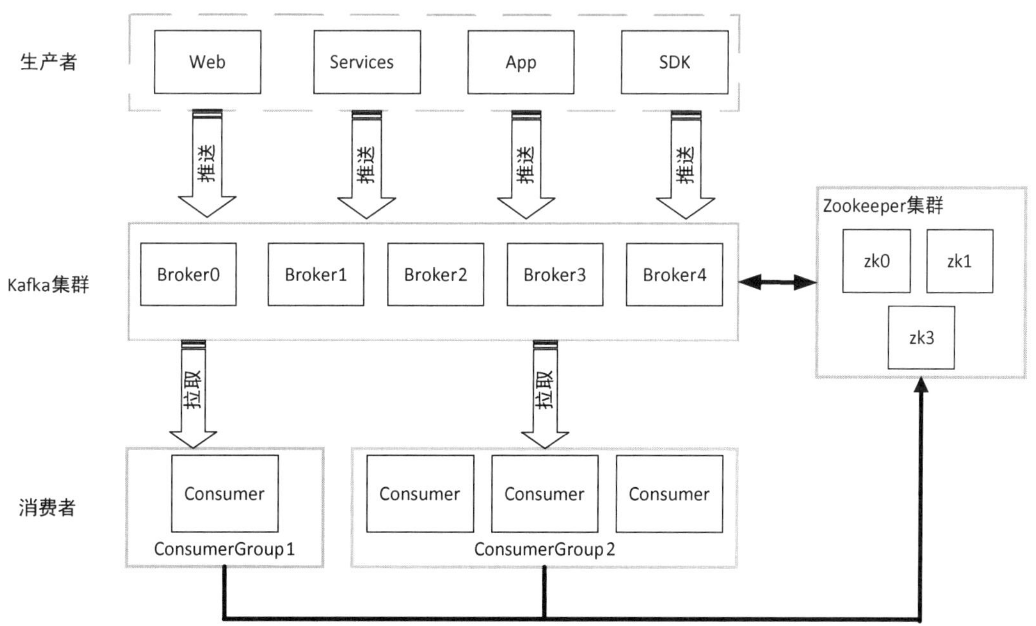

图 1-2 Kafka 的集群结构

1.4　Kafka 设计概述

1.4.1　Kafka 设计动机

Kafka 的设计初衷是使 Kafka 能够成为统一、实时处理大规模数据的平台。为了达到这个目标，Kafka 必须支持以下几个应用场景。

（1）具有高吞吐量来支持诸如实时的日志集这样的大规模事件流。

（2）能够很好地处理大量积压的数据，以便能够周期性地加载离线数据进行处理。

（3）能够低延迟地处理传统消息应用场景。

（4）能够支持分区、分布式，实时地处理消息，同时具有容错保障机制。

满足以上功能的 Kafka 与传统的消息系统相比更像是一个数据库日志系统。了解了 Kafka 的设计动机之后，在下一节我们将看看 Kafka 发展至今已具有哪些特性。

1.4.2　Kafka 特性

上一节对 Kafka 的设计动机进行了介绍。随着 Kafka 的不断更新发展，当前版本的 Kafka 又增加了一些新特性，下面就来逐个介绍 Kafka 的这些新特性。

1. 消息持久化

Kafka 高度依赖于文件系统来存储和缓存消息。说到文件系统，大家普遍认为磁盘读写慢，依赖于文件系统进行存储和缓存消息势必在性能上会大打折扣，其实文件系统存储速度快慢一定程度上也取决于我们对磁盘的用法。据 Kafka 官方网站介绍：6 块 7200r/min SATA RAID-5 阵列的磁盘线性写的速度为 600 MB/s，而随机写的速度为 100KB/s，线性写的速度约是随机写的 6000 多倍。由此看来磁盘的快慢取决于我们是如何去应用磁盘。加之现代的操作系统提供了预读（read-ahead）和延迟写（write-behind）技术，使得磁盘的写速度并不是大家想象的那么慢。同时，由于 Kafka 是基于 JVM（Java Virtual Machine）的，而 Java 对象内存消耗非常高，且随着 Java 对象的增加 JVM 的垃圾回收也越来越频繁和繁琐，这些都加大了内存的消耗。鉴于以上因素，使用文件系统和依赖于页缓存（page cache）的存储比维护一个内存的存储或是应用其他结构来存储消息更有优势，因此 Kafka 选择以文件系统来存储数据。

消息系统数据持久化一般采用为每个消费者队列提供一个 B 树或其他通用的随机访问数据结构来维护消息的元数据，B 树操作的时间复杂度为 O(log *n*)，O(log *n*)的时间复杂度可以看成是一个常量时间，而且 B 树可以支持各种各样的事务性和非事务性语义消息的传递。尽管 B 树具有这些优点，但这并不适合磁盘操作。目前的磁盘寻道时间一般在 10ms 以内，对一块磁盘来说，在同一时刻只能有一个磁头来读写磁盘，这样在并发 IO 能力上就有问题。同时，对树结构性能的观察结果表明：其性能会随着数据的增长而线性下降。鉴于消息系统本身的作用考虑，数据的持久化队列可以建立在简单地对文件进行追加的实现方案上。因为是顺序追加，所以 Kafka 在设计上是采用时间复杂度 O(1)的磁盘结构，它提供了常量时间的性能，即使是存储海量的信息（TB 级）也如此，性能和数据的大小关系也不大，同时 Kafka 将数据持久化到磁盘上，这样只要磁盘空间足够大数据就可以一直追加，而不会像一般的消息系统在消息被消费后就删除掉，Kafka 提供了相关配置让用户自己决定消息要保存多久，这样为消费者提供了更灵活的处理方式，因此 Kafka 能够在没有性能损失的情况下提供一般消息系统不具备的特性。

正是由于 Kafka 将消息进行持久化，使得 Kafka 在机器重启后，已存储的消息可继续恢复使用。同时 Kafka 能够很好地支持在线或离线处理、与其他存储及流处理框架的集成。

2. 高吞吐量

高吞吐量是 Kafka 设计的主要目标，Kafka 将数据写到磁盘，充分利用磁盘的顺序读写。同时，Kafka 在数据写入及数据同步采用了零拷贝（zero-copy）技术，采用 sendFile()函数调用，sendFile()函数是在两个文件描述符之间直接传递数据，完全在内核中操作，从而避免了内核缓冲区与用户缓冲区之间数据的拷贝，操作效率极高。Kafka 还支持数据压缩及批量发送，同时 Kafka 将每个主题划分为多个分区，这一系列的优化及实现方法使得 Kafka 具有很高的吞吐量。经大多数公司对 Kafka 应用的验证，Kafka 支持每秒数百万级别的消息。

3. 扩展性

Kafka 要支持对大规模数据的处理，就必须能够对集群进行扩展，分布式必须是其特性之一，这样就可以将多台廉价的 PC 服务器搭建成一个大规模的消息系统。Kafka 依赖 ZooKeeper 来对集群进行协调管理，这样使得 Kafka 更加容易进行水平扩展，生产者、消费者和代理都为分布式，可配置多个。同时在机器扩展时无需将整个集群停机，集群能够自动感知，重新进行负责均衡及数据复制。

4. 多客户端支持

Kafka 核心模块用 Scala 语言开发，但 Kafka 支持不同语言开发生产者和消费者客户端应用程序。0.8.2 之后的版本增加了 Java 版本的客户端实现，0.10 之后的版本已废弃 Scala 语言实现的 Producer 及 Consumer，默认使用 Java 版本的客户端。Kafka 提供了多种开发语言的接入，如 Java、Scala、C、C++、Python、Go、Erlang、Ruby、Node.js 等，感兴趣的读者可以自行参考 https://cwiki.apache.org/confluence/display/KAFKA/Clients。同时，Kafka 支持多种连接器（Connector）的接入，也提供了 Connector API 供开发者调用。Kafka 与当前主流的大数据框架都能很好地集成，如 Flume、Hadoop、HBase、Hive、Spark、Storm 等。

5. Kafka Streams

Kafka 在 0.10 之后版本中引入 Kafak Streams。Kafka Streams 是一个用 Java 语言实现的用于流处理的 jar 文件，关于 Kafka Streams 的相关内容将在第 7 章中进行讲解。

6. 安全机制

当前版本的 Kafka 支持以下几种安全措施：

- 通过 SSL 和 SASL(Kerberos)，SASL/PLAIN 验证机制支持生产者、消费者与代理连接时的身份认证；
- 支持代理与 ZooKeeper 连接身份验证；
- 通信时数据加密；
- 客户端读、写权限认证；
- Kafka 支持与外部其他认证授权服务的集成。

7. 数据备份

Kafka 可以为每个主题指定副本数，对数据进行持久化备份，这可以一定程度上防止数据丢失，提高可用性。

8. 轻量级

Kafka 的代理是无状态的，即代理不记录消息是否被消费，消费偏移量的管理交由消费者自己或组协调器来维护。同时集群本身几乎不需要生产者和消费者的状态信息，这就使得 Kafka 非常轻量级，同时生产者和消费者客户端实现也非常轻量级。

9. 消息压缩

Kafka 支持 Gzip、Snappy、LZ4 这 3 种压缩方式，通常把多条消息放在一起组成 MessageSet，然后再把 MessageSet 放到一条消息里面去，从而提高压缩比率进而提高吞吐量。

1.4.3 Kafka 应用场景

消息系统或是说消息队列中间件是当前处理大数据一个非常重要的组件，用来解决应用解耦、异步通信、流量控制等问题，从而构建一个高效、灵活、消息同步和异步传输处理、存储转发、可伸缩和最终一致性的稳定系统。当前比较流行的消息中间件有 Kafka、RocketMQ、RabbitMQ、ZeroMQ、ActiveMQ、MetaMQ、Redis 等，这些消息中间件在性能及功能上各有所长。如何选择一个消息中间件取决于我们的业务场景、系统运行环境、开发及运维人员对消息中件间掌握的情况等。我认为在下面这些场景中，Kafka 是一个不错的选择。

（1）消息系统。Kafka 作为一款优秀的消息系统，具有高吞吐量、内置的分区、备份冗余分布式等特点，为大规模消息处理提供了一种很好的解决方案。

（2）应用监控。利用 Kafka 采集应用程序和服务器健康相关的指标，如 CPU 占用率、IO、内存、连接数、TPS、QPS 等，然后将指标信息进行处理，从而构建一个具有监控仪表盘、曲线图等可视化监控系统。例如，很多公司采用 Kafka 与 ELK（ElasticSearch、Logstash 和 Kibana）整合构建应用服务监控系统。

（3）网站用户行为追踪。为了更好地了解用户行为、操作习惯，改善用户体验，进而对产品升级改进，将用户操作轨迹、内容等信息发送到 Kafka 集群上，通过 Hadoop、Spark 或 Strom 等进行数据分析处理，生成相应的统计报告，为推荐系统推荐对象建模提供数据源，进而为每个用户进行个性化推荐。

（4）流处理。需要将已收集的流数据提供给其他流式计算框架进行处理，用 Kafka 收集流数据是一个不错的选择，而且当前版本的 Kafka 提供了 Kafka Streams 支持对流数据的处理。

（5）持久性日志。Kafka 可以为外部系统提供一种持久性日志的分布式系统。日志可以在多个节点间进行备份，Kafka 为故障节点数据恢复提供了一种重新同步的机制。同时，Kafka 很方便与 HDFS 和 Flume 进行整合，这样就方便将 Kafka 采集的数据持久化到其他外部系统。

1.5 本书导读

本书在结构编排上，先介绍 Kafka 基础知识，接着介绍 Kafka 应用环境搭建，然后对 Kafka 核心组件实现原理进行简要讲解。在核心组件原理讲解之后，又将相应组件应用串起来分析 Kafka 核心流程，之后从 Kafka 基本脚本操作实战开始，结合 Kafka 在实际工作中应用案例详细介绍 Kafka 与当前主流大数据处理框架的应用。同时，将 Kafka Streams 独立成一章进行详细介绍，基本上覆盖了 Kafka Streams 的核心及重要知识的讲解。

为了编写和讲解方便，本书有以下几点约定说明。

（1）本书所讲 Kafka 版本为 0.10.1.1，书中提及的当前版本 Kafka 均指这一版本。

（2）在 Kafka 基本组件实现原理讲解时，为了指明方法所属的对象，本书简单地以“类名.方法名()”的形式说明，这并不表示对类静态方法的调用。同时，鉴于篇幅考虑也省去了方法参数列表，但不代表该方法无参数。

（3）读者在阅读本书时经常会看到“${属性字段}”表达式，本书以此表示该属性字段对应的值。

1.6 小结

本章首先对 Kafka 背景及一个简单的 Kafka 消息系统基本结构进行了简单介绍，然后对 Kafka 涉及的基本概念进行了阐述，最后就 Kafka 的设计思想、特性及应用场景进行了归纳。

第 2 章

Kafka 安装配置

本章将详细介绍 Kafka 运行环境的搭建，包括在 Linux 系统和 Windows 系统中搭建 Kafka 运行环境。

2.1 基础环境配置

由于 Kafka 是用 Scala 语言开发的，运行在 JVM 上，因此在安装 Kafka 之前需要先安装 JDK。

2.1.1 JDK 安装配置

最新版本的 Kafka 需要运行在 JDK 1.7 以上，Kafka 官方网站推荐使用 JDK 1.8，因此本书所应用的 JDK 环境采用 JDK 1.8。下面将详细介绍 JDK 1.8 安装步骤。

1. Windows 安装 JDK

（1）下载并安装。首先在 Oracle 官方网站 http://www.oracle.com/technetwork/java/javase/downloads/jdk8-downloads-2133151.html 下载 JDK 1.8 安装文件，根据操作系统类型选择相应的 JDK 版本。我使用的是 64 位操作系统，因此下载 jdk-8u111-windows-x64.exe 安装文件。下载完成后，双击运行安装。在安装时可以选择安装路径，这里在安装时全使用默认路径。

（2）环境变量配置。在系统变量中新增变量名 JAVA_HOME，变量值为 JDK 1.8 安装路径。由于 Java 默认安装在 Program Files 目录下，这个目录名之间有空格，有可能在运行某些应用时因 JDK 安装路径有空格而报错。例如，我在安装 JDK 后，运行 Kafka 时报如下错误：

```
错误：找不到或无法加载主类 Files\Java\jdk1.8.0_111\lib\dt.jar;C:\Program
```

为了避免出现类似的错误，在 Windows 系统上，若 JDK 安装在 Program File 目录下，在设置 JAVA_HOME 时，用该目录别名 PROGRA～1，因此将 JAVA_HOME 设置为 C:\PROGRA～

1\Java\jdk1.8.0_111。新增变量名 CLASSPATH，变量值为.;% JAVA_HOME%\lib\dt.jar;% JAVA_HOME%\lib\tools.jar。本步操作 JDK 环境变量配置如表 2-1 所示。

表 2-1 JDK 环境变量配置

变量类型	变量名	变量值
系统变量	JAVA_HOME	C:\PROGRA～1\Java\jdk1.8.0_111
用户变量	CLASSPATH	.;% JAVA_HOME%\lib\dt.jar;%JAVA_HOME%\lib\tools.jar

（3）验证。环境变量配置完成后，在 Windows 的 cmd 终端输入查看 Java 版本的命令，以此来验证 JDK 安装配置是否成功。命令如下：

```
Java -version
```

若输出为以下 JDK 版本信息，则表示 JDK 1.8 已安装成功，且为系统默认 JDK。

```
Java version "1.8.0_111"
Java(TM) SE Runtime Environment (build 1.8.0_111-b14)
Java HotSpot(TM) 64-Bit Server VM (build 25.111-b14, mixed mode)
```

2. Linux 安装 JDK

一些 Linux 的发行版默认已安装了 JDK，如 OpenJDK，这里所用的 Linux 操作系统默认已经安装了 OpenJDK。输入下面的命令查看 JDK 版本信息：

```
Java  -version
```

输出 JDK 版本信息如下：

```
Java version "1.7.0_45"
OpenJDK Runtime Environment (rhel-2.4.3.3.el6-x86_64 u45-b15)
OpenJDK 64-Bit Server VM (build 24.45-b08, mixed mode)
```

然而有些 Linux 系统并没有安装 JDK，因此本小节将详细讲解如何在 Linux 中安装 JDK。这里我们讲解 JDK 1.8 的安装。

（1）下载并安装。进入 Oracle 官方网站 http://www.oracle.com/technetwork/Java/Javase/downloads/jdk8-downloads-2133151.html 下载 Linux 版本的 JDK 1.8 安装包。这里我们下载的安装包版本为 jdk-8u111-linux-x64.gz，并将安装包解压到/usr/local/software/Java 路径下。

```
tar -xzvf jdk-8u111-linux-x64.gz       # 解压 jdk 安装包
```

将安装包解压后，即完成 JDK 的安装。

（2）配置环境变量。在/etc/profile 文件中添加 JDK 和 JRE 的路径，并添加到 Path 中，操作命令如下：

```
vi /etc/profile       # 编辑 profile 文件
```

在文件中添加以下内容：

```
export JAVA_HOME=/usr/local/software/Java/jdk1.8.0_111
export JRE_HOME=/usr/local/software/Java/jdk1.8.0_111/jre
export PATH=$PATH:$JAVA_HOME/bin:$JRE_HOME/bin
```

保存退出。若系统默认安装了 OpenJDK，则用户可以选择将其删除，也可以修改配置用最新安装的版本替换 OpenJDK。这里选择用新安装的 JDK 替换系统自带的 OpenJDK，则按序执行以下命令。

- 将 Java 添加到 bin：

```
update-alternatives --install /usr/bin/Java Java /usr/local/software/Java/jdk1.8.0_111 300
```

- 将 Javac 添加到 bin：

```
update-alternatives --install /usr/bin/Javac Javac /usr/local/software/
Java/jdk1.8.0_111/bin/Javac 300
```

- 选择 JDK 版本：

```
update-alternatives --config Java
```

执行以上命令会出现 JDK 版本选择界面，如图 2-1 所示。这里我们选择新安装的 JDK 1.8，即输入序号 3，按回车键。

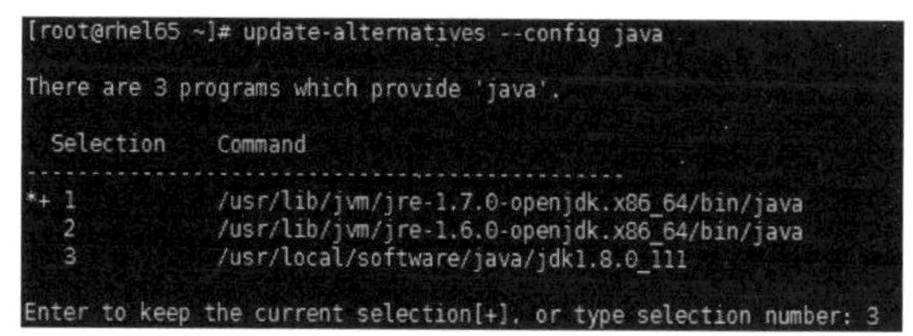

图 2-1 Linux 控制台展示的 JDK 版本选择命令行界面

环境变量配置好后执行以下命令，让刚才的修改操作立即生效：

```
source /etc/profile            # 让对/etc/profile 的修改立即生效
```

（3）验证。输入查看 JDK 版本命令，查看环境变量配置是否成功，执行以下命令：

```
Java -version       # 查看 jdk 版本
```

输出以下 JDK 版本信息：

```
Java version "1.8.0_111"
Java(TM) SE Runtime Environment (build 1.8.0_111-b14)
Java HotSpot(TM) 64-Bit Server VM (build 25.111-b14, mixed mode)
```

由以上 JDK 版本信息可知，JDK 版本已替换为新安装的 JDK 1.8 版本。至此，JDK 安装完成。

2.1.2 SSH 安装配置

对 Kafka 集群本身来讲，配置 SSH 免密钥登录并不是必需的步骤，但作为分布式系统，一般会由多台机器构成。为了便于操作管理，如通过 SSH 方式启动集群代理等，这里对 SSH 安装配置进行介绍。

（1）在根目录下查看是否存在一个隐藏文件夹.ssh。若没有该文件夹，则在确保机器联网条件下执行以下命令安装 ssh：

```
sudo apt-get install ssh        # 安装 ssh
```

（2）进入.ssh 目录，生成密钥对，执行命令如下：

```
ssh-keygen -t rsa        # 产生密钥
```

在执行以上命令时一路回车即可。ssh-keygen 用于生成认证密钥，-t 用来指定密钥类型，这里选择 rsa 密钥。执行完毕后会在~/.ssh 目录下生成 id_rsa 和 id_rsa.pub 两个文件，其中 id_rsa 为私钥文件，id_rsa.pub 为公钥文件。依次在集群其他机器上完成步骤 1 和步骤 2。

（3）将 id_rsa.pub 文件内容追加到授权的 key 文件中，命令如下：

```
cat ~/.ssh/id_rsa.pub >> ~/.ssh/authorized_keys        # 追加公钥到授权文件中
```

若是单机环境，则至此已完成 ssh 配置。

（4）将第一台机器的 authorized_keys 文件复制到第二台机器上，并将第二台机器的公钥也追加到 authorized_keys 文件中，依次执行以下命令：

```
scp authorized_keys root@172.117.12.62:~/.ssh/    # 复制第一台机器的授权文件到第二台机器
cat ~/.ssh/id_rsa.pub >> ~/.ssh/authorized_keys  # 在第二台机器上执行此命令，将第二台机器的公钥追加到授权文件中
```

（5）将第二台机器的 authorized_keys 文件复制到第三台机器上，并将第三台机器的公钥追加到 authorized_keys 文件中，执行命令如下：

```
scp authorized_keys root@172.117.12.63:~/.ssh/    # 复制第二台机器的授权文件到第三台机器
cat ~/.ssh/id_rsa.pub >> ~/.ssh/authorized_keys   # 在第三台机器上执行此命令，将第三台机器的公钥追加到授权文件中
```

若集群还有更多机器，则依此类推完成授权文件合并。至此 ssh 配置完成，在已配置 ssh 的任何一台机器上均可免密登录到其他机器。例如，在第一台机器上执行以下 ssh 命令，输出如下（首次登录会让输入密码）：

```
[root@rhel65 .ssh]# ssh 172.117.12.61
The authenticity of host '172.117.12.61 (172.117.12.61)' can't be established.
RSA key fingerprint is a3:5b:a9:29:ed:00:74:f4:ce:51:e5:7c:42:5b:8d:44.
Are you sure you want to continue connecting (yes/no)? yes
Warning: Permanently added '172.117.12.61' (RSA) to the list of known hosts.
root@172.117.12.61's password:
Last login: Wed Feb  8 17:30:11 2017 from server-1
[root@rhel65 ~]# ssh 172.117.12.61
Last login: Wed Feb  8 17:32:04 2017 from server-3
[root@rhel65 ~]# ssh 172.117.12.62
Last login: Wed Feb  8 17:26:09 2017 from server-1
```

2.1.3 ZooKeeper 环境

ZooKeeper 是一个分布式应用程序协调服务框架，分布式应用程序可以基于 ZooKeeper 来实现同步服务、配置维护、命名服务等，ZooKeeper 能提供基于类似于文件系统的目录节点树方式的数据存储，通过监控各节点数据状态的变化，达到基于数据的集群管理。ZooKeeper 主要由表 2-2 所示的几个角色构成。

表 2-2 ZooKeeper 集群主要角色说明

角色		描述
Leader		集群的领导者，负责投票的发起和决议及更新系统状态
Learner	Follower	跟随者，接受客户端的请求并返回结果给客户端，参与投票
	Observer	接受客户端的请求，将写的请求转发给 Leader，不参与投票。Observer 目的是扩展系统，提高读的速度

关于 ZooKeeper 的原理及其他相关知识，读者可查阅 ZooKeeper 官方网站（http://mirrors.cnnic.cn/apache/zookeeper/）及相关书籍进行深入了解。

Kafka 依赖 ZooKeeper，通过 ZooKeeper 来对代理、消费者上下线管理、集群、分区元数据管理等，因此 ZooKeeper 也是 Kafka 得以运行的基础环境之一。

进入 ZooKeeper 官方网站 http://mirrors.cnnic.cn/apache/zookeeper/下载 ZooKeeper（本书所用 ZooKeeper 版本为 zookeeper-3.4.8），然后将下载文件解压到指定目录。对 ZooKeeper 的安装，下面按 Windows 和 Linux 分别进行讲解。

1. Windows 安装 ZooKeeper

一般会选择在 Linux 操作系统上安装和部署分布式服务，因此这里并不打算讲解 Windows 环境下 ZooKeeper 集群环境搭建，只是简单介绍 Windows 环境下 ZooKeeper 单机模式的安装。

（1）解压安装。首先将 ZooKeeper 安装包 zookeeper-3.4.8.tar.gz 解压到相应目录，这里将 ZooKeeper 解压到 D:\software\zookeeper-3.4.8 目录下。然后进入 ZooKeeper 安装路径 conf 目录下，会看到 ZooKeeper 提供了一个 zoo_sample.cfg 的配置模板，将该文件重命名为 zoo.cfg。zoo.cfg 文件中只需修改 dataDir 和 dataLogDir 配置，其他配置使用默认值（其他配置及其含义将在下面的"Linux 搭建 ZooKeeper 环境"小节详细介绍）。这里对 dataDir 和 dataLogDir 配置如下：

```
dataDir=F:\\zookeeper\\data
dataLogDir=F:\\zookeeper\\logs
```

至此，Windows 环境下 ZooKeeper 安装配置完成。下面进入 ZooKeeper 安装路径 bin 目录下，启动及验证 ZooKeeper 安装是否成功。

（2）验证。执行启动 ZooKeeper 命令：

```
zkServer.cmd    # windows 下启动 ZooKeeper
```

若输出没有任何错误，通过 jps 命令可以看到 ZooKeeper 相关进程。输入命令：

```
jps   # 查看 Java 进程命令
```

输出结果中至少包括以下进程名：

```
12008 QuorumPeerMain
11596 Jps
```

还可以进入 ZooKeeper 的安装路径 bin 目录下，通过 ZooKeeper 客户端连接到 ZooKeeper 服务，执行以下命令进一步验证 ZooKeeper 是否安装成功：

```
zkCli.cmd -server 127.0.0.1:2181   # 登录到 ZooKeeper 服务器
```

在输出信息中会看到“Welcome to ZooKeeper!”，同时显示接受命令输入界面。

在客户端输入：

```
ls /       # 查看 ZooKeeper 服务器目录结构
```

此时 ZooKeeper 服务器中仅有一个 zookeeper 节点，信息显示如下：

```
[zk: 127.0.0.1:2181(CONNECTED) 0] ls /
[zookeeper]
```

至此，Windows 环境下安装 ZooKeeper 讲解完毕。

2. Linux 搭建 ZooKeeper 环境

在 Linux 环境下 ZooKeeper 单机模式配置与上一小节介绍的 Windows 环境下 ZooKeeper 安装配置的操作步骤基本相同，因此本小节直接介绍 ZooKeeper 分布式环境搭建。下面将讲解在 Linux 环境下如何配置由 3 台机器构成的 ZooKeeper 集群环境，这 3 台机器的 IP 地址分别为 172.117.12.61、172.117.12.62 和 172.117.12.63。

（1）解压安装。首先在 3 台机器上分别将 zookeeper-3.4.8.tar.gz 解压到/usr/local/software/zookeeper 目录。进入解压后的 zookeeper-3.4.8 /conf 目录，将 zoo.sample.cfg 重命名为 zoo.cfg。关于 ZooKeeper 配置文件中几个基础配置项的说明如表 2-3 所示。

表 2-3　ZooKeeper 基础配置说明

配 置 项	默 认 值	说　　明
tickTime	2000ms	ZooKeeper 中的一个时间单元。ZooKeeper 中所有时间都以这个时间单元为基准，进行整数倍配置，默认是 2 s
initLimit	10	Follower 在启动过程中，会从 Leader 同步所有最新数据，确定自己能够对外服务的起始状态。当 Follower 在 initLimt 个 tickTime 还没有完成数据同步时，则 Leader 仍为 Follower 连接失败
syncLimit	5	Leader 与 Follower 之间通信请求和应答的时间长度。若 Leader 在 syncLimit 个 tickTime 还没有收到 Follower 应答，则认为该 Leader 已下线

续表

配置项	默认值	说明
dataDir	/tmp/zookeeper	存储快照文件的目录，默认情况下，事务日志也会存储在该目录上。由于事务日志的写性能直接影响 ZooKeeper 性能，因此建议同时配置参数 dataLogDir
dataLogDir	/tmp/zookeeper	事务日志输出目录
clientPort	2181	ZooKeeper 对外端口

请读者根据自己服务器环境，修改 zoo.cfg 文件中表 2-3 提及参数的配置。这里只修改了以下两个配置项，其他几个基础配置沿用默认值。

```
dataDir=/opt/data/zookeeper/data
dataLogDir=/opt/data/zookeeper/logs
```

若是单机模式，操作至此完成。接下来配置将 3 台机器构成一个分布式集群。

（2）集群配置。首先在 3 台机器的/etc/hosts 文件中加入 3 台机器的 IP 与机器域名映射，域名自定义，这里分别命名为 server-1、server-2、server-3，3 台机器 IP 与机器域名映射关系如下：

```
172.117.12.61 server-1
172.117.12.62 server-2
172.117.12.63 server-3
```

然后进入其中一台机器的 ZooKeeper 安装路径 conf 目录。这里我们选择在 IP 为 172.117.12.61 的机器上进行配置，编辑 conf/zoo.cfg 文件，在该文件中添加以下配置：

```
server.1=server-1:2888:3888
server.2=server-2:2888:3888
server.3=server-3:2888:3888
```

为了便于讲解以上配置，在这里抽象一个公式，即 server.n=n-server-domain:port1:port2。这个公式中的 n 是一个数字类型常量，这里配置的 1、2 和 3 用于表示第几台 ZooKeeper 服务器；n-server-domain 表示第 n 台 ZooKeeper 服务器的 IP 所映射的域名，当然这里也可以是第 n 台机器的 IP；port1 表示该服务器与集群中的 Leader 交换信息的端口，默认是 2888；port2 表示选举时服务器相互通信的端口。

接着在${dataDir}路径下创建一个 myid 文件。myid 里存放的值就是服务器的编号，即对应上述公式中的 n，在这里第一台机器 myid 存放的值为 1。ZooKeeper 在启动时会读取 myid 文件中的值与 zoo.cfg 文件中的配置信息进行比较，以确定是哪台服务器。

在 zoo.cfg 文件中我们同时配置了 3 台机器，因此接下来通过 scp 命令将本台机器的 zoo.cfg 文件复制到另外两台机器相应目录进行替换。

```
scp zoo.cfg root@172.117.12.62:/usr/local/software/zookeeper/zookeeper-3.4.8/conf/
scp zoo.cfg root@172.117.12.63:/usr/local/software/zookeeper/zookeeper-3.4.8/conf/
```

然后分别修改另外两台机器的 myid。同时，为了操作方便，我们将 ZooKeeper 相关环境变量添加到/etc/profile 文件当中。

设置 ZooKeeper 安装路径，在/etc/profile 相关环境变量配置中添加以下信息：

```
export ZOOKEEPER_HOME=/usr/local/software/zookeeper/zookeeper-3.4.8
```

在该文件的 Path 配置项最后加上:$ZOOKEEPER_HOME/bin。注意，在$ZOOKEEPER_HOME 前有一个冒号。然后执行 source/etc/profile 命令使所做的修改操作立即生效。其他两台机器也进行同样的环境设置。至此，由 3 台机器构成的分布式 ZooKeeper 环境搭建步骤介绍完毕。下面启动 ZooKeeper 进行验证。

（3）验证。由于配置了 ZooKeeper 环境变量，因此无需进入 ZooKeeper 安装路径 bin 目录下。在这 3 台机器上分别启动 ZooKeeper：

```
zkServer.sh start     # 启动 ZooKeeper 服务
```

输出如下信息：

```
ZooKeeper JMX enabled by default
Using config: /usr/local/software/zookeeper/zookeeper-3.4.8/bin/../conf/zoo.cfg
Starting zookeeper ... STARTED
```

查看这 3 台 ZooKeeper 服务器状态，依次在这 3 台机器上执行以下命令：

```
zkServer.sh status     # 查询 zookeeper 状态
```

执行上述启动命令，其中有两台机器输出以下信息：

```
ZooKeeper JMX enabled by default
Using config: /usr/local/software/zookeeper/zookeeper-3.4.8/bin/../conf/zoo.cfg
Mode: follower
```

另外一台机器输出信息如下：

```
ZooKeeper JMX enabled by default
Using config: /usr/local/software/zookeeper/zookeeper-3.4.8/bin/../conf/zoo.cfg
Mode: leader
```

可以看到，这 3 台机器中，一台机器作为 Leader，其他两台服务器作为 Follower。同时，可以查看 zookeeper.out 文件内容，通过启动日志进一步了解 ZooKeeper 运行过程。至此，ZooKeeper 集群环境搭建讲解完毕。

2.2 Kafka 单机环境部署

Kafka 安装较简单，不同操作系统下安装步骤基本相同，针对大多数用户来讲，在生产环境使用 Kafka 一般选择 Linux 服务器，本书 Kafka 实战操作也是基于 Linux 环境进行讲解的。下面分别介绍 Kafka 在 Windows 操作系统以及 Linux 操作系统的安装步骤，Mac 操作系统的安装步骤与 Linux 操作系统的安装步骤基本类似，不再介绍。同时，后面几节中的 Kafka 集群环境搭建也只介绍在 Linux 环境下 Kafka 集群环境的部署。

2.2.1 Windows 环境安装 Kafka

Windows 下安装 Kafka 只需将下载的 Kafka 安装包解压到相应目录即可。

（1）下载及安装。进入 Kafka 官方网站 http://kafka.apache.org/downloads 下载当前最新版本的 Kafka，Kafka 安装包并没有区分 Windows 安装包还是 Linux 安装包，仅在 bin 目录下将 Windows 环境执行 Kafka 的相关脚本放在/bin/windows 目录下。当前 Kafka 最新版本为 kafka_2.11-0.10.1.1.tgz，其中 2.11 代表 Scala 版本，0.10.1.1 表示 Kafka 的版本。这里将下载的安装包解压到 D:\software\kafka_2.11-0.10.1.1 目录下，为了便于讲解，这里记 Kafka 安装路径为$KAFKA_HOME。至此，Windows 下 Kafka 完成安装。当然我们也可以像安装 JDK 一样配置 Kafka 环境变量，感兴趣的读者可以自行配置，这步操作不是必需的步骤，因此不再阐述。

（2）启动 KafkaServer 验证。安装好 Kafka 后，启动 KafkaServer。在启动 Kafka 之前，需要启动 Zoookeeper。若 ZooKeeper 服务不是本地服务，应修改 Kafka 安装目录下/config/server.properties 文件 zookeeper.connect 配置项，然后在 Windows 的 cmd 下进入$KAFKA_HOME/bin/windows 目录，执行以下命令，启动 KafkaServer。

```
kafka-server-start.bat ../../config/server.properties    # windows 下启动 kafak server
```

若在启动过程中没有报任何异常信息，同时在控制台最后输出打印内容如图 2-2 所示，则表示 Kafka 在 Windows 环境下安装成功。

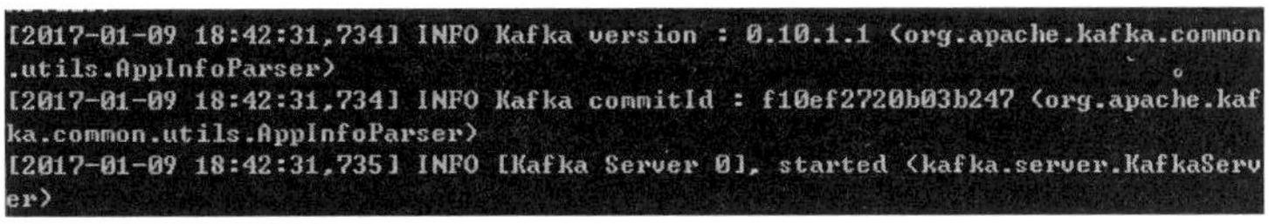

```
[2017-01-09 18:42:31,734] INFO Kafka version : 0.10.1.1 (org.apache.kafka.common
.utils.AppInfoParser)
[2017-01-09 18:42:31,734] INFO Kafka commitId : f10ef2720b03b247 (org.apache.kaf
ka.common.utils.AppInfoParser)
[2017-01-09 18:42:31,735] INFO [Kafka Server 0], started (kafka.server.KafkaServ
er)
```

图 2-2 KafkaServer 启动日志

2.2.2 Linux 环境安装 Kafka

在 Linux 系统上安装 Kafka 与在 Windows 系统上安装操作基本相同，将安装包解压到相应目录，这里依然将 Kafka 安装目录记为$KAFKA_HOME，修改$KAFKA_HOME/config/server.properties 文件相关配置即可。这里安装 Kafka 所用机器与安装 ZooKeeper 的机器相同，但在生产环境，一般将 ZooKeeper 集群与 Kafka 机器分机架部署。在讲解 Kafka 单机版本安装时，我们选择 3 台机器中的一台，IP 为 172.117.12.61。

（1）解压安装。先将 Kafka 安装包 kafka_2.11-0.10.1.1.tgz 解压到指定目录下，这里将 Kafka 解压到/usr/local/software/kafka 目录下。进入/usr/local/software/kafka 目录执行以下命令解压 Kafka 安装包。

```
tar -xzvf kafka_2.11-0.10.1.1.tgz       # 解压安装 Kafka
```

由于后续对 Kafka 的讲解都是在 Linux 环境下，因此为了操作方便我们对 Kafka 的环境变量进行设置。在/etc/profile 文件中加入 Kafka 安装路径，并将 Kafka 的 bin 目录添加进 Path 中。这一步操作并非 Kafka 安装必需的设置，读者可根据情况选择是否需要对 Kafka 环境变量进行配置。打开/etc/profile 文件添加以下配置。

- 指定 Kafka 安装路径：

  ```
  export KAFKA_HOME=/usr/local/software/kafka/kafka_2.11-0.10.1.1
  ```

- 将 Kafka bin 目录加到 Path。在 Path 设置后添加:$KAFKA_HOME/bin，添加 Kafka bin 后完整的 Path 如下：

  ```
  export PATH=$PATH:$JAVA_HOME/bin:$JRE_HOME/bin:$KAFKA_HOME/bin
  ```

  保存文件退出，执行 source /etc/profile 命令让刚才新增的 Kafka 环境变量设置生效。再在任一路径下输入 kafka 然后按 Tab 键，会提示补全 Kafka 运行相关脚本.sh 文件，表示 Kafka 环境变量配置成功，但一般 Kafka 脚本运行时会加载/config 路径下的相关配置文件，因此当不在 Kafka 安装目录 bin 下执行相关脚本时，需要指定配置文件绝对路径。

（2）修改配置。修改$KAFKA_HOME/config 目录下的 server.properties 文件，为了便于后续集群环境搭建的配置，需要保证同一个集群下 broker.id 要唯一，因此这里手动配置 broker.id，直接保持与 ZooKeeper 的 myid 值一致，同时配置日志存储路径。server.properties 修改的配置如下：

```
broker.id=1                        # 指定代理的 id
log.dirs=/opt/data/kafka-logs      # 指定 Log 存储路径
```

其他配置保持不变，由于 172.117.12.61 这台机器本地已安装了 ZooKeeper，因此在 Kafka 单机版本安装讲解时，我们暂不对 zookeeper.connect 配置进行修改，其他配置文件也暂不进行修改。

（3）验证。

- 启动 Kafka，要保证 ZooKeeper 已正常启动，进入 Kafka 安装路径$KAFKA_HOME/ bin 目录下，执行启动 KafkaServer 命令。

  ```
  kafka-server-start.sh -daemon ../config/server.properties     # 启动 Kafka
  ```

  执行 jps 命令查看 Java 进程，此时进程信息至少包括以下几项：

  ```
  15976 Jps
  14999 QuorumPeerMain
  15906 Kafka
  ```

  可以看到 ZooKeeper 进程和 Kafka 进程名，同时进入$KAFKA_HOME/logs 目录下，查看 server.log 会看到 KafkaServer 启动日志，在启动日志中会记录 KafkaServer 启动时加载的配置信息。

- 通过 ZooKeeper 客户端登录 ZooKeeper 查看目录结构，执行以下命令：

```
zkCli.sh -server server-1:2181     # 登录 ZooKeeper
ls /                               # 查看 ZooKeeper 目录结构
```

在 Kafka 启动之前 ZooKeeper 中只有一个 zookeeper 目录节点，Kafka 启动后目录节点如下：

```
[cluster, controller, controller_epoch, brokers, zookeeper, admin, isr_change_
notification, consumers, config]
```

执行以下命令，查看当前已启动的 Kafka 代理节点：

```
ls /brokers/ids        # 查看已启动的代理节点
 [1]                    # 已启动的代理节点对应的 brokerId
```

输出信息显示当前只有一个 Kafka 代理节点，当前代理的 brokerId 为 1。至此，Kafka 单机版安装配置介绍完毕，相关操作我们将在第 5 章进行详细介绍。

2.3 Kafka 伪分布式环境部署

KafkaServer 启动时需要加载一个用于 KafkaServer 初始化相关配置的 server.properties 文件，当然文件名可以任意，一个 server.properties 对应一个 KafkaServer 实例。Kafka 伪分布式就是在一台机器上启动多个 KafkaServer 来达到多代理的效果，因此要保证 broker.id 及 port 在同一台机器的多个 server.properities 中唯一。

本节在上一节的 Linux 安装 Kafka 基础配置之上，将 server.properties 文件复制一份并命名为 server-0.properties，在 server-0.properties 文件中修改配置如下：

```
broker.id=0
log.dirs=/opt/data/kafka-logs/broker-0
port=9093
```

由于代理默认端口是 9092，server.properties 没有设置端口则采用默认设置，因此在 server-0.properties 将 port 设置为 9093。这个端口可以自定义，只要新端口没有被占用即可。执行以下命令，分别启动 brokerId 为 0 和 1 的两个 KafkaServer：

```
kafka-server-start.sh -daemon ../config/server-0.properties      # 启动代理 0
kafka-server-start.sh -daemon ../config/server.properties        # 启动代理 1
```

再次执行 jps 命令查看 Java 进程信息，打印输出如下信息：

```
19453 Kafka
18036 ZooKeeperMain
18228 QuorumPeerMain
19169 Kafka
19504 Jps
```

从输出的进程信息可以看到有两个 Kafka 进程存在，即代表刚才启动的 broker.id 为 0 和 1 的两个代理。此时登录 ZooKeeper 客户端，再查看 ZooKeeper 的/brokers/ids 目录，会看到该目录下有两个节点：

```
[zk: 172.117.12.61(CONNECTED) 0] ls /brokers/ids
[0, 1]
```

这样，一台机器上启动多个代理的伪分布式环境安装配置介绍完毕。

2.4 Kafka 集群环境部署

2.2.2 节已经讲解了 Kafka 单机版安装配置，因此对 Kafka 集群环境配置时只需将单机版安装的 Kafka 配置进行相应修改，然后复制到另外两台机器即可。这里只需修改 server.properties 文件中 Kafka 连接 ZooKeeper 的配置，将 Kafka 连接到 ZooKeeper 集群，配置格式为“ZooKeeper 服务器 IP:ZooKeeper 的客户端端口”，多个 ZooKeeper 机器之间以逗号分隔开。

```
zookeeper.connect=server-1:2181,server-2:2181,server-3:2181
```

进入 172.117.12.61 服务器/usr/local/software 目录下，执行以下两条命令将本机安装的 Kafka 分别复制到另外两台服务器上：

```
scp -r kafka_2.11-0.10.1.1  root@172.117.12.62:/usr/local/software/kafka
scp -r kafka_2.11-0.10.1.1  root@172.117.12.63:/usr/local/software/kafka
```

复制完成后，分别登录另外两台机器，修改 server.properties 文件中的 broker.id 依次为 2 和 3。当然可以设置任一整数，只要保证一个集群中 broker.id 唯一即可。同时在 3 台机器的 server.properties 文件中设置 host.name 为本机的 IP。例如，对主机名为 server-1 的机器上的 Kafka 节点，在 server.properties 文件中增加 host.name=172.117.12.61。本书所用版本的 Kafka 若不设置 host.name，则会在创建主题及向主题发送消息时发生 NOT_LEADER_FOR_PARTITION 这样的异常。

配置完毕后，分别启动 3 台机器的 KafkaServer，通过 ZooKeeper 客户端查看 Kafka 在 ZooKeeper 中的相应元数据信息，其中查看/brokers/ids 节点信息如下：

```
[zk: 172.117.12.61(CONNECTED) 1] ls /brokers/ids
[1, 2, 3]
```

由/brokers/ids 节点存储的元数据可知，3 台机器的 Kafka 均已正常已启动。至此，Kafka 分布式环境搭建过程介绍完毕。

2.5 Kafka Manager 安装

在实际应用中，我们经常需要了解集群的运行情况，如查看集群中代理列表、主题列表、消费组列表、每个主题对应的分区列表等，抑或是希望通过简单的 Web 界面操作来创建一个主题或是在代理负载不均衡时，手动执行分区平衡操作等。为了方便对 Kafka 集群的监控及管理，目前已有开源的 Kafka 监控及管理工具，如 Kafka Manager、Kafka Web Console、KafkaOffsetMonitor 等，读者也可以根据自己业务需要进行定制开发。本节只简单讲解 Kafka Manager 的安装应用。

Kafka Manager 由 yahoo 公司开发，该工具可以方便查看集群主题分布情况，同时支持对多个集群的管理、分区平衡以及创建主题等操作。读者可访问 https://github.com/yahoo/kafka-manager 进行深入了解。

（1）下载编译 Kafka Manager。进入 GitHut 官网搜索关键词“kafka-manager”即可查询到 Kafka Manager 的下载地址，具体地址为 https://github.com/yahoo/kafka-manager/，直接点击“Clone or download”按钮进行下载。将下载的 kafka-manager-master.zip 文件上传到 Linux 服务器。用户也可以在 Linux 机器上执行以下命令在线下载 Kafka Manager 源码：

```
git clone https://github.com/yahoo/kafka-manager  # 从GitHub上下载Kafka Manager源码
```

Kafka Manager 是用 Scala 语言开发的，通过 sbt(Simple Build Tool)构建，sbt 是对 Scala 或 Java 语言进行编译的一个工具，它类似于 Maven，Gradle。截止到编写本书时，Kafka Manager 是基于 0.9.0.1 版本的 Kafka 开发的，鉴于 Kafka 0.9 与 Kafka-0.10 版本的实现，该版本的 Kafka Manager 也能作为 0.10.+版本的 Kafka 管理及监控工具，在 Kafka Manager 管理界面添加集群管理配置时，Kafka Version 选 0.9.0.1 即可。待源码下载之后，进入 Kafka Manager 源码目录，会有一个 sbt 文件，执行以下命令进行 Kafka Manager 源码编译。

```
./sbt clean dist       # 编译Kafka Manager源码
```

编译过程会下载相关的 jar 文件，因此有些耗时。等源码编译完成后，在控制台输出的编译日志的最后几行信息如下：

```
[info] Your package is ready in /home/morton/.sbt/0.13/staging/17dfe5a6b216985c290a/
kafka-manager-master/target/universal/kafka-manager-1.3.2.1.zip
[info] [success] Total time: 170 s, completed 2017-1-15 14:23:45
```

从控制台输出的编译日志信息可以看到，在编译时会在/home/用户名/路径下创建一个.sbt 目录，编译后的文件存放在该目录相应子目录里，编译日志信息中的 morton 为编译 Kafka Manager 源码的机器名。在编译过程中出现：

```
Download failed. Obtain the jar manually and place it at /home/morton/.sbt/launchers/
0.13.9/sbt-launch.jar
```

表示在编译过程下载 sbt-launch.jar 文件遇到问题，请读者单独下载 sbt-launch.jar 相应版本并上传到/home/用户名/.sbt/launchers/0.13.9/目录下，再次执行编译命令。最终会在/home/用户名/.sbt/0.13/staging 相应子目录下生成 kafka-manager-1.3.2.1.zip 文件，该文件就是用来对 Kafka 进行监控和管理的工具。若读者在编译时由于个人网络环境原因无法编译，可以直接在网络上下载该文件然后复制到服务器。将编译好的 kafka-manager-1.3.2.1.zip 文件解压到指定位置（这里解压到/usr/local/software/kafka-manager 目录下）即完成安装。

（2）修改配置。进入 Kafka Manager 安装路径下的 conf 目录，打开 application.conf 文件，修改以下配置。将 kafka-manager.zkhosts="kafka-manager-zookeeper:2181"配置项，修改为实际

的 ZooKeeper 连接地址，例如这里修改为：

```
kafka-manager.zkhosts="172.117.12.61:2181,172.117.12.62:2181,172.117.12.63:2181"
```

（3）启动 Kafka Manager。进入 bin 目录下执行以下启动命令：

```
nohup ./kafka-manager -Dconfig.file=../conf/application.conf &    # 启动 Kafka Manager
```

Kafka Manager 默认请求端口是 9000，在浏览器中输入安装 Kafka Manager 服务地址及 9000 端口访问 Kafka Manager，如访问 http://172.117.12.62:9000。Kafka Manager 启动初始化界面如图 2-3 所示。

Active	Operations	Version

图 2-3 Kafka Manager 启动初始化界面

通过修改配置文件 application.conf 里 http.port 的值，或是通过命令行参数传递可以修改 Kafka Manager 访问端口。例如，在启动时指定端口为 9001，启动命令如下：

```
nohup ./kafka-manager -Dhttp.port=9001 -Dconfig.file=../conf/application.conf &
# 修改 Kafka Manager 外部访问端口号为 9001
```

（4）关闭 Kafka Manager。Kafka Manager 没有提供关闭操作的执行脚本及命令，当希望关闭 Kafka Manager 时，可直接通过 kill 命令强制杀掉 Kafka Manager 进程。

查看 Kafka Manager 进程，输入 jps 命令，输出以下进程信息：

```
767 ProdServerStart
12422 QuorumPeerMain
13348 Kafka
895 Jps
```

其中 ProdServerStart 即为 Kafka Manager 进程。通过 kill 命令关闭 Kafka Manager：

```
kill -9 767               # 关闭 Kafka Manager 进程
```

同时，由于 Kafka Manager 运行时有一个类似锁的文件 RUNNING_PID，位于 Kafka Manager 安装路径 bin 同目录下，为了不影响下次启动，在执行 kill 命令后同时删除 RUNNING_PID 文件，命令如下：

```
rm -f  RUNNING_PID        # 删除 Kafka Manager 运行时的 PID 文件
```

否则，在下次启动时会由于以下错误而导致 Kafka Manager 无法启动。错误信息如下：

```
This application is already running (Or delete /usr/local/software/kafka-manager/
RUNNING_PID file).
```

若想在 Kafka Manager 监控中能展示更多的信息，则在 Kafka 启动时启动 JMX。至此，Kafka Manager 安装讲解完毕，对于 Kafka Manager 的相关操作将在 5.8 节进行介绍。

2.6 Kafka 源码编译

要研究 Kafka，阅读 Kafka 源码是必不可少的环节。因此，本节将介绍 Kafka 源码编译及将编译后的源码导入 Eclipse 的具体步骤。当然也可以将 Kafka 源码导入其他 IDE（如 Intellij Idea、STS 等）中，大家选用自己惯用的 IDE 即可。源码导入步骤与导入 Eclipse 操作基本类似，本书不再做详细介绍。这里只讲解在 Windows 操作系统下 Kafka 源码的编译，在其他操作系统上对 Kafka 源码的编译操作基本类似，只不过添加环境变量操作有所不同，这里不做讲解，读者可以查阅相关资料进行了解。由于 Kafka 核心模块是用 Scala 语言开发，用 Gradle 编译和构建的，因此下面先介绍相关环境的安装配置。

2.6.1 Scala 安装配置

由于 0.10.1.1 版本的 Kafka 需要 Scala 版本在 2.10 以上，因此这里选择 scala-2.11.8 版本进行安装。

（1）下载并安装。先进入 Scala 官方网站 http://www.scala-lang.org/download/下载相应的安装包，下载图 2-4 所示版本的 Scala。

Archive	System	Size
scala-2.11.8.tgz	Mac OS X, Unix, Cygwin	27.35M
scala-2.11.8.msi	Windows (msi installer)	109.35M
scala-2.11.8.zip	Windows	27.40M
scala-2.11.8.deb	Debian	76.02M
scala-2.11.8.rpm	RPM package	108.16M
scala-docs-2.11.8.txz	API docs	46.00M
scala-docs-2.11.8.zip	API docs	84.21M
scala-sources-2.11.8.tar.gz	Sources	

图 2-4 Scala 安装包下载列表

下载完成后，直接将安装包解压到指定目录即完成安装，安装时解压到 D:\software\scala-2.11.8 目录下。

（2）环境变量配置。安装完成后，配置 Scala 运行环境变量，在系统变量中新增 Scala 安装路径配置，编辑系统变量配置如图 2-5 所示。

然后将;%SCALA_HOME%\bin 添加到用户变量 path 中。与 JDK 环境安装配置一样，直接添加至自定义的用户环境变量 CLASSPATH 中，如图 2-6 所示。

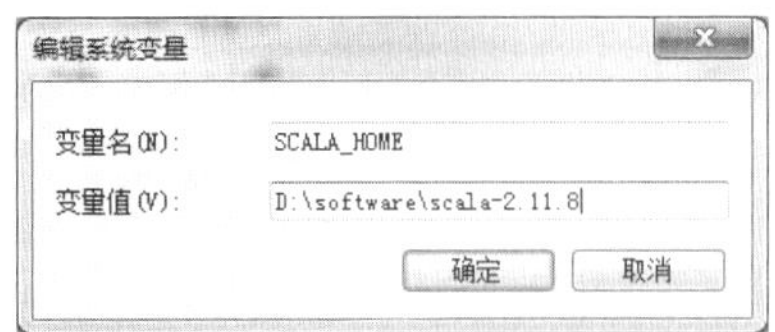

图 2-5　新建 SCALA_HOME 变量指定 Scala 安装路径

图 2-6　修改 CLASSPATH 添加 Scala 环境变量

（3）验证。Scala 安装及环境变量配置完成后，在 Windows 下打开一个 cmd 命令行终端。输入查看 Scala 版本信息的命令：

```
scala  -version       # 查询 Scala 版本
```

若输出以下信息则表示 Scala 安装配置成功：

```
Scala code runner version 2.11.8 -- Copyright 2002-2016, LAMP/EPFL
```

2.6.2　Gradle 安装配置

进入 Gradle 官方网站 https://gradle.org/releases/下载 Gradle 安装包。本书编写时 Gradle 的最新版本为 gradle-3.3，这里下载的就是这个版本，读者可以根据自己需要选择不同版本进行下载。下载后将 Gradle 文件解压到相应目录，这里将 Gradle 解压到 D:\software\gradle-3.3 目录下，安装及环境变量配置与 Scala 操作一样，新增系统环境 GRADLE_HOME，指定 gradle 安装路径，并将;%GRADLE_HOME%\bin 添加到 path 中，这里依然是添加到 CLASSPATH 之中。

Gradle 安装及环境变量配置完成之后，打开 Windows 的 cmd 命令窗口，输入 gradle –version，若输出如图 2-7 所示信息，则表示 Gradle 安装配置成功。

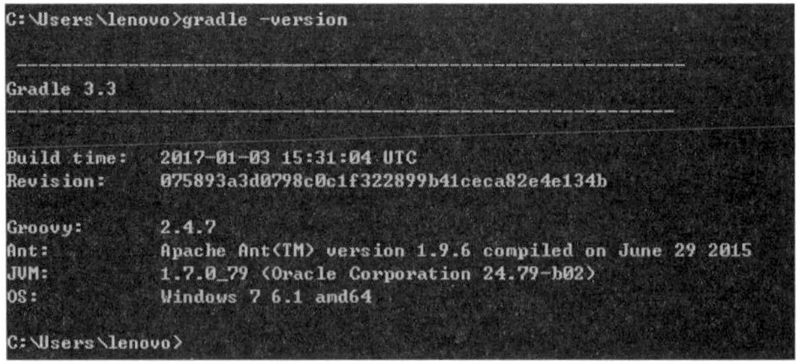

图 2-7　Gradle 安装验证结果

2.6.3　Kafka 源码编译

先进入 http://kafka.apache.org/downloads.html 下载 Kafka 源码文件。本书编写时 Kafka 的最新

版本为 kafka-0.10.1.1，这里我们下载的是 kafka-0.10.1.1-src.tgz，将下载的源码包放在 F:\kafka-0.10.1.1 目录下，解压后如图 2-8 所示。

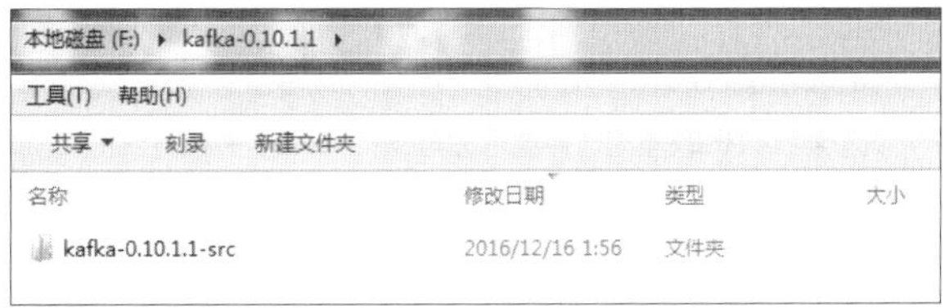

图 2-8 Kafka 源码解压后的文件目录

进入 kafka-0.10.1.1-src，Kafka 源码包括图 2-9 所示的目录及文件。

本地磁盘 (F:) ▸ kafka-0.10.1.1 ▸ kafka-0.10.1.1-src ▸
工具(T) 帮助(H)
共享 ▾ 刻录 新建文件夹

bin
checkstyle
clients
config
connect
core
docs
examples
gradle
log4j-appender
streams
tests
tools
vagrant
.gitignore
build.gradle
CONTRIBUTING.md
doap_Kafka.rdf
gradle.properties
gradlew
gradlew.bat
HEADER
kafka-merge-pr.py
LICENSE
NOTICE
README.md
release_notes.py
settings.gradle
Vagrantfile
wrapper.gradle

图 2-9 Kafka 源码包括的目录及文件

Kafka 源码对应目录及文件说明如表 2-4 所示。

表 2-4 Kafka 源码对应目录及文件说明

名　称	描　述
bin	包括 Windows 和 Linux 平台下 Kafka 相关操作的执行脚本，如启动和关闭 KafkaServer、创建主题、分区管理、模拟生产者和消费者基本操作的脚本等
clients	Kafka 客户端，包括 KafkaProducer 和 KafkaConsumer，用 Java 语言开发
config	Kafka 运行相关配置文件，如在启动代理时需要加载的 server.properties 文件
connect	0.9 版本之后新增加的特性，提供了 Kafka 与其他系统整合进行数据导入、导出操作的统一接口，为 Kafka 能够与其他系统整合构建可水平扩展、高可靠的数据流处理平台提供了一个简单模型，用 Java 语言开发
core	Kafka 的核心代码，包括消息协议定义、日志管理、各组件之间通信、安全协议等

续表

名　称	描　述
docs	Kafka 官方网站相关文档
examples	Kafka 实例代码
streams	Kafka 0.10 版本之后增加的新特性，是一个用来构建流处理程序的库，用 Java 语言开发
tools	Kafka 提供的工具类，用于查看生产者性能、吞吐量等
tests	系统测试脚本

由于在 Kafka 源代码的 gradle 子目录中没有 wrapper 类库，因此在 Kafka 根目录下执行 gradlew eclipse 命令时会报图 2-10 所示的错误。

```
F:\kafka-0.10.1.1\kafka-0.10.1.1-src>gradlew eclipse
错误: 找不到或无法加载主类 org.gradle.wrapper.GradleWrapperMain

F:\kafka-0.10.1.1\kafka-0.10.1.1-src>
```

图 2-10　Kafka 源码编译出错信息

接下来安装 wrapper 类库。由于本地安装的 Scala 版本为 2.11.8，在安装 wrapper 类库之前，先修改 Kafka 源码目录下的 gradle.properties 文件，将 Scala 版本设置为 2.11.8。gradle.properties 文件内容如图 2-11 所示。

```
group=org.apache.kafka
# NOTE: When you change this version number, you should also make sure to update
# the version numbers in tests/kafkatest/__init__.py and kafka-merge-pr.py.
version=0.10.1.1
#scalaVersion=2.10.6
scalaVersion=2.11.8
task=build
org.gradle.jvmargs=-XX:MaxPermSize=512m -Xmx1024m -Xss2m
```

图 2-11　gradle.properties 文件内容

然后进入 Kafka 源码根目录下，执行 gradle wrapper 命令来下载 wrapper 包，如图 2-12 所示。

```
F:\kafka-0.10.1.1\kafka-0.10.1.1-src>gradle wrapper
Building project 'core' with Scala version 2.11.8
Download https://repo1.maven.org/maven2/org/scoverage/scalac-scoverage-plugin_2.
11/1.3.0/scalac-scoverage-plugin_2.11-1.3.0.pom
Download https://repo1.maven.org/maven2/org/scoverage/scalac-scoverage-runtime_2
.11/1.3.0/scalac-scoverage-runtime_2.11-1.3.0.pom
Download https://repo1.maven.org/maven2/org/scala-lang/modules/scala-xml_2.11/1.
0.5/scala-xml_2.11-1.0.5.pom
Download https://repo1.maven.org/maven2/org/scoverage/scalac-scoverage-plugin_2.
11/1.3.0/scalac-scoverage-plugin_2.11-1.3.0.jar
Download https://repo1.maven.org/maven2/org/scoverage/scalac-scoverage-runtime_2
.11/1.3.0/scalac-scoverage-runtime_2.11-1.3.0.jar
Download https://repo1.maven.org/maven2/org/scala-lang/modules/scala-xml_2.11/1.
0.5/scala-xml_2.11-1.0.5.jar
:wrapper UP-TO-DATE

BUILD SUCCESSFUL

Total time: 51.629 secs
F:\kafka-0.10.1.1\kafka-0.10.1.1-src>
```

图 2-12　wrapper 安装过程输出信息

在该命令执行过程中会下载相应的 jar 文件，待完成相应文件下载后，若在控制台打印输出“BUILD　SUCCESSFUL”字样则表示安装 wrapper 类库成功。执行成功后会在 Kafka 源码的 gradle 目录下生成 wrapper 目录，如图 2-13 所示。

本地磁盘 (F:) ▸ kafka-0.10.1.1 ▸ kafka-0.10.1.1-src ▸ gradle ▸

工具(T)　帮助(H)

包含到库中 ▾　共享 ▾　刻录　新建文件夹

名称	修改日期	类型	大小
resources	2017/1/13 8:34	文件夹	
wrapper	2017/1/13 8:47	文件夹	
buildscript.gradle	2016/12/16 1:56	GRADLE 文件	1 KB
dependencies.gradle	2016/12/16 1:56	GRADLE 文件	5 KB
rat.gradle	2016/12/16 1:56	GRADLE 文件	4 KB

图 2-13　wrapper 安装过程创建的 wrapper 目录

进入 wrapper 目录，在该目录下已创建了一个 gradle-wrapper.jar 文件，如图 2-14 所示。

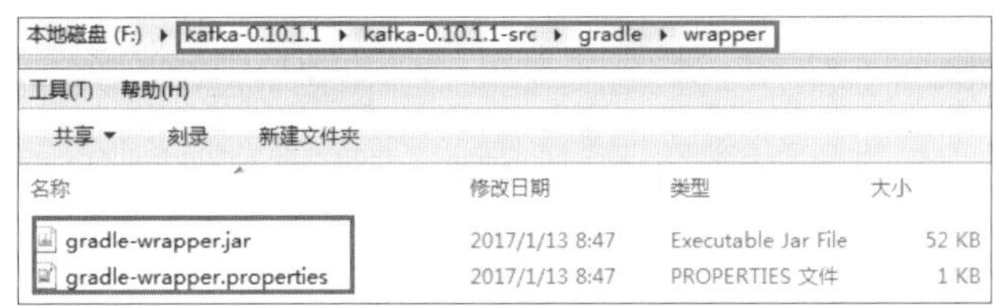

图 2-14　wrapper 安装过程生成的文件

最后在 Kafka 源码根目录执行 gradlew　eclipse 命令，对 Kafka 源码进行编译。这个过程由于要下载一系列依赖包，因此有些耗时，若出现“BUILD SUCCESSFUL”字样，则表示编译完成，如图 2-15 所示。

```
Download https://repo1.maven.org/maven2/javax/inject/javax.inject/1/javax.inject
-1-sources.jar
Download https://repo1.maven.org/maven2/org/javassist/javassist/3.18.2-GA/javass
ist-3.18.2-GA-sources.jar
:connect:runtime:eclipseJdt
:connect:runtime:eclipseProject
:connect:runtime:eclipse
:streams:examples:eclipseClasspath
:streams:examples:eclipseJdt
:streams:examples:eclipseProject
:streams:examples:eclipse

BUILD SUCCESSFUL

Total time: 9 mins 51.046 secs
F:\kafka-0.10.1.1\kafka-0.10.1.1-src>_
```

图 2-15　Kafka 源码成功编译输出日志信息

若读者在编译时输入 gradlew eclipse 命令后控制台打印日志输出：

```
Downloading https://services.gradle.org/distributions/gradle-3.3-bin.zip
.........................
```

一直卡在下载 gradle-3.3-bin.zip 时，可通过下载工具先下载 gradle-3.3-bin.zip 文件，然后复制到 C:\Users\用户名\.gradle\wrapper\dists\gradle-3.3-bin\37qejo6a26ua35lyn7h1u9v2n 目录下，接着再

次运行 gradlew eclipse 命令进行编译。

2.6.4 Kafka 导入 Eclipse

通过前面的步骤已完成了 Kafka 源码的编译，现在介绍如何将 Kafka 源码导入 Eclipse。在 Eclipse 视图中选择“import”，在弹出对话框中选择“Existing Projects into Workspace”，指定 Kafka 源码路径，依次导入 Kafka 源码中的 core 和 client 工程。导入项目后，若 Eclipse 的编码方式不是 UTF-8，会有错误提示，读者在导入 Kafka 源码时要确保 Eclipse 已设置 workspase 的编码方式为 UTF-8，同时建议修改 Scala 使用的 JVM 版本为 1.8，如图 2-16 所示。

Eclipse 工作空间环境配置完毕后，导入 Kafka 的 core 和 client 工程，如图 2-17 所示。

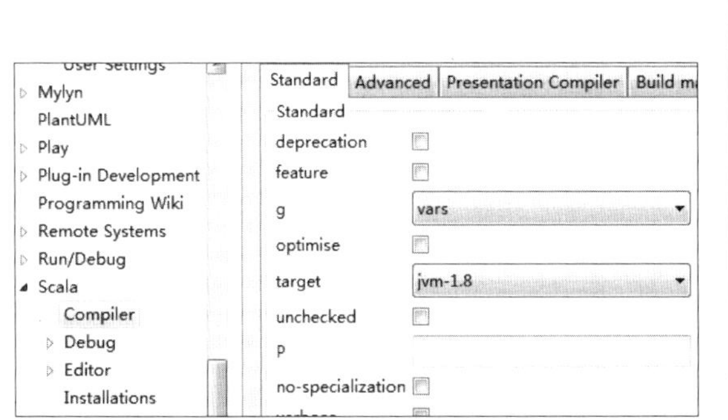

图 2-16　Eclipse 设置工程 Scala 运行的 JVM 版本界面

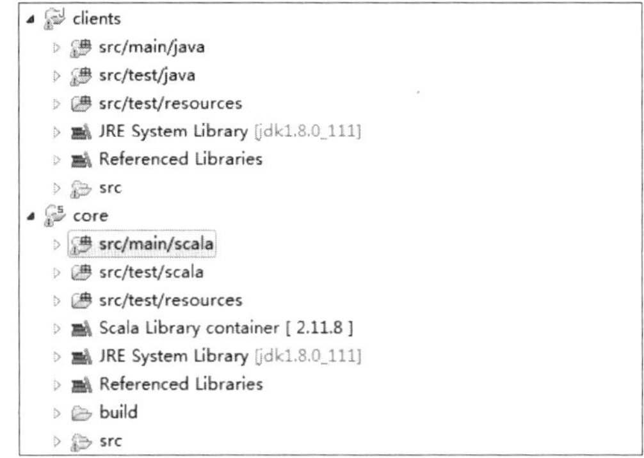

图 2-17　Kafka 源码导入 Eclipse 效果

若在 Eclipse 中看到 core 工程有错误提示信息，则在 core 工程上右键配置“build path”，在 Libraries 视图下可以看到缺失如图 2-18 所示的两个文件，这两个文件都是 core 工程测试代码所依赖的文件，并不影响 core 工程本身的运行。这里为了简单，直接将这两个文件从 Libraries 中移除。

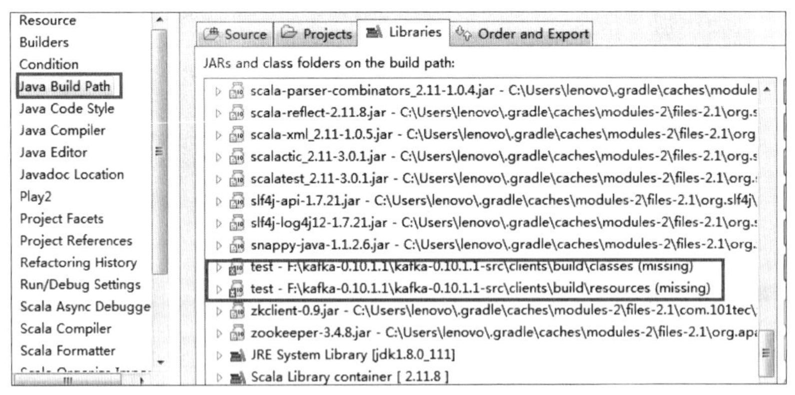

图 2-18　Kafka core 报错所缺失的文件

若直接运行 core 工程，kafka.kafka.scala 会报出如图 2-19 所示的错误信息。

```
Properties  Servers  Data Source Explorer  Console  Progress
<terminated> Kafka-server [Scala Application] C:\Program Files\Java\jdk1.8.0_111\bin\javaw.exe (2017年1月14日 上午12:40:52)
USAGE: java [options] KafkaServer server.properties [--override property=value]*
Option      Description
------      -----------
--override  Optional property that should override
              values set in server.properties file
```

图 2-19 Eclipse 启动 Kafka 时在控制台输出的错误信息

图 2-19 所示的错误是由于 Kafka 启动时需要加载 server.properties 文件，用于初始化 KafkaServer，因此在运行 kafka.kafka.scala 启动 KafkaServer 时，需要指定一个配置文件。KafkaServer 初始化的配置这里暂不进行详细介绍，将穿插在第 3 章至第 6 章对 Kafka 相关知识的讲解中进行介绍。现在，在 Eclipse 中设置运行参数，指定 server.properties 文件路径，配置如图 2-20 所示。由于 Kafka 依赖 ZooKeeper，因此要保证在启动 KafkaServer 之前先启动 ZooKeeper。

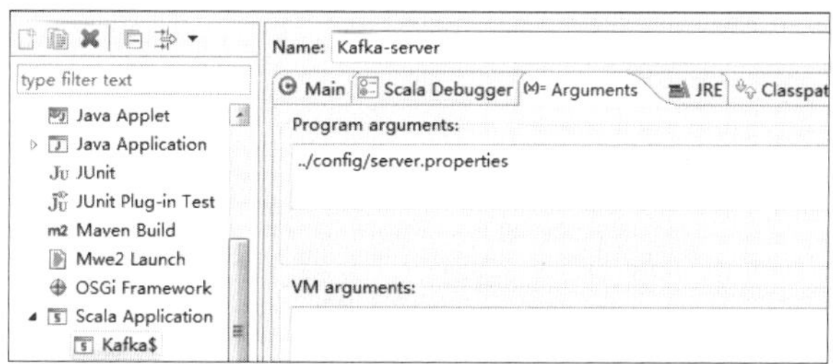

图 2-20 Eclipse 设置 Kafka 启动加载配置文件界面

为了在控制台输出启动日志，需要将 Kafka 源码 config 目录下的 log4j.properties 文件复制到 Eclipse core 工程 src/main/scala 目录下，运行 kafka.scala 启动 KafkaServer，Eclipse 控制台输出启动日志信息如图 2-21 所示。

```
Properties  Servers  Data Source Explorer  Console  Progress
Kafka-server [Scala Application] C:\Program Files\Java\jdk1.8.0_111\bin\javaw.exe (2017年1月14日 上午12:41:46)
[2017-01-14 00:41:48,812] INFO Will not load MX4J, mx4j-tools.jar is not in the classpath (kafka.utils.M
[2017-01-14 00:41:48,837] INFO Creating /brokers/ids/0 (is it secure? false) (kafka.utils.ZKCheckedEphem
[2017-01-14 00:41:48,871] INFO Result of znode creation is: OK (kafka.utils.ZKCheckedEphemeral)
[2017-01-14 00:41:48,873] INFO Registered broker 0 at path /brokers/ids/0 with addresses: PLAINTEXT -> E
[2017-01-14 00:41:48,888] WARN Error while loading kafka-version.properties :null (org.apache.kafka.comm
[2017-01-14 00:41:48,889] INFO Kafka version : unknown (org.apache.kafka.common.utils.AppInfoParser)
[2017-01-14 00:41:48,889] INFO Kafka commitId : unknown (org.apache.kafka.common.utils.AppInfoParser)
[2017-01-14 00:41:48,890] INFO [Kafka Server 0], started (kafka.server.KafkaServer)
```

图 2-21 Eclipse 启动 KafkaServer 输出结果

图 2-21 所示的日志信息表明：Kafka 源码已成功在 Eclipse 中运行起来。接下来就可以调试 Kafka，深入了解 Kafka 运行机制了。

2.7 小结

本章详细讲解了 Kafka 运行环境安装部署的步骤，包括在 Windows 操作系统、Linux 操作系统安装部署 Kafka，以及 Kafka 可视化管理工具的安装和 Kafka 源码的编译等。

第 3 章

Kafka 核心组件

前面两章详细讲解了 Kafka 基础知识及 Kafka 运行所依赖的环境，相信通过阅读前两章的内容读者对 Kafka 的基础知识已有了大致的了解。本章将对 Kafka 核心组件进行深入讲解。这里所说的核心组件也就是 Kafka 的核心功能模块，主要包括延迟操作组件、控制器、协调器、网络通信、日志管理器、副本管理器、动态配置管理器及心跳检测等。

3.1 延迟操作组件

本节先简要介绍 Kafka 延迟操作的组件，该组件可以辅助 Kafka 其他组件完成相应的功能，如协助客户端处理创建主题操作、协助组协调器（GroupCoordinator）处理 JoinGroupRequest 和 HeartbeatRequest 请求、协助副本管理器（ReplicaManager）处理 ProduceRequest 和 FetchRequest 请求。因此在讲解 Kafka 其他组件之前，先介绍 Kafka 的延迟操作组件。

3.1.1 DelayedOperation

Kafka 将一些不立即执行而要等待满足一定条件之后才触发完成的操作称为延迟操作，并将这类操作定义为一个抽象类 DelayedOperation，DelayedOperation 是一个基于事件启动有失效时间的 TimerTask。TimerTask 实现了 Runnable 接口，维护了一个 TimerTaskEntry 对象，TimerTaskEntry 绑定了一个 TimerTask，TimerTaskEntry 被添加到 TimerTaskList 中，TimerTaskList 是一个环形双向链表，按失效时间排序。

DelayedOperation 是一个抽象类，具体的延迟操作类继承于该抽象类，分别用来协助相应组件对不同的请求完成延迟处理操作，类图如图 3-1 所示。

DelayedOperation 只有一个 AtomicBoolean 类型的 completed 属性，用来控制某个延迟操作。在延迟时间（delayMs）内，onComplete()方法只被调用一次。DelayedOperation 主要方法如下。

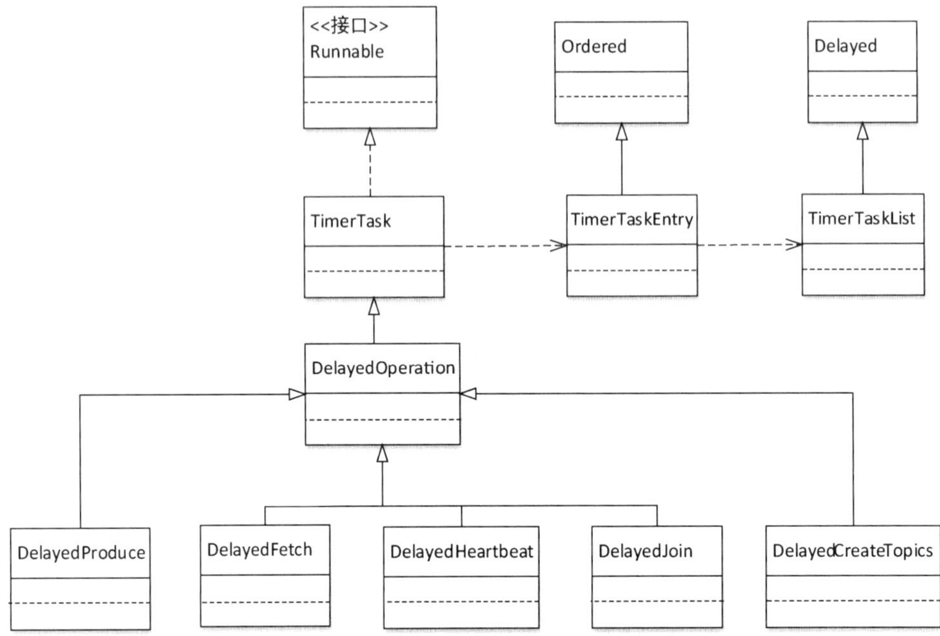

图 3-1 DelayedOperation 相关的类图

- tryComplete()方法：一个抽象方法，由子类来实现，负责检测执行条件是否满足。若满足执行条件，则调用 forceComplete()方法完成延迟操作。
- forceCompete()方法：该方法在条件满足时，检测延迟任务是否未被执行。若未被执行，则先调用 TimerTask.cancel()方法解除该延迟操作与 TimerTaskEntry 的绑定，将该延迟操作从 TimerTaskList 链表中移除，然后调用 onComplete()方法让延迟操作执行完成。通过 completed 的 CAS 原子操作（completed.compareAndSet），可以保证并发操作时只有第一个调用该方法的线程能够顺利调用 onComplete()完成延迟操作，其他线程获取的 completed 属性为 false，即不会调用 onComplete()方法，这就保证了 onComplete()只会被调用一次。
- onComplete()方法：是一个抽象方法，由子类来实现，执行延迟操作满足执行条件后需要执行的实际业务逻辑。例如，DelayedProduce 和 DelayedFetch 都是在该方法内调用 responseCallback 向客户端做出响应。
- safeTryComplete()方法：以 synchronized 同步锁调用 onComplete()方法，供外部调用。
- onExpiration()方法：也是一个抽象方法，由子类来实现当延迟操作已达失效时间的相应逻辑处理。Kafka 通过 SystemTimer 来定期检测请求是否超时。SystemTimer 是 Kafka 实现的底层基于层级时间轮和 DelayQueue 定时器，维护了一个 newFixedThreadPool 线程池，用于提交相应的线程执行。例如，当检测到延迟操作已失效时则将延迟操作提交到该线程池，即执行线程的 run()方法的逻辑。DelayedOperation 覆盖了 TimerTask 的 run()方法，在该方法中先调用 forceCompete()方法，当该方法返回 true 后再调用 onExpiration()方法。

对于 SystemTimer 的实现细节，本书不进行阐述，有兴趣的读者可以查阅 Kafka 源码。

Kafka 当前的设计 onComplete()方法是向客户端做出响应的唯一出口，当延迟操作达到失效时间时也是先执行 forceCompete()方法，让 onComplete()方法执行之后再调用 onExpiration()方法，在 onExpiration()方法中仅是进行相应的过期信息收集之类的操作。DelayedOperation 各方法在一个延迟周期内的调用关系如图 3-2 所示。

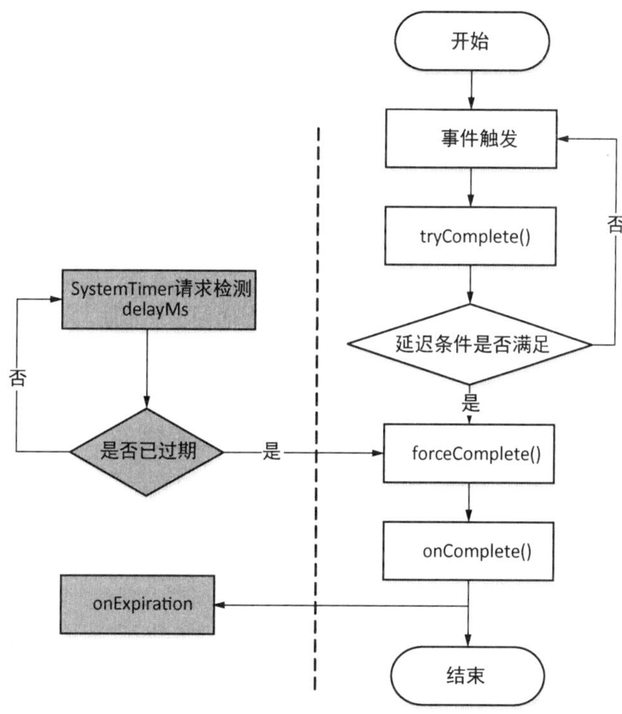

图 3-2 DelayedOperation 方法调用流程

3.1.2 DelayedOperationPurgatory

DelayedOperationPurgatory 是一个对 DelayedOperation 管理的辅助类，为了书写简便，我们将其简称为 Purgatory。Purgatory 以泛型的形式将一个 DelayedOperation 添加到其内部维护的 Pool[Any, Watchers]类型 watchersForKey 对象中，同时将 DelayedOperation 添加到 SystemTimer 中。

其中，Watchers 是 Purgatory 的内部类，底层是一个 ConcurrentLinkedQueue，该类定义了一个 ConcurrentLinkedQueue 类型的 operations 属性，用于保存 DelayedOperation。从 Watchers 类名可以看出，该类的作用就是对 DelayedOperation 进行监视。Watchers 提供了以下 3 个对 DelayedOperation 操作的方法。

- watch()方法：用于将 DelayedOperation 添加到 operations 集合中。
- tryCompleteWatched()方法：用于迭代 operations 集合中的 DelayedOperation，通过 DelayedOperation.isCompleted 检测该 DelayedOperation 是否已执行完成。若已执行完成，则从 operations 集合中移除该 DelayedOperation。否则调用 DelayedOperation.safeTryComplete()方法尝试让该 DelayedOperation 执行完成，若执行完成，即 safeTryComplete()方法返回 true，则将该 DelayedOperation 从 operations 集合中移除。最后检测 operations 集合是否为空，如果 operations 为空，则表示该 operations 所关联的 DelayedOperation 已全部执行完成，因此将该 Watchers 从 Purgatory 的 Pool 中移除。
- purgeCompleted()方法：与 tryCompleteWatched()方法基本功能类似，区别在于 purgeCompleted()方法只单纯地将该 operations 集合中已完成的 DelayedOperation 移除，对未完成的 DelayedOperation 并不尝试将其执行完成。

  我们可以简单地将 Purgatory 与 Spring Quartz 类比，这样对 Purgatory 的作用就不难理解了。Purgatory 相当于 Quartz 的 SchedulerFactoryBean，而 DelayedOperation 相当于 ScheduleFactoryBean 所管理的具体 Schedule，由 Purgatory 负责调度。只不过 Purgatory 除了管理调度 DelayedOperation 之外，还负责 DelayedOperation 超时的管理。下面简要介绍 Purgatory 的两个主要方法。
- tryCompleteElseWatch()方法：该方法首先调用待检测的 DelayedOperation.safeTryComplete()方法，检测是否能执行完成，若未执行完成，则迭代 watchersForKey 对应的 DelayedOperation 检测 DelayedOperation 是否已完成，若未完成，则将其添加到 Watchers 中。添加完成后，再调用 safeTryComplete()方法再次尝试让 DelayedOpeartion 执行完成，若还是未完成，再将其添加到 SystemTimer 中。添加完后再次检测是否执行完成，若已执行完成则将其从 SystemTimer 中移除。可以看到，在整个操作逻辑中多次执行 safeTryComplete()方法以及多次检测是否已完成，是以防在操作过程中可能已被其他线程触发执行完成。同时在将 DelayedOperation 添加到 Watchers 操作时并没有将原来的 Key 清理掉，这是因为 Purgatory 在启动时会同时启动一个 ExpiredOperationReaper 线程，该线程除了推进时间轮的指针外还会定期清理 watchersForKey 已完成的 DelayedOperation。
- checkAndComplete()方法：根据所传入的 Key，检测该 Key 对应的 Watchers 是否执行完成，若未完成，再调用 Watchers.tryCompleteWatched()方法进行处理。

由此可见，Purgatory 对 DelayedOperation 的管理是通过 Watchers 来完成的，通过 Watchers 调用 DelayedOperation 相应的方法，让 DelayedOperation 要么在 delayMs 时间内完成，要么超时。在对 Purgatory 有了基本了解之后，下面将逐一介绍 DelayedOperation 实现类的具体作用及实现细节。

3.1.3　DelayedProduce

我们从 DelayedProduce 的构造方法参数开始一步一步深入，对 DelayedProduce 的作用和实现细节进行讲解。

```
DelayedProduce(delayMs: Long,
               produceMetadata: ProduceMetadata,
               replicaManager: ReplicaManager,
               responseCallback: Map[TopicPartition, PartitionResponse] => Unit)
```

由构造方法的参数可知，DelayedProduce 是协助 ReplicaManager 完成相应延迟操作的，而 ReplicaManager 的主要功能是负责将生产者发送的消息写入 Leader 副本、管理 Follower 副本与 Leader 副本之间的同步以及副本角色之间的转换，DelayedProduce 显然是与生产者发送消息相关的延迟操作，因此只可能在消息写入 Leader 副本时需要 DelayedProduce 的协助。在 ReplicaManager.appendMessages()方法中当 ProduceRequest 的 acks 为-1 的情况下，创建了一个 DelayedProduce 对象。当生产者调用 KafkaProducer.send()方法后，KafkaApis.handleProducerRequest()方法会调用 ReplicaManager.appendMessages()方法将消息追加到相应分区的 Leader 副本之中。ProduceRequest 的 acks 为-1，意味着生产者需要等待该分区的所有副本都与 Leader 副本同步之后才会进行下一条消息的发送。若要控制在分区各 Follower 副本与 Leader 副本同步完成后再向生产者应答，就要发挥 DelayedProduce 的作用了。

由以上分析可知，DelayedProduce 的作用就是协助副本管理器在 acks 为-1 的场景时，延迟回调 responseCallback 向生产者做出响应。具体表现在当消息追加到分区 Leader 副本之后，该分区各 Follower 副本完成了与 Leader 副本消息同步之后再回调 responseCallback 给生产者。

DelayedProduce 继承 DelayedOperation 类，因此必须实现 DelayedOperation 类两个抽象方法。在分析 DelayedProduce 实现这两个抽象方法之前，我们对 DelayedProduce 构造方法的其他几个参数进行简单介绍。参数 delayMs 指延迟时间。参数 produceMetadata 是一个 ProduceMetadata 对象，记录了本次 ProduceRequest 的 ack 信息即 produceRequiredAcks，以及对应分区对消息追加处理结果信息 ProducePartitionStatus。ProducePartitionStatus 对象包括本次追加消息的最大偏移量 requiredOffset、分区处理结果 PartitionResponse 以及一个用于标识是否还在进行数据同步的 Boolean 类型的 acksPending 字段，当副本同步完成后此字段为 false。PartitionResponse 对象由处理的结果码 errorCode、消息写入日志段的基准偏移量 baseOffset 和消息追加的时间戳 timestamp 组成。在初始化时，PartitionResponse.errorCode 为 Errors.REQUEST_TIMED_OUT.code。

DelayedProduce 能够执行的条件及处理逻辑如下。

（1）写操作发生异常。更新该分区的 ProducePartitionStatus.PartitionResponse.errorCode，同时更新 acksPending=false。

（2）当分区 Leader 副本发生迁移时。此时也需要更新该分区的 ProducePartitonStatus 和 acksPending=false。

（3）ISR 副本同步完成，Leader 副本的 HW（HighWatermark，3.6 节将进行介绍）已大于 requiredOffset。通过 Partition.checkEnoughReplicasReachOffset（status.requiredOffset）处理后会修改 DelayedProduce 初始化时对 PartitionResponse.errorCode 所设置的默认值。

DelayedProduce.tryComplete()方法检测 DelayedProduce 是否满足执行条件，DelayedProduce 需要在本次请求对应的所有分区都满足条件之后才调用 forceComplete()方法来完成延迟操作。

在 3.1.1 节已介绍过，延迟操作满足执行条件后需要执行的业务逻辑是由 onComplete()方法处理，因此 DelayedProduce 的 onComplete()方法就是回调 respoonseCallback 向客户端做出响应。

3.1.4 DelayedFetch

DelayedProduce 是在 ProduceRequest 处理中对生产者发送消息的延迟操作，自然 DelayedFetch 就是在 FetchRequest 处理时进行的延迟操作。在 Kafka 中只有消费者或是 Follower 副本会发起 FetchReuqest 请求。FecthRequest 是由 KafkaApis.handleFetchRequest()方法处理的，在该方法中会调用 ReplicaManager.fetchMessages()方法从相应分区的 Leader 副本拉取消息。在 ReplicaManager.fetchMessages()方法中会创建 DelayedFetch 延迟操作。

DelayedFetch 构造方法有一个 fetchMetadata 参数，该参数是一个 FetchMetadata 对象，该对象包括指定本次拉取操作获取数据的最小及最大字节数字段、是否只从 Leader 副本读取以及是否只读 HW 之前的数据的标志字段、一个用来标识是消费者还是 Follower 副本的 replicaId 字段、用来记录本次从每个分区拉取结果的 fetchPartitionsStatus 字段。从 FetchMetadata 对象的字段也可以看出之所以在拉取消息时需要延迟操作，是为了让本次拉取消息获取到足够的数据。

DelayedFetch 若满足以下条件之一则表示可完成延迟操作执行。

（1）发生异常，Leader 副本发生了迁移，当前的代理不再是 Leader 副本。

（2）发生异常，拉取消息的分区不存在。

（3）日志段发生了切割，请求拉取的消息偏移量已不在活跃段内，同时 Leader 副本没有处在限流处理的状态。

（4）累积拉取的消息数已超过了最小字节数限制。

与 DelayedProduce 一样，DelayedFetch 也需要实现 tryComplete()方法和 onComplete()方法。DelayedFetch 的 tryComplete()也用于检测 DelayedFetch 是否满足执行条件，若满足执行条件就调用 forceComplete()方法执行延迟操作。与 DelayedProduce 不同的是，DelayedFetch 并不要求本次订阅的分区都满足执行条件后才最终执行。

DelayedFetch.onComplete()方法也是构造拉取返回结果回调 responseCallback 给客户端。

3.1.5 DelayedJoin

DelayedJoin 是协助组协调器在消费组准备平衡操作时进行相应的处理。当消费组的状态转换为 PreparingRebalance 时，即准备进行平衡操作，在组协调器的 prepareRebalance()方法中会创建一个 DelayedJoin 对象，并交由 DelayedOperationPurgatory 负责监视管理。

在消费组进行平衡操作时之所以需要 DelayedJoin 处理，是为了让组协调器等待当前消费组下所有的消费者都请求加入消费组，即发起了 JoinGroupRequest 请求。每次组协调器处理完 JoinGroupRequest 时都会检测 DelayedJoin 是否满足了完成执行的条件。

DelayedJoin 相应方法的实现是调用 GroupCoordinator 相关方法来完成。DelayedJoin.tryComplete()调用的是 GroupCoordinator.tryCompleteJoin()方法，该方法判断是否还有未申请加入消费组的消费者，若所有消费者均已申请加入消费组，则表示 DelayedJoin 满足了完成执行的条件，否则继续等待，直到满足执行条件或超时。而 DelayedJoin.onComplete()方法调用的是 GroupCoordinator.onCompleteJoin()方法，onCompleteJoin()方法的主要执行逻辑如下。

（1）若还有未加入消费组的成员，则将该成员相关信息从消费组列表中移除。

（2）若消费组的状态不为 Dead（消费组的状态会在 3.3 节进行相应介绍），则先初始化与协调器对应的一个轮值标识 generationId，然后根据该消费组下的成员列表是否为空分别做相应处理。若该消费组没有任何成员，则需要构造消息的 Value 为空的消费组相关元数据消息，即该消费组对应的元数据信息为空，这里是利用 Kafka 消息压缩清除的原理，当某消息的 Value 为空时则表示将要删除同 Key 的消息，组协调器通过这种方式将消费组相应数据从 Kafka 内部主题（"__consumer_offsets"）中清除。否则，遍历消费组下的每个成员构造 JoinGroupResult，不过 Leader 消费者比 Follower 消费者多一个当前消费组的元数据信息字段。最后通过回调函数将 JoinGroupResult 发送给消费者，并对当前和下一次的心跳检测做相应处理。

（3）将第 2 步消费组元数据消息写入 Kafka 内部主题，即在第 2 步若消费组下已没有任何成员时，只是构造了一条与消费组元数据信息相关的消息，该消息的 Value 为空，这样当经由本步操作之后，会将该消费组在 Kafka 内部主题保存的消息删除。

DelayedJoin 的功能及相应方法已介绍完毕，DelayedJoin.onExpiration()的方法也是调用 GroupCoordinator.onExpireJoin()方法，不过该方法没有做任何实现。

3.1.6 DelayedHeartbeat

DelayedHeartbeat 用于协助消费者与组协调器心跳检测相关的延迟操作，DelayedHeartbeat 相关功能的实现是调用 GroupCoordinator 的相应方法来完成的。下面分别介绍 DelayedHeartbeat 相应方法的具体实现。

DelayedHeartbeat.tryComplete()方法调用 GroupCoordinator.tryCompleteHeartbeat()方法来检测是否满足执行条件，若满足以下条件之一则可触发执行。

（1）member.awaitingJoinCallback 不为空。其中 member 是指 MemberMetadata，Kafka 将一个组协调器管理的成员元数据信息封装为一个 MemberMetadata 对象，成员的元数据信息包括心跳 Session 超时时间、上一次更新心跳的时间戳、成员所支持的协议（对于消费者是指分区分配策略），同时还包括组的状态信息等。awaitingJoinCallback 不为空，则表示消费者已发出了 JoinGroupRequest，现在正在等待组协调器返回 JoinGroupResponse。

（2）member.awaitingSyncCallback 不为空，表示正在进行 SyncGroupRequest 处理。

（3）上一次更新心跳的时间戳与 member.sessionTimeoutMs 之和大于 heartbeatDeadline。

（4）消费者已离开消费组。

DelayedHeartbeat.onExpiration()方法调用的是 GroupCoordinator.onExpireHeartbeat()方法，

在该方法中检查 tryComplete()方法执行条件的前 3 个条件是否都不满足，若均不满足时，则调用 GroupCoordinator.onMemberFailure()方法进行处理。在 onMemberFailure()方法中首先会调用 GroupMetadata.remove()方法将该消费者从消费组中删除，然后根据 GroupMetadata 对应的消费组所处的状态进行相应处理。若消费组处于 Dead 或是 Empty 状态时，则不进行处理；若处于 Stable 或是 AwaitingSync 状态，则将状态切换为 PreparingRebalance，准备进行平衡操作；若是处于 PreparingRebalance 状态，则检测由于消费组中的消费者减少是否满足了 DelayedJoin 执行条件尝试执行。

DelayedHeartbeat.onComplete()方法调用的是 GroupCoordinator.onCompleteHeartbeat()方法，但该方法没有做任何处理。

3.1.7　DelayedCreateTopics

在创建主题时，需要为主题的每个分区分配到 Leader 之后，才调用回调函数将创建主题结果返回给客户端。DelayedCreateTopics 延迟操作等待该主题的所有分区副本分配到 Leader 或是等待超时后调用回调函数返回给客户端。

- DelayedCreateTopics.tryComplete()方法用于检测延迟操作是否已满足执行条件。当检测到该主题的所有分区副本都分配到 Leader 后，LeaderDelayedCreateTopics 即满足了执行条件。
- DelayedCreateTopics.onComplete()方法构造该主题与错误码映射关系，调用回调函数返回给客户端。
- DelayedCreateTopics.onExpiration()方法也是一个空实现，没有进行任何处理。

3.2　控制器

在启动 Kafka 集群时，每一个代理都会实例化并启动一个 KafkaController，并将该代理的 brokerId 注册到 ZooKeeper 的相应节点当中。Kafka 集群中各代理会根据选举机制选出其中一个代理作为 Leader，即 Leader 控制器（本书简称之为控制器，在没有特殊说明情况下，控制器均指 Leader 控制器）。当控制器发生宕机后其他代理再次竞选出新的控制器。控制器负责主题的创建与删除、分区和副本的管理以及代理故障转移处理等。当一个代理被选举成为控制器时，该代理对应的 KafkaController 就会注册（Register）控制器相应的操作权限，同时标记自己是 Leader。当代理不再成为控制器时，就要注销掉（DeRegister）相应的权限。实现这些功能的程序入口是在 Kafka 核心 core 工程下的 kafka.controller.KafkaController 类。在讲解控制器之前，有必要先介绍如下字段、数据结构和术语。

- controller_epoch：用于记录控制器发生变更次数，即记录当前的控制器是第几代控制器（本书中我们称之为控制器轮值次数）。初始值为 0，当控制器发生变更时，每选出一个新的控制器需将该字段加 1，每个向控制器发送的请求都会带上该字段，如果请求的 controller_epoch 的值小于内存中 controller_epoch 的值，则认为这个请求是向已过期的控制器发送的请求，那么本次请求就是一个无效的请求。若该值大于内存中 controller_epoch 的值，则说明已有新的控制器当选了。通过该值来保证集群控制器的唯一性，进而保证相关操作一致性。该字段对应 ZooKeeper 的 controller_epoch 节点，通过登录 ZooKeeper 客户端执行 get/controller_epoch 命令，可以查看该字段对应的值。

- zkVersion：作用类似数据库乐观锁，用于更新 ZooKeeper 路径下相应元数据信息，如 controller epoch，ISR 信息等。
- leader_epoch：分区 Leader 更新次数。controller_epoch 是相对代理而言的，而 leader_epoch 是相对于分区来说的。由于各请求达到顺序不同，控制器通过 controller_epoch 和 leader_epoch 来确定具体应该执行哪个命令操作。
- 已分配副本（assigned replica）：每个分区的所有副本集合被称作已分配副本，简写为 AR，本书中所有 AR 均表示此含义，而 ISR 是与分区 Leader 保持同步的副本列表。
- LeaderAndIsr：Kafka 将 Leader 对应的 brokerId 和 ISR 列表封装成一个 LeaderAndIsr 类。以 JSON 串表示为{"leader" :Leader 的 brokerId, "leader_epoch" :leader 更新次数, "isr" :ISR 列表}。
- 优先副本（preferred replica）：在 AR 中，第一个副本称为 preferred replica，也就是我们说的优先副本。理想情况下，优先副本即是该分区的 Leader，Kafka 要确保所有主题的优先副本在 Kafka 集群中均衡分布，这样就保证了所有分区的 Leader 均衡分布。保证 Leader 在集群中均衡分布很重要，因为所有的读写请求都由分区 Leader 副本进行处理，如果 Leader 分布过于集中，就会造成集群负载不均衡。为了保证优先副本的均衡分布，Kafka 提供了 5 种分区选举器（PartitionLeaderSelector），当分区数发生变化或是分区 Leader 宕机时就会通过分区选举器及时选出分区新的 Leader。

在对控制器实现细节涉及的字段、数据结构和术语进行简要介绍之后，下面将对控制器相关内容进行深入分析。

3.2.1 控制器初始化

每个代理在启动时会实例化并启动一个 KafkaController。KafkaController 实例化时主要完成以下工作。

（1）创建一个 ControllerContext 实例对象，该对象很重要的一个作用是用于缓存控制器各种处理操作所需要的数据结构。ControllerContext 实例化时会初始化用于记录控制器选举次数的 epoch 及与之对应的 zkVersion 字段的值，初始时都为 0，同时设置当前正常运行的代理列表、主题列表、各主题对应分区与副本的 AR 列表等。声明控制器与其他代理通信的 ControllerChannelManager 对象，ControllerChannelManager 在这里只是声明并没有创建和启动。实例化代理选举控制器操作的 ReentrantLock。

（2）实例化用于维护和管理分区状态的状态机（PartitionStateMachine）。Kafka 分区定义了 4 个状态，分区状态及描述如表 3-1 所示。

表 3-1　Kafka 分区状态及描述

状态名	状态值	描述
NewPartition	0	当一个分区被创建后就处于该状态，处于该状态的分区已得到了副本分配，但还没有 Leader 和 ISR 信息
OnlinePartition	1	一旦分区的 Leader 选举出来后，分区就处于该状态
OfflinePartition	2	如果分区 Leader 成功选出来之后，Leader 的代理仍处于宕机状态，则该分区就转到离线（OfflinePartition）状态
NonExistentPartition	3	处于此状态表明该分区可能还没有被创建，也可能是曾被创建过但已被删除

分区状态机对应的 4 种状态的转换关系如图 3-3 所示。

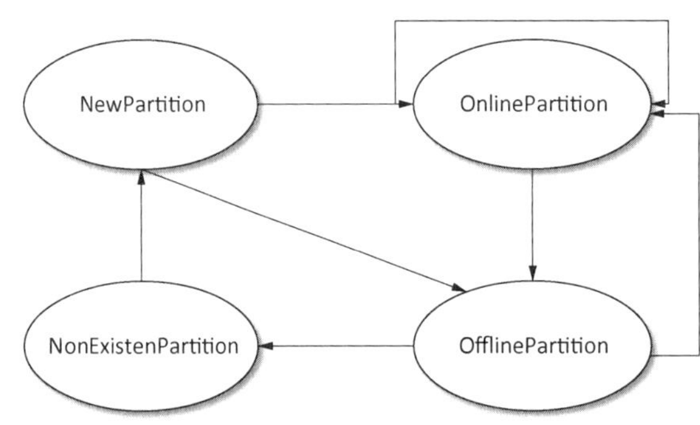

图 3-3　分区状态机状态转换图

分区状态机会注册两个监听器，这两个监听器的作用如下。

- TopicChangeListener 用于监听/brokers/topics 路径下子节点变化，当创建一个主题时，会在该路径下创建一个与该主题相同名字的子节点。当该路径下子节点发生变化即主题有变化时就会触发该监听器，该监听器的 handleChildChange()方法中会更新 ControllerContext 中维护的主题列表信息及各主题对应分区的 AR 信息。同时，若该路径下节点的变更是由于创建一个新的主题所引起的，则调用控制器相应方法进行处理，会向该主题注册一个用于监听该主题分区和副本发生变化的监听器。
- DeleteTopicsListener 用于监听/admin/delete_topics 子节点的变更，当删除一个主题时，会在该路径下创建一个与待删除主题相同名字的子节点，当该路径下子节点发生变化时就会触发该监听器，在该监听器的 handleChildChange()方法中会将待删除的主题从/brokers/topic 路径下删除，并将该主题加入到 TopicDeletionManager 维护的记录待删除主题的队列当中，交由 TopicDeletionManager 执行删除。

（3）实例化一个对副本状态管理的状态机 ReplicaStateMachine。Kafka 对副本定义了 7 种状态，各副本状态及描述如表 3-2 所示。

表 3-2 Kafka 副本状态及描述

状 态 名	状态值	描 述
NewReplica	1	新创建的副本状态即为 NewReplica，处于该状态的副本只能接受成为 Follower 副本的转换请求
OnlineReplica	2	一旦副本被启动或者已是分区 AR 的一部分时，该副本就处于在线状态，处于该状态的副本可以接受成为 Leader 或者 Follower 的转换请求
OfflineReplica	3	如果检测到一个副本所在的代理已宕机，则将该副本状态设置为此状态即离线状态，表示该副本将要被从 ISR 中下线
ReplicaDeletionStarted	4	在对处于离线状态的副本进行删除操作时，先将副本状态标记为此状态，表示正在进行删除离线副本的操作
ReplicaDeletionSuccessful	5	当删除副本成功，删除请求返回没有错误应答码时，则将副本标记为此状态
ReplicaDeletionIneligible	6	如果副本删除失败，则将副本状态设置为此状态
NonExistentReplica	7	如果副本删除成功，则将副本状态设置为此状态

表 3-2 对副本状态进行了详细介绍，各状态之间有效状态转换如图 3-4 所示。

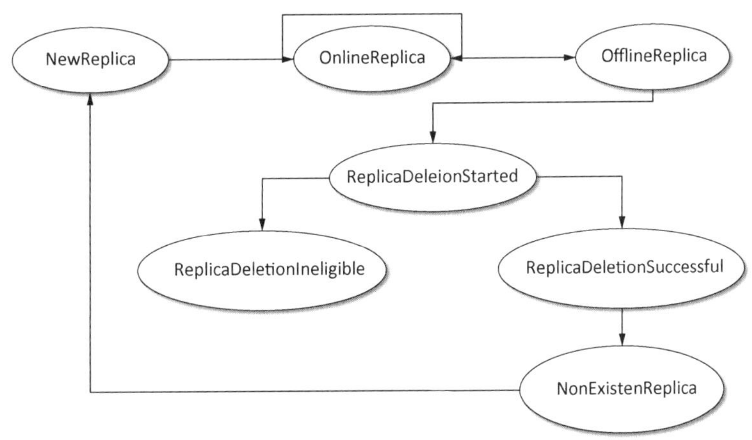

图 3-4 副本状态机状态转换图

在副本状态机内部定义了一个 BrokerChangeListener 监听器，该监听器会监听 ZooKeeper 的/brokers/ids/路径下各代理对应的 brokerId 节点的变化。当代理与 ZooKeeper 会话超时，相应临时节点被删除抑或是一个新代理加入时，/brokers/ids 路径下的子节点发生变化就会触发该监听器，该监听器调用 ControllerContext.controllerChannelManager 对节点变化进行相应处理。

（4）创建用于将当前代理选举为控制器的 ZooKeeperLeaderElector 选举器对象，实例化该对象时需要传递两个回调函数：完成控制器相应初始化操作的 onControllerFailover()方法，以及当新的控制器当选时让先前的控制器注销控制器权限的 onControllerResignation()方法。Kafka 控制器选举策略是在 ZooKeeper 的/controller 路径下创建一个临时节点，并注册一个 LeaderChangeListener，通过该监听器来监听该临时节点，当该临时节点信息发生变更时，就会触发该监听器。当新当选的控制器信息被保存时，就会触发该监听器的 handleDataChange()方法进行相应处理；当监听器监听到/controller 路径下控制器信息被删除时，将触发 onControllerResignation()回调方法，同时触发重新选举机制。关于控制器的选举过程在后面小节会有详细讲解，这里不再赘述。

（5）创建一个独立定时任务 KafkaScheduler，该定时任务用于控制器进行平衡操作，其生命周期只在代理成为 Leader 控制器期间有效，当代理不再是 Leader 控制器时，即调用 onControllerResignation()方法时该定时任务就会被关闭。

（6）声明一个对主题操作管理的 TopicDeletionManager 对象。该对象在 3.2.5 节将会详细阐述。

（7）创建一个用于在分区状态发生变化时为分区选举出 Leader 副本的分区选举器 PartitionLeaderSelector。Kafka 提供了 5 种分区选举器，这些选举器会被分区状态机调用，当分区的状态发生变化时，根据分区所处状态选用不同的选举器为分区选出 Leader 副本。分区选举器只定义了一个 selectLeader()方法，该方法接受两个对象，一个表示要被选举为 Leader 的分区对象 TopicAndPartition，另一个表示该分区当前的 Leader 和 ISR 对象 LeaderAndIsr。该方法返回一个元组，元组包括新当选的 Leader，ISR 对象以及由一组副本构成的 LeaderAndIsrRequest 对象。分区选举器的类层次结构如图 3-5 所示。

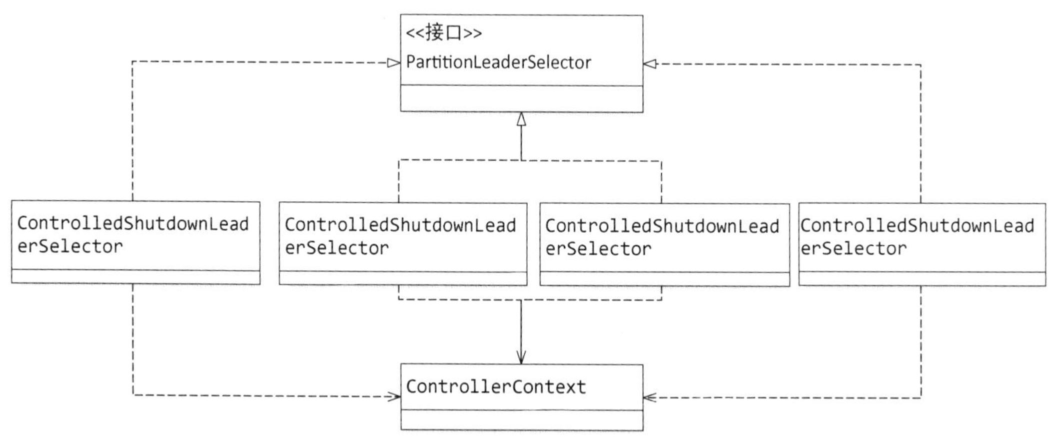

图 3-5　Kafka 分区选举器的类图

各选举器的功能及选举策略如下。

- OfflinePartitionLeaderSelector：分区状态机启动、新创建一个分区或是将一个分区状态由 NewPartition 状态、OfflinePartition 状态转换到 OnlinePartition 状态时会调用该选举器，为分区选出 Leader，得到分区的 LeaderAndIsr。该选举器选举策略是首先判断是否有存活（本书用存活来代表心跳检测正常的代理所处的状态）的 ISR，若 ISR 中至少有一个存活的代理，则从 ISR 列表中选第一个存活的代理作为 Leader，存活的 ISR 作为新的 ISR；否则，若配置项 unclean.leader.election.enable 为 true，该配置项默认为 true，即表示允许从不在 ISR 列表中的副本选举 Leader，同时 AR 中若有存活的副本，则从 AR 列表中选第一个代理作为 Leader，存活的 AR 作为新的 ISR。当没有可选作 Leader 的代理时，会抛出 NoReplicaOnlineException 的异常。Leader 和 ISR 选出后构造 LeaderAndIsr 对象，将当前的 leader_epoch 加 1 赋值给新的 leader_epoch，将当前的 zkVersion 加 1 作为新的 zkVersion。若 Leader 选举成功，后续会将 LeaderAndIsr 对象和 controller_epoch 值构造 PartitionStateInfo 对象。登录 ZooKeeper 客户端在 ZooKeeper 的 /brokers/topics/${topicName}/partitions/${partitionId}/state 可以查看到某个分区的元数据信息。例如，查看有 5 个 Broker，即 brokerId={0,1,2,3,4}，主题名 topicName 为“topic-analyse”，partitionId 为 0 的分区信息如下：

```
{"controller_epoch":7,"leader":3,"version":1,"leader_epoch":0,"isr":[1,3]}
```

以上分区信息表示该分区的 Leader 副本为 brokerId 为 3 的节点，同时该分区至少有 2 个副本，因为 ISR 当前有 2 个节点，集群的控制器总共发生了 7 次变更，而分区的 Leader 从最初当选还未发生过变化，可以从 leader_epoch 值来判断分区或是 ISR 是否发生过变化。

- ReassignedPartitionLeaderSelector：当分区进行重分配时会调用该选举器。该选举器的选举策略是从 AR 列表中找出存活副本列表，若有存活的副本则取存活副本列表的第一个副本作为 Leader，将当前 ISR 作为新的 ISR，将 AR 作为接受 LeaderAndIsr 请求的副本集合。若没有候选的副本，则抛出 NoReplicaOnlineException 异常。
- PreferredReplicaPartitionLeaderSelector：该选举器直接将优先副本设置为分区的 Leader。该选举器首先根据当前 Leader 是不是由优先副本担任来决定是否需要选举。若当前 Leader 由优先副本担任则无需设置，仅抛出 LeaderElectionNotNeededException 异常进行提示；若优先副本不是 Leader 但在该分区的 ISR 列表中，则将优先副本选为 Leader，将 AR 作为接受 LeaderAndIsr 请求的副本集合；否则抛出 StateChangeFailedException 异常。
- ControlledShutdownLeaderSelector：该选举器将从 ISR 中剔除已关闭的节点，将剔除已关闭节点后的 ISR 作为新的 ISR，同时从新的 ISR 中选取第一个作为 Leader 副本。将 AR 中剔除已关闭节后的副本节点作为接受 LeaderAndIsr 请求的副本集合。
- NoOpLeaderSelector：该选举器只返回当前分区的 Leader 和 ISR。

（8）实例化 ControllerBrokerRequestBatch。在前面实例化了分区状态机和副本状态机，这两个状态机在相应状态发生变化时相应监听器都会调用各自的 handleStateChange()方法进行处理，而 ControllerBrokerRequestBatch 封装了 leaderAndIsrRequestMap、stopReplicaRequestMap 和 updateMetadataRequestMap 这 3 个集合，用来记录和缓存 handleStateChange()方法中产生的 request，控制器将这些 request 交由 ControllerBrokerRequestBatch.sendRequestsToBrokers()方法批量发送出去，交由 KafkaApis 调用相应的 handle 方法进行处理。

（9）实例化 3 个监听器，即用于监听分区重分配的 PartitionsReassignedListener，用于监听当分区状态变化时触发 PreferredReplicaPartitionLeaderSelector 选举器将优先副本选举为 Leader 的 PreferredReplicaElectionListener、用于监听当 ISR 发生变化时将 ISR 变化通知给 ZooKeeper

进行更新操作，同时向所有的代理节点发送元数据修改请求的 IsrChangeNotificationListener。

至此，控制器实例化过程讲解完毕。当一个代理启动时就会创建一个 KafkaController 实例并启动。在启动 KafkaController 时，先注册一个用于监听代理与 ZooKeeper 会话超时的监听器 SessionExpirationListener，然后启动控制器选举，让当前代理试图去竞选为控制器。

3.2.2 控制器选举过程

每个代理启动时会创建一个 KafkaController 实例，当 KafkaController 启动后就会从所有代理中选择一个代理作为控制器，控制器是所有代理的 Leader，因此这里也称之为 Leader 选举。除了在启动时会导致选举外，当控制器所在代理发生故障或 ZooKeeper 通过心跳机制感知控制器与自己的连接 Session 已过期时，也会再次从所有代理中选出一个节点作为集群的控制器。

Kafka 控制器的选举依赖于 ZooKeeper。在集群整个运行过程中，代理在 ZooKeeper 不同节点上注册相应的监听器。各监听器各司其职，当所监听的节点状态发生变化时就会触发相关函数进行处理。本节将详细讲解控制器的选举过程。

在 3.2.1 节中提到过在控制器初始化时创建了一个将代理选举为 Leader 的 ZooKeeperLeaderElector 对象，代码如下：

```
val controllerElector=new ZooKeeperLeaderElector(controllerContext, ZkUtils.ControllerPath,
onControllerFailover, onControllerResignation, config.brokerId)
```

通过实例化 ZooKeeperLeaderElector 的入参可看到选举前后需要做的工作。参数 config.brokerId 是候选控制器代理对应的 brokerId，参数 ZkUtils.ControllerPath 即为选举过程所依赖的/controller 路径，当代理当选为 Leader 控制器后回调 onControllerFailover，当前代理上任（sign），注册 Leader 拥有的权限和启动相应工作；当代理不再担任 Leader 时，当前代理退位（resign），注销 Leader 拥有的权限，即回调 onControllerResignation 相应进行处理。

在 ZooKeeperLeaderElector 启动时首先注册一个 LeaderChangeListener，负责监听 ZooKeeper 的/controller 节点数据变化，该节点存储了当前 Leader 的 brokerId，数据格式为一个 JSON 字符串：{"version" :1, "brokerid":brokerId, "timestamp":timestamp}。当该节点数据发生变化时，比较当前代理的 brokerId 与当前 Leader 的 leaderId 是否相同，若不同，则表示当前代理已不是 Leader，则回调 onControllerResignation 退位，注销 Leader 控制器相关权限，将当前代理状态设置为 RunningAsBroker，同时将该代理的 leader_epoch 和 zkVersion 设置为 0。当该节点数据被删除时，若当前代理是 Leader，则先退位，然后再触发选举，否则直接触发选举。

控制器选举算法思想较简单，入口为 ZooKeeperLeaderElector.select()方法，该方法执行逻辑如下。

每个代理首先从 ZooKeeper 的/controller 节点获取 Leader 信息，解析当前 Leader 的 leaderId（作为 Leader 的代理对应的 brokerId）。若 leaderId 等于-1，则表示还没有成功选举出 Leader，则该代理将封装有自己 brokerId 的信息以 JSON 串{"version": 1, "brokerid": brokerId, "timestamp":timestamp}格式请求 ZooKeeper 将该数据写入/controller 节点。如果 leaderId 不为-1，则表示已有代理抢先成为了 Leader，则停止选举。若写入代理信息成功，则当前代理即为所选出的 Leader。

在抢占写/controller 节点时若发生非 ZkNodeExistsException 异常，则会将 leaderId 设置为−1，同时删除存储在/controller 节点的元数据信息，以便让请求最先到达 ZooKeeper 的代理成为 Leader，由于删除了/controller 节点将会触发 LeaderChangeListener.handleDataDeleted()方法，就会重新选举 Leader。同时由于/controller 节点数据的变化，将触发 LeaderChangeListener.handleDataChange()方法，这时其他代理将通过当前的 leaderId 与自己的 brokerId 比较，若在/controller 节点数据发生变化前自己是 Leader，而现在 leaderId 与自己的 brokerId 不同，则自己退位（resign），回调 onControllerResignation 函数。

可见，Kafka 控制器选举的核心思想就是各代理通过争抢向/controller 节点请求写入自身的信息，先成功写入的代理即为 Leader。控制器选举流程如图 3-6 所示。

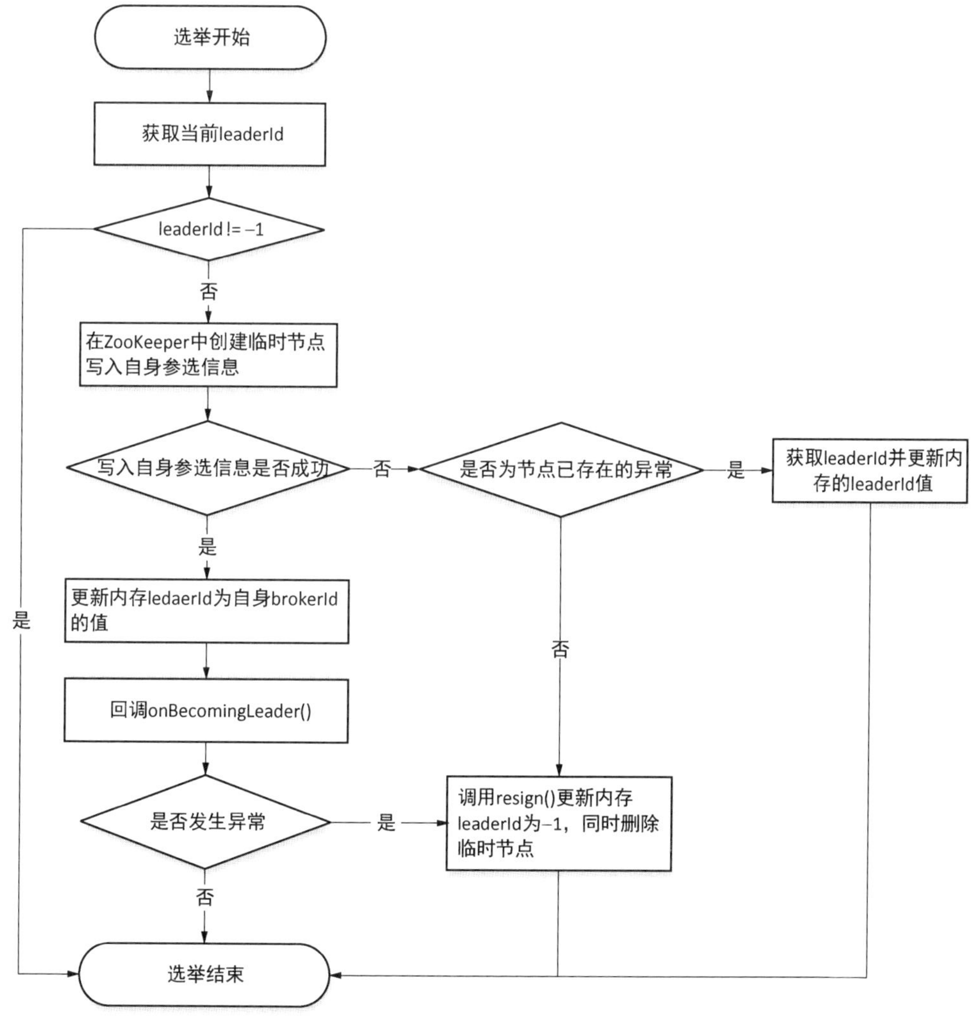

图 3-6　控制器选举流程

3.2.3　故障转移

我们在 3.2.2 节对选举过程进行了详细介绍，而触发控制器进行选举有 3 种情况：一是在控制器启动的时候，二是当控制器发生故障转移的时候，三是当心跳检测超时的时候。因此，我们说控制器故障转移的本质是控制权的转移，而控制权的转移也就是重新选出新的控制器。在控制器实例化时创建了一个 ZooKeeperLeaderElector 对象，实例化该对象时需要两个回调函数，分别用于代理当选为控制器时注册相应权限的 onControllerFailover()方法和不再是 Leader 控制器时注销相应权限的 onControllerResignation()方法。对故障转移的讲解，我们也是主要介绍这两个方法具体的实现逻辑。

1. onControllerFailover 操作

KafkaController 的 onControllerFailover()方法的作用就是完成控制器相应的初始化工作，如果当前的控制器正常运行，即在控制器启动时的标志位 isRunning 为 true，则执行以下逻辑完成控制器的初始化，否则表示当前的控制器已关闭，将终止相应的初始化处理。

（1）从 ZooKeeper 的/controller_epoch 路径读取当前控制器的轮值次数，并更新到当前 ControllerContext 中。

（2）将控制器的轮值次数加 1，并尝试去更新 ZooKeeper 中/controller_epoch 中记录的轮值次数的值，若更新失败则表示当前的控制器也被其他控制器替代，因此当前代理成为控制器相关的初始化处理将以异常而告终。若更新失败是由于 ZooKeeper 中不存在/controller_epoch 节点，则表明是控制器首次启动，第一个控制器当选，因此在 ZooKeeper 中创建该节点并写入控制器轮值次数。同时更新 ControllerContext 中缓存的与轮值次数相关的数据。

前两步是判断能否为控制器完成初始化处理的前置条件，只有保证控制器轮值次数正常处理之后，才会进行以下初始处理工作。

（1）注册分区管理相关的监听器。用于监听 ZooKeeper 的/admin/reassign_partitions 节点引发分区重分配操作的 PartitionsReassignedListener；用于监听 ZooKeeper 的/isr_change_notification 节点用于处理分区 ISR 发生变化的 IsrChangeNotificationListener；用于监听/admin/preferred_replica_election 节点将优先副本选为分区 Leader 操作的 PreferredReplicaElectionListener。

（2）注册主题管理的监听器。通过分区状态机向 ZooKeeper 的/brokers/topics 节点注册一个 TopicChangeListener，用于监听主题发生变化时进行相应的处理。同时，若开启了 delete.topic.enable，即该配置项值为 true，则同时向 ZooKeeper 的/admin/delete_topics 节点注册一个 DeleteTopicsListener，该监听器会完成服务器端删除主题相应的操作，否则当客户端删除一个主题时，仅是将该主题标识为删除，但服务端并没有将该主题真正删除。

（3）注册代理变化处理的监听器。通过副本状态机向 ZooKeeper 的/brokers/ids 节点注册一个 BrokerChangeListener，当代理发生增、减变化时进行相应的处理。

（4）初始化 ControllerContext，即当一个代理成为控制器后，原控制器所持有的 ControllerContext 将被重新赋值。首先从 ZooKeeper 中获取当前所有存活的代理、所有的主题及分区分配方案信息，分别初始化存活的代理集合、主题集合及每个分区的 AR 集合信息，更新 ControllerContext 中每个分区的 Leader 及 ISR 信息。当 ControllerContext 缓存的基础信息初始化后，启动用于管理控制器与各代理之间通信的 ControllerChannelManager。然后分别初始化需要优先副本选举的分区，以及需要选举的分区所对应的分区分配方案。最后创建一个用于管理主题删除操作的 TopicDeletionManager 对象。

（5）启动分区状态机和副本状态机。

（6）从 ControllerContext 中读取所有主题，轮询每个主题，为每个主题添加用于监听分区变化的 PartitionModificationsListener。

（7）检测当前是否有分区需要触发分区重分配操作。若需要重分配，则进行一次分区重分配操作。

（8）检测当前是否有需要将优先副本选举为 Leader 的分区，并进行相应的操作。

（9）向 Kafka 集群中所有存活的代理发送更新元数据请求。

（10）根据配置 auto.leader.rebalance.enable 决定是否创建用于分区平衡操作的定时任务。该配置项默认为 true。若该配置项为 true，则创建一个每隔${leader.imbalance.check.interval.seconds}秒，默认是 300 秒，即每 5 分钟执行一次分区重分配检查及分区重分配操作的定时任务。

（11）启动第 4 步创建的删除主题管理的 TopicDeletionManager 组件。

至此，onControllerFailover()操作的执行逻辑介绍完毕。通过该方法执行逻辑讲解可知，当一个代理成为控制器后，主要完成相应元数据的初始化以及对代理、主题、分区等变化感知的监听器的注册和启动相应管理组件。

2. onControllerResignation 操作

当一个代理不再是控制器时，需要注销控制器相应的权限及修改相应元数据的初始化信息。KafkaController 通过调用 KafkaController.onControllerResignation()方法实现一个代理从控制器到普通代理的转变操作，该方法的执行逻辑如下。

首先，取消该控制器在 ZooKeeper 中注册的用于对分区及副本变化感知的监听器的监听；接着，关闭删除主题操作的 TopicDeletionManager，并关闭分区平衡操作的定时任务（若参数 auto.leader.rebalance.enable 为 true，即在当前代理成为控制器时启动的分区平衡操作的定时任务）。

然后，在获取 ControllerContext 维护的重入锁的条件下取消对分区 ISR 变化监听，关闭分区状态机和副本状态机，关闭控制器与其他代理之间进行通信的 ControllerChannelManager。

最后，将 ControllerContext 中用于记录控制器轮值次数及轮值数对应的 epochZkVersion 字段置零，并将当前代理状态设置为 RunningAsBroker，即当前代理不再是控制器的角色。

3.2.4 代理上线与下线

在介绍完控制器选举操作两个回调方法之后，我们再简要对代理增、减变化，或者说是代理上线与下线操作时 BrokerChangeListener 所做的处理进行介绍。

1. 代理上线

当有新的代理上线时，在代理启动时会向 ZooKeeper 的/brokers/ids 节点下注册该代理的 brokerId，此时会被副本状态机在 ZooKeeper 所注册的 BrokerChangerListener 监听器监听到该节点信息的变化，通过 ZooKeeper 中记录的节点信息及 ControllerContext 缓存的节点信息，计算出新上线的节点集合，对新上线的代理节点调用 ControllerChannelManager.addBroker()方法完成新上线代理网络层相关初始化处理。然后调用 KafkaController.onBrokerStartup()方法进行处理，该方法处理逻辑如下。

首先，向集群当前所有的代理发送 UpdateMetadataRequest 请求，这样所有的代理通过这种方式就会知道有新的代理加入。

接着，查找出被分配到新上线节点上的副本集合，通过副本状态机对副本状态进行相应变迁处理，将这些副本的状态更新为 OnlineReplica，并通过分区状态机对分区状态为 NewPartition 和 OfflinePartition 的分区进行处理，将其状态扭转至 OnlinePartition 状态，并触发一次分区 Leader 选举，以确认新增加的代理是否是分区的 Leader。

然后，轮询被分配到新上线代理的副本，调用 KafkaController.onPartitionReassignment()方法执行服务端分区副本分配操作。在 3.2.6 节的“分区重分配”小节将对 onPartitionReassignment()方法进行详细讲解。

最后，恢复由于新代理上线而被暂停的删除主题操作的线程，让其继续完成服务端删除主题的操作。

至此，新代理上线时 BrokerChangeListener 所进行的处理基本流程介绍完毕。当然，每步操作都涉及更复杂数据结构的处理，这里我们只是简要梳理了对代理上线操作的几个关键步骤，这样可以便于大家对新代理上线处理整体逻辑的把握，同时为阅读源码提供参考。

2. 代理下线

当代理下线时，该代理在 ZooKeeper 的/brokers/ids 节点注册的与该代理对应的节点将被删除，此时 BrokerChangeListener 的 handleChildChange()方法将被触发。

与新代理上线操作类似，首先要查找下线节点的集合，然后轮询下线节点集合，调用 ControllerChannelManager.removeBroker()方法，关闭每个下线节点的网络连接，清空下线节点的消息队列，关闭下线节点发送 Request 请求的线程等。最后调用 KafkaController 的 onBrokerFailure()方法进行处理，该方法处理逻辑如下。

首先，查找 Leader 副本在下线节点上的分区，将这些分区的状态设置为 OfflinePartition，并处理相应状态变迁，然后调用分区状态机的 triggerOnlinePartitionStateChange()方法将处于 OfflinePartition 状态的分区状态转换为 OnlinePartition 状态，这个过程会通过 OfflinePartitionLeaderSelector 分区选举器为分区选出 Leader，并将 Leader 和 ISR 信息写入 ZooKeeper 中，同时发送 UpdateMetadataRequest 请求更新元数据信息。

然后，查找所有在下线节点上的副本集合，将该集合分成两部分，一部分是待删除主题的副本，将这些副本的状态转换为 ReplicaDeletionIneligible，标记该副本对应的主题暂时不可被删除。另一部分副本即是当前处于正常使用的主题的副本，因此需要对这些副本进行下线相应的处理，将副本状态由 OnlineReplica 转化为 OfflineReplica，此时会将该副本节点从分区的 ISR 集合中删除，并发送 StopReplicaRequest 请求，停止该副本从 Leader 副本同步消息的操作，发送 LeaderAndIsrRequest 请求，该分区 Leader 副本和 Follower 副本根据角色不同分别进行相应处理，同时发送 UpdateMetadataRequest 请求，更新当前所有存活代理的缓存的元数据信息。

最后，若分区 Leader 副本分配在下线节点上的所有分区状态转换操作执行完成，则向集群所有存活的代理发送更新元数据的 UpdateMetadataRequest 请求，执行元数据更新操作。

3.2.5 主题管理

在 3.2 节一开始就提到控制器负责对主题、分区副本的管理操作，本小节将详细介绍控制器是如何对主题进行管理的，主要是讲解控制器在创建主题与删除主题时承担的职责。由于分区、副本是主题的固有属性，因此在讲解控制器对主题管理时将同时讲解控制器对分区副本创建及删除的管理操作。控制器对分区、副本的管理在逻辑上体现在分区状态机以及副本状态机对 ZooKeeper 的/brokers/topics 节点及其子节点注册的一系列监听器上。

为了便于理解，我们首先创建一个主题名为“topic-foo”的主题，该主题有 3 个分区、2 个副本，然后以该主题为例详细分析控制器在该主题创建及删除操作时具体执行逻辑。

1. 创建主题

当创建一个主题时会在 ZooKeeper 的/brokers/topics 目录下创建一个与主题同名的节点，在该节点下会记录该主题的分区副本分配方案。关于主题在 ZooKeeper 创建节点的流程本小节不进行阐述，在 4.2 节再进行详细讲解，这里关注的是控制器在主题创建及删除操作时所承担的工作。

当创建一个主题时，无论是通过 Kafka API 还是通过命令行创建主题，同步返回创建主题成功时，其实仅是在 ZooKeeper 的/brokers/topics 节点成功创建了该主题对应的子节点。而服务端创建主题的相关操作是异步交由控制器去完成的。例如，本例仅是在 ZooKeeper 的/brokers/topics 路径下创建一个名为“topic-foo”的节点，同时在该节点中写入分区副本分配信息。可以登录 ZooKeeper 客户端通过 get/brokers/topics/topic-foo 命令查看该主题各分区副本分配信息，该主题各分区副本分配信息为：

```
{"version":1,"partitions":{"2":[3,2],"1":[2,1],"0":[1,3]}}
```

控制器初始化时分别创建了分区状态机及副本状态机，当代理被选为控制器后回调 onBecomingLeader()时会调用分区状态机和副本状态机的 registerListeners()方法。分区状态机在该方法中注册一个监听 ZooKeeper 的/brokers/topics 子节点的变化的 TopicChangeListener 监听器，即该监听器用于监听主题及分区变化，而副本状态机在 registerListeners()方法中会注册一个 BrokerChangeListener 监听器，该监听器用于监听/brokers/ids 子节点的变化。当创建一个主题时，主题及该主题分区副本分配方案写入 ZooKeeper 的/brokers/topics/下相应节点时，分区状态机和副本状态机注册的监听器就会被触发。

当新创建一个主题时，该主题及分区副本分配信息写入/brokes/topics 路径下后就会触发 TopicChangeListener 监听器的 handleChildChange()方法进行处理，在 ControllerContext 实例化时创建了一个 ReentrantLock 锁对象，handleChildChange()方法是在获取该重入锁的条件下进行处理的。

handleChildChange()方法的具体逻辑如下。

（1）获取/brokers/topics 下所有主题列表集合，记为集合 A。将 ControllerContext 中记录的当前所有主题列表集合，记为集合 C。通过集合 A 与集合 C 的差集 A−C，计算出新创建的主题列表，记为集合 N，对本例而言，即新创建的主题列表中只有“topic-foo”这一个元素。通过集合 C−A 的差集计算出被删除的主题列表，记为集合 D，对本例而言 D 为一个空集合。

（2）更新 ControllerContext 缓存的当前主题列表，即用 A 集合的值覆盖 C 集合的值，这样就保证新创建的主题加入到缓存当中，同时从缓存中剔除被删除的主题。

（3）遍历集合 N 列表，读取集合中每个主题的 partitions 子节点，本例为读取/brokers/topics/topic-foo/partitons 下各分区副本分配方案信息，构造一个 Map[TopicAndPartition, Seq[Int]]集合，以每个主题的每个分区 TopicAndPartition 对象作为 Key，以该分区的 AR 作为 Value。同时从分区副本分配信息中过滤掉集合 N 中所有主题对应的分区副本分配信息，然后更新缓存中分区副本分配信息。

（4）待缓存中主题及分区副本信息更新后，调用控制器的 onNewTopicCreation()方法，实现真正创建主题的逻辑。这里之所以称为“真正创建主题”，是因为截止到当前所有的操作仅是在 ZooKeeper 中创建主题和分区副本最基础的元数据信息，以及 ControllerContext 缓存的信息，并不涉及分区及副本的状态转换、分区 Leader 分配、分区存储日志文件的创建等。这一系列的操作是由控制器调用 KafkaController.onNewTopicCreation()方法来完成的。

第 4 步中的 KafkaController.onNewTopicCreation()方法的实现逻辑如下。

（1）遍历集合 N，通过分区状态机为每个新创建的主题向 ZooKeeper 注册一个监听分区变化的监听器 PartitionModificationsListener。对本例而言，该监听器监听的是/brokers/topics/topic-foo/partitions 节点的信息变化。

（2）调用控制器的 onNewPartitionCreation()方法创建分区。

上面提到的 onNewPartitionCreation()方法的处理逻辑如下。

（1）调用分区状态机的 handleStateChanges()方法，将新增主题的各分区状态设置为 NewPartition 状态。

（2）调用副本状态机的 handleStateChange()方法，将新增主题的每个分区的副本状态设置为 NewReplica 状态。

（3）调用分区状态机的 handleStateChanges()方法，将新增主题的各分区状态设置为 OnlinePartition 状态，将各分区 AR 中第一个副本选为该分区的 Leader，将 AR 作为 ISR，然后创建各分区节点并写入该分区的详细元数据信息。本例会在/brokers/topics/topic-foo 路径分别创建 3 个分区元数据信息对应的节点，例如，对分区编号为 1 的分区元数据路径为/brokers/topics/topic-foo/partitions/1/state，将该分区的元数据信息写入到该节点下，同时更新 ControllerContext

中缓存的信息。登录 ZooKeeper 客户端通过 get 命令查看该分区元数据信息为：

```
{"controller_epoch":31,"leader":2,"version":1,"leader_epoch":0,"isr":[2,1]}
```

（4）调用副本状态机将新增主题的各分区的副本状态从 NewReplica 转换为 OnlineReplica 状态。

以上每步操作时都会向各代理发出请求，调用 ControllerChannelManager.sendRequestsToBrokers()方法，在该方法中会向代理发送 LeaderAndIsrRequest 和 UpdateMetadataRequest 请求，这两类请求分别由 KafkaApis 的 handleLeaderAndIsrRequest()方法和 handleUpdateMetadataRequest()方法处理，前者会根据各副本是 Leader 还是 Follower 进行相应处理，后者使代理及时更新各自缓存的元数据信息以达到信息同步。至此，在新创建一个主题时，控制器对主题创建过程的管理逻辑讲解完毕。

2. 删除主题

客户端执行删除主题操作时仅是在 ZooKeeper 的/admin/delete_topics 路径下创建一个与待删除主题同名的节点，返回该主题被标记为删除，保证本步操作成功执行的前提是配置项 delete.topic.enable 值被设置为 true。例如，删除主题“topic-foo”，则客户端执行删除操作时会在/admin/delete_topics 路径下创建一个名为“topic-foo”的节点。而实际删除主题的逻辑是异步交由 Kafka 控制器负责执行的，本小节将介绍控制器在删除主题时的具体实现。

在控制器实例化时创建了一个分区状态机，而分区状态机注册了一个监听 ZooKeeper 的/admin/delete_topics 子节点变化的监听器，即 DeleteTopicsListener 监听器。当客户端执行删除主题操作将待删除主题写入/admin/delete_topics 路径下时，将会触发该监听器。在该监听器的 handleChildChange()方法中执行实际删除主题操作。

handleChildChange()方法在获取 ControllerContext 的 ReentrantLock 的条件下执行，具体执行逻辑如下。

（1）从/admin/delete_topics 路径下读取被标记为删除的主题，记为集合 D，从 ControllerContext 中读取缓存的所有主题列表，记为集合 A。通过计算集合 D 与集合 A 的差集得到已被删除的主题集合，记为 N。由于实际删除主题是由控制器负责执行的，而可能在删除某些主题相应的元数据之后相应的缓存数据已更新，但在删除/admin/delete_topics 路径该主题节点之前发生了异常或未被执行，如控制器的平衡操作控制权发生了转移等，这样就会导致某些该主题对应的节点还存在/admin/delete_topics 路径下。

（2）若集合 N 不为空，则直接删除/admin/delete_tpoics 路径下集合 N 中各主题对应的节点。

（3）计算集合 D 与集合 N 的差集，计算本次操作实际应删除的主题集合，得到新的待删除集合 D。若集合 D 为空，则本次删除操作结束，否则转入第 4 步执行。

（4）遍历集合 D 中的各主题，分别检测主题当前是在进行将优先副本选为分区 Leader 操作还是在进行分区重分配操作。若是这两种操作中的一种，则将该主题加入到暂时不可删除的主题集合中缓存起来，等分区 Leader 选举结束或分区重分配结束之后，再调用 TopicDeletionManager.resumeDeletionForTopics()方法将这些主题从不可删除的主题集合中剔除，同时唤醒删除主题的线程 DeleteTopicsThread 进行删除操作；否则，调用 TopicDeletionManger.enqueueTopicsForDeletion()方法来唤醒删除主题线程，执行删除主题操作。

（5）当第 4 步执行完成后，待删除主题的所有副本状态均被设置为 ReplicaDeletionSuccessful 状态，当 DeleteTopicsThread 线程检测到副本状态都为 ReplicaDeletionSuccessful 状态时将会移除状态机对该主题分区的监听器，同时将该主题对应的副本状态设置为 NonExistentReplica，然后分别删除该主题在 ZooKeeper 存储元数据对应的节点。对于本例而言，会依次删除主题“topic-foo”在 ZooKeeper 的/brokers/topics/topic-foo 节点、/config/topics/topic-foo 节点以及/admin/delete_topics/topic-foo 节点。最后将该主题对应的缓存信息移除。

补充说明一下，第 4 步中提及的 DeleteTopicsThread 线程的执行逻辑如下：该方法首先对待删除主题的所有副本状态进行检测并进行相应处理，在这里我们只分析该主题所有副本都处于可被执行删除操作的情况，此时删除主题线程调用 onTopicDeletion()方法执行删除操作。

onTopicDeletion()方法的执行逻辑如下。

（1）向所有代理发送更新元数据的请求，即发送 UpdateMetadataRequest，通知所有代理将待删除的主题分区副本信息从缓存中删除。

（2）调用 TopicDeletionManager.onPartitionDeletion()方法执行删除该主题的所有分区操作，而该方法主要完成以下逻辑操作。

（a）向所有代理发送请求，通知代理该主题的所有分区将要被删除，代理收到请求后就会拒绝客户端向这些分区发送的请求。

（b）通过副本状态机将该主题每个分区的所有副本状态设置为 OfflineReplica 状态，在副本状态设置为 OfflineReplica 过程当中会向所有副本对应的代理发送 StopReplicaRequest 请求，下达不再向该主题的分区 Leader 副本发送请求的指令，这样该分区的 ISR 就不断缩小，当该分区 Leader 对应的副本状态也被置于 OfflineReplica 状态时，该分区 Leader 信息将被更新为-1，这样就不会再发送 LeaderAndIsrRequest 的请求，即不会向各副本节点发送副本同步的请求。

（c）通过副本状态机将该主题各副本状态设置为 ReplicaDeletionStarted 状态。此时会向该主题副本对应的所有代理发送 StopReplicaRequest 的请求，并附带删除标志位，所有代理在接收到请求后，ReplicaFetcherManager 会停止对该副本对应分区 Fetcher 线程，同时删除该副本存储数据的目录文件。

至此，删除主题的逻辑分析完毕。通过以上分析可知，控制器对删除主题的管理是基于分区状态机以及副本状态机来进行控制的，而控制入口的方法则是 DeleteTopicsListener.handleChildChange()。

3.2.6　分区管理

Kafka 控制器对分区的管理包括对分区创建及删除的管理，分区 Leader 选举的管理，分区自动平衡、分区副本重分配的管理等。控制器对分区创建及删除的管理在 3.2.5 节有相应介绍，而分区的 Leader 选举根据分区的不同状态选择不同的分区选举器为分区选出 Leader 副本，分区 Leader 的选举过程我们已在相应章节穿插进行阐述，本小节主要介绍控制器如何管理分区自动平衡及分区副本重分配。

1. 分区平衡

在 onControllerFailover 操作时会启动一个分区自动平衡的定时任务，该定时任务会定期检查集群上各代理分区分布是否失去平衡。该过程是调用控制器的 checkAndTriggerPartitionRebalance() 方法完成。

分区自动平衡是通过将分区的优先副本选为分区的 Leader，通常当分区副本是通过 Kafka 自动分配时，会保证分区的副本分配在不同的代理节点，而分区副本分配方案即 AR 中的第一个副本优先副本会作为该分区的 Leader。这样当每个分区的 Leader 为各自的优先副本时，Kafka 各分区就处于一个相对平衡的状态。然而，随着时间的推移，Kafka 在运行时可能部分节点的变化导致 Leader 进行了重新选举，若优先副本在发生故障后由其他副本代替担任了 Leader，就算优先副本故障解除，重新回到集群时若没有自动平衡功能，该副本也不会成为分区的 Leader。下面详细讲解自动平衡的过程。

首先，从 ControllerContext 的 partitionReplicaAssignment 数据结构中查询出当前所有可用的副本（剔除待删除主题的副本），根据分区 AR 的头节点分组。

然后，轮询所有代理节点，以判断该节点的分区是否需要进行优先副本选举。判断的条件是计算每个代理的分区不平衡率 imbalanceRatio 是否超过了 leader.imbalance.per.broker.percentage 配置的比率，默认是 10%。不平衡率是指每个代理上的分区 Leader 不是优先副本的分区总数 totalTopicPartitionsNotLedByBroker 与该代理上分区总数的比值。若不平衡率超过了${leader.imbalance.per.broker.percentage}/100，且没有分区正在进行分区重分配和优先副本选举操作以及当前没有执行删除主题操作，则调用 onPreferredReplicaElection()方法，执行优先副本选举，让优先副本成为分区的 Leader，这样就达到了分区自动平衡的目的。

2. 分区重分配

本小节将通过对一个名为“partition-reassign-foo”主题的分区进行重新分配的实例，详细讲解分区重分配的实现原理。该主题当前的分区副本信息如图 3-7 所示。

```
[zk: server-1:2181,server-2:2181,server-3:2181(CONNECTED) 36] get /brokers/topics
/partition-reassign-foo
{"version":1,"partitions":{"1":[3,1],"0":[1,3]}}
```

图 3-7 “partition-reassign-foo”分区副本分配方案

将该主题分区重分配操作之前各分区副本分配信息描述如表 3-3 所示，分区重分配操作各分区副本分配方案信息如表 3-4 所示。

表 3-3 主题“partition-reassign-foo”分区重分配前副本信息

分区编号	Leader	AR
0	3	[3,1]
1	1	[1,3]

表 3-4　主题“partition-reassign-foo”分区重分配分配方案

分区编号	Leader	AR
0	2	[2,3]
1	1	[1,2]

当客户端执行分区重分配操作后（客户端分区重分配相关操作在 5.6.2 节有详细介绍），会在 ZooKeeper 的/admin 节点下创建一个临时子节点 reassign_partitions，将分区副本重分配的分配方案写入该节点中。由于正常情况下，分区重分配的整个操作执行过程很快，所以大多时候当我们还没来得及在 ZooKeeper 上查看到该临时节点时，由于分区重分配操作完成，该节点已被删除了。如果读者希望确认在分区重分配执行过程中曾创建过该临时节点，可以查看${KAFKA_HOME}/logs/controller.log 日志文件，例如，本节实例在执行时日志文件会输出以下内容：

```
DEBUG [PartitionsReassignedListener on 1]: Partitions reassigned listener fired for
path/admin/reassign_partitions. Record partitions to be reassigned {"version":1,
"partitions":[{"topic":"partition-reassign-foo","partition":0,"replicas":[2,3]},
{"topic":"partition-reassign-foo","partition":1,"replicas":[1,2]}]}
```

同时还可以在执行分区重分配操作之前关闭新分配方案中的某个节点，如这里在执行时关掉了 server-2 节点。通过该方式，我们可以在 ZooKeeper 中查看整个重分配过程当中相应节点数据的变化。

在客户端执行分区重分配操作后，登录 ZooKeeper 客户端查看在/admin/reassign_partitions 节点中写入的分区副本分配信息如图 3-8 所示。

```
[zk: server-1:2181,server-2:2181,server-3:2181(CONNECTED) 37] get /admin/reassign
_partitions
{"version":1,"partitions":[{"topic":"partition-reassign-foo","partition":0,"repli
cas":[2,3]},{"topic":"partition-reassign-foo","partition":1,"replicas":[1,2]}]}
```

图 3-8　分区重分配时 ZooKeeper 中相应节点元数据信息

由于/admin/reassign_partitions 节点数据发生了变化，此时会触发 PartitionsReassignedListener 监听器，在该监听器的 handleDataChange()方法对该主题的每个需要重新分配的分区经过一系列的检测验证处理后，最终会调用 KafkaController.onPartitionReassignment()方法完成分区重分配的操作。该方法执行逻辑如下。

（1）由于重新分配的副本新节点肯定不在 ISR 之中，因此首先需要计算出不在 ISR 之中的副本列表。我们将新分配的分区的 AR 记为 RAR，将该主题分区重分配之前的 AR 记为 OAR，本例两个分区的 OAR、RAR 信息以及两者的差集与并集信息如表 3-5 所示。

表 3-5　主题“partition-reassign-foo”分区的 AR 信息

分区编号	OAR	RAR	RAR-OAR	RAR+OAR
0	[3,1]	[2,3]	[2]	[2,3,1]
1	[1,3]	[1,2]	[2]	[2,1,3]

用 OAR 与 RAR 的并集更新该主题的分区 AR，即将并集结果写入/brokers/topics/partition-reassign-foo 节点中，在 ZooKeeper 中的结果如图 3-9 所示。为了保证分区重分配的操作顺利完成，登录 ZooKeeper 客户端查看相应元数据信息之后，重启 server-2。

```
[zk: server-1:2181,server-2:2181,server-3:2181(CONNECTED) 38] get /brokers/topics
/partition-reassign-foo
{"version":1,"partitions":{"0":[2,3,1],"1":[1,2,3]}}
```

图 3-9 ZooKeeper 中记录的分区副本分配信息

（2）向 AR 并集的各节点发送 LeaderAndIsrRequest 的请求，让各副本节点进行数据同步，更新缓存中分区副本信息，更新后的缓存中记录的分区信息为 OAR 与 RAR 的并集，例如，对编号为 0 的分区，对应的分区副本信息为[2,3,1]。并强制让 leader_epoch 数据增 1。

（3）将 AR 差集的各副本的状态设置为 NewReplica。在第 1 步操作结束后由于各分区副本信息发生了变化，会触发 ReassignedPartitionsIsrChangeListener 监听器，该监听器也会调用 onPartitionReassignment()方法。若此时 RAR 中的所有副本都加入到各分区的 ISR 之中，则转至该函数的第 4 步继续执行。

（4）通过(OAR+RAR)−RAR 计算每个分区需要被下线的副本。本例编号为 0 的分区需要下线的副本为[2,3,1]−[2,3]=[1]。

（5）遍历 RAR 中各副本，调用副本状态机创建相应的副本操作，并将副本状态设置为 OnlineReplica 状态。

（6）更新缓存中 AR 信息，即用 RAR 覆盖缓存中的 AR 信息。

（7）检测各分区 Leader 并分别进行相应处理。若 Leader 不在 RAR 之中或 Leader 节点已宕机，则从 RAR 中选出一个副本作为该分区 Leader，否则向各副本发送 LeaderAndIsr 请求，并更新 ZooKeeper 中该分区的 leader_epoch 值。

（8）将需要下线的副本进行下线处理。首先将下线的副本状态设置为 OfflineReplica 状态，这样控制器就会将该副本从分区的 ISR 中移除，接着再执行将副本删除的处理。

（9）更新各分区的 AR 信息，即将该分区原来的 AR 替换为 RAR 信息。

（10）删除 ZooKeeper 中的/admin/reassign_partitions 临时节点。

（11）向所有的代理发送更新元数据信息请求。

（12）唤醒删除主题的线程，有可能执行了删除当前正在进行分区重分配的主题，但由于分区重分配而导致删除主题线程被挂起，因此待分区重分配完成后，再唤醒该线程，继续执行删除主题的操作。

至此，分区重分配实现原理讲解完毕，该主题分区重新分配之后各分区 AR 如图 3-10 所示。

```
[zk: server-1:2181,server-2:2181,server-3:2181(CONNECTED) 35] get /brokers/topics
/partition-reassign-foo
{"version":1,"partitions":{"0":[2,3],"1":[1,2]}}
```

图 3-10 主题“patition-reassign-foo”分区重分配结果

3.3 协调器

Kafka 提供了消费者协调器（ConsumerCoordinator）、组协调器（GroupCoordinator）和任务管理协调器（WorkCoordinator）3 种协调器（coordinator）。其中任务管理协调器被 Kafka Connect 用于对 works 的管理，本书不进行介绍，我们重点关注的是消费者协调器和组协调器，这两种协调器与消费者密切相关。

Kafka 的高级消费者即通过 ZooKeeperConsumerConnector 实现的消费者是强依赖于 ZooKeeper 的，每一个消费者启动时都会在 ZooKeeper 的/consumers/${group.id}/ids 上注册消费者的客户端 id，即${client.id}，会在该路径以及/brokers/ids 路径下注册监听器，用于当代理或是消费者发生变化时，消费者进行平衡操作。由于这种方式是每一个消费者对 ZooKeeper 路径分别进行监听，当发生平衡操作时，一个消费组下的所有消费者同时会触发平衡操作，而消费者之间并不知道其他消费者平衡操作的结果，这样就可能导致 Kafka 工作在一个不正确的状态。同时这种方式完全依赖于 ZooKeeper，以监听的方式来管理消费者，存在以下两个缺陷。

- 羊群效应（herd effect）：任何代理或是消费者的增、减都会触发所有的消费者同时进行平衡操作，每个消费者都对 ZooKeeper 同一个路径进行操作，这样就有可能发生类似死锁的情况，从而导致平衡操作失败。
- 脑裂问题（split brain）：消费者进行平衡操作时每个消费者都与 ZooKeeper 进行通信，以判断消费者或是代理变化情况，由于 ZooKeeper 本身的特性可能导致在同一时候各消费者所获取的状态不一致，这样就会导致 Kafka 运行在一个不正确状态之下。

鉴于旧版高级消费者存在问题，新版消费者进行了重新设计，引入了协调器。对于 Kafka 引入协调器的发展过程我们不做细化。大家需要知道的是，为了解决消费者依赖 ZooKeeper 所带来的问题，Kafka 在服务端引入了组协调器（GroupCoordinator），每个 KafkaServer 启动时都会创建一个 GroupCoordinator 实例，用于管理部分消费组和该消费组下每个消费者的消费偏移量。同时在客户端引入了消费者协调器（ConsumerCoordinator），每个 KafkaConsumer 实例化时会实例化一个 ConsumerCoordinator 对象，消费者协调器负责同一个消费组下各消费者与服务端组协调器之间的通信。本节将对这两个协调器的相关职责进行简要介绍。

3.3.1 消费者协调器

消费者协调器（ConsumerCoordinator）是 KafkaConsumer 的一个成员变量，该 KafkaConsumer 通过消费者协调器与服务端的组协调器进行通信。由于消费者协调器是 KafkaConsumer 私有的，因此消费者协调器中存储的信息也只有与之对应的消费者可见，不同消费者之间是看不到彼此的消费者协调器中的信息的。其实我们可以简单理解为消费者协调器是消费者执行代理类，它对消费者相关信息进行了封装，同时提供相应方法供消费者调用，消费者很多操作是通过调用消费者协调器相应方法来完成的。然而这并不等同代理类，ConsumerCoordinator 继承 AbstractCoordinator

类，AbstractCoordinator 实现了组管理的协议，消费者协调器是消费组管理相关请求的发起者。

消费者协调器负责处理更新消费者缓存的 Metadata 请求，负责向组协调器发起加入消费组的请求，负责对本消费者加入消费组前、后相应的处理，负责请求离开消费组（如当消费者取消订阅时），还负责向组协调器发送提交消费偏移量的请求。并通过一个心跳检测定时任务来检测组协调器的运行状况，或是让组协调器感知自己的运行状况。同时，Leader 消费者的消费者协调器还负责执行分区的分配，当消费者协调器向组协调器请求加入消费组后，组协调器会为同一个组下的消费者选出一个 Leader，成为 Leader 的消费者其 ConsumerCoordinator 收到的信息与其他消费者有所不同。Leader 消费者的 ConsumerCoordinator 负责消费者与分区的分配，会在请求 SyncGroupRequest 时将分配结果发送给 GroupCoordinator，而非 Leader 消费者（这里我们将其简称为 Follower 消费者），Follower 消费者向 GroupCoordinator 发送 SyncGroupRequest 请求时分区分配结果参数为空，GroupCoordinator 会将 Leader 副本发送过来的分区分配结果再返回给 Follower 消费者的 ConsumerCoodinator。这种处理方式，将分区分配的职责交由客户端自己处理，从而减轻了服务端的负担。

总之，消费者协调器负责消费者与组协调器通信。ConsumerCoordinator 底层实现所依赖的组件如图 3-11 所示。

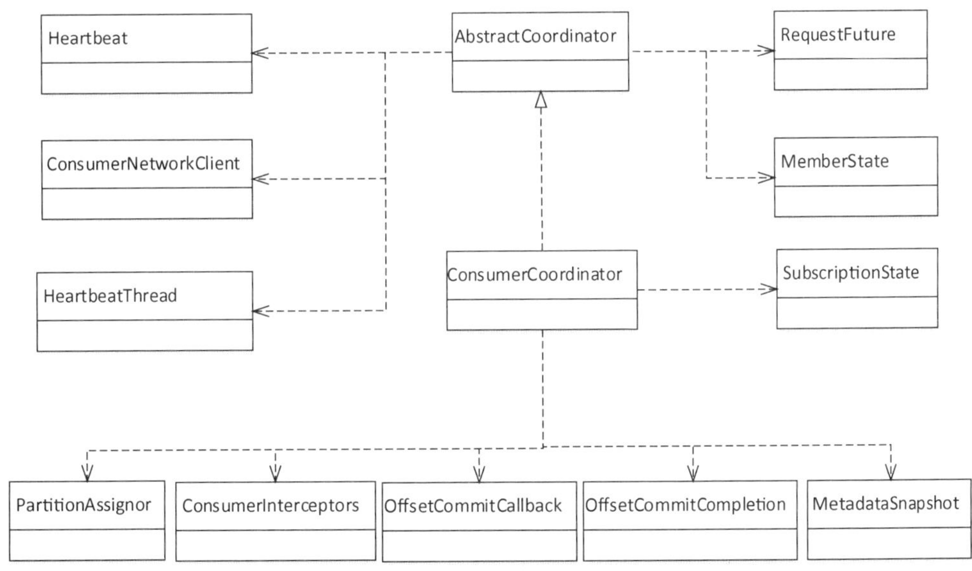

图 3-11 ConsumerCoordinator 底层实现所依赖的组件的类图

图 3-11 展示了消费者协调器底层实现所依赖的主要类，各类作用说明如下。

- Heartbeat 类是消费者与组协调器之间心跳检测信息的封装。
- ConsumerNetworkClient 类是消费者网络层处理封装类。
- HeartbeatThread 是用于消费者与组协调器心跳检测的定时任务线程，在消费者与组协调器连接上后就会以守护线程的方式启动该线程。

- MemberState 是一个枚举类，定义了消费者在消费组中的 3 种状态：UNJOINED 状态表示该消费者还没有加入消费组，REBALANCING 状态表示客户端即消费者正在进行平衡操作，STABLE 状态表示消费者已成功加入消费组中，并且正在稳定地进行心跳探测，也就是心跳探测到消费者处于稳定的运行状态。
- RequstFuture 类用于异步接收请求的结果，消费者协调器实现时需要两类 RequestFuture，一个是等待查找组协调器的请求返回结果，另一个为消费者请求加入消费组的请求返回结果。
- PartitionAssignor 是一个接口，定义了分区与消费者的分配策略的方法，Kafka 实现了一个基于轮询分配策略的 RoundRobinAssignor 和一个基于跨度分配策略的 RangAssignor。每个消费者的消费者协调器在向组协调器请求加入消费组时都会将自己支持的分区分配策略上传给组协调器，组协调器选出该消费组下所有消费者都支持的分区分配策略返回给 Leader 消费者，Leader 消费者根据分区分配策略进行分区分配，然后再将分配结果在 SyncGroupRequest 请求时发送给组协调器。
- ConsumerInterceptors 类底层维护了一组该消费者所对应的拦截器 ConsumerInterceptor，用于在消息返回给客户端和提交消费偏移量后进行相应的处理，在创建一个消费者时可以为其指定多个拦截器，拦截器会被顺序执行。
- OffsetCommitCallback 是一个接口，用于在消费偏移量提交后回调处理，在消费者协调器底层维护了一个消费偏移量提交后回调队列。
- MetadataSnapshot 类是元数据信息的快照。

消费者协调器的相关内容就介绍到这里，它主要负责消费者与组协调器之间的通信，向组协调器提交加入消费组、离开消费组以及提交消费偏移量等请求，并进行相应的处理。

3.3.2　组协调器

组协调器（GroupCoordinator）负责对其管理的组员提交的相关请求进行处理，这里的组员即消费者。它负责管理与消费者之间建立连接，并从与之连接的消费者之中选出一个消费者作为 Leader 消费者，Leader 消费者负责消费者分区的分配，在 SyncGroupRequest 请求时发送给组协调器，组协调器会在请求处理后返回响应时下发给其管理的所有消费者。同时，组协调器还管理与之连接的消费者的消费偏移量的提交，将每个消费者消费偏移量保存到 Kafka 的内部主题当中，并通过心跳检测来检测消费者与自己的连接状态。

1. 组协调器依赖的组件

每一个 KafkaServer 启动时都会实例化并启动一个组协调器，每个组协调器负责一部分消费组的管理。从组协调器实例化过程可以看出它依赖的主要组件如图 3-12 所示。

下面简要介绍组协调器所依赖的组件在 GroupCoordinator 管理中的具体作用。

- KafkaConfig：用于实例化 OffsetConfig 和 GroupConfig。
- ZkUtils：用于为消费者分配组协调器时从 ZooKeeper 获取内部主题的分区元数据信息。

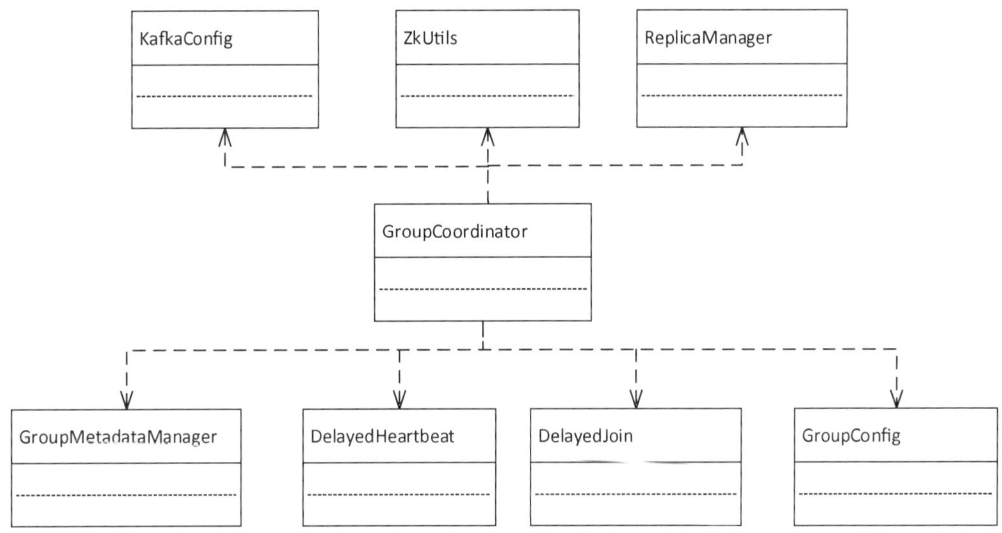

图 3-12 GroupCoordinator 所依赖的组件的类图

- ReplicaManager：GroupMetadataManager 需要将消费组元数据信息以及消费者提交的已消费的偏移量信息写入 Kafka 内部主题中，对内部主题的操作与对其他主题操作一样，通过 ReplicaManager 将消息写入 Leader 副本，由 ReplicaManager 负责 Leader 副本和 Follower 副本的管理。
- GroupMetadataManager：负责管理 GroupMetadata 以及消费者提交的偏移量，并提供了一系列组管理的方法供组协调器调用。GroupMetadataManager 不仅将 GroupMetadata 信息发送到 Kafka 内部主题，而且同时维护一个 Pool 类型的 groupMetadataCache 对象，用于在内存中缓存一份 GroupMetadata。其中 GroupMetadata 包括了组员的元数据信息，当然这里的组员即为消费者，组协调器分配给消费者的 memberId 以及 leaderId、分区分配关系，同时包括状态元数据，这里状态是指组协调器对其管理的消费者管理定义的状态。组协调器定义了 5 种状态，如表 3-6 所示。

表 3-6 消费组状态说明

状　态	状态说明
PreparingRebalance	消费组准备进行平衡操作
AwaitingSync	等待 Leader 消费者将分区分配关系发送给组协调器
Stable	消费组正常运行状态，心跳检测正常
Dead	处于该状态的消费组已没有任何消费者成员，且 Metadata 信息也已被删除
Empty	处于该状态的消费组已没有任何消费者成员，但相应的 Metadata 没有被删除，直到所有消费者对应的消费偏移量元数据信息（OffsetAndMetadata）过期。若消费组只用于提交偏移量，则也会处于该状态

消费组状态机各状态转换关系如图 3-13 所示。对各状态转换的前置条件本书不展开讲解。

- DelayedJoin：延迟操作类，在消费组进行平衡操作时，监视该消费组所有消费者都请求加入到消费组。
- DelayedHeartbeat：延迟操作类，用于监视处理所有消费组成员与组协调器心跳超时控制。
- GroupConfig：定义了组成员与组协调器之间 Session 超时时间配置。

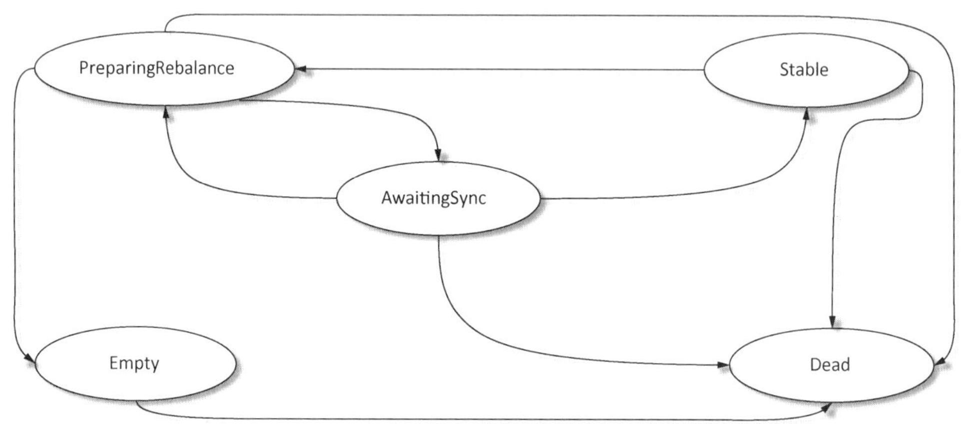

图 3-13　消费组状态转换图

以上只是对组协调器依赖的主要组件类进行了简单分析，以便于读者对组协调器的主要功能有一个大致了解，但对于相应的实现细节没有展开讲解。其实，在组协调器启动时也会创建一个定时任务，该定时任务在实例化 GroupMetadataManager 时被创建，用于定时清理过期的消费组元数据信息及过期的消费偏移量信息。

2. 消费者入组过程

现在，简要介绍一个新的消费者加入消费组的主要步骤。消费者被创建后通过消费者协调器选择一个负载最小的节点，然后向该节点发送查找组协调器的请求，KafkaApis 会对请求进行处理，调用该节点对应的组协调器的 partitionFor()方法，GroupCoordinator.partitionFor()方法最终调用 GroupMetadataManager.partitionFor()方法，通过请求时指定的 groupId，取其 hashcode 值与 Kafka 内部主题分区总数取模定位一个分区，该分区的 Leader 副本所在的节点即为该消费组的组协调器，该消费组的元数据信息以及消费者提交的消费偏移量就会像普通消息一样存储在该分区中。Kafka 内部主题默认有 50 个分区，每个分区有 3 个副本。

消费者找到组协调器之后就可以申请加入该消费组，即发送 JoinGroupRequest 请求，KafkaApis 最终会调用 Group.handleJoinGroup()处理。在 Group.handleJoinGroup()方法中依然是调用 GroupMetadataManager 相应方法完成消费者加入消费组的处理，在对 JoinGroupRequest 处理时会将该消费者注册到消费组。首先根据 groupId 信息获取或构造该消费组的 GroupMetadata 信息，然后将消费者的 clientId 值与一个 UUID 值拼接成一个字符串作为该消费者在消费组的 memberId 值，并构造 MemberMetadata 信息，再将该 MemberMetadata 信息注册到 GroupMetadata

中。GroupMetadata 对象中维护了一个 Map 用于保存当前消费组的成员元数据信息。在消费者注册到消费组时，若该消费组的 Leader 不存在，则将当前消费者选作当前消费组的 Leader 消费者，并将该消费者的 memberId 作为 leaderId，同时消费组中的各个消费者通过投票选出各消费者都支持的协议，这里的协议指分区分配策略。最后构造 JoinGroupResult 对象，回调 responseCallback 返回给消费者。由此分析可知，JoinGroupRequest 处理主要职责是为组成员分配 memberId，并将第一个加入组的消费者选为 Leader，同时选出一个各消费者都支持的分区分配策略。

在选出 Leader 消费者后，消费组各成员继续发送 SyncGroupRequest 请求。Leader 消费者会根据同组消费者都支持的分区分配策略，为消费者分配分区，在构造 SyncGroupRequest 请求时会上传分区分配结果，而 Follower 消费者在构造 SyncGroupRequest 请求时该参数为空。组协调器收到请求后一直等 Leader 消费者的请求处理完毕后再进行回调处理，向该消费组的所有消费者做出响应，在返回响应时会将分区分配结果发送给各消费者。最后将消费者与分区的对应关系写入 Kafka 内部主题中。

消费者加入消费组与组协调器之间的通信过程简要介绍至此，以上介绍消费者加入消费组的过程省去了相应条件的判断及消费组不同状态的处理。图 3-14 描述了两个消费者申请入组的过程。需要说明的是，图 3-14 假设左边的消费者在处理过程中会被选为 Leader 消费者，同时图 3-14 并没有反映 GroupCoordinator 分配的过程。

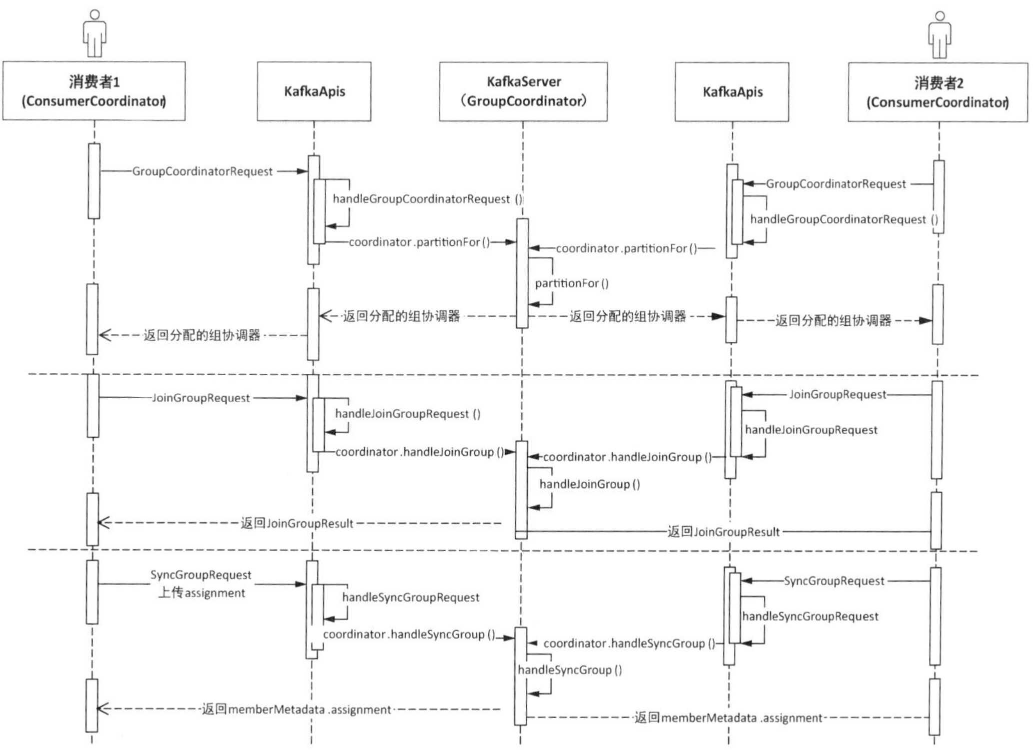

图 3-14 消费者加入消费组的过程

3. 消费偏移量管理

新版的 KafkaConsumer 将消费偏移量保存到 Kafka 一个内部主题中，当消费者正常运行或者进行平衡操作时都要向组协调器提交当前的消费偏移量。组协调器负责消费组的管理及消费偏移量的管理，但客户端可以仅选择让组协调器管理消费偏移量，例如，当客户端通过 assign()方法订阅指定的分区时，就不用 Kafka 负责分区的分配。当组协调器收到 OffsetCommitRequest 请求时，会进行相应的检查判断，若满足偏移量处理的条件时，就会调用 GroupCoordinator.doCommitOffsets()方法进行处理。这里所说的偏移量处理的条件有两种情况：一种是该消费组的成员提交的消费偏移量，另一种是仅选择让组协调器负责消费偏移量的管理的消费者提交的请求。若不满足偏移量提交条件就会调用回调函数返回相应的错误码。

在调用 GroupCoordinator.doCommitOffsets()方法进行处理时，若是第一种情况，由于需要组协调器管理消费组，所以相比第二种情况多了一步调用 GroupCoordinator.completeAndScheduleNextHeartbeatExpiration()方法的操作，该方法让延迟的心跳检测执行完成的，更新收到心跳的时间戳，同时再创建一个 DelayedHeartbeat，交由 DelayedOperationPurgatory 管理继续监视下一次心跳。之后两种情况处理逻辑相同，都是调用 GroupMetadataManager.prepareStoreOffsets()进行处理，GroupMetadataManager.prepareStoreOffsets()方法主要职责是构造消费者消费偏移量相关的消息，以及封装一个在偏移量对应的消息成功追加到 Kafka 内部主题之后回调的方法 putCacheCallback()。偏移量对应的消息以 groupId、主题名、分区编号构成的 Struct 作为消息的 Key，以 OffsetAndMetadata 相应字段构成消息的 Value。经过 GroupMetadataManager.prepareStoreOffsets()方法处理后返回一个 DelayedStore 对象，该对象交由 GroupMetadataManager.store()方法处理，在 store()方法中调用 replicaManager.appendMessages()方法将偏移量追加到 Kafka 内部主题中，在消息追加成功后会回调 putCacheCallback()，在该回调函数中会更新缓存中记录的分区与 OffsetAndMetadata 的映射信息，并回调 responseCallback()方法。

3.4 网络通信服务

在 KafkaServer 启动时，初始化并启动了一个 SocketServer 服务，用于接受客户端的连接、处理客户端请求、发送响应等，同时创建一个 KafkaRequestHandlerPool 用于管理 KafkaRequestHandler。SocketServer 是基于 Java NIO 实现的网络通信组件，其线程模型为：一个 Acceptor 线程负责接受客户端所有的连接；N（${num.network.threads}）个 Processor 线程，每个 Processor 有多个 Selector，负责从每个连接中读取请求；M（${num.io.threads}）个 Handler（KafkaRequestHandler）线程处理请求，并将产生的请求返回给 Processor 线程。而 Handler 是由 KafkaRequestHandlerPool 管理，在 Processor 和 Handler 之间通过 RequestChannel 来缓冲请求，每个 Handler 从 RequestChannel.requestQueue 接受 RequestChannel.Request，并把 Request 交由 KafkaApis 的 handle()方法处理，经处理后把对应的 Response 存进 RequestChannel.responseQueues 队列。Kafka 网络层线程模型如图 3-15 所示。

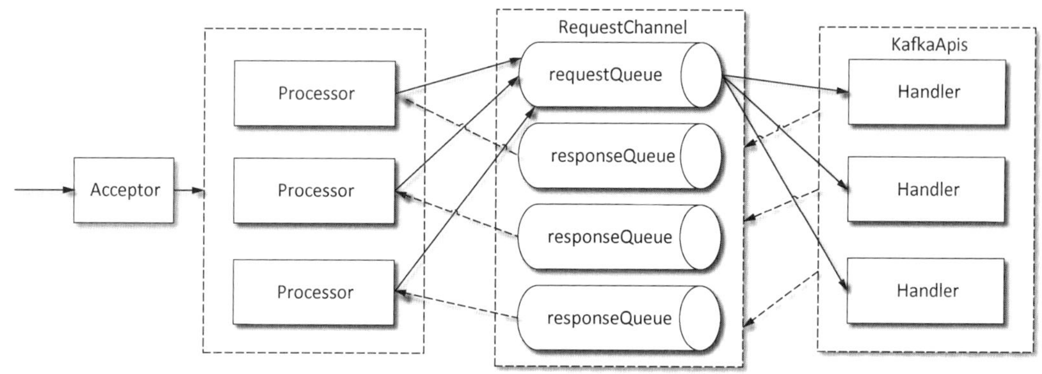

图 3-15 Kafka 网络层线程模型

了解 Kafka 网络通信层基本模型之后，现在我们对 Kafka 网络通信各组件的具体职责进行简要介绍。

3.4.1 Acceptor

Acceptor 的主要职责是监听并接受客户端（统指请求发起方）的请求，建立和客户端的数据传输通道 ServerSocketChannel，然后为客户端指定一个 Processor。

Acceptor 是一个继承 AbstractServerThread 类的线程类，AbstractServerThread 是一个抽象线程类，实现了 Runnable 接口，提供和定义了对 Kafka 通信层各组件操作的辅助方法。Acceptor 对 Java NIO Selector 相关操作进行了封装，在 Acceptor 实例化时会通过 NSelector.open()创建一个 Selector，创建和打开一个 ServerSocketChannel，同时启动与之对应的所有 Processor 线程（Acceptor 构造方法入参接收的 Processor 对象数组）。在 Acceptor 线程的 run()方法中，首先为 ServerSocketChannel 在 Selector 上注册 SelectionKey.OP_ACCEPT 事件，然后以轮询方式查询并等待所关注的事件发生。若所关注的事件发生，则调用 Acceptor.accept()方法对 OP_ACCEPT 事件进行处理。Acceptor.accept()方法第二参数为 Processor 对象，Kafka 采用轮询（round-robin）的方式从 Acceptor 对应的 Processor 对象数组中取出一个 Processor。

Acceptor.accept()方法的作用是对 OP_ACCEPT 事件进行处理，其实现逻辑如下。

（1）通过 SelectionKey 获取与之对应的 ServerSocketChannel，并调用 ServerSocketChannel.accept()方法建立与客户端的连接 SocketChannel。

（2）由于建立了新的连接，因此调用 ConnectionQuotas.inc()方法增加统计的连接数。

（3）将步骤 1 创建的 SocketChannel 交由 Processor.accept()方法处理。将 SocketChannel 加入 Processor 的 newConnections 队列中，然后唤醒 Processor 线程开始处理 newConnections 队列。可见 newConnections 队列会被 Acceptor 线程和 Processor 线程并发操作，因此 newConnections

是一个 ConcurrentLinkedQueue 对象，用于保存新连接的 SocketChannel。

当 Accepor.accept()处理完后，以轮询方式计算下一个连接所对应的 Processor 对象，在 Acceptor 线程处理运行状态时继续等待新的 OP_ACCEPT 事件，按以上步骤进行处理。

由以上分析可知，Acceptor 的作用就是接受客户端新的连接，创建 SocketChannel，以轮询的方式交由 Processor 处理，添加到 Processor 的 newConnections 队列并唤醒 Processor 线程。这样就建立起了客户端与 KafkaServer 之间通信的通道。Acceptor 在 Kafka 网络层连接中的地位如图 3-16 所示。

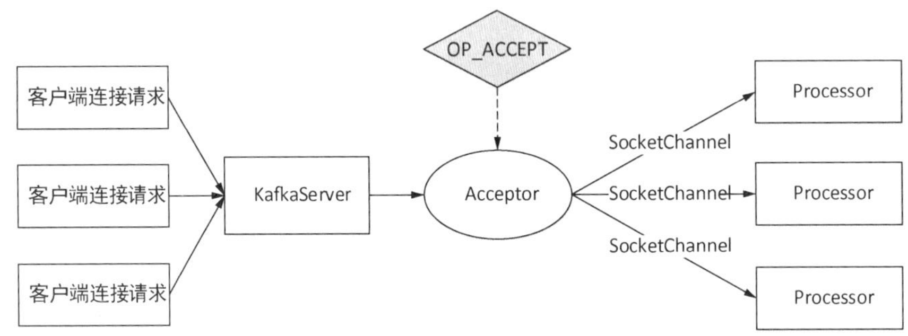

图 3-16　Acceptor 在 Kafka 网络层连接中的地位

3.4.2　Processor

Processor 也是一个线程类，继承 AbstractServerThread 类，主要用于从客户端读取请求数据和将相应的响应结果返回给客户端。Processor 定义了一个 ConcurrentLinkedQueue[SocketChannel]类型的 newConnections 队列，该队列用来保存新连接的交由本 Processor 处理的 SocketChannel；定义了一个 Map[String, RequestChannel.Response]类型的 inflightResponses 集合，用来记录还未发送的响应；定义了一个管理网络连接的 KSelector 类型的 selector 字段。同时，Processor 构造方法还接受一个由调用者传入的 RequestChannel 对象，RequestChannel 是 Processor 与 Handler 线程之间交换数据的队列，用于暂存通信的 Request 和 Response。RequestChannel 将在下一小节进行详细介绍。

由于 Processor 是一个线程类，因此我们首先来分析其 run()方法执行逻辑。该线程 run()方法执行逻辑如下。

首先调用父类提供的 startupComplete()方法。该方法通过 CountDownLatch 来实现 Processor 启动完成的信号标识，以此来唤醒由于等待 Processor 启动完成而被阻塞的线程。

然后检测 Processor 线程是否处于正常运行状态，即运行标志位 isRunning 是否为 true。若 Processor 线程处于正常运行状态时执行以下逻辑。

（1）处理 newConnections 队列中的 SocketChannel。迭代取出队列中的每个 SocketChannel，调用 KSelector.register()方法为每个 SocketChannel 在 nioSelector 上注册 OP_READ 事件，该方法的第一个参数是由 SocketChannel 基本属性构造的一个与之对应的唯一 connectionId 字符串。

KSelector 是 Kafka 实现的对 Java NIO Selector 的封装类。KSelector 是为了与 Java.nio.channels.Selector 区分开，简称为 KSelector，其实对应的是 org.apache.kafka.common.network.Selector，而 nioSelector 是指 Java.nio.channels.Selector。

（2）处理 Response。从 RequestChannel 的 responseQueues 数组中取出与当前 Processor 对应的用于保存 Response 的队列，并通过 Queue.poll()方法从 Response 队列的头部取一个 Response（实质是 remove 操作，若队列头部元素为空则返回空），若 Response 不为空，则更新 Requst.Response 从 Response 队列出队列的时间，然后根据 ResponseAction 做相应处理。

- 若为 NoOpAction，表示该连接对应的请求暂无响应需要发送给客户端，则调用 KSelector.unmute()方法为 KafkaChannel 注册 OP_READ 事件，允许其继续接受请求。通过 mute()与 unmute()操作以保证一个连接上只会有一个请求被处理。
- 若为 SendAction，则表示该 Response 需要发送给客户端。那么首先查找该 Response 对应的 KafkaChannel，通过调用 KSelector.send()方法为该 KafkaChannel 注册 OP_WRITE 事件（这里涉及 NIO 相关机制。关于 NIO 机制本书不做扩展讲述，请读者自行了解），并将该 Reponse 从 responseQueue 队列中移除添加到 inflightResponses 中。
- 若为 CloseConnectionAction，表示是要将该连接关闭，则先减少 Processor 线程维护的连接数据，然后调用 KSelector.close()方法关闭本连接。

（3）调用 KSelector.poll()方法进行处理。该方法的职责与 Java nioSelector.select()方法相对应，其实 KSelector.poll()方法底层就是调用 nioSelector.select()方法进行处理。poll()方法会将已接受完成的数据包、发送成功的请求、断开的连接添加至 KSelector 维护的相应队列当中。经由 poll()方法处理之后，接下来就是要对 IO 完成的进度进行检查并做相应处理。

（4）处理已接受完成的数据包队列 completedReceives。遍历该队列的每个 NetworkReceive 对象，与当前的 Processor 信息构造一个 RequestChannel.Request 对象，调用 requestChannel.sendRequest()方法将 RequestChannel.Request 对象添加至 requestChannel 的 requestQueue 队列中，等待 Handler 进行处理。然后调用 KSelector.mute()方法取消与该请求对应的 KafkaChannel 注册的 OP_READ 事件，即在发送响应给客户端之前该连接不能再读取任何请求数据。

（5）处理已发送完成的队列 completedSends。当已完成将 Repsonse 发送给客户端，则将该 Response 从 inflightResponses 集合中移除，同时调用 KSelector.unmute()为对应的连接通道 KafkaChannel 重新注册 OP_READ 事件，以恢复该通道能够重新读取请求数据。

（6）处理断开连接的队列 disconnected。当一个连接已断开时，无法向该连接返回相应的 Response，则将该 Response 从 inflightResponses 集合中移除，然后将 SocketServer 维护的连接数减 1。

若 isRunning 为 false，则关闭该 Processor 管理的全部连接。通过 CountDownLatch.Countdown()操作标识关闭操作已完成，唤醒由于等待该 Processor 结束而被阻塞的线程。

至此，Processor 线程的 run()方法执行逻辑已介绍完毕，该方法执行流程如图 3-17 所示。

通过对 Processor.run()方法实现逻辑分析可知：Processor 主要职责是负责从客户端读取数据并将处理后的 Response 返回给客户端。Processor 通过调用 KSelector 的 mute()方法和

unmute()方法分别对与之对应的连接通道 KafkaChannel 注册相应的事件，以保证请求与响应顺序一致。

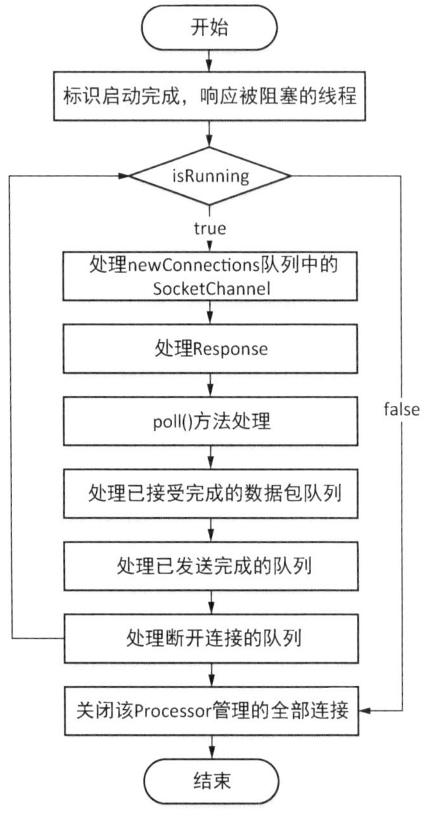

图 3-17　Processor 线程 run()方法执行逻辑流程

3.4.3　RequestChannel

在 3.4.2 节我们提到了 RequestChannel，RequestChannel 是为了给 Processor 线程与 Handler 线程之间通信提供数据缓冲，是通信过程中 Request 与 Response 缓存的通道，是 Processor 线程与 Handler 线程交换数据的地方。

首先简单了解 RequestChannel 底层基本数据结构。RequestChannel 维护了一个 ArrayBlockingQueue 类型的队列用于缓存 Processor 添加的 Request 队列 requestQueue，一个用于保存 Repsonse 的 Array[BlockingQueue[RequestChannel.Response]]类型的队列 responseQueues，每个 Processor 对应一个 BlockingQueue 类型的 Response 队列。同时，RequestChannel 还定义了一个 List[(Int) => Unit]类型的 responseListeners 列表，用于记录当 Handler 线程向 responseQueues 添加 Response 时指定所要唤醒的 Processor 线程编号。在 SocketServer 初始化时，会调用 RequestChannel.addResponseListener()

方法为每个 Processor 线程映射一个唤醒该 Processor 线程的 id。

RequestChannel 提供了对这些集合添加和删除元素的方法，如 sendRequest()方法用于将 Request 添加至 requestQueue 队列中，addResponseListener()方法用于为每个 Processor 线程添加一个唤醒该线程的 id，sendResponse()方法用于将 Response 添加到 responseQueues 队列中。在将 Response 添加至 responseQueues 队列的时候会触发 responseListeners 唤醒对应的 Processor 线程。

通过 RequestChannel 的底层数据结构及相应方法可以看出，RequestChannel 的作用就是在通信中起到缓冲队列的作用。Processor 线程将读取到请求添加到 RequestChannel.requestQueue 队列中；Handler 线程从 reqeustQueue 中取出请求进行处理，待处理完成后，Handler 线程将处理结果 Reponse 添加至 RequestChannel.responseQueues 队列中，在添加 Response 至 responseQueues 队列时会通过 responseListeners 唤醒对应的 Processor 线程，Processor 线程从 responseQueues 队列中取出与自己对应的 responseQueue 进行处理，最终将结果返回给客户端。该处理过程基本逻辑示意图如图 3-18 所示。

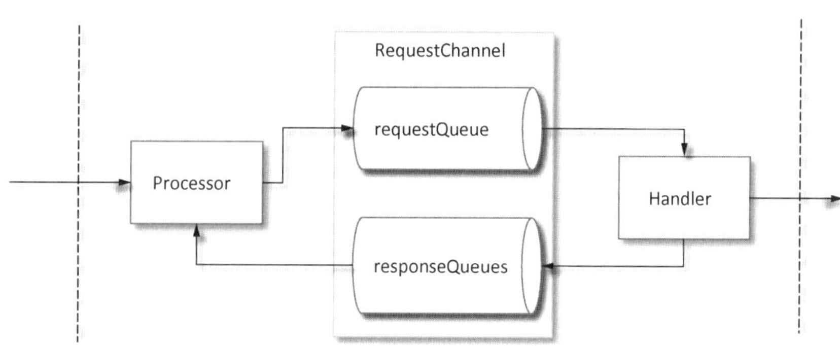

图 3-18 RequestChannel 缓冲处理逻辑

3.4.4 SocketServer 启动过程

在对 Kafka 网络服务相关组件进行了简要讲解之后，现在我们再分析 SocketServer 启动过程。在启动一个 Kafka 代理时会实例化并启动一个 SocketServer 服务，首先分析 SocketServer 实例化过程。

首先，将${listeners}配置的每组协议分别映射成 Kafka 封装的一个用于保存协议信息的类 EndPoint，构造一个 EndPoint 对象的集合 endpoints。listeners 配置格式为 protocol://host:port 或者 protocol://[ipv6 host]:port，其中 protocol 为代理之间通信的安全协议类型。当前版本的 Kafka 支持的协议类型有 PLAINTEXT、SSL、SASL_PLAINTEXT、SASL_SSL、TRACE。host 可以为代理主机的 IP、hostname 值或者对应的域名，也可以不指定；port 为指定的可用端口。listeners 可以配置多组协议类型，每组之间以逗号隔开，如 listeners=PLAINTEXT://myhost:9092,TRACE://:9091, PLAINTEXTSASL://0.0.0.0:9093，默认 listeners 为 listeners=PLAINTEXT://:9092，listeners 配置

项是 SocketServe 所监听的地址。

然后，根据 listeners.size* ${num.network.threads }之积计算需要创建的 Processor 总线程数，读者可以根据自己业务需要调整该参数。

最后，创建一个 RequestChannel 对象 requestChannel，一个保存 Processor 的数组对象 processors，用于保存 EndPoint 与 Acceptor 对应关系的 Map 类型 acceptors，并声明记录连接数的 connectionQuotas 对象。同时根据 processors 数组大小，为数组中的每个位置添加一个用于唤醒该位置对应的 Processor 线程的 ResponseListener。

在 SocketServer 实例化完成后，调用 SocketServer.startup()方法启动 SocketServer，startup()方法执行逻辑如下：首先根据配置的连接数限制实例化 ConnectionQuotas 对象，然后遍历端点集合，为每个 EndPoint 创建一组 Processor 线程和一个 Acceptor 线程。在实例化 Acceptor 时会启动相应的 Processor 线程，在启动 Acceptor 线程时会阻塞主线程直到 Acceptor 线程启动完成。

SocketServer 启动后就可以通过 Acceptor 接受客户端的请求，交由 Acceptor 对应的 Processor 处理，Processor 线程将请求添加到 RequestChannel.requestQueue 队列中，Handler 从 RequestChannel.requestQueue 队列中取出请求分发处理，然后将处理结果 Response 存入 RequestChannel.responseQueues 队列中，添加 Respoonse 时会唤醒与之对应的 Processor，Processor 从 RequestChannel.responseQueues 队列中取出与自己对应的 responseQueue 队列根据 ResponseAction 进行相应处理。

3.5　日志管理器

日志管理器（LogManager）是 Kafka 用来管理所有日志的，也称为日志管理子系统（Log Management Subsystem）。它负责管理日志的创建与删除、日志检索、日志加载和恢复、检查点及日志文件刷写磁盘以及日志清理等。本节将对日志管理器的部分功能进行详细讲解，在讲解日志管理器之前，首先介绍一下日志结构。

3.5.1　Kafka 日志结构

Kafka 消息是以主题为基本单位进行组织的，各个主题之间相互独立。每个主题在逻辑结构上又由一个或多个分区构成，分区数可以在创建主题时指定，也可以在主题创建后再修改。可以通过 Kafka 自带的用于主题管理操作的脚本 kafka-topics.sh 来修改某个主题的分区数，但只能增加一个主题的分区数而不能减少其分区数。每个分区可以有一个或多个副本，从副本中会选出一个副本作为 Leader，Leader 负责与客户端进行读写操作，其他副本作为 Follower。生产者将消息发送到 Leader 副本的代理节点，而 Follower 副本从 Leader 副本同步数据。

在存储结构上分区的每个副本在逻辑上对应一个 Log 对象，每个 Log 又划分为多个

LogSegment，每个 LogSegment 包括一个日志文件和两个索引文件，其中两个索引文件分别为偏移量索引文件和时间戳索引文件。Log 负责对 LogSegment 的管理，在 Log 对象中维护了一个 ConcurrentSkipListMap，其底层是一个跳跃表，保存该主题所有分区对应的所有 LogSegment。Kafka 将日志文件封装为一个 FileMessageSet 对象，将两个索引文件封装为 OffsetIndex 和 TimeIndex 对象。Log 和 LogSegment 都是逻辑上的概念，Log 是对副本在代理上存储文件的逻辑抽象，LogSegmnent 是对副本存储文件下每个日志片段的抽象，日志文件和索引文件才与磁盘上的物理存储相对应。假设有一个名为“log-format”的主题，该主题有 3 个分区，每个分区对应一个副本，则在存储结构中各对象映射关系如图 3-19 所示。

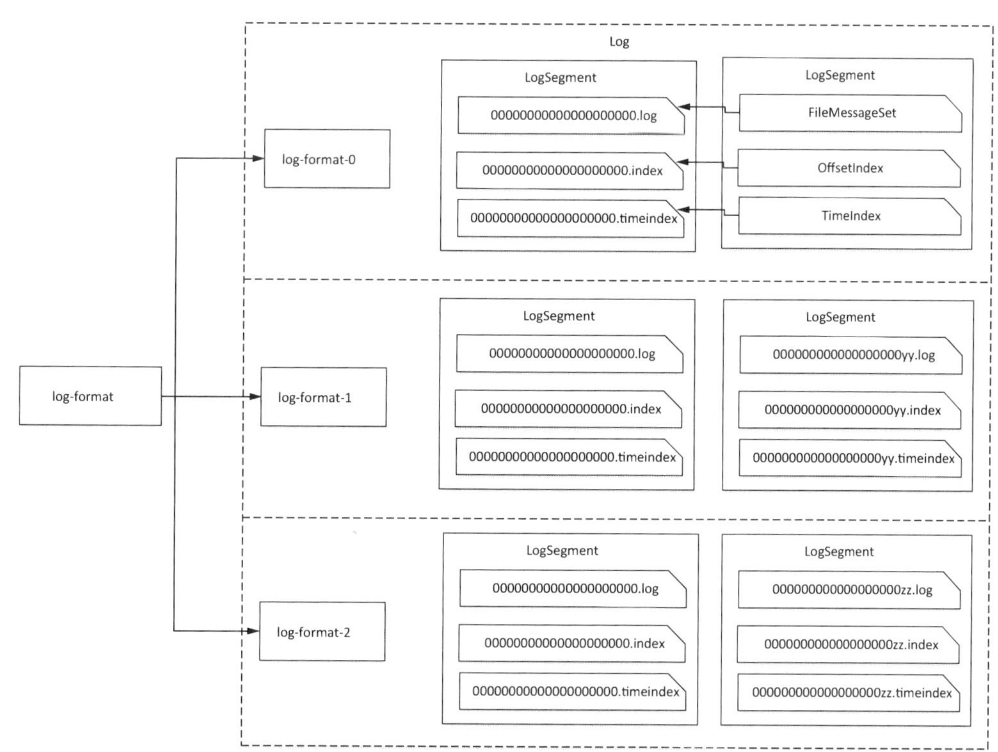

图 3-19　Kafka 日志存储结构中的映射关系

如图 3-19 所示，在存储结构上每个分区副本对应一个目录，每个分区副本由一个或多个日志段（LogSegment）组成。每个日志段在物理结构上对应一个以“.index”为文件名后缀的偏移量索引文件、一个以“.timeindex”为文件名后缀的时间戳索引文件以及一个以“.log”为文件名后缀的消息集文件（FileMessageSet），消息集文件即日志文件或数据文件。需要说明的是，时间戳索引文件是在 0.10.1.1 版本新增加的索引文件，在这之前的版本只有偏移量索引文件。数据文件的大小由配置项 log.segment.bytes 指定，默认为 1 GB（1 073 741 824 字节），同时 Kafka 提供了根据时间来切分日志段的机制，即若数据文件大小没有达到 log.segment.bytes 设置的阈值，但达到了 log.roll.ms 或是 log.roll.hours 设置的阈值，同样会创建新的日志段，在磁盘上创建一个数据文件和两个索引文件。接收消息追加（append）操作的日志段也称为活跃段（activeSegment）。

由图 3-19 也可以看出，分区所对应目录的命名规则为：主题名-分区编号，分区编号从 0 开始，顺序递增，分区编号最大值为分区总数减 1，例如，对“log-format”主题，其分区目录依次为 log-format-0、log-format-1 和 log-format-2。数据文件命名规则为：由数据文件的第一条消息偏移量，也称为基准偏移量（BaseOffset），左补 0 构成 20 位数字字符组成，每个分区第一个数据文件的基准偏移量为 0，因此每个分区第一个数据文件对应的日志文件为 00000000000000000000.log，两个索引文件分别为 00000000000000000000.index 和 00000000000000000000.timeindex。后续每个数据文件的基准偏移量为上一个数据文件最后一条消息对应的偏移量（log end offset，LEO）值加 1。

图 3-19 所示的示意图只是从逻辑上进行描述，为了更直观地认识 Kafka 存储结构，现在我们在一个有 3 个代理的 Kafka 集群上创建 log-format 主题做更进一步分析，这里我们指定该主题有 3 个分区、2 个副本，同时为了讲解日志结构需要，我们将该主题数据文件大小为设置为 1 KB，索引文件跨度为设置为 100 字节，这样便于演示日志分段（有可能部分读者习惯称之为日志切片）。

创建主题，命令如下：

```
kafka-topics.sh --create --zookeeper  server-1:2181,server-2:2181,server-3:2181
--replication-factor 2 --partitions 3 --topic log-format
```

修改段大小及索引跨度配置，命令如下：

```
kafka-topics.sh -zookeeper server-1:2181,server-2:2181,server-3:2181 --alter
--topic log-format --config segment.bytes=1024 --config index.interval.bytes=100
```

分区副本在 3 台代理上的分布如图 3-20 所示。

登录 ZooKeeper 客户端查看分区及副本元数据信息如下：

```
get /brokers/topics/log-format
```

输出信息如下：

```
{"version":1,"partitions":{"2":[3,1],"1":[2,3],"0":[1,2]}}
```

在 ZooKeeper 中元数据信息以 JSON 串的格式存储，其中 version 表示版本标识，固定值为 1，partitions 之后的 JSON 字符串表示每个分区对应的 ISR 列表，格式为“"分区编号":AR”，多个分区信息满足 JSON 格式。例如，"2":[1,3]表示分区编号为 2 的分区其副本分布在 brokerId 为 1 和 3 的两个节点上，与图 3-20 描述一致。在 AR 信息中，第一个副本称为优先副本，通常情况下优先副本即为分区的 Leader，若希望查看某个分区的副本 Leader 节点有以下两种方式。

（1）在 ZooKeeper 客户端查看分区状态信息。命令格式为：get /brokers/topics/<topicName>/partitions/<partitionId>/state。例如，查看“log-format”编号为 2 的分区状态（state）元数据信

息，执行命令如下：

```
get /brokers/topics/topic-format/partitions/2/state
```

分区状态元数据信息输出如下：

```
{"controller_epoch":10,"leader":3,"version":1,"leader_epoch":0,"isr":[3,1]}
```

其中分区状态信息表达式中，字段 controller_epoch 表示集群的控制器选举次数，初始值为 0，当一个代理当选为控制器后，该字段值加 1，每次控制器变更该字段值都增 1。该字段值与 /controller_epoch 节点存储的控制器变化次数值一致；字段 leader 表示该分区的 Leader 副本所在代理的唯一编号 brokerId；字段 version 表示版本编号，默认值为 1；leader_epoch 表示该分区 Leader 选举次数，初始值为 0；isr 即为同步副本的代理编号列表。

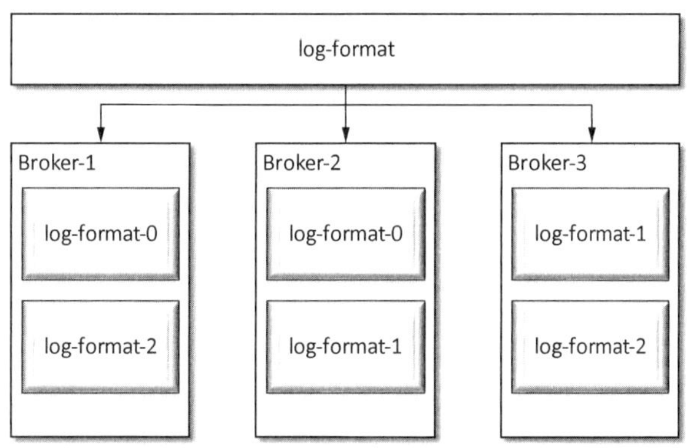

图 3-20　主题 log-format 分区及副本分布

（2）通过 Kafka 自带的 kafka-topics.sh 脚本查看主题分区及副本分布信息。例如，查看 log-format 主题分区及状态分布信息，命令如下：

```
kafka-topics.sh --describe --zookeeper server-1:2181,server-2:2181,server-3:2181
--topic log-format
```

该命令执行结果输出信息如下：

```
Topic:log-format  PartitionCount:3  ReplicationFactor:2
    Configs:index.interval.bytes=100,segment.bytes=1024
Topic: log-format Partition: 0 Leader: 1    Replicas: 1,2Isr: 1,2
Topic: log-format Partition: 1 Leader: 2    Replicas: 2,3Isr: 2,3
Topic: log-format Partition: 2 Leader: 3    Replicas: 3,1Isr: 3,1
```

该方式按序罗列出主题所有分区对应的副本及 ISR 列表信息，副本 Leader 节点及该主题被修改的配置信息。Leader 指定该分区副本 Leader，Replicas 指定该分区副本所在代理的编号，Isr 指定同步中的副本代理列表。

数据文件用来存储消息，每条消息由一个固定长度的消息头和一个可变长度（N 字节）的净荷

（payload）组成。同时若开启了消息 Key，即设置 parser.key=true，在发送消息时需要指定消息的 Key，则每条消息数据包括一个可变长度的消息 Key 实体和消息实际数据 payload，payload 也称为消息体，这里强行将消息 Key 与消息 payload 分为两部分描述，是为了下文更清晰地介绍消息各部分内容的字节大小。在本书中，为了与消息的 Key 配合进行介绍，消息体也称为消息 Value。消息 Key 可以为空，默认情况下消息的 Key 与消息体之间以制表符分隔。消息结构如图 3-21 所示。

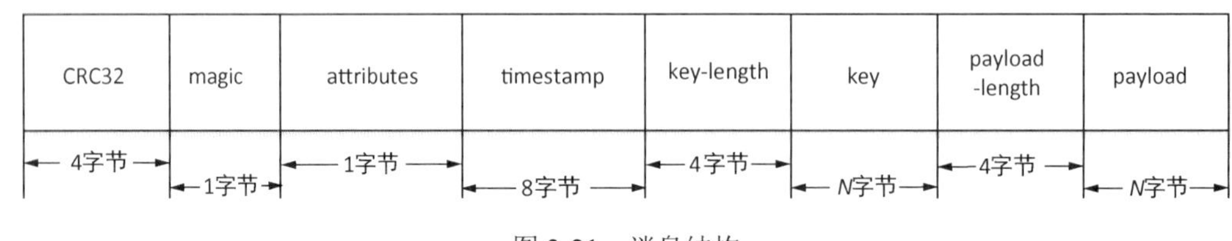

图 3-21　消息结构

消息结构各部分说明如表 3-7 所示。

表 3-7　消息结构各字段说明

消 息 字 段	字 段 说 明
CRC32	CRC32 校验和
magic	Kafka 服务程序协议版本号，用来作兼容，当前版本的 Kafka 该值为 1
attributes	该字段占 1 字节，其中低两位用来表示压缩方式，第三位表示时间戳类型，高 4 位为预留位置，暂无实际意义
timestamp	消息时间戳，当 magic 值大于 0 时消息头必须包括该字段
key-length	消息 Key 的长度
key	消息 Key 实际数据
payload-length	消息实际数据长度
payload	消息实际数据

通过表 3-7 说明可知，由于当前版本 Kafka 的 magic 取值为 1，因此消息头必须包括时间戳（timestamp）字段。当前版本的 Kafka 支持消息创建时间（CreateTime）及消息追加时间（LogAppendTime）两种时间戳类型，时间戳的类型由消息头中 attributes 字段的第三位指定，该位取值 0 表示创建时间，取值 1 表示消息追加时间。

在实际存储时一条消息总长度还包括 12 字节额外的开销（LogOverhead），这 12 字节包括两部分。其中一部分用 8 字节长度记录消息的偏移量，每条消息的偏移量是相对该分区下第一个数据文件的基准偏移量而言，它唯一确定一条消息在分区下的逻辑位置，同一个分区下的消息偏移量按序递增，若与数据库类比，消息偏移量即为消息的 Id，即自增的主键。另外 4 字节表示消息总长度。因此当前版本 Kafka 一条消息的固定长度为 34 字节。

1. 数据文件

在数据文件中我们会看到相邻两条消息的 position 值之差减去 34，即为上一条消息实际长度。若 parser.key=true，则相邻两条消息 position 之差减去 34 为消息 Key 和消息体的总长度。

启动一个生产者向主题 log-format 中发送一批消息。执行以下命令将二进制分段日志文件转储为字符类型的文件。

```
kafka-run-class.sh kafka.tools.DumpLogSegments  --files  /opt/data/kafka-logs/log-format-0/00000000000000000000.log  --print-data-log
```

该数据文件部分内容如下：

```
Starting offset: 0
offset: 0 position: 0 CreateTime: 1487165556824 isvalid: true payloadsize: 1 magic: 1 compresscodec: NoCompressionCodec crc: 1269164006 payload: c
offset: 1 position: 35 CreateTime: 1487165689780 isvalid: true payloadsize: 1 magic: 1 compresscodec: NoCompressionCodec crc: 3541136778 payload: f
```

可以看到，offset=1 与 offset=0 的消息的 position 之差为 35，用 35 减去 1（payloadSize）即为消息固定长度 34。通过转储后的消息内容，能够更直观地了解消息的存储结构。其中第一行标识该数据文件消息起始的偏移量，由于是第一个数据文件，因此起始偏移量为 0，即第一条消息的偏移量为 0。在转储后的文件中，Kafka 用字段 position 表示该条消息在数据文件中的实际位置，每个数据文件第一条消息的 position 为 0，之后每条消息的 position 为前一条消息的 postion 与消息固定长度、消息总长度之和。CreateTime 表示该条消息时间类型为消息创建时间，isValid 表示消息 CRC 校验是否合法。payloadSize 表示消息体实际长度。Compresscodec 表示消息压缩方式。crc 表示消息的 crc32 校验和。payload 表示消息体实际内容。

再通过以下命令启动一个生产者，开启生产消息时指定消息的 Key：

```
kafka-console-producer.sh --broker-list  server-1:9092,server-2:9092,server-3:9092
--topic log-format -property parse.key=true
```

查看其中某个分区下的一个数据文件信息如下：

```
offset: 53 position: 723 CreateTime: 1487163989090 isvalid: true payloadsize: 1 magic: 1 compresscodec: NoCompressionCodec crc: 2783563669 keysize: 1 key: a payload: a
offset: 54 position: 759 CreateTime: 1487163998112 isvalid: true payloadsize: 1 magic: 1 compresscodec: NoCompressionCodec crc: 740192312 keysize: 1 key: b payload: b
```

offset 为 53 和 54 的两条消息，在展示格式上打印出了 keysize 和 key 两个字段，分别表示消息 Key 的长度和 Key 的实际内容。同样，position:759 与 position:723 之差为 offset:53 这条消息的消息固定长度（34 字节）与消息总长度（keySize 与 payloadSize 之和）之和。

2. 偏移量索引文件

Kafka 将消息分段保存在不同的文件中，同时每条消息都有唯一标识的偏移量，数据文件以该文件基准偏移量左补 0 命名，并将每个日志段以基准偏移量为 Key 保存到 ConcurrentSkipListMap 集合中。这样查找指定偏移量的消息时，用二分查找算法就能够快速定位到消息所在的段文件。为了进一步提高查找效率，Kafka 为每个数据文件创建了一个基于偏移量的索引文件，该索引文件的文件名与数据文件相同，文件名后缀为.index，为了与另一个基于时间戳的索引区分开，我们在这里将基于偏移量的索引文件称为偏移量索引文件。

偏移量索引文件存储了若干个索引条目（IndexEntry），索引条目用来将逻辑偏移量映射成消息在数据文件中的物理位置，每个索引条目由 offset 和 position 组成，每个索引条目唯一确定数据文件中的一条消息。索引条目的 offset 表示与之对应的数据文件中某条消息的 offset，position 为与之对应的数据文件中某条消息的 position，例如，数据文件中某条消息的 offset 和 position 分别为 offset:8 和 position:0，若为该条消息创建了索引，索引文件中索引值为 offset:8 和 position:0。并不是每条消息都对应有索引，而是采用了稀疏存储的方式，每隔一定字节的数据建立一条索引，我们可以通过 index.interval.bytes 设置索引跨度。

每次写消息到数据文件时会检查是否要向索引文件写入索引条目，创建一个新索引条目的条件为：距离前一次写索引后累计消息字节数大于${index.interval.bytes}。具体实现是 LogSegment 维持一个 int 类型的变量 bytesSinceLastIndexEntry，初始值为 0，每次写消息时先判断该值是否大于索引跨度。若小于索引跨度，则将该条消息的字节长度累加到变量 bytesSinceLastIndexEntry 中；否则会为该条消息创建一个索引条目写入索引文件，然后将 bytesSinceLastIndexEntry 重置为 0。

索引文件与数据文件对应关系如图 3-22 所示，其中偏移量值用 sn 表示，消息实际位置 position 值用 pn 表示，n 为数字，sn 之间是顺序按步长 1 递增，而 pn 之间并不表示按步长 1 顺序递增之意，仅用来区分不同的 position。

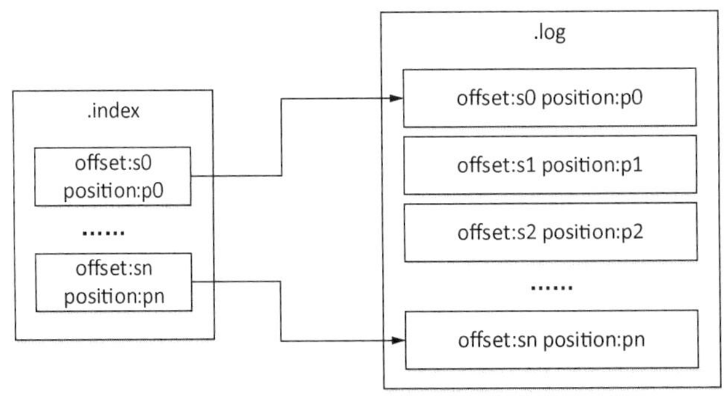

图 3-22　索引文件与数据文件的映射关系

通过索引文件，我们就能够根据指定的偏移量快速地定位到消息物理位置。首先根据指定的偏移量，通过二分查找，查询出该偏移量对应消息所在的数据文件和索引文件，然后在索引文件中通过二分查找，查找值小于等于指定偏移量的最大偏移量，最后从查找出的最大偏移量处开始顺序扫描数据文件，直至在数据文件中查询到偏移量与指定偏移量相等的消息。

3. 时间戳索引文件

Kafka 从 0.10.1.1 版本开始引入了一个基于时间戳的索引文件，即每个日志段在物理上还对应一个时间戳索引文件，该索引文件文件名和与之对应的数据文件文件名相同，但以.timeindex 为文件名后缀，我们称之为时间戳索引文件。该索引文件包括一个 8 字节长度的时间戳字段和一个 4 字节的偏移量字段，其中时间戳记录的是该日志段目前为止最大时间戳，偏移量则记录的是插入新的索引条目时，当前消息的偏移量。该索引文件索引条目之间的跨度由配置项 index.interval.bytes 设置的阈值决定，但同时必须保证新创建的索引条目的时间戳大于上一个索引的时间戳。

时间戳索引文件中的时间戳对应的类型可以是消息创建时间（CreateTime），也可以是消息写入数据文件的时间（LogAppendTime）。时间戳索引文件中的时间戳类型与数据文件中的时间戳类型一致，索引条目对应的时间戳的值及偏移量与数据文件中相应消息的这两个字段的值相同。Kafka 也提供了通过时间戳索引来访问消息的方法，在第 6 章 6.3 节有相关介绍。时间戳索引也采用了稀疏存储的方式，在记录偏移量索引条目时会判断是否需要同时写时间戳索引。

3.5.2 日志管理器启动过程

在对日志结构进行简要介绍之后，现在开始分析日志管理器的实现原理。首先分析日志管理器的启动过程。

当代理启动时首先实例化并启动一个日志管理器。实例化日志管理器时调用的构造方法如下：

```
class LogManager(val logDirs: Array[File],  // 配置项 log.dirs 指定的消息存储目录
                 val topicConfigs: Map[String, LogConfig], // 主题级别的配置信息
                 val defaultConfig: LogConfig,  // 默认配置信息
                 val cleanerConfig: CleanerConfig, // 日志压缩相关的配置信息
                 ioThreads: Int,  // IO 线程数
                 val flushCheckMs: Long, // 日志刷写到磁盘的时间间隔
                 val flushCheckpointMs: Long, // 日志检查点写磁盘的时间间隔
                 val retentionCheckMs: Long,  // 日志清理的时间间隔
                 scheduler: Scheduler, // 后台定时任务组件
                 val brokerState: BrokerState, // Kafka 代理的状态
                 private val time: Time)
```

从日志管理器的构造方法可以看到，日志管理器依赖于日志管理相关的配置及 Kafka 后台定时任务调度组件（KafkaScheduler）。

下面介绍一下日志管理器初始化过程。

首先，根据代理启动时加载的配置文件 server.properties 里配置项 log.dir 配置的分区文件存储路径（可以配置多个路径，多路径之间以逗号分隔）检查相应目录是否已存在，若不存在就创建相应的目录。并在每个根目录下创建一个用于对该目录操作控制的锁文件，文件名为.lock，由于是以“.”开头的文件，因此这是一个隐藏文件，在 Linux 下需要通过 ll-a 或 ls-a 命令查看。同一时刻只能有一个日志管理器实例或线程来获取到该锁文件，该文件只有在日志管理器正常关闭，也就是 KafkaServer 正常关闭时才会被删除。通过该锁文件可以判断上次 KafkaServer 关闭是正常关闭还是异常关闭。同时创建或加载日志恢复检查点文件（recovery-point-offset-checkpoint），若该文件不存在，则创建一个新的检查点文件，该文件用来记录每个主题的

每个分区下一次写入磁盘数据的偏移量，即小于该偏移量的数据已写入磁盘。例如，一个检查点文件如下：

```
0
4
log-format 1 0
log-format 2 0
kafka-action 1 1
kafka-action 2 0
```

该文件中第一行 0 表示版本号信息，当前版本的 Kafka 此值固定为 0，第二行 4 表示有 4 条记录，由于每个分区对应一行记录，因此 4 也表示该目录下总共有 4 个分区目录。从第三行开始每个分区对应一行记录，每行记录的信息为主题名、分区编号、已写磁盘的数据偏移量。

接着，根据检查点文件加载和恢复日志文件，该过程是调用日志管理器的 loadLogs()方法来实现。该方法遍历${log.dir}配置的路径，对每个路径进行以下处理。

（1）创建用于日志恢复的线程池。为每个路径创建一组固定大小为${num.recovery.threads.per.data.dir }的线程池，默认大小为 1，并将线程池保存到 ArrayBuffer 集合中。

（2）检测.kafka_cleanshutdown 文件。当代理上一次是正常关闭时，则在${log.dir}配置的每个路径创建下面会有一个.kafka_cleanshutdown 文件。若该文件不存在，那么表示上一次代理是由于发生故障而关闭，当然也有可能是 KafkaServer 首次启动，因此在启动时会设置一个中间状态 RecoveringFromUncleanShutdown，Kafka 统一认为本次的启动都是从非正常关闭中恢复的。

（3）构建 Kafka 日志恢复工作集。根据 recovery-point-offset-checkpoint 文件记录信息，加载并恢复分配到当前代理的所有分区，每个分区对应一个 Log 对象，该对象封装了对 Kafka Log 的基本操作。将分区的 Log 信息缓存在 Pool[TopicAndPartition, Log]对象中，Pool 是 Kafka 对 ConcurrentHashMap 集合进行的包装，其功能与 ConcurrentHashMap 类似，本书不做深入分析。

（4）将工作集提交到线程池执行。将执行结果保存到 Map 类型的 jobs 对象中。

通过以上 4 步操作之后，遍历 jobs 对象，等待线程执行完成，获取执行结果，然后删除.kafka_cleanshutdown 文件，同时关闭用于恢复操作的线程池。至此，日志管理器完成了相关日志文件的恢复与加载。这里只是简要地梳理了日志恢复与加载的流程，在 3.5.3 节将更详细地介绍。

然后，若开启了日志定时清理功能，则实例化一个 LogCleaner 对象。该功能默认是开启的，可以通过配置项 log.cleaner.enable 进行设置。LogCleaner 对象初始化时会创建${log.cleaner.threads}个清理线程，默认是创建一个清理线程。

最后，调用日志管理器的 startup()方法启动日志管理器。在 startup()方法中，若日志管理器初始时所依赖的后台定时任务调度组件不为空，则启动 3 个定时任务，分别为定期（log.retention.check.interval.ms）执行对过期日志的清理操作，定期（log.flush.scheduler.interval.ms）将日志刷到（flush）磁盘，定期（log.flush.offset.checkpoint.interval.ms）将分区已写磁盘的最大偏移量写入到检查点文件。同时，若开启了自动清理功能，则调用 LogCleaner 的 startup()方法启动日志清理线程。

3.5.3 日志加载及恢复

在日志管理器初始化时，会调用 loadLogs()方法加载和恢复 log.dir 配置项指定目录下的分区文件，为每个分区文件创建一个 Log 对象。该方法实现逻辑如下。

首先，定义一个 ArrayBuffer 类型的 threadPools 变量，用来保存线程池对象。再定义一个 Map 类型的 jobs 变量，用来记录实例化 Log 对象的线程执行结果。

接着，遍历 log.dir 指定的每个目录，对每个目录执行以下处理。

（1）创建一个大小为${num.recovery.threads.per.data.dir}的线程池，用来初始化和加载 Log 对象，日志文件的恢复是由 Log 对象来完成的。

（2）检查是否存在.kafka_cleanshutdown 文件，该文件在代理正常关闭的情况下会被创建。若不存在该文件，则将代理的状态设置为 RecoveringFromUncleanShutdown，即表示代理启动过程有一个从上一次非正常关闭恢复数据的状态。

（3）将检查点文件解析成一个以 TopicAndParttion 对象为键、以偏移量作为值的 Map 集合（recoveryPoints）。

（4）为该目录下的每个分区目录（TopicName-PartitionId）创建一个初始化 Log 对象的任务，并将任务交由线程池处理。

（5）处理第 4 步任务执行结果，无异常时删除目录下面的.kafka_cleanshutdown 文件。待所有任务处理完成后关闭线程池。

第 4 步中的每个任务的核心逻辑为：分别读取每个分区目录名，解析出分区对应的主题及分区编号，构造 TopicAndPartition 对象，从默认配置中提取该主题的配置信息，从检查点集合中取出该分区已写磁盘的最大偏移量，为每个分区目录实例化一个 Log 对象。Log 对象实例化依赖于 Kafka 后台调度定时任务组件 KafkaScheduler，Log 对象通过该定时任务异步将日志刷到磁盘。将实例化的 Log 对象与 TopicAndPartition 对应关系保存到日志管理器维护的一个 Pool[TopicAndPartition, Log]集合中，由 Log 对象完成日志恢复操作。

Log 类在逻辑层面上可以理解为与分区对应，也就是说 Log 类封装了对一个分区的基本操作，从实现层面而言，也是对日志段（LogSegment）操作和管理的封装。在实例化 Log 对象时，Log 会完成该分区目录下所有日志段的恢复操作，并将日志段加载到 ConcurrentSkipListMap 类型的 segments 集合中。ConcurrentSkipListMap 具有跳跃表的功能，适用于高并发访问，多个线程可以安全地并发进行插入、删除、更新和访问操作，该集合的特性为通过偏移量快速查找日志提供了保证。

Log 恢复和加载日志段由 Log.loadSegments()方法实现，具体逻辑如下。

（1）检查分区目录是否存在，若不存在则创建。

（2）遍历分区目录下的文件，根据文件后缀名分别进行不同的处理。若文件后缀为.delete 或.cleaned，则直接删除该文件。某个文件后缀名是.delete 则表示该文件是需要被清除而还未执行删除操作，在删除一个日志段时首先会将该日志段对应的日志文件和两个索引文件的文件名后缀修改为.delete，然后调用 LogSegment.delete()方法删除该日志段对应的文件。文件名为.cleaned 的文件表示是在日志清理操作第一阶段生成的临时文件。因此这两种类型的文件，在对日志段进行恢复操作时均应直接删除。若文件名后缀为.swap，则先去掉.swap 后缀，然后再判断文件是偏移量索引文件（.index）还是日志文件（.log）。若是偏移量索引文件则直接删除该文件，若是日志文件则删除该日志文件对应的索引文件，同时将该文件添加到 Set<File>类型的 swapFiles 集合中。

（3）第二次遍历分区目录下的文件，依然根据文件后缀名分别进行处理。若是偏移量索引文件或时间戳索引文件（.timeindex），查找对应的日志文件是否则在，若日志文件不存在，则删除索引文件。若是日志文件，则创建一个 LogSegment 对象，如果该日志文件对应的偏移量索引文件存在，则检查两个索引文件是否有效，若索引文件无效则删除两个索引文件，同时调用 LogSegment.recover()方法重新创建索引文件，若偏移量索引文件不存在则直接调用 LogSegment.recover()方法创建索引文件。recover()方法的核心思想就是读取日志文件，当累积字节数大于${index.interval.bytes}时插入一条索引记录，完成索引的重建。

（4）遍历 swapFiles 集合对.swap 类型的文件进行处理。根据.swap 文件名计算出基准偏移量，然后分别创建 LogSegment 对象并重建两个索引文件，查找以该 swap 段的基准偏移量开始与下一个日志段基准偏移量之间所有日志段文件，删除这些日志段对应的数据文件及其索引，然后去掉.swap 后缀，并将该日志段加到 Log 对象的 segments 集合中。

（5）若 segments 为空，则说明通过以上几步恢复操作没有得到任何有效的日志段，为了保证该 Log 对象至少有一个活跃段，需要创建一个日志段，即创建活跃段的数据文件及该日志段对应的两个索引文件。若 segments 不为空，则调用 Log.recoverLog()方法恢复日志段。该方法首先也是检测.kafka_cleanshutdown 文件是否存在，若存在则无需进行数据恢复处理，只需更新检查点；否则获取所有未刷新的日志段，即检查点之后的所有日志段，通过日志段 LogSegment 的 recover()方法重建两个索引文件，在遍历日志段的数据文件消息时会进行 CRC 验证，若验证失败则将该条消息之后的所有消息删除掉，即该日志段从校验失败的位置开始截取，取该条消息之前有效的数据，同时该日志段之后的所有日志段也被删除。最后将活跃段的两个索引文件大小设置为${ segment.index.bytes }。

至此，日志加载及恢复操作介绍完毕。通过以上分析可知，日志管理器对日志的加载和恢复是调用 Log 和 LogSegment 相应的方法来执行的。

3.5.4　日志清理

Kafka 将一个主题的每个分区副本分成多个日志段文件，这样通过定时日志清理操作，将旧的日志文件及时清理并释放出空间，以避免磁盘上的日志段文件过大而导致新的日志无法写入。同时分成多个日志段文件而不是一个文件也便于清理操作。正因为分成了多个日志段文件，所以我们可以通过日志段的更新时间或是日志段的大小控制进行日志清理。

Kafka 提供了日志删除（delete）和日志压缩（compact）两种清理日志的策略，通过参数

cleanup.policy 来指定日志清理的策略。日志清理粒度可以控制到主题级别，我们可以通过参数 cleanup.policy 为每个主题指定不同的清理策略。当然也可以在代理启动时通过配置项 log.cleanup.policy 指定日志清理策略，这样该代理上的所有分区日志清理默认使用该配置设置的策略，主题级别的策略设置会覆盖代理级别的配置。

1. 日志删除

在日志管理器启动时会启动一个后台定时任务线程用于定时删除日志段文件。该删除线程每隔${log.retention.check.interval.ms}毫秒检查一次是否该进行日志删除，默认是每 5 分钟执行一次。

Kafka 提供了基于日志保留时长和日志段大小两种日志删除配置方式。基于日志保留时长的配置有 log.retention.hours、log.retention.minutes 和 log.retention.ms，这 3 种时间配置项的单位依次为时、分、毫秒，表示日志段保留时长，我们可以选择其中一个配置项来设置日志段文件的保留时长。默认是设置 log.retention.hours=168，即 168 小时，也就是说，日志段文件被保留 7 天之后会被清理。还有一种配置方式是通过配置项 log.retention.bytes 设置日志段大小。默认是不设置日志大小，即是以日志保留时长来进行日志删除操作，在实际业务中根据需要可以组合使用这两种配置方式。同样，若是主题级别的配置，则在相应的配置项前去掉“log.”前缀。

日志删除线程调用日志管理器的 cleanupLogs()方法进行日志删除操作，该方法再调用 Log.deleteOldSegments()方法查找并删除该待删除的日志段文件。该方法逻辑如代码清单 3-1 所示。

代码清单 3-1 Log.deleteOldSegments()方法的实现逻辑

```
def deleteOldSegments(): Int = {
    // 保证清理策略是 delete
    if (!config.delete) return 0
    // 查找基于保留时长及日志段大小的待删除的旧日志段文件
    deleteRetenionMsBreachedSegments() + deleteRetentionSizeBreachedSegments()
 }
```

由代码清单 3-1 可知，删除时会通过 Log.deleteRetenionMsBreachedSegments()方法查找保留时长超过预设值的待删除的日志段，以及通过 Log.deleteRetentionSizeBreachedSegments()方法查找待删除的文件，以保证磁盘上的日志大小不超过${ retention.bytes }。若需要通过日志段大小来删除日志，需要保证${retention.bytes}的值大于 0。

查找保留时长超时的日志段文件，并不是简单地依据日志段的最晚更新时间（lastModified）来计算，因为最晚更新时间并不能真实反映出该日志段在磁盘保留的时间，例如，在分区副本重分配时该日志段更新时间将会被修改。因此 Kafka 在计算日志段文件保留时长时会计算一个最长时间 largestTimestamp，以此时间与当前时间的差值作为是否删除该日志段的条件。最长时间的计算先是查询该日志段文件对应的时间戳索引文件，查找时间戳索引文件中最后一条时间记录，若最后一条时间记录值大于 0，则最长时间取该时间索引值，否则取该日志段的最晚更新时间。之所以基于时间戳索引进行日志清除，是因为时间戳索引是严格依据时间递增，且与日志写入操作相对应的，日志段文件只要不是日志写入的修改并不会影响时间戳索引文件中记录的时间。

在计算出最长时间后，从最早日志段文件依次扫描直到第一个不满足超时条件的段文件结束，查找出所有待删除的日志段文件。若待删除的日志段总数等于该分区日志段总数，说明所有日志段的保留时间均已过期，但该分区下至少要有一个日志段用于接受消息的写入，因此这种情况下，需要切分成一个新的日志段，此时调用 Log.roll()方法，创建一个新的日志段文件。然后迭代待删除的日志段文件，调用 Log.deleteSegment(segment: LogSegment)方法执行删除操作。该方法首先会从 Log 维护的跳跃链表中移除待删除的日志段，以保证没有线程对该日志段文件进行读操作，然后异步调用 Log.asyncDeleteSegment()方法进行物理删除。在 Log.asyncDeleteSegment()方法中其实是新启动了一个名为"delete-file"的定时任务线程进行删除。在删除开始时首先将日志段文件及其两个索引文件重命名为以".deleted"为后缀的文件，然后调用 FileMessageSet.delete()方法最终将日志段文件及其索引文件删除。

基于日志段大小的删除与基于日志保留时长的删除类似，首先计算日志段总大小（size）与${retention.bytes}之间的差值（diff），即需要删除的日志总大小，然后从第一个日志段开始查找，若 diff 与该日志段字节之差不小于 0，则将该日志段加入到待删除集合中，以此类推，直到 diff 与查找的日志段大小之差小于 0，查找结束。查找出待删除的日志段集合后，迭代待删除的日志段文件，物理删除处理逻辑与基于日志保留时间的删除方式相同，不再阐述。

2. 日志压缩

另外一种日志清理的策略为日志压缩。这种策略是一种更细粒度的清理策略，它基于消息的 Key，通过压缩每个 Key 对应的消息只保留最后一个版本的数据，该 Key 对应的其他版本在压缩时会被清除，类似数据库的更新操作。压缩策略将 Key 对应的值为空的消息，认为是直接删除该条消息。为了不影响日志追加操作，日志压缩并不会对活跃段进行操作。同时，对除活跃段之外日志段压缩也不是一次性执行，而是分批进行。若某个主题要开启日志压缩的策略，首先需要保证 log.cleaner.enable=true，默认是开启。然后设置主题级别的日志清理策略配置项为"compact"。

日志管理器启动时会实例化一个 LogCleaner 对象，在该对象实例化时会创建一个 LogCleanerManager 对象，该对象负责日志压缩状态的管理，清理检查点文件（cleaner-offset-checkpoint）的更新及查找需要压缩的日志文件。

Kafka 的日志压缩状态有 3 种，当 Log 开始进行压缩时压缩状态为 LogCleaningInProgress，当压缩任务为暂停时就会进入 LogCleaningPaused，当压缩被终止时就会转换为 LogCleaningAborted 状态。暂停和终止状态时不会进行日志压缩，需要等其他线程将其恢复为压缩状态，这几种压缩状态我们不展开分析。清理检查点文件与日志恢复检查点文件功能类似，记录每个主题的每个分区 TopicAndPartition 清理的偏移量。通过该文件，可以将数据文件分成两部分，一部分是已经过压缩操作的 clean 段，另一部分是未经过压缩操作的 dirty 段。其中经过压缩的 clean 段中的偏移量不是连续递增的，而 dirty 段的偏移量则是连续递增的。根据清理检查点将日志文件切分为 clean 和 dirty 两部分示意图如图 3-23 所示。

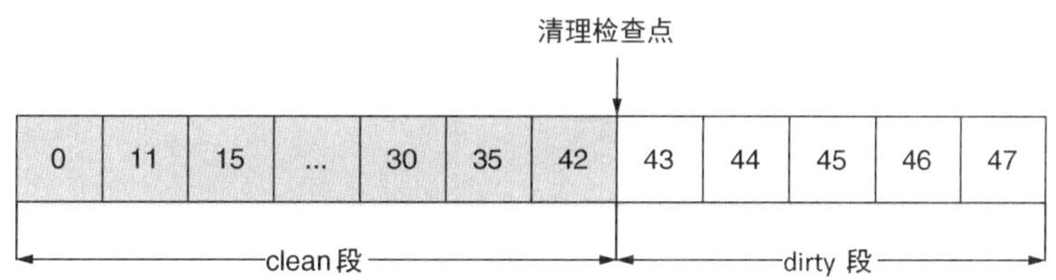

图 3-23 Log 由检查点切分为 clean 与 dirty 两部分

同时 LogCleaner 对象实例化时还创建了${log.cleaner.threads}个用于日志清理的线程 CleanerThread，默认创建一个线程，CleanerThread 是日志压缩的操作线程，该线程继承 ShutdownableThread，实现了 ShutdownableThread 提供的抽象方法 doWork()方法，doWork()方法是线程 run()方法的真正执行体，是日志压缩操作的入口。在该方法中调用的是 CleanerThread. cleanOrSleep()方法。下面详细分析 cleanOrSleep()方法的执行逻辑。

（1）通过 CleanerManager.grabFilthiestCompactedLog()方法查找满足压缩条件的 Log，即可清理比例大于预设阈值并且 Log 没有处于 LogCleaningInProgress 状态。Kafka 将该满足压缩条件的日志定义为 LogToClean 对象，该对象维护了每个 Log 的 clean 段字节数、第一个可清理的 dirty 段位置、第一个不可清理的消息位置以及可清理比例（cleanableRatio），还提供了清理比例比较的 compare()方法。其中可清理比例是指 dirty 段的字节总数与日志段总字节数之比，只有当 Log 可清理比例不小于${ min.cleanable.dirty.ratio}时，即代理级别的配置 log.cleaner.min.cleanable.ratio 默认为 0.5，才有可能成为被压缩的对象。

（2）通过 Cleaner 对象的 clean()方法执行真正的压缩逻辑。Cleaner 对象是一个对日志执行真正压缩操作逻辑的封装类。clean()方法从本次需要清理的日志起始位置与最大结束位置开始遍历，将每个消息的 Key 及该 Key 对应消息的偏移量保存到一个固定容量的 SkimpyOffsetMap 中，由于是 Map，因此当 Key 相同时后面的值会覆盖先前的值，这样就保证了相同 Key 的消息只保留最晚的值。需要说明的是，这里的 Key 并不是消息实际的 Key，而是 Key 进行 MD5 操作后的 Hash 值。最大结束位置显然是活跃段的起始位置，因为活跃段不参与日志压缩，而本次压缩操作真实的结束位置（endOffset）是取 SkimpyOffsetMap 的最大容量与最大结束位置两者中的小者。

（3）根据日志的最晚更新时间与${delete.retention.ms}计算需要删除的日志时间戳，记为 deleteHorizonMs，日志段的最晚时间与该时间戳比较作为日志段是否保留的判断条件之一。

（4）将 Log 从 0 到 endOffset 的消息以 LogSegment 为单位进行分组，每组 LogSegment 字节大小不超过 log.config.segmentSize，每组索引大小不能超过 log.config.maxIndexSize。分组之后通过 Cleaner.cleanSegments()方法进行压缩。该方法首先创建一个以“.cleaned”为后缀的数据文件及两个以“.cleaned”为后缀的索引文件。然后对组内的每个 LogSegment 调用 Cleaner.cleanInto()方法执行真正的压缩。压缩操作的实质是将满足保留条件的消息复制到以“.cleaned”为后缀的数据文件中。消息是否可保留需要满足以下条件。

- 消息的 Key 不为空，因为为空即表示该 Key 对应的消息将被删除。
- 消息在 SkimpyOffsetMap 中存在，且偏移量更大。
- 日志段的最晚时间大于 deleteHorizonMs。

（5）对两个索引文件进行处理，去掉多余的索引项，同时将压缩后的日志段数据刷到磁盘。

（6）更新压缩后的日志段的最后修改时间，然后调用 Log.replaceSegments()方法进行处理，将文件后缀由“.cleaned”修改为“.swap”，并将压缩后的日志段加入到 segments 集合中，然后将分组中的所有 LogSegment 从 Log 的 segments 集合中删除，并执行对这些日志段的删除操作。最后将“.swap”后缀去掉。

至此，日志压缩的整个过程介绍完毕。需要注意将日志清理与日志删除区分开，日志删除是删除整个日志段，而日志清理是将相同 key 的日志进行合并，只保留该 key 最后一个值，将合并后的数据构成新的日志段，同时删除原来的日志段。日志压缩过程示意图如图 3-24 所示。

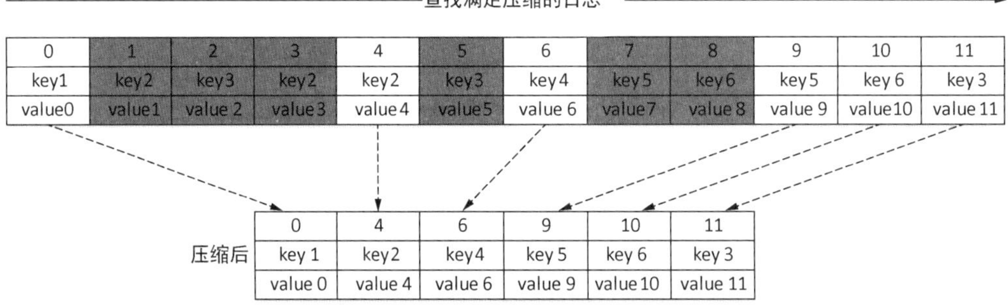

图 3-24　日志压缩过程

3.6　副本管理器

在 Kafka 0.8 版本中引入了副本机制，引入副本机制使得 Kafka 能够在整个集群中只要保证至少有一个代理存活就不会影响整个集群的工作，从而大大提高了 Kafka 集群的可靠性和稳定性。这里提到代理存活的概念，同其他分布式系统一样，Kafka 对代理是否存活（alive）也有明确的定义，Kafka 存活要满足两个条件。

（1）一个存活的节点必须与 ZooKeeper 保持连接，维护与 ZooKeeper 的 Session（这是通过

ZooKeeper 的心跳机制来实现的)。

(2)如果一个节点作为 Follower 副本，该节点必须能及时与分区的 Leader 副本保持消息同步，不能落后太久。

准确来讲，满足以上两个条件的节点应该是同步中的(in sync)节点，Leader 副本会追踪所有同步中的节点，一旦一个节点宕机、卡住或是延迟太久，Leader 就会将该节点从同步副本(in sync replicas)集合列表中移除。至于代理何时被认为是已卡住或者数据同步落后 Leader 太久是由配置项${replica.lag.time.max.ms}决定的，默认情况下该配置项设置为 10 秒。在 Kafka 0.9 之前的版本，还通过配置项${replica.lag.max.messages}配置 Follower 落后 Leader 的消息条数来定义某个代理是否已落后太多，然而在 0.9 之后的版本中已移除该配置项，因为该配置项并不能真实反映出一个代理是否已落后太多，例如，当某一时刻生产者发送来的消息数大于${replica.lag.max.messages}时，在这一时刻所有的副本均视为落后太多，会被 Leader 从同步列表中移除，显然不合理。

我们可以在代理启动时加载的配置文件 server.properties 中通过配置项 default.replication.factor=n 来配置副本数量(这里 n 为副本数)，默认情况下，Kafka 的副本数为 1，该配置项配置了主题默认所拥有的副本数，如我们通过生产者向一个不存在的主题发送消息，当配置项 auto.create.topics.enable=true 时，Kafka 会自动创建生产者指定的主题，该主题拥有${default.replication.factor}个副本。我们也可以在创建主题时通过设置--replication-factor n 为每个主题分别指定副本数，创建主题时指定的副本数会覆盖 default.replication.factor 配置的值。这样一个副本为 n 的集群就允许 n−1 个节点失败而不会影响整个集群的工作。

在所有的副本节点中，有一个节点作为 Leader 负责接收客户端的读写操作，其他副本节点作为 Follower 从 Leader 节点复制数据进行数据同步。这里的复制机制既不是同步复制，也不是单纯的异步复制。因为同步复制要求“活着的”Follower 都从 Leader 复制完消息，这条消息才被认为是已提交(commit)。对生产者而言，生产者可以通过 offsets.commit.required.acks 参数来设置选择等待消息被提交的方式，而只有被提交的消息才能被消费者消费。同步方式极大地影响了吞吐率。而异步复制方式下，Follower 异步地从 Leader 复制数据，消息只要被 Leader 写入数据文件中就被认为已经提交，这种情况下如果 Follower 都落后于 Leader，而 Leader 突然宕机，则会丢失数据。Kafka 采用维护一种同步列表的方式很好地均衡了确保数据不丢失以及吞吐率的问题。

副本管理器(ReplicaManager)负责对副本管理，主要包括对控制器发送的 LeaderAndIsrRequest 指令、StopReplicaRequest 指令以及 UpdateMetadataRequest 指令进行处理，维护副本 ISR 变化，以及 Follower 与 Leader 数据同步的管理。

在介绍副本管理器基本功能之前，首先简要介绍分区和副本的相关知识。因为从底层实现来看，副本管理器对副本的管理体现在对分区的管理，副本管理器提供了创建或获取分区相关方法，如 getOrCreatePartition()方法，而分区又封装了对副本的管理，因为副本是相对分区而言的，即副本是特定分区的副本，副本管理器对副本的管理调用也是分区操作副本的方法，如获取分区副本的 getReplica()、获取或创建副本的 getOrCreateReplica()等。

3.6.1　分区

Kafka 将一个主题在逻辑上分成一个或多个分区，每个分区在物理存储上对应一个目录，目录名为${topicName}-${partitionId}，其中${topicName}是主题的名字，${partitionId}是分区编号，每个主题的分区都有唯一编号，分区编号从 0 依次递增。分区目录下存储的是该分区的日志段，包括日志数据文件和两个索引文件。每个分区又对应一个或多个副本。需要注意的是，分区数可以大于节点数，但副本数不能大于节点数，因为副本需要分布在不同的节点上，这样才能达到备份的目的。

在创建主题时，若是以 Kafka 命令行创建主题，通过--partitons 参数指定分区数，也可以在代理启动时所加载的 server.properties 配置文件中通过配置参数 num.partitions 来指定默认分区数。假设我们在一个有 3 个节点的 Kafka 集群上创建一个 kafka-action 的主题，该主题有 3 个分区，每个分区只有一个副本，则会在${log.dir}目录下创建一个分区目录，分区在集群代理分布结构示意图如图 3-25 所示。

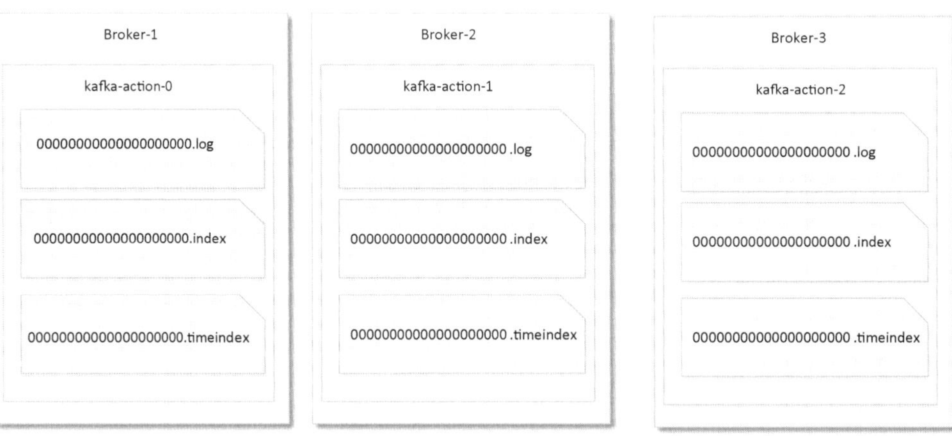

图 3-25　kafka-action 主题 3 个分区在代理上的分布情况

由图 3-25 可知，当集群有 3 个节点时，3 个分区均匀地分布在 3 个节点上。通常为了保证主题的分区均匀分布到集群中，建议在创建主题时指定分区数为代理节点数的整数倍。当生产者向主题发送消息时会根据分区分配策略将消息分发到该主题相应的分区，Kafka 保证同一个分区的数据是有序的，因此我们可以认为每个分区就是一个有序的消息队列。当生产者向一个主题写数据时，我们以 kafka-action 主题为例，该主题各分区存储数据逻辑结构示意图如图 3-26 所示。

对于图 3-26 所示的每个分区，在存储结构上有 LEO 和 HW 两个重要的概念。

LEO 是 Log End Offset 的缩写，表示每个分区最后一条消息的位置，分区的每个副本都有自己的 LEO。

HW 是 HighWatermark 的缩写，将一个分区对应的 ISR 中最小的 LEO 作为 HW，HW 之前的消息表示已提交的消息，对消费者是可见的，消费者最多只能消费到 HW 所在的位置。HW 之后的消息表示还没有被 Follower 副本同步完成。每个副本都有自己的 HighWatermark。副本 Leader 和 Follower 各自负责更新自己的 HighWatermark 状态，Follower.HW <= leader.LEO。

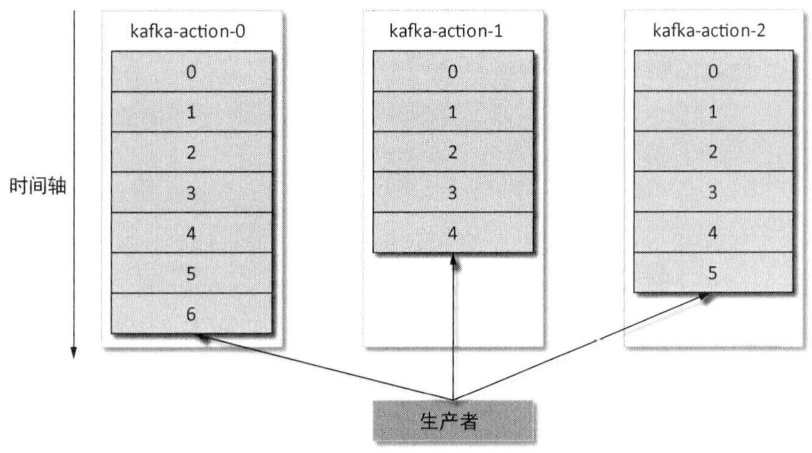

图 3-26 分区存储数据的逻辑结构

LEO 和 HW 其实是 LogOffsetMetadata 对象的 messageOffset。Kafka 将日志的每个偏移量对应的位置封装成一个 LogOffsetMetadata 对象，该对象包括记录消息偏移量的 messageOffset 字段以及该偏移量对应的日志在日志段中的相对位置（relativePositionInSegment）字段，以及日志段的基准偏移量（segmentBaseOffset）。因此我们说的 LEO 和 HW 其实均指 LogOffsetMetadata 对象的 messageOffset 字段，只不过二者对应在日志中的位置不同而已。LEO 是日志文件中最后一条消息的位置，HW 是表示 ISR 列表中各副本 LEO 最小值。

对于分区的 Leader 副本，LEO 与 HW 的存储逻辑示意图如图 3-27 所示。

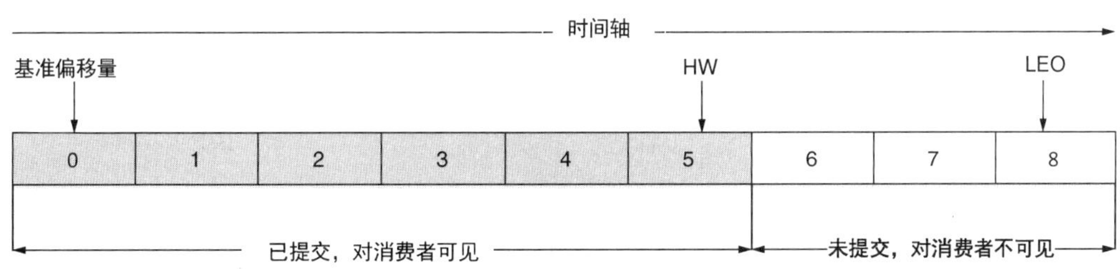

图 3-27 LEO 与 HW 的逻辑结构

每个主题的某一个分区只能被同一个消费组下的其中一个消费者消费，因此我们说分区是消费并行度的基本单位。同时，对于上层应用而言分区也是最小的存储单元，尽管每个分区是由一系列有序的顺序段组成的。从消费者角度来讲，我们订阅消费一个主题，也就是订阅了该主题的所有分区，当然也可以订阅主题的某个分区。从生产者角度来讲，我们可以通过指定消息的 Key 及分区分配策略将消息发送到主题相应的分区当中。

Kafka 将分区抽象为一个 Partition 对象，Partition 定义了一个 assignedReplicaMap 引用用于保存该分区所有副本，assignedReplicaMap 是一个 Pool 类型对象，并维护了该分区同步的副本集合 inSyncReplicas，同时 Patition 对象定义了分区对副本操作的方法，包括创建副本、副本角色切换、ISR 列表维护以及调用日志管理器（LogManager）追加消息等。分区对副本操作的方法由副本管理器在对副本管理时调用。对于这些方法的实现细节我们不展开介绍，在副本管理器对副本管理操作逻辑中会适当进行讲解。

3.6.2 副本

一个分区可以有一个或多个副本，副本根据是否接受读写请求，又分为 Leader 副本和 Follower 副本，一个分区有 1 个 Leader 副本，有 0 个或多个 Follower 副本。Leader 副本处理分区的所有读写请求并维护自身及 Follower 副本的状态信息，如 LEO、HW 等，Follower 副本作为消费者从 Leader 副本拉取消息进行同步。当 Leader 失效时，通过分区 Leader 选举器从副本列表中选出一个副本作为新的 Leader。

Kafka 将副本抽象为一个 Replica 对象，由于副本是属于某个主题的某个分区，分布在特定代理之上，因此 Replica 对象的基本属性包括主题（topic）、分区编号（partitionId）和代理编号（brokerId）。当副本的 brokerId 与当前代理的 brokerId 相同时，我们将该副本称为当前代理的本地副本，否则称为远程副本。

同时，副本还有 LEO、HW、副本追加数据的 Log 以及上次与 Leader 同步的时间，因此还有 logEndOffsetMetadata、highWatermarkMetadata、Log 和 lastCaughtUpTimeMsUnderlying 属性字段。对于远程副本而言，Log 字段对应的值为 null，因为远程副本的 Log 并不在当前代理上。logEndOffsetMetadata 表示已追加到 Log 的最新消息对应的偏移量，不过本地副本和远程副本获取此字段值的方式不同，本地副本可以通过 log.get.logEndOffsetMetadata 来获取副本的 LEO，远程副本由于 Log 属性为空，因此并不能直接从本地获取，而该字段的值是由远程副本对应的代理发送请求进行更新。对于 Follower 副本 highWatermarkMetadata 的值是从 Leader 副本获取更新。

对于一个有多副本的分区，如修改 kafka-action 主题的副本数为 2，则该主题各分区副本在 Kafka 集群分布上的示意图如图 3-28 所示。当然，若分区只有一个副本时则该副本即为 Leader 副本。

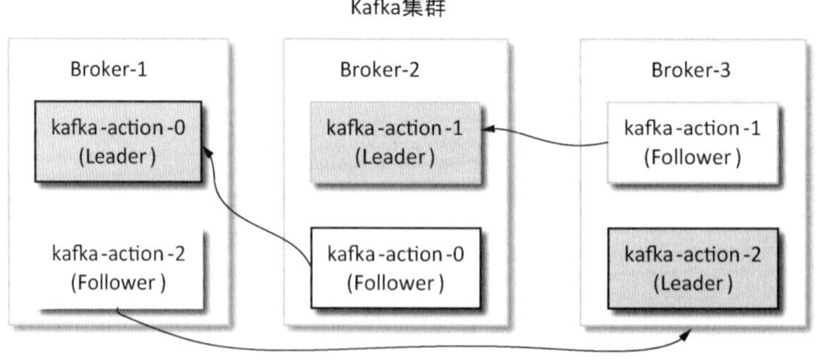

图 3-28 分区多副本分布

3.6.3 副本管理器启动过程

每个代理启动时，都会启动一个副本管理器，副本管理器的实例化依赖于任务调度器实例、日记管理器实例以及用于副本同步限流控制的限流器（ReplicationQuotaManager）实例。实例化过程具体逻辑如下。

（1）创建一个用于记录控制器发生变化次数的 controllerEpoch 字段，初始值为 0。同时创建一个 Pool[(String, Int), Partition]对象用于保存该代理节点上的所有分区，该 Pool 保存了分配到该节点的每个主题的每个分区编号与分区的映射关系，将 Pool 对象记为 allPartitions。

（2）创建一个用于副本数据同步的线程管理组件 ReplicaFetcherManager，该组件创建依赖 ReplicationQuotaManager 对象，而实质是创建一个用于处理副本抓取请求的线程 ReplicaFetcherThread。

（3）加载或创建${log.dri}配置的所有存储路径下的 HW 检查点文件，文件名为 replication-offset-checkpoint，因此在每个代理启动时我们都会在${log.dir}目录下看到一个 replication-offset-checkpoint 文件，该文件记录每个分区已被提交（committed）的最大偏移量。

（4）创建一个用于保存分区 ISR 变化的 Set 类型的 isrChangeSet 集合对象，并创建一个 AtomicLong 类型的 lastIsrChangeMs 和 lastIsrPropagationMs 对象，分别用于记录新的 ISR 信息成功写入 ZooKeeper 的/brokers/topics/${topicName}/partitions/${partitionId}/state 节点的时间，以及 ISR 变化信息写入 ZooKeeper 的/isr_change_notification/isr_change_节点的时间，以触发 IsrChangeNotificationListener 监听器通知代理更新缓存的 ISR 信息，这些字段在 ISR 发生变化时会被更新。

（5）为当前的代理创建 DelayedProduce 和 DelayedFetch 两个基于条件触发的延迟操作，这两个延迟操作交由 DelayedOperationPurgatory 监视，DelayedOperationPurgatory 是延迟操作的辅助类，以泛型的方式接收需要该辅助类监视的具体延迟对象。之所以在副本管理器启动时需要创建 DelayedProduce，是由于在生产者发送消息时，若设置了 acks 为-1，则需要等待 ISR 中的所有副本都从 Leader 同步完数据或在等待时间超时后再向生产者返回信息，也就是说不能立即向生产者做出响应，这就要发挥 DelayedProduce 的功能，每次 Follower 向 Leader 发送 FetchRequest 请求时，DelayedOperationPurgatory 会检测是否满足所监视的 DelayedProduce 执行条件，若满足了 DelayedProduce 执行条件，则在其 onComplete()方法中回调向生产者返回写操作结果的方法。同理，在 Follower 副本向 Leader 副本发送 FetchRequest 请求时也可能不能立即得到返回响应，如 Leader 正在处理消息写入，这样为了让 Follower 拉取到更多的消息，即对 LEO 进行后移处理，此时就会延迟提取（Fetch）操作。

当实例化完成后调用 startup()方法启动 ReplicaManager 时，在该方法中会启动两个后台定时任务。

（1）第一个定时任务“isr-expiration”用于定期检查过期的副本，将过期副本从 ISR 列表剔除，收缩 ISR。若有与 Leader 副本数据不同步的副本则从原 ISR 中剔除不同步的副本节点，构造新的 ISR 集合，并在 ZooKeeper 的/brokers/topics/${topicName}/partitions/${partitionId}/state

路径下更新最新的 ISR 信息。

（2）第二个定时任务“isr-change-propagation”用于定时将 ISR 发生变化的分区编号信息写到 ZooKeeper 的/isr_change_notification/isr_change_节点中。

3.6.4 副本过期检查

副本管理器启动时启动了一个对副本过期检查的定时任务，该定时任务调用副本管理器的 maybeShrinkIsr()方法定期进行副本过期检查。从这个函数的名字可以看出，其功能就是检查分区 ISR 是否需要进行收缩，即从 ISR 剔除与 Leader 数据不同步的副本。

在 ReplicaManager.maybeShrinkIsr()方法中将轮询当前代理的所有分区 allPartitions，调用分区的 maybeShrinkIsr()方法执行过期副本的检查。分区的 maybeShrinkIsr()方法具体实现逻辑如代码清单 3-2 所示（去掉了非核心逻辑）。

代码清单 3-2 分区收缩 ISR 列表的 Partition.maybeShrinkIsr()方法的具体逻辑

```
def maybeShrinkIsr(replicaMaxLagTimeMs: Long) {
    val leaderHWIncremented = inWriteLock(leaderIsrUpdateLock) {
      leaderReplicaIfLocal() match {
        // 查找是否有过期副本
        case Some(leaderReplica) =>
        val outOfSyncReplicas = getOutOfSyncReplicas(leaderReplica, replicaMaxLagTimeMs)
        // 存在过期副本
        if(outOfSyncReplicas.nonEmpty) {
           // 从该分区当前同步的 ISR 集合中移除过期的副本作为新的 ISR 集合
           val newInSyncReplicas = inSyncReplicas -- outOfSyncReplicas
           // 由于 ISR 发送了变化，因此请求更新该分区在 ZooKeeper 中记录的 ISR 信息
           updateIsr(newInSyncReplicas)
           // 用于 metrics 信息收集
           replicaManager.isrShrinkRate.mark()
           // 由于 ISR 发生了变化，所以检查 Leader 的 HW 是否需要更新，
           // 以保证 Leader 的 HW 为 ISR 发生变化后各副本偏移量最小值
           maybeIncrementLeaderHW(leaderReplica)
         } else {
           false
         }

        case None => false
      }
    }

    // 如果更新了分区 Leader 的 HW，尝试运行当前分区被延迟执行的操作
    if (leaderHWIncremented)
      tryCompleteDelayedRequests()
}
```

当 Follower 副本已将 Leader 副本 LEO 之前的日志全部同步时，则该 Follower 已追赶上 Leader，此时会以当前时间更新该副本的 lastCaughtUpTimeMs 字段。从代码清单 3-2 可知，副本过期检查任务的第一步就是查找该分区的过期副本。通过调用分区的 getOutOfSyncReplicas() 方法，该方法主要逻辑如代码清单 3-3 所示。

代码清单 3-3 Partition.getOutOfSyncReplicas()方法的核心逻辑

```
val leaderLogEndOffset = leaderReplica.logEndOffset // Leader 副本的 LEO
val candidateReplicas = inSyncReplicas - leaderReplica // Follower 副本
val laggingReplicas = candidateReplicas.filter(r => (time.milliseconds -
r.lastCaughtUpTimeMs) > maxLagMs) // 查找 Follower 副本上次追上 Leader 的 LEO 的时间与当前时间
                                   // 之差大于 Follower 副本落后 Leader 副本最大时间的阈值的副本
if(laggingReplicas.nonEmpty)
  debug("Lagging replicas for partition %s are %s".format(TopicAndPartition(topic,
 partitionId), laggingReplicas.map(_.brokerId).mkString(",")))
laggingReplicas // 返回查找的落后 Leader 的 Follower 副本
```

获取不同步 Follower 副本的主要逻辑就是检查当前 ISR 列表中 Follower 副本的 lastCaughtUpTimeMs 与当前时间之差是否超过${replica.lag.time.max.ms}值，若超过了该值，则分区 Leader 认为该 Follower 副本与其不同步，应该从 ISR 中移除。在找出需要移除的副本之后，重新构造 ISR 集合，并请求将最新的 ISR 信息写入 ZooKeeper 的/brokers/topics/${topicName}/partitions/${partitionId}/state 节点中，该节点信息的变化会触发相关监听器通知代理更新缓存中的 ISR 信息。在将新 ISR 列表信息成功写入 ZooKeeper 后，更新副本管理器缓存的 isrChangeSet 和 lastIsrChangeMs 字段的值，并更新分区维护的同步副本集合 inSyncReplicas 信息及 zkVersion 信息。最后调用 Partition.maybeIncrementLeaderHW()检查是否需要更新 Leader 的 HW，若更新过分区 Leader 的 ISR 信息，则尝试运行当前分区被延迟执行的操作，即 DelayedProduce 和 DelayedFetch 操作。

下面介绍更新 Leader 副本 HW 的 maybeIncrementLeaderHW()方法的主要逻辑。

首先将该分区的所有副本 LEO 进行排序，取各副本 LEO 最小值作为 Leader 副本新的 HW，记为 newHighWatermark。newHighWatermark 是一个 LogOffsetMetadata 对象，这里说的 LEO 及 HW 均指 LogOffsetMetadata 对象的 messageOffset 属性值，取当前 Leader 副本的 HW 记为 oldHighWatermark。

然后判断是否满足更新 Leader 副本 HW 的条件，更新条件如下。

- 比较 oldHighWatermark.messageOffset<newHighWatermark.messageOffset 是否成立，也就是比较两者的 HW 值。
- 比较 oldHighWatermark.segmentBaseOffset<newHighWatermark.segmentBaseOffset 是否成立，也就是判断是否已有新的日志段生成。

满足以上两个条件之一，就需要更新 Leader 副本的 HW，即将 newHighWatermark 赋值给 Leader 副本的 highWatermarkMetadata。

副本过期检查逻辑较简单，对于每个分区的过期副本检查的基本流程如图 3-29 所示。

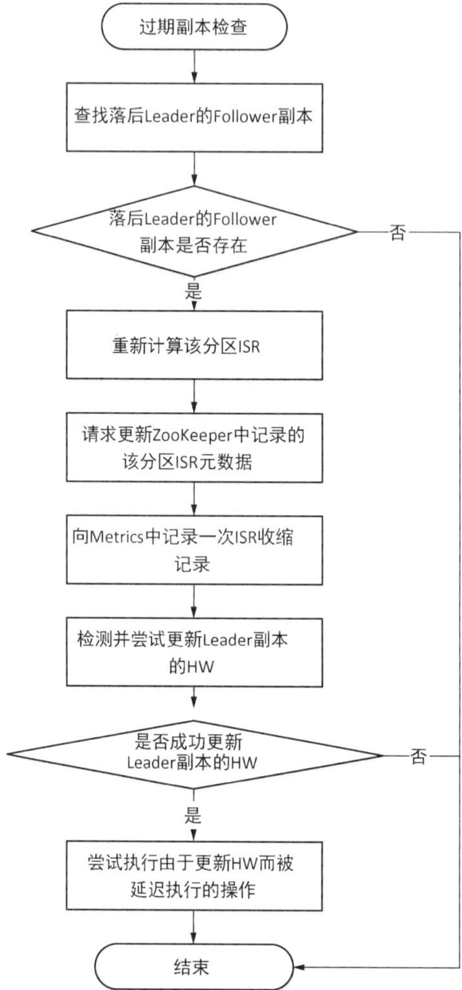

图 3-29　过期副本检查基本流程

3.6.5　追加消息

当生产者发送消息（ProduceRequest）或是消费者提交偏移量到内部主题时，由副本管理器的 appendMessages()将消息追加到相应分区的 Leader 副本中。该方法定义如下：

```
appendMessages(timeout: Long,          ←—— DelayedProduce 延迟时长
               requiredAcks: Short,    ←—— acks 方式
               internalTopicsAllowed: Boolean,   ←—— 是否允许写入内部主题标识
               messagesPerPartition: Map[TopicPartition, MessageSet],
                                                        ↑
                                               待写入的消息与分区映射关系
```

```
responseCallback: Map[TopicPartition, PartitionResponse] => Unit)
```

写操作结果响应回调函数

该方法第四个参数是一个 Map 对象，保存了本次写操作消息所对应的主题和分区，生产者可以订阅多个主题，在一次发送时会将多个主题发送到同一个分区的消息一起发送到分区的 Leader 副本，最后一个入参是一个回调函数 responseCallback，用于根据 acks 值，当消息成功写入或者处理时间超时后向客户端做出响应。副本管理器调用 appendMessages()方法将消息写入 Leader 副本的处理逻辑如下。

首先，检查 acks 值是否合法。当前版本的 Kafka 支持的 acks 值为 0、-1、1，若调用 appendMessages()方法入参 acks 不为这 3 个值中之一时，则表示 acks 不合法，会直接回调 responseCallback，返回 Errors.INVALID_REQUIRED_ACKS 应答码。若 acks 合法，则会调用 ReplicaManager.appendToLocalLog()方法将消息写入 Leader 副本，并得到各 TopicPartition 对应的消息追加操作状态。由于只有 Leader 副本才能处理客户端的读写请求，因此副本管理器也即为 Leader 副本对应的代理所启动的 ReplicaManager，所以写入 Leader 副本也就是由副本管理器将消息写入本地副本。需要注意的是，Leader 副本和本地副本没有直接联系，两者定义出发点不同。

然后，检查是否满足需要延迟生产操作（DelayedProduce）。若同时满足以下 3 个条件，则需要创建 DelayedProduce 延迟操作。

（1）acks==-1，即 ISR 列表中的所有 Follower 副本要从 Leader 副本将消息同步到本地。

（2）messagesPerPartition 集合不为空，即消息与主题和分区映射关系不能为空，客户端本次请求需要有数据写入。

（3）至少要对一个分区的消息追加操作成功。

若满足创建延迟操作的条件，则创建一个 DelayedProduce 对象并交由 delayedProducePurgatory 管理，由 DelayedProduce 在 onComplete()方法中回调 responseCallback，向客户端返回追加操作结果状态。否则直接回调 responseCallback 将 appendToLocalLog()方法对各 TopicPartition 消息追加操作的状态返回给客户端。

下面详细讲解副本管理器的 appendToLocalLog()方法是如何将消息写入本地副本的。

ReplicaManager.appendToLocalLog()方法迭代 messagesPerPartition 集合中的每个元素，检查消息写入主题是否是 Kafka 的内部主题，若是内部主题同时要判断是否允许对内部主题（"__consumer_offsets"）的追加，当前版本的 Kafka 只允许组协调器将相应的元信息信息以及消费者消费偏移量追加到内部主题。如果消息写入的主题为 Kafka 内部主题，同时该消息又不允许被写入内部主题，此时对此消息的追加操作就要记为失败，即构造一个 LogAppendResult 对象，该对象有两个属性，消息追加的结果 LogAppendInfo 类型的 info 字段，以及一个标识消息追加异常的 Throwable 类型的 error 字段。当消息追加成功构造 LogAppendResult 时，此 error 为 Errors.NONE。当向 Kafka 内部主题追加消息而又不被允许时，LogAppendInfo 对象的 info 为 UnknownLogAppendInfo，error 为 InvalidTopicException。如果消息待追加的主题不为 Kafka 内部主题或者虽然是内部主题但该消息被允许追加，调用该消息对应分区的 appendMessagesToLeader()方法将消息写入 Leader 副本。

Partition.appendMessagesToLeader()方法首先获取该分区的 Leader 副本，然后检测 ISR 列表中

副本数 inSyncSize 是否大于配置的最小同步副本数 minIsr，minIsr 取值为${ min.insync.replicas }，默认值为 1。若 inSyncSize<minIsr，同时 acks 又为-1，则抛出 NotEnoughReplicasException 异常，否则调用 Log.append()方法将消息追加到日志文件中。由于在日志追加时会更新 LEO，为了让一次拉取操作尽可能返回更多的消息，可能触发了 DelayedFetch 延迟操作，因此这里需要调用 ReplicaManager.tryCompleteDelayedFetch()方法尝试将延迟拉取操作执行完成。同样由于消息的追加，应该调用分区的 maybeIncrementLeaderHW()对 HW 检测并进行相应的处理。如果 HW 进行了更新操作，这里需要解锁延迟操作，即检测尝试让 DelayedProduce 和 DelayedFetch 执行完成。最后将追加结果返回给外部调用者即 ReplicaManager.appendToLocalLog()，在该方法中会对 Partition.appendMessagesToLeader()方法处理过程中抛出的异常进行处理封装为相应的 LogAppendResult 对象。

至此，副本管理器对消息的追加操作讲解完毕。图 3-30 以时序图形式展示了生产者发送消息、副本管理器进行消息追加操作的过程。

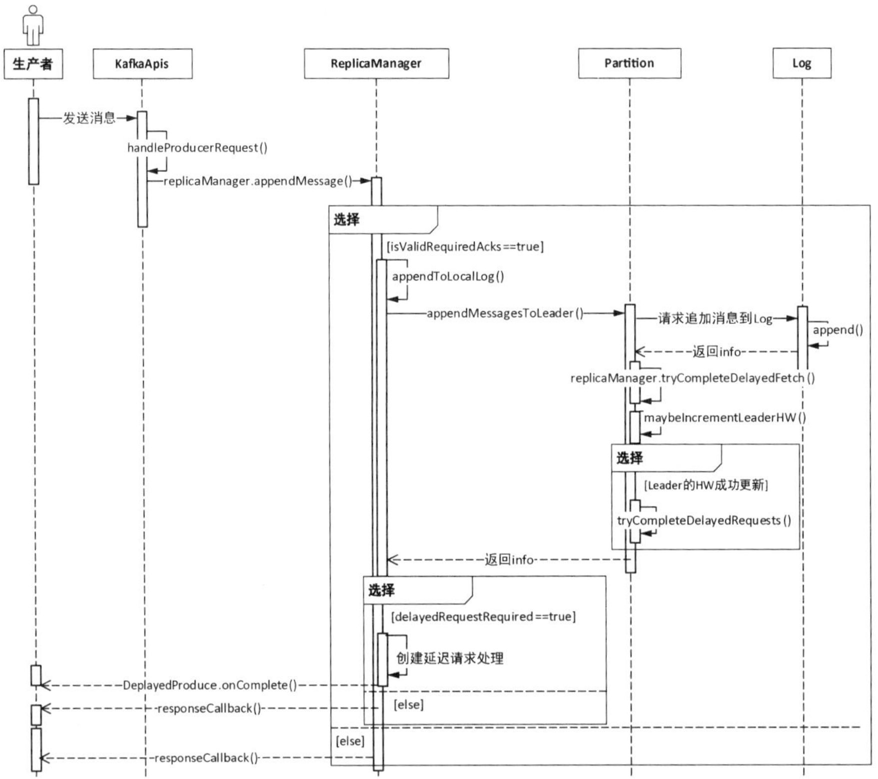

图 3-30　副本管理器追加消息到 Leader 副本的时序图

需要说明的是，图 3-30 所示的时序图中 responseCallback()方法直接返回给客户端，其实 responseCallback()方法是将消息追加状态实例构造了一个 ResponseSend 对象，由 ResponseSend 对象再实例化一个 Response 对象，并将该对象添加到 RequestChannel 的 responseQueues 队列中，然后由 Processor 线程将追加结果发送给客户端。

3.6.6 拉取消息

副本管理器除了负责将消息写入 Leader 副本外，同时还负责处理 KafkaApis 的 FetchRequest 请求，通过 ReplicaManager.fetchMessages()方法从分区 Leader 副本获取消息，其实是由 KafkaApis 在 handleFetchRequest()方法中调用 ReplicaManager.fetchMessages()方法。与 appendMessages()方法类似，fetchMessages()方法最后一个参数也是一个回调函数，用于返回消息拉取的结果，同时也是一次 FetchRequest 可以对应多个 TopicAndPartition 发起请求。

在 Kafka 中拉取消息的角色有两个，一个是 Kafka 的普通消费者（相对 Follower 副本而言），另一个就是 Follower 副本，副本管理器是通过 FetchRequest 请求的 replicaId 来区分拉取请求的角色。因为每个副本有 replicaId 属性，即副本的 replicaId 总是非负数，而消费者的 replicaId 为-1。下面对副本管理器处理拉取消息的逻辑进行详细分析。

首先，根据请求的 replicaId 来设置 isFromFollower 值，用于区分是 Follower 副本进行消息同步还是普通消费者拉取消息。如果是消费者拉取消息则应该设置 fetchOnlyCommitted 标识为 true，因为消费者只能消费已提交的消息，也就是说只能消费 HW 位置之前的消息，而对 Follower 副本则需要将该标识字段设置为 false，因为 Follower 副本需要同步 HW 之后的消息。还有一个用于标识是否只从 Leader 副本拉取消息的标识字段 fetchOnlyFromLeader，只有在消费者 debug 模式时该标识才会 false，其他场景该字段恒为 true，对于 debug 模式我们不考虑。

设置好相应标识字段之后，开始调用 ReplicaManager.readFromLocalLog()方法从 Leader 副本读取消息。在该方法中调用 Log.read()方法从 Leader 副本中读取消息。从 Leader 副本读取消息之后，如果是 Follower 副本发起的拉取请求，则需要调用 ReplicaManager.updateFollowerLogReadResults()方法对请求的每个 TopicAndPartition 对应的 Follower 副本进行如下处理。

（1）更新副本的 LEO，因为分区管理副本的操作，因此调用的是该副本对应分区的 updateReplicaLogReadResult()方法。分区持有一个 assignedReplicaMap 引用，维护了该分区所有副本，从 assignedReplicaMap 中取出当前副本并将所拉取的消息 LogOffsetMetadata 赋值给该副本的 LogOffsetMetadata，完成 LEO 的更新。同时若所拉取消息的偏移量是 Leader 副本的 LEO，则更新该 Follower 副本的 lastCaughtUpTimeMs，即消息同步已追上了 Leader 副本。需要注意的是，这里更新均是对分区 Leader 维护的 Follower 副本相应信息的更新。由于副本从 Leader 副本拉取了消息，此时需要检查是否要扩张 ISR 列表，若该副本已被 Leader 从 ISR 列表中剔除，则将该副本加入 ISR 列表中。将新的 ISR 信息写入 ZooKeeper，同时更新本地维护的 inSyncReplicas 集合信息，并对 Leader 副本的 HW 进行相应检查处理。若对 Leader 副本的 HW 进行了更新，此时需要检查被延迟的操作（DelayedProduce 和 DelayedFetch）是否满足执行条件，让其执行完成。

（2）检查 DelayedProduce 是否满足执行条件，让其执行完成。

然后，检查是否满足立即对 FetchRequest 做出响应的条件，需要立即做出响应的条件如下。

（1）请求的 timeout 为 0，如果在调用消费者的 poll()方法时设置 timeout 为 0，则不需要等待拉取消息字节相关的阈值。

（2）FetchRequest 本身没有指定读取消息的分区。

（3）已读取到足够消息，即消息内容已大于 FetchRequest 请求最小字节的限制。

（4）在从 Leader 读取消息时发生了异常。

若满足上述条件之一，则构造相应结果回调 responseCallback()方法。如果不满足对客户端立即做出响应，那么将读取的结果信息进行处理构造一个 FetchMetadata 对象，然后构造一个 DelayedFetch 对象，交由 delayedFetchPurgatory 进行管理。由 DelayedFetch 在满足执行条件后向客户端做出拉取响应，DelayedFetch 执行所需要满足的条件在 3.1.4 节有过介绍，此处不再赘述。同样 FetchRequest 的回调函数也是在构造 FetchResponse 之后添加到 RequestChannels 的 responseQueue 队列中，然后由 Processor 处理最终返回给客户端（FetchReqeust 的发起者）。

至此，副本管理器对拉取消息的处理过程分析完毕。处理逻辑基本流程如图 3-31 所示。

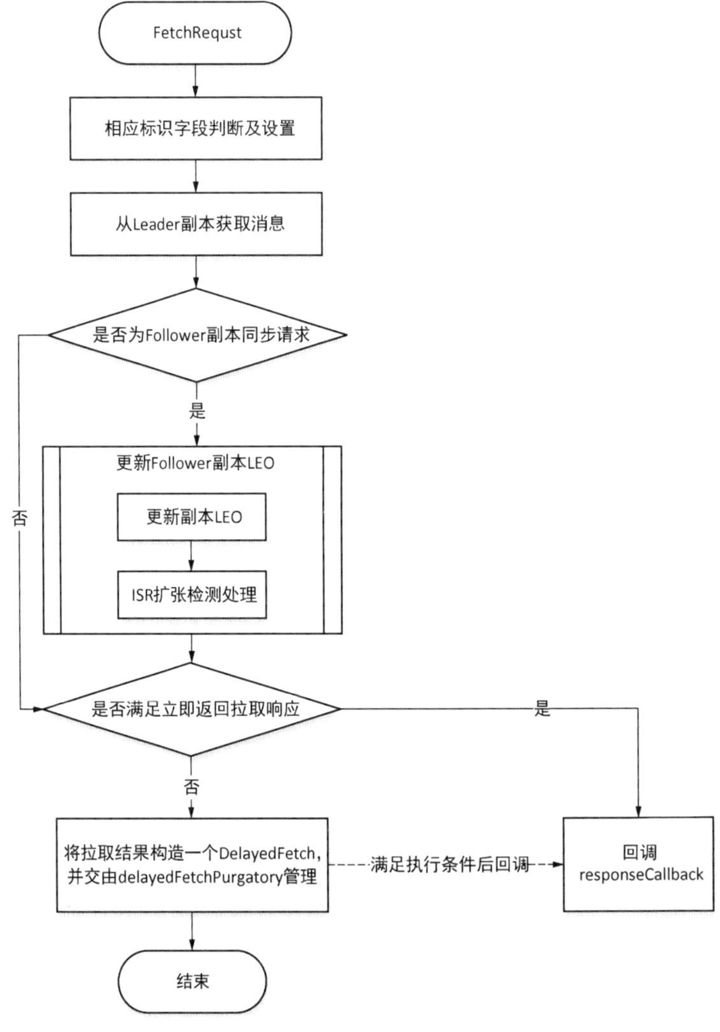

图 3-31　副本管理器对 FecthRequest 处理的基本流程

3.6.7 副本同步过程

上一小节对 Follower 副本从 Leader 副本拉取消息过程进行了介绍，在拉取消息时会更新 Leader 副本中记录的该 Follower 副本的 LEO 信息，当 Follower 副本追上 Leader 副本的 LEO 时，同时会更新该 Follower 副本在 Leader 中的 lastCaughtUpTimeMs。而 Follower 副本对于所同步数据的处理是在 responseCallback 之后进行的。本小节将详细分析副本同步的过程。

在 3.6.3 节提到过，ReplicaManager 初始化时会创建一个 ReplicaFetcherManager 对象，Follower 副本与 Leader 副本之间的数据同步就是由 ReplicaFecherManager 完成的。ReplicaFetchManager 继承 AbstractFetcherManager 类，该类定义了一个 fetcherThreadMap 用于保存对每个代理的拉取请求的 Fetcher 线程。同时还提供了一个由子类来实现的抽象方法 createFetcherThread()，用于创建拉取线程，以及对 fetcherThreadMap 管理相关的方法，主要包括以下方法。

- addFetcherForPartitions()方法：用于为分区添加 Fetcher 线程，其实就是将分区添加到 ReplicaFetcherThread 线程中，一个 ReplicaFetcherThread 可以对应多个分区，也就是说多个分区共用一个 Fetcher 线程，由该 Fetcher 线程负责这些分区的数据拉取操作。fetcherThreadMap 的 Key 是一个 BrokerAndFetcherId 对象，该对象包括两个属性 BrokerEndPoint 和 Fetcher 线程的 id，BrokerEndPoint 封装了连接代理的 host 和 port 信息，Value 为一个 AbstractFetcherThread 对象，在添加分区到 Fetcher 线程时，若 fetcherThreadMap 中还没有与该分区代理连接的 Fetcher 线程，则创建之，否则直接将分区添加到对应的 Fetcher 线程中。
- removeFetcherForPartitions()方法：用于从 fetcherThreadMap 中找到该分区 Fetcher 线程，从 Fetcher 中移除该分区，也就移除了该分区同步数据的线程，在关闭副本时就需要调用该方法，移除相应的 Fetcher 线程。
- shutdownIdleFetcherThreads()方法：当一个 Fetcher 线程不再包含任何分区时，该 Fetcher 线程就会被关闭。

ReplicaFetcherManager 继承 AbstractFetcherManager 类，覆盖了 createFetcherThread()方法，在该方法中创建了一个 ReplicaFetcherThread 线程对象，该线程继承于 AbstractFetcherThread。AbstractFetcherThread 定义的抽象方法 processPartitionData()由子类来实现，对拉取的消息进行处理，Follower 副本对消息处理就是由 ReplicaFetcherThread 在 processPartitionData()方法中完成的。而同步请求是在 AbstractFetcherThread 类的 doWork()方法中发起的，doWork()方法是线程真正执行体，由线程 run()方法调用。类之间依赖关系如图 3-32 所示。

在 AbstractFetcherThread 类中定义了一个 PartitionStates[PartitionFetchState]类型的 partitionStates 引用，PartitionStates 底层是一个 LinkedHashMap，以 TopicPartition 为 Key，Value 类型定义为泛型。PartitionFetchState 包括分区的偏移量 offset 以及 Fetcher 线程的状态，因此 partitinStates 维护了分区与分区拉取线程同步的状态。在 AbstractFetcherThread 类的 doWork()方法中根据 partitionStates 构造 FetchRequest 对象，若 FetchRequst 对象为空即表示当前没有分区要同步，则让线程阻塞${replica.fetch.backoff.ms}毫秒后再重试，当 FetchRequest 不为空时，则调用

AbstractFetcherThread.processFetchRequest()方法发送 FetchRequest 请求。对于发送请求网络层实现我们不展开介绍。当 FetchRequest 发送后，通过 KafkaApis 处理后调用副本管理器的 fetchMessages()处理，在前一小节已做详细分析，这里不再赘述。

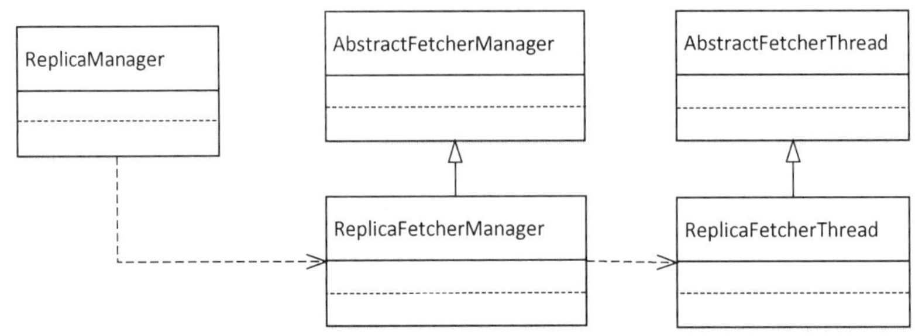

图 3-32　副本同步所依赖的组件的类图

等待 FetchRequest 请求返回拉取结果后，若返回数据不为空，经过一系列数据校验处理后，调用 AbstractFetcherThread 的相应子类实现的 processPartitionData()方法进行处理。对于副本同步则由 ReplicaFetcherThread.processPartitionData()方法进行处理，对普通消费者则调用 ConsumerFetcherThread.processPartitionData()方法进行处理。ReplicaFetcherThread.processPartitionData()方法对 FetchRequest 返回的数据主要进行以下处理。

（1）将从 Leader 拉取到的数据调用副本的 Log.append()方法追加到自己日志段中。这里的追加，无需自己生成偏移量 offset 值，直接使用返回数据转换为 ByteBufferMessageSet 对应的偏移量。

（2）取返回数据中附带的 HW 与自己当前的 HW 进行比较，取两者之中较小的更新自己的 HW。

对 ReplicaFetcherThread.processPartitionData()方法处理逻辑的介绍省略了相关边界校验、异常处理等。副本同步过程介绍至此，我们对同步过程重要环节以如图 3-33 所示的时序图进行总结。

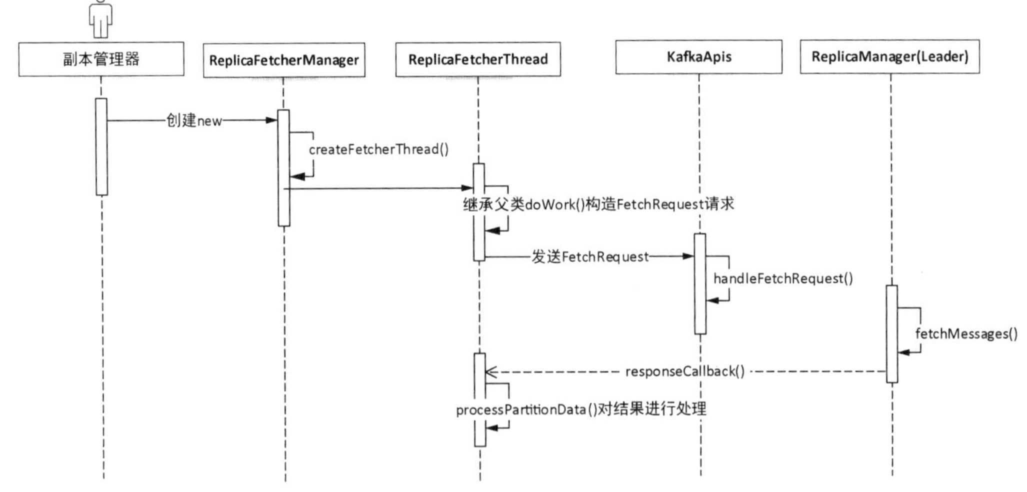

图 3-33　副本同步过程的时序图

3.6.8 副本角色转换

当分区 ISR 发生变化时，控制器会向分区各副本对应的代理发出 LeaderAndIsrRequest 请求，各代理的副本管理器接收到请求后调用 becomeLeaderOrFollower()方法进行处理。该方法处理逻辑如下。

首先比较 LeaderAndIsrRequest 请求的控制器轮值次数 controller_epoch 与当前缓存中的 local_controller_epoch 值是否相等，若不相等，说明当前的请求已是一个过时的控制器发出来的，则不进行任何处理，直接返回 Errors.STALE_CONTROLLER_EPOCH.code 给控制器；否则对请求中的每个分区状态信息（PartitionStates）迭代进行以下处理。其中分区状态信息即分区在 ZooKeeper 的/brokers/topics/${topicName}/partitions/${partitionId}/state 节点中记录的分区元数据，包括控制器轮值次数 controller_epoch，该分区 leader_epoch、该分区 Leader 节点对应的 brokerId，该分区的 ISR 及 AR 信息。

（1）比较分区状态信息的 leader_epoch 值与缓存中该分区对应的 leader_epoch 值，为了便于讲解，这里记缓存中的 leader_epoch 为 local_leader_epoch。根据 leader_epoch 与 local_leader_epoch 的大小关系分别进行以下处理。

- 若 leader_epoch>local_leader_epoch：先检测该分区副本列表中是否包括当前代理，若当前代理不在副本之列，则当前代理直接忽略本次请求，此时将对该分区处理的结果应答码 Errors.UNKNOWN_TOPIC_OR_PARTITION.code 保存到 responseMap 中，responseMap 是一个被声明为 mutable.HashMap[TopicPartition, Short]类型的对象；否则将该分区信息保存到 mutable.HashMap [Partition, PartitionState]类型的 partitionState 对象中。
- 若 leader_epoch<=local_leader_epoch：则当前代理也忽略本次请求，将对分区处理的应答码 Errors.STALE_CONTROLLER_EPOCH.code 保存到 responseMap 中。

（2）过滤 partitionState，依据各分区的 Leader 对应的 brokerId 与本机的 brokerId 是否相等将分区分成 Leader 和 Follower 两个集合，分别记为 partitionsTobeLeader 和 partitionsToBeFollower，即若 Leader 的 brokerId 与本机的 brokerId 相等，则表示当前代理是分区的 Leader 副本所在的代理，否则当前代理是分区 Follower 副本对应的代理。

（3）若 partitionsTobeLeader 集合不为空，则调用 ReplicaManager.makeLeaders()方法遍历该集合中的每个分区进行处理，使当前代理成为分区的 Leader。若 partitionsToBeFollower 不为空，则调用 ReplicaManager.makeFollowers()方法使当前代理成为分区的 Follower 副本。

（4）保证更新检查点信息的定时任务启动，通过一个 Boolean 类型的 hwThreadInitialized 变量来控制，若该定时任务已启动，则该变量为 true。该定时任务启动后会每隔${replica.high.watermark.checkpoint.interval.ms}毫秒定时执行，默认是每 5s 执行一次。该定时任务对每个副本可见的偏移量进行持久化。

（5）关闭空闲的 Fetcher 线程。每个 Fetcher 线程负责一定数量的分区数据的同步，当该线程负责同步的分区数为 0 时，即为空闲的 Fetcher 线程。ReplicaFetcherManager 维护了当前代理分配的所有分区的 Fetcher 线程，当一个分区成为 Leader 时，Fetcher 线程从自己负责同步的分区集合中移除该分区。

（6）回调 onLeadershipChange()方法，通过 GroupCoordinator 管理分区 Leader 上线/下线操作。

至此，副本管理器对 LeaderAndIsrRequest 请求处理过程介绍完毕。副本管理器对 LeaderAndIsrRequest 请求的处理的基本步骤如图 3-34 所示。

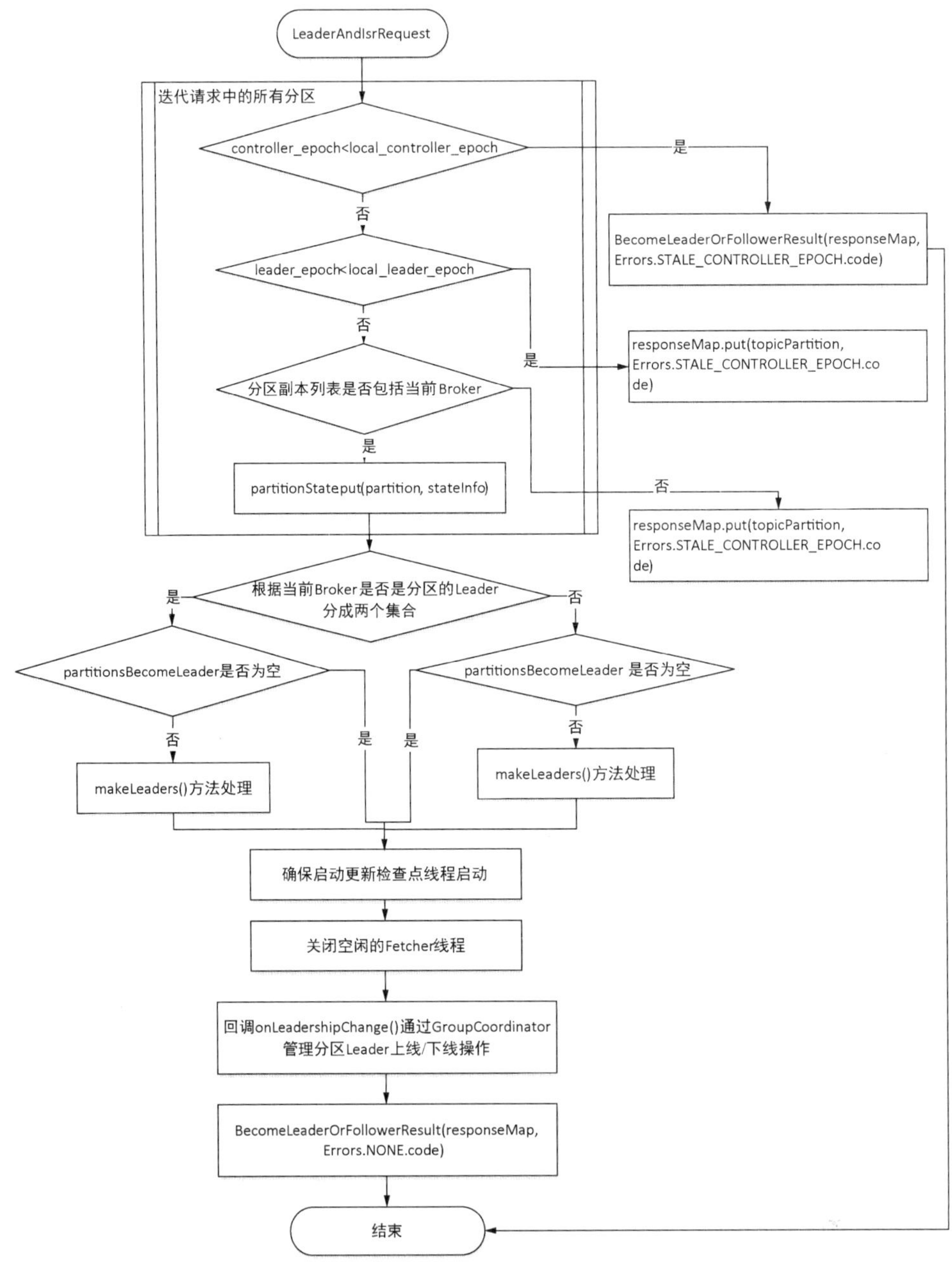

图 3-34　副本管理处理 LeaderAndIsrRequest 请求基本流程图

在副本角色转换处理时，提到了将副本转换为 Leader 的 ReplicaManager.makeLeaders()方法以及将 Leader 转换为 Follower 的 ReplicaManager.makeFollowers()方法，下面简要分析这两个方法实现副本角色转换的基本逻辑。

ReplicaManager.makeLeaders()方法负责将指定的副本转为分区 Leader，首先调用 ReplicaFetcherManager.removeFetcherForPartitions()移除该分区的拉取线程，然后调用 Partition.makerLeader()方法。

Partition.makeLeader()方法主要完成以下逻辑。

（1）根据 PartitionState 信息设置 Leader 副本维护的 controllerEpoch，inSyncReplicas，leaderEpoch 字段值以及维护的当前分区所有副本 assignedReplicaMap 集合。

（2）通过将 Leader 的 brokerId 与当前的 brokerId 比较，以判断 Leader 是否发生过变化，若是由 Follower 转换为 Leader 或者分区首次分配，则构造该 Leader 副本的 HW 值，并重设远程副本的 LEO 为-1。

（3）尝试更新 Leader 副本的 HW，若 Leader 副本的 HW 被更新成功，则检测延迟操作是否满足执行条件，尝试让其执行完成。以 Leader 是否是由 Follower 转换而来作为方法的返回值。

ReplicaManager.makeFollowers()方法用于将本地副本转换为 Follower 副本。首先检测是否是由 Leader 副本转换为 Follower 副本，若是由 Leader 副本进行转换则先检查新 Leader 是否存活，若新 Leader 副本是存活状态则调用 Partition.makeFollower()进行副本角色转换，否则创建一个新的副本，这主要是为了保证在 checkpoint 文件中记录有该分区的 HW。副本角色转化成功后若 Partition.makeFollower()返回 true，表示是由 Leader 转换为 Follower 副本，则将该分区记录到 partitionsToMakeFollower 集合中。然后停止这些副本与旧 Leader 同步的 Fetcher 线程，这样保证当前所有新转换为 Follower 的副本还没有添加对任何分区的 Fetcher 线程。由于 Leader 副本发生了变化，例如，新 Leader 是从副本转换而来，可能导致数据不一致的问题，但 Leader 副本 HW 之前的数据已被各副本同步，因此需要调用 logManager.truncateTo()方法将日志截取到 HW 的位置，并尝试完成该分区相关的延迟操作。最后调用 ReplicaFetcherManager.addFetcherForPartitions()方法为新转换的 Follower 副本添加对分区新 Leader 同步的 Fetcher 线程。

Partition.makeFollower()方法执行逻辑如下。

（1）根据 PartitionState 对象信息获取该分区所有副本 allReplicas 集合及分区新的 Leader，并设置 controllerEpoch 字段值。

（2）轮询 allReplica 集合，调用 Partition.getOrCreateReplica()方法创建副本。

（3）根据 PartitionState 对像信息更新 assignedReplicaMap 集合，设置 leaderEpoch 和 zkVersion 字段值，由于 Leader 副本维护 ISR，因此设置 Follower 副本的 inSyncReplicas 信息为空集合。

（4）检查 Leader 是否发生了变化，将 Leader 是否发生变化的判断结果作为该方法的返回值。

3.6.9 关闭副本

当删除一个主题、分区副本重分配、代理被关闭时由控制器发送 StopReplicaRequest 请求，经由 KafkaApis 收到请求后，在 KafkaApis.handleStopReplicaRequest()方法中会调用副本管理器关闭副本的 stopReplicas()方法进行处理。关闭副本操作会对副本状态进行转换操作，例如，删除一个主题时副本状态会经由如图 3-35 所示的状态变迁过程。

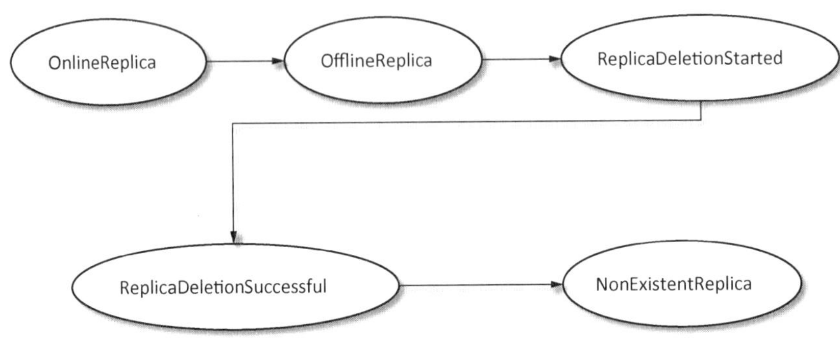

图 3-35　删除主题操作时副本状态转换关系

由图 3-35 所示可知，在删除主题关闭副本时，其实是同时将该副本删除，然而关闭副本并不一定需要将副本删除，如代理关闭操作，对于这种场景，副本状态可能是由 OnlineReplica 转换为 OfflineReplica 即可。由此对关闭副本操作，通常有两种处理方式：一是将副本下线，二是将副本下线并删除。

下面详细分析副本管理器对关闭副本请求的处理。

首先，副本管理器会检查 stopReplicaRequest 请求所携带的 controllerEpoch 是否小于自己缓存的当前控制器的轮值数 controllerEpoch，若 stopReplicaRequest.controllerEpoch<controllerEpoch 说明这个请求是由一个已过时的控制器发出的命令，则给予警告信息，拒绝处理，返回 STALE_CONTROLLER_EPOCH 信息。否则从 stopReplicaRequest 请求中提取出待关闭副本的所有分区 partitions，并用 stopReplicaRequest 携带的 controllerEpoch 值更新本地缓存的值。

然后，调用 ReplicaFetcherManager.removeFetcherForPartitions()方法，将待关闭副本的所有分区对应的 Fetcher 从 ReplicaFetcherManager 维护的拉取线程 fetcherThreadMap 中移除，停止该副本数据同步操作。

最后，迭代 partitions 每个分区，调用副本管理器的 stopReplica()方法进行副本关闭操作，并将副本关闭操作的状态码保存到 responseMap 中。

ReplicaManager.stopReplica()方法是副本关闭操作的真正执行者。它首先从副本管理器维护的本代理所有分区集合 allPartitions 中集合中移除待关闭副本的分区，若分区存在即表示请求关闭的分区是一个有效分区，并判断请求关闭副本是否要求将副本删除，若需要将副本删除，则调有该分区的 delete()方法进行日志物理删除操作，删除后再检测被删除的分区对应的主题是否还有其他分区，若不再有该主题的分区，则从 BrokerTopicStats 中移除对该主题追踪的 metrics。如果待删除的分区在 allPartitions 集合不存在，同时关闭副本的请求指定要删除副本，那么就需要构造一个 TopicAndPartition 对象，调用日志管理器从其维护的 logs 集合中找到该主题对应的分区，由日志管理器执行删除该分区的日志文件，即调用 LogManager.deleteLog()方法处理。

其实，关闭副本的逻辑较简单，主要是关闭副本对应的 Fetcher 线程，让该副本不再执行拉取消息的指令。同时若需要删除副本，则对该副本的日志文件执行物理删除操作。关闭副本操作的流程如图 3-36 所示。

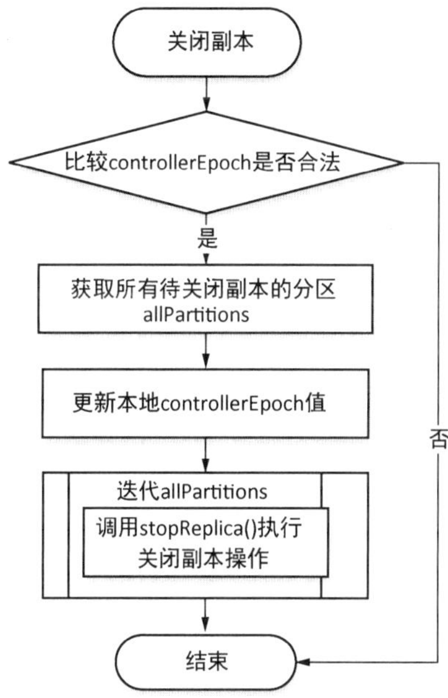

图 3-36　关闭副本操作基本流程图

3.7 Handler

在 3.4 节我们提到的 Handler，其实是 KafkaRequestHandler 的简称。KafkaRequestHandler 是一个线程类，负责从 RequestChannel 中读取请求然后交由 KafkaApis 处理。

在底层实现时，Kafka 实现了一个 KafkaRequestHandlerPool，其作用类似线程池，用于管理 Hander，在 KafkaServer 启动时会实例化一个 KafkaRequestHandlerPool 对象。在 KafkaRequestHanderPool 实例化时会创建${num.io.threads}个 Hander 线程，并以守护线程的方式运行在后台。在 Hander 的 run()方法中会循环从 RequestChannel 中读取 Request，若 Request 为空，则线程最长会阻塞 300 ms 以等待新的 Request，之后再继续去读取 Request，当读取到 Request 后交由 KafkaApis 进行处理。

KafkaApis 提供了一个 hander()方法，根据 Request.requestId 路由到不同的方法进行处理。当前版本的 Kafka 定义了 21 种请求，每个请求分别由 KafkaApis 定义的相应方法进行处理。对于较重要的请求，本书在不同章节会穿插进行讲解，这里不再一一进行分析。

3.8 动态配置管理器

动态配置管理器（DynamicConfigManager）主要用来对相关配置的变化进行处理，Kafka 将可以通过 ZooKeeper 进行管理的配置划分为 4 个类型，称为配置类型（ConfigType）或配置级别，每个配置类型称为一个实体（entity），这 4 个类型分别为 Topic（主题级别）、Client（客户端级别）、User（用户级别）和 Broker（代理级别）。用 entity-type 来指定所属级别，4 个级别的 entity-type 依次为 topics，clients，users 和 brokers。

在每个代理启动时会实例化并启动一个动态配置管理器，该管理器会注册一个 ZkNodeChangeNotificationListener 监听器，该监听器实质是注册了一个 IZkChildListener 类型的 NodeChangeListener 用来监听 ZooKeeper 的/config/change/路径下节点的变化。该路径下的节点命名规则为：以“config_change_”字符串作为前辍，之后连接由 10 位数字（起始为 0，不足 10 位数字左补 0）递增组成的字符串，如节点名为“config_change_0000000000”。为了下文讲解方便，将该节点称为通知节点。当该路径下节点发生变化时，若有新的节点创建即表示此时配置发生变化，此时会触发监听器根据 ConfigType 调用相应的 ConfigHandler 进行处理。配置发生变化时在 ZooKeeper 的/config 路径下有所体现，Kafka 提供了修改配置的工具类：ConfigCommand 类和 TopicCommand 类，客户端可以通过这两个工具类对配置进行修改，在${KAFKA_HOME}/bin 目录提供了对配置进行操作的脚本（kafka-topics.sh 和 kafka-configs.sh），通过这两个工具类将对配置的操作写到 ZooKeeper 的/config 相应节点，具体表现如下。

（1）在/config/<entity-type>路径相应节点下会记录所覆盖的具体配置。相对默认配置而言，对配置的修改即覆盖默认配置，删除对某个配置的修改则该配置值恢复为默认值。

（2）在/config/changes 目录下创建一个通知节点。

关于这两个节点的详细信息在第 5 章中会有相应的介绍，在本节我们只关注后台相应处理。当/config/changes 目录下创建一个新的通知节点时，将会触发监听器，监听器读取/config/changes 路径下的通知节点，并将节点进行排序，调用配置变化通知处理器 ConfigChangedNotificationHandler 的 processNotifications()方法进行处理。

通知处理器的 processNotifications()方法首先从节点名中截取 config_changes_之后部分提取出通知编号，每处理一个通知节点就用一个变量 lastExecutedChange 来记录被处理节点的通知编号，这样每次处理时只处理通知编号大于 lastExcecutedChange 值的节点。然后通知处理器根据配置级别 ConfigType 调用相应的配置处理器（ConfigHandler）的 processConfigChanges(entityName: String, value: Properties)方法进行处理，同时在对 4 个级别的配置处理时都会调用相应的限流管理器（QuotaManagers）进行相应处理，Kafka 提供了客户端限流管理器（ClientQuotaManager）和副本限流管理器（ReplicationQuotaManager）。客户端限流管理器用来对生产者生产消息或是消费者拉取消息的速率进行处理，副本限流管理器用来对副本同步速率进行处理。4 个级别的配置处理器处理逻辑如下。

（1）若是主题级别的配置，则监听器会调用主题级别配置处理器 TopicConfigHandler 进行处理，首先通过日志管理器查询出该主题的所有既有配置，然后重新创建 Properties 对象，将新修改的配置与既有配置进行合并作为该主题的既有配置。同时检测分区副本复制流量（Quota，即每秒操作的字节）控制开关是否发生了变化，若在合并后的配置中查找到对分区副本流量控制开关进行了设置，即开启了分区副本流量控制，则解析出分区与代理对应关系配置，然后调用副本限流管理器将主题分区副本流量控制设置保存到限流管理器维护的 ConcurrentHashMap 集合中，否则会从 ConcurrentHashMap 移除该主题的分区副本流量控制。

主题级别的配置提供了配置项 leader.replication.throttled.replicas 和 follower.replication.throttled.replicas 可以分别对每个分区作为 Leader 和 Follower 时副本流量设置，这里仅是设置对哪个分区与代理的对应关系，而具体流量值通过代理级别的配置 follower.replication.throttled.rate 和 leader.replication.throttled.rate 进行设置，多个分区配置之间以逗号分隔，也支持通配符“*”即对所有的分区开启限流设置。格式为：

```
follower.replication.throttled.replicas=[partitionId]:[replicaId]或是
follower.replication.throttled.replicas=*
```

（2）若是客户端级别或是用户级别配置，则通知处理器分别调用客户端级别配置处理器 ClientIdConfigHandler 和用户级别配置处理器 UserConfigHandler 进行处理。当前版本的 Kafka 在客户端级别和用户级别的配置只对流量控制提供两个有效配置项：producer_byte_rate 和 consumer_byte_rate 分别用来设置生产者向 Kafka 生产消息的速率（每秒字节数）及消费者拉取消息的速率。客户端级别配置处理器或者用户级别配置处理器会调用客户端限流管理器 ClientQuotaManager 对相应的指标配置（MetricConfig）进行更新操作。

客户端级别的配置和用户级别的配置可以组合使用，用来配置某个用户的特定客户端的配置。当组合使用，在 ZooKeeper 的/conf 路径下节点结构表现形式上客户端级别作为用户级别的子节点，如/config/users/<user>/clients/<client-id>。

（3）若是代理级别的配置，则通知处理器会调用代理级别的配置处理器 BrokerConfigHandler 对配置进行处理。当前版本的 Kafka 在代理级别的配置只提供对节点作为 Leader 或是 Follower 时副本同步数据速率的设置，配置项为 leader.replication.throttled.rate 和 follower.replication.throttled.rate。该配置处理器调用副本限流管理器根据配置项分别对 Leader 和 Follower 同步数据速率进行更新。

以上处理逻辑中各组件的调用关系如图 3-37 所示。

每次触发监听器对变化节点处理完成后，调用 purgeObsoleteNotifications()方法将通知节点创建时间与当前时间之差大于通知过期时间（changeExpirationMs）的通知节点删除，通知过期时间固定为 15min。

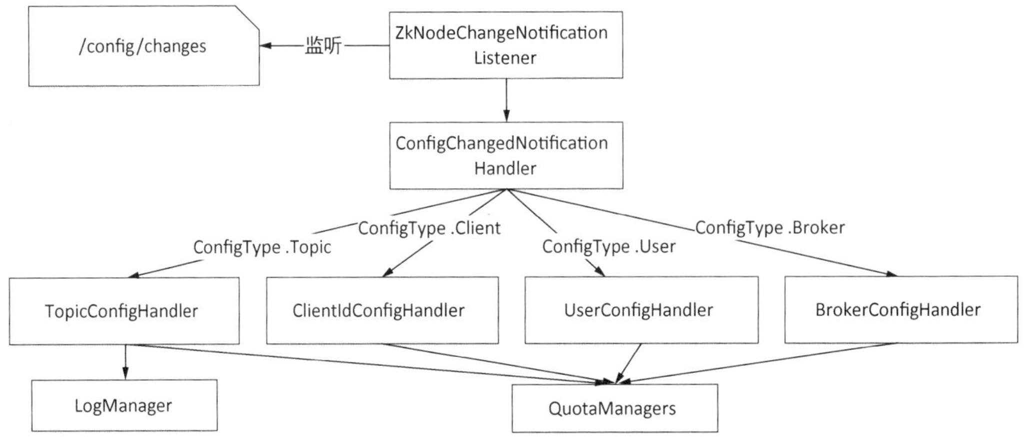

图 3-37　动态管理器内部处理各组件的调用关系

3.9　代理健康检测

Kafka 集群依赖于 ZooKeeper 进行管理，每个代理启动时都向 ZooKeeper 进行一系列元数据的注册，即在 ZooKeeper 相应目录下创建一个临时节点，当代理与 ZooKeeper 连接断开后相应的临时节点也会被删除。Kafka 对代理健康状态检测实现方案较简单，每个代理启动时会在 ZooKeeper 的/brokers/ids/路径下注册自己的 brokerId，并注册一个 SessionExpireListener 监听器，该监听器用来监听代理与 ZooKeeper 连接是否会话 Session 超时，若发生 Session 超时，则与该代理相关的临时节点也会被清除，此时 ZooKeeper 会与当前代理重新创建一条连接，Kafka 健康检测机制就需要重新在 ZooKeeper 上进行注册，创建临时节点并写入相应的元数据信息。

Kafka 健康检测机制实现类是 KafkaHealthcheck，该类实例化时会创建一个 SessionExpireListener 监听器，该监听器实现了 IZkStateListener 接口，在 handleNewSession()方法中调用 KafkaHealthcheck.register()方法。KafkaHealthCheck.startup()方法首先向 ZooKeeper 注册 SessionExpireListener 监听器，然后调用 KafkaHealthcheck.register()方法，register()方法将代理节点的连接信息写入到该节点在 ZooKeeper 对应的节点中。

在 3.2 节我们介绍过 KafkaController 也会在/brokers/ids/${brokerId}节点注册一个监听器，当代理在 ZooKeeper 的/brokers/ids 路径下创建的临时节点发生变化时会触发控制器进行相应的处理，控制器负责节点上、下线的管理。而健康检测机制的作用就是在检测到临时节点被删除后，如果 ZooKeeper 与当前节点重新连接上，在 ZooKeeper 中重建当前节点在 ZooKeeper 中的临时节点，将节点的连接信息写入该临时节点，以防止当前节点与 ZooKeeper 连接短暂的断开而丢失相应的临时节点及相关的元数据信息。

3.10　Kafka 内部监控

Kafka 使用 Yammer Metrics 进行内部状态的监控，用来收集报告 KafkaServer 端和客户端的 metrics 信息，Yammer Metrics 是由 Yammer 提供的一个 Java 库，用于检测 JVM 上相关服务运行的状态。Metrics 能够很好地与 Ganlia 和 Graphite 结合，提供相关的 metrics 图形化接口，可以将 metrics 信息通过 JMX（Java Management Extension）、控制台（Console）、CSV、日志等形式发布出来。Kafka 默认是通过 JMX 来报告 metrics 信息的，将 metrics 指标信息注册成 JMX 的 MBeans，这样就可以通过 JDK 自带的 JConsole 或者 VisualVM 来查看 metrics 信息。当然也通过调用相关 API 来查看相应的 metrics 信息，同时 Kafka 也提供了 CSV 形式的 Reportor (KafkaCSVMetricsReporter)，若想 metrics 以 CSV 形式展示则在 server.properties 文件中加入 CSV 相关配置信息：

```
# metrics输出时间间隔
kafka.metrics.polling.interval.secs=10
# reporter类
kafka.metrics.reporters=kafka.metrics.KafkaCSVMetricsReporter
# 文件存放目录
kafka.csv.metrics.dir=/opt/data/kafka/metrics
# 是否开启csvreporter
kafka.csv.metrics.reporter.enabled=true
```

这里对 metrics 相关信息不进行介绍，在 Kafka 源码中我们经常看到加入了收集 metrics 信息的代码。例如，在 KafkaServer 启动时，记录代理状态的 metrics 代码：

```
newGauge(
    "BrokerState",
    new Gauge[Int] {
      def value = brokerState.currentState
 }
```

而相应的工作将由 org.apache.kafka.common.metrics.JmxReporter 及 Kafka 自己实现的 MetricsReporter 来完成。

Kafka metrics 信息已进行了收集，这里将介绍如何通过 JConsole 来查看 Kafka 的 metrics 信息。在 kafka-run-class.sh 脚本中已加入了 JMX 的相关配置信息，接受$JXM_PORT 参数，因此在执行依赖与 kafka-run-class.sh 的脚本时，可以在命令中指定 JMX_PORT 信息。例如，在启动 KafkaServer 时指定 JMX_PORT=8888，只要与机器上已分配的端口不冲突的任意端口都可以。

另外需要说明的是，由于网络原因本节是基于我在虚拟机所搭建的 Kafka 环境进行讲解，但这并不影响对 Kafka 内部监控相关内容的介绍。开启 JMX 操作过程如下。

（1）启动代理时指定 JMX_POR：

```
JMX_PORT=8888 ./kafka-server-start.sh ../config/server.properties &
```

登录 ZooKeeper 的客户端查看当前代理的元数据信息（如图 3-38 所示），该代理的 jmx_port 端口为 8888。

```
[zk: 192.168.137.32(CONNECTED) 12] get /brokers/ids/0
{"jmx_port":8888,"timestamp":"1480318230327","endpoints":["PLAINTEXT://morton:90
92"],"host":"morton","version":3,"port":9092}
```

图 3-38　开启 JMX 启动代理时该代理在 ZooKeeper 的元数据信息

（2）启动 JConsole。在 JDK 安装目录 bin 下执行 JConsole 命令，会弹出 JConsole 连接对话框，在对话框的远程进程中配置要查看代理的 IP 和端口号，在用户名中输入连接代理服务器的用户名及密码（如图 3-39 所示）。

图 3-39　JConsole 新建连接对话框

然后单击“连接”，进入到监控主界面，如图 3-40 所示。

监控主界面展示有服务器相关的性能，如堆内存、CPU 占用率等。进入 MBean 界面，查看刚才启动的代理相关信息，如图 3-41 所示。

可以看到 BrokerState 的属性值为 3，即该代理处于 RunningAsBroker 状态。代理状态在第 4 章中将详细介绍。通过 JConsole 可以查看代理的很多监控信息，如代理的状态、代理拥有的分区、KafkaController 相关信息及选举信息等，在这里不再一一阐述。可以通过 Kafka tools 工具查看 Kafka 所有的 metrics 信息，命令如下：

```
kafka-run-class.sh  kafka.tools.JmxTool  --jmx-url service:jmx:rmi:///jndi/rmi://morton:
8888/jmxrmi
```

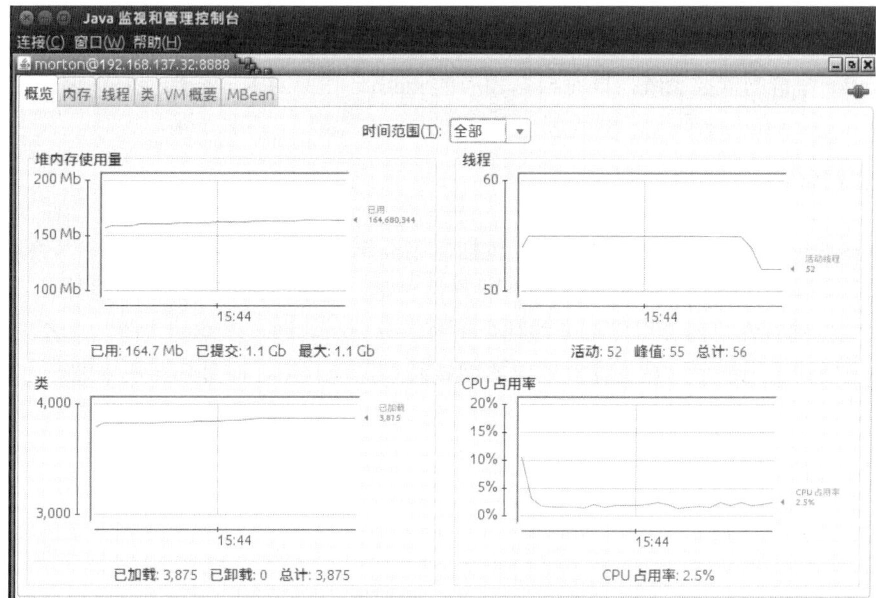

图 3-40　JConsole 展示的代理服务器信息效果

图 3-41　JConsole 展示 JMX 采集的代理信息

这里的 morton 是指待连接的代理所对应的主机名称 hostname，使用该命令需保证代理在启动时已开启 JMX，即指定了 JMX_PORT 配置。

Kafka 提供的 metrics 有很多，读者可以自行参考官方网站 http://kafka.apache.org/documentation#monitoring 进行了解。了解 Kafka 内容监控机制，在实际生产中能够帮助我们根据业务需要定制开发 Kafka 集群的监控系统，同时根据相应的 metrics 信息对 Kafka 性能进行调优。

3.11　小结

本章详细讲解了 Kafka 的基本组件，包括延迟操作组件、控制器、协调器、网络通信服务、日志管理器、副本管理器、Handler、动态配置管理器、健康检测和内部监控组件。

根据组件的特性将部分组件细分为几个小节进行分析。通过本章的讲解，读者应该已经理解 Kafka 底层的实现细节。这样在实践中才能做到不仅知其然，而且知其所以然。

第 4 章

Kafka 核心流程分析

本章将按照启动 KafkaServer、创建一个主题、生产者及消费者相关操作的基本流程详细讲解 Kafka 核心流程的实现原理。

4.1 KafkaServer 启动流程分析

Kafka 自带了一个启动 KafkaServer 的脚本 kafka-server-start.sh。该脚本调用 kafka.Kafka 类，脚本代码如下：

```
exec $base_dir/kafka-run-class.sh $EXTRA_ARGS kafka.Kafka "$@"
```

即 KafkaServer 启动的入口是 kafka.Kafka.scala。KafkaServer 启动时主要组件的调用关系如图 4-1 所示。

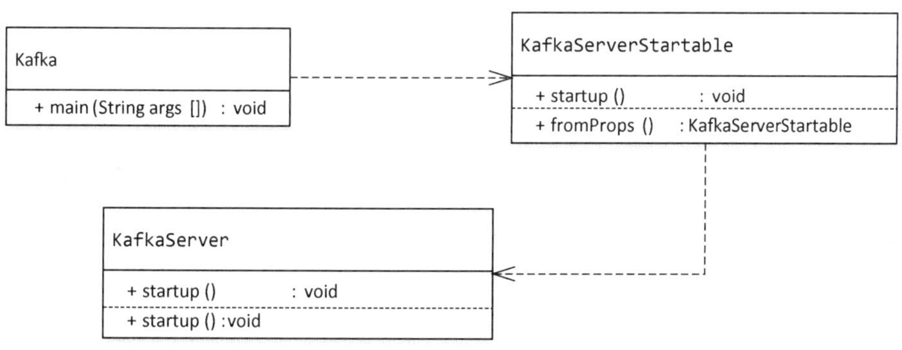

图 4-1 KafkaServer 启动的类图

由图 4-1 可知，KafkaServer 启动的工作是由 KafkaServer.startup()来完成的，在 Kafka.startup()

方法中会完成相应组件的初始化并启动这些组件。这些组件主要包括任务调度器（KafkaScheduler）、日志管理器（LogManager）、网络通信服务器（SockeServer）、副本管理器（ReplicaManager）、控制器（KafkaController）、组协调器（GroupCoordinator）、动态配置管理器（DynamicConfigManager）以及 Kafka 健康状态检测（KafkaHealthcheck）等。KafkaServer.startup()所依赖的组件如图 4-2 所示。

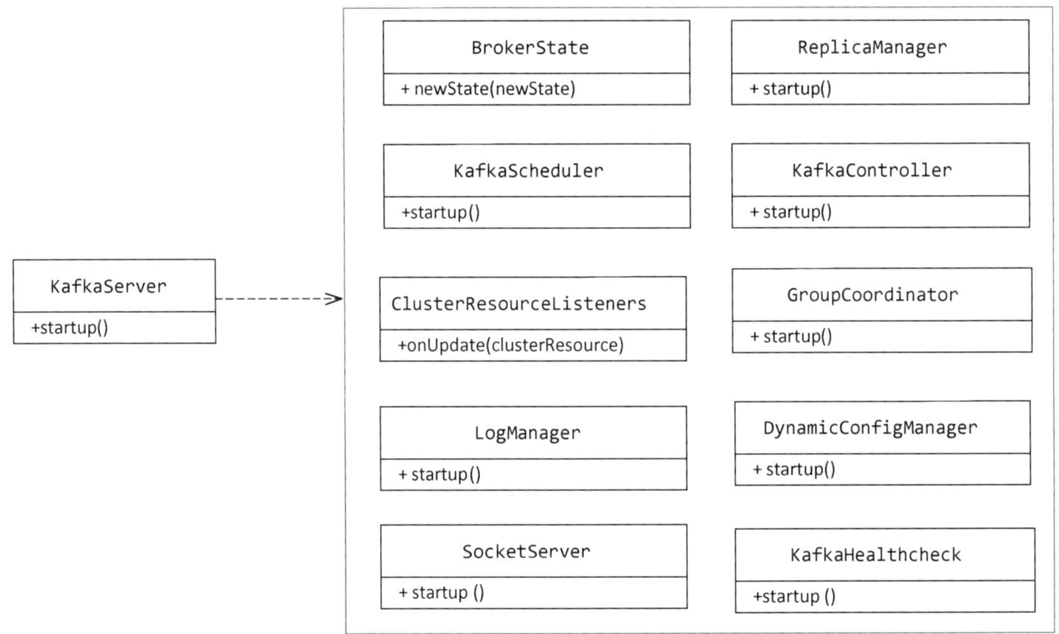

图 4-2　KafkaServer 启动所依赖的组件的类图

KafkaServer 在实例化时会在$log.dir 指定的每个目录下创建一个 meta.properties 文件，该文件记录了与当前 Kafka 版本对应的一个版本 version 字段，当前版本的 Kafka 设置 version 为固定值 0，还有一个记录当前代理的 broker.id 的字段。因此，当我们在不改变代理对应的 log.dir 配置而想修改代理的 brokerId 时，需要修改两处的配置。

（1）修改代理对应的 server.properties 文件的 broker.id 的值。

（2）修改 log.dir 目录下 meta.properties 文件的 broker.id 值。若 log.dir 配置了多个目录，则要分别修改各目录下的 meta.properties 文件的 broker.id 值。

KafkaServer 实例化成功后，调用 startup()方法来完成 KafkaServer 启动操作，具体过程如下。

（1）首先实例化用于限流的 QuotaManagers，这些 Quota 会在后续其他组件实例化时作为入参注入当中，接着设置代理状态为 Starting，即开始启动代理。代理状态机提供了 6 种状态，如表 4-1 所示。

表 4-1 代理状态说明

状 态 名	状态值（单位字节）	描 述
NotRunning	0	代理未启动
Starting	1	代理正在启动中
RecoveringFromUncleanShutdown	2	代理非正常关闭，在${log.dir}配置的每个路径下存在.kafka_cleanshutdown 文件
RunningAsBroker	3	代理已正常启动
PendingControlledShutdown	6	KafkaController 被关闭
BrokerShuttingDown	7	代理正在准备关闭

BrokerStates 提供了 newState()方法来设置代理的状态变迁。代理合法的状态转换如图 4-3 所示。

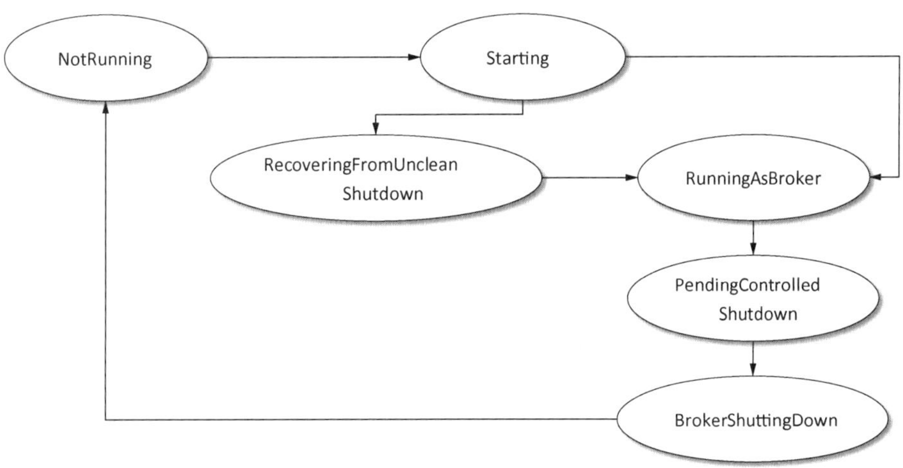

图 4-3 代理状态机状态转换图

（2）启动任务调度器（KafkaScheduler），KafkaScheduler 是基于 Java.util.concurrent.ScheduledThreadPoolExecutor 来实现的，在 KafkaServer 启动时会构造一个线程总数为${background.threads}的线程池，该配置项默认值为 10，每个线程的线程名以“kafka-scheduler-”为前缀，后面连接递增的序列号，这些线程作为守护线程在 KafkaServer 启动时开始运行，负责副本管理及日志管理调度等。

（3）创建与 ZooKeeper 的连接，检查并在 ZooKeeper 中创建存储元数据的目录节点，若目录不存在则创建相应目录。KafkaServer 启动时在 ZooKeeper 中要保证如图 4-4 所示文件目录树被成功创建。

Kafka 在 ZooKeeper 中创建的各节点说明如表 4-2 所示。

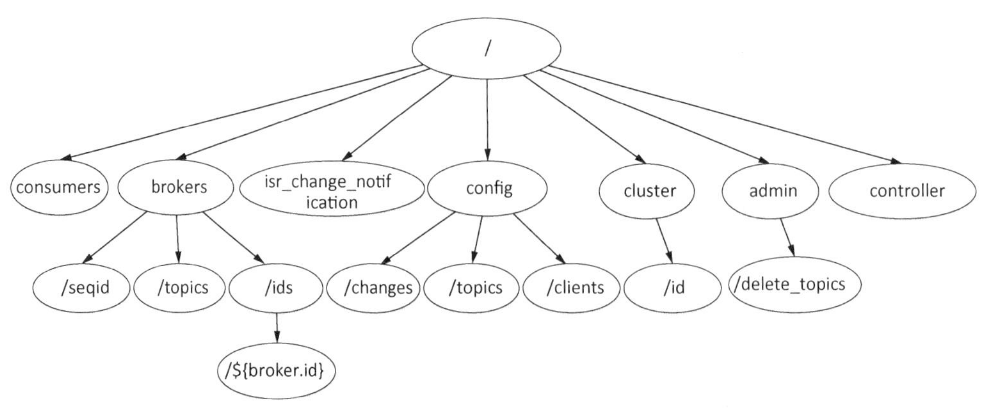

图 4-4　KafkaServer 启动时在 ZooKeeper 中创建的节点

表 4-2　Kafka 在 ZooKeeper 中注册节点说明

节　点	说　明
/consumers	旧版消费者启动后会在 ZooKeeper 的该节点路径下创建一个消费组的节点。将在消费者启动流程中进行介绍
/brokers/seqid	辅助生成代理的 id，当用户没有配置 broker.id 时，ZooKeeper 会自动生成一个全局唯一的 id，每次自动生成时会从该路由读取当前代理的 id 最大值，然后加 1
/brokers/topics	每创建一个主题时就会在该目录下创建一个与主题同名的节点
/brokers/ids	当 Kafka 每启动一个 KafkaServer 时会在该目录下创建一个名为${broker.id}的子节点
/config/topics	存储动态修改主题级别的配置信息
/config/clients	存储动态修改客户端级别的配置信息
/config/changes	动态修改配置时存储相应的信息，在 5.5 节会做介绍
/admin/delete_topics	在对主题进行删除操作时保存待删除主题的信息
/cluster/id	保存集群 id 信息
/controller	保存控制器对应的 brokerId 信息等
/isr_change_notification	保存 Kafka 副本 ISR 列表发生变化时通知的相应路径

（4）通过 UUID.randomUUID()生成一个 uuid 值，然后经过 base64 处理得到的值作为 Cluster 的 id，调用 Kafka 实现的 org.apache.kafka.common.ClusterResourceListener 通知集群元数据信息发生变更操作。此时生成的 Cluster 的 id 信息会写入 ZooKeeper 的/cluster/id 节点中，在 ZooKeeper 客户端通过 get 命令可以查看该 Cluster 的 id 信息。

（5）实例化并启动日志管理器（LogManager）。LogManager 负责日志的创建、读写、检索、清理等操作。

（6）实例化并启动 SocketServer 服务。SocketServer 启动过程在 3.4 节已有详细介绍，这里不再赘述。

（7）实例化并启动副本管理器（ReplicaManager）。副本管理器负责管理分区副本，它依赖于任务调度器与日志管理器，处理副本消息的添加与读取的操作以及副本数据同步等操作。

（8）实例化并启动控制器。每个代理对应一个 KafkaController 实例，KafkaController 在实例化时会同时实例化分区状态机、副本状态机和控制器选举器 ZooKeeperLeaderElector，实例化 4 种用于分区选举 Leader 的 PartitionLeaderSelector 对象。在 KafkaController 启动后，会从 KafkaController 中选出一个节点作为 Leader 控制器。Leader 控制器主要负责分区和副本状态的管理、分区重分配、当新创建主题时调用相关方法创建分区等。

（9）实例化并启动组协调器 GroupCoordinator。Kafka 会从代理中选出一个组协调器，对消费者进行管理，当消费者或者订阅的分区主题发生变化时进行平衡操作。

（10）实例权限认证组件以及 Handler 线程池（KafkaRequestHandlerPool）。在 KafkaRequestHandlerPool 中主要是创建${ num.io.threads }个 KafkaRequestHandler，Handler 循环从 RequestChannel 中取出 Request 并交给 kafka.server.KafkaApis 来处理具体的业务逻辑。在实例化 KafkaRequestHandlerPool 之前先要实例化 KafkaApis，Kafka 将所有请求的 requestId 封装成一个枚举类 ApiKeys。当前版本的 Kafka 支持 21 种类型的请求。

（11）实例化动态配置管理器。注册监听 ZooKeeper 的/config 路径下各子节点信息变化。

（12）实例化并启动 Kafka 健康状态检查（KafkaHealthcheck）。Kafka 健康检查机制主要是在 ZooKeeper 的/brokers/ids 路径下创建一个与当前代理的 id 同名的节点，该节点也是一个临时节点。当代理离线时，该节点会被删除，其他代理或者消费者通过判断/brokers/ids 路径下是否有某个代理的 brokerId 来确定该代理的健康状态。

（13）向 meta.properties 文件中写入当前代理的 id 以及固定版本号为 0 的 version 信息。

（14）注册 Kafka 的 metrics 信息，在 KafkaServer 启动时将一些动态的 JMX Beans 进行注册，以便于对 Kafka 进行跟踪监控。

最后将当前代理的状态设置为 RunningAsBroker，表示当前 KafkaServer 已正常启动完成，KafkaServer 启动成功后通过 jps 命令可看到一个名为 kafka 的进程。

4.2 创建主题流程分析

创建主题的流程包括两个阶段，第一阶段是客户端将主题元数据写入 ZooKeeper，我们称其为客户端创建主题，第二阶段是控制器负责管理主题的创建，我们称其为服务端创建主题。服务端创建主题的相关流程在介绍控制器时已进行了详细介绍，本节关注的是客户端创建主题的流程。

4.2.1 客户端创建主题

在客户端我们可以通过调用相应 API 或者通过 kafka-topics.sh 脚本来创建一个主题，kafka-topics.sh 脚本只有一行代码：

```
exec $(dirname $0)/kafka-run-class.sh kafka.admin.TopicCommand $@
```

无论是调用 API 还是通过命令行来创建主题，底层都是客户端通过调用 TopicCommand.create

Topic(zkUtils: ZkUtils, opts: TopicCommandOptions)方法创建主题。该方法逻辑较简单，首先是对主题及相关的配置信息进行相应的校验，然后执行分区副本分配，当然客户端可以直接指定副本分配方案，若客户端没有指定分区副本分配方案，Kafka 会根据分区副本分配策略自动进行分配，最后是在 ZooKeeper 的/brokers/topics/路径下创建节点，将分区副本分配方案写入每个分区节点之中。例如，我们创建一个名为“kafka-action”的主题，假设该主题有一个分区，每个分区有一个副本，则客户端创建该主题时会将分区副本分配方案写入 ZooKeeper 的/brokers/topics/kafka-action/partitions/0/state 节点中，其中 0 表示是分区编号。客户端创建主题的基本流程如图 4-5 所示。

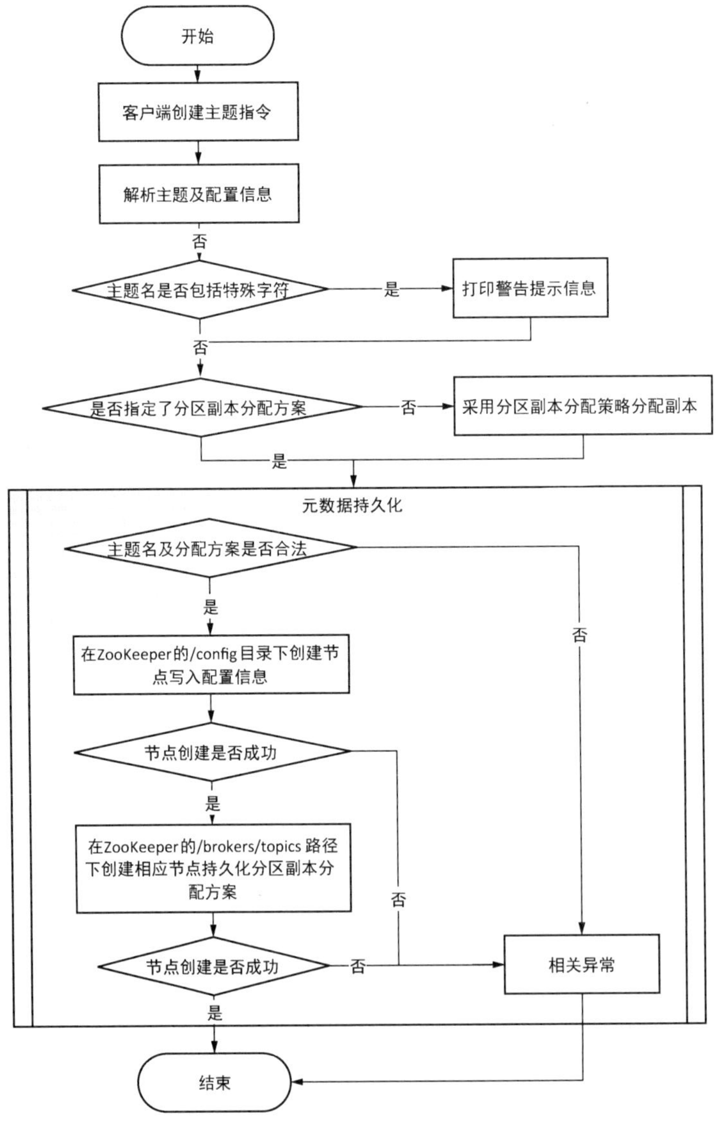

图 4-5　客户端创建主题基本流程图

关于主题名相关的较验，这里简要阐述 Kafka 主题命名规则。Kafka 规定主题的命名规则为：主题名字由长度不超过 249 个字母、数字、着重号（.）、下划线（_）、连接号（_）的字符组成，正则表达式为："[a-zA-Z0-9\\._\\-]+"，但不允许主题名字只有着重号（.）组成。同时鉴于一些度量指标名称会用到着重号或下划线，如 Kafka 内部监控指标、有些配置项字段名通常是以着重号或下划线构成，Kafka 建议为了避免主题名字与这些指标字段名称冲突，主题最好不要包括着重号及下划线字符，如果主题的名字包括这些字符，在创建主题时会看到有如下警告日志信息：

```
WARNING: Due to limitations in metric names, topics with a period ('.') or underscore
('_') could collide. To avoid issues it is best to use either, but not both。
```

4.2.2 分区副本分配

在创建主题时可以指定分区副本分配方案，也可以采用 Kafka 默认的分区副本分配策略创建副本分配方案。在 0.10 版本之后，Kafka 支持指定代理机架信息，如果指定了机架信息在副本分配时会尽可能地让分区的副本分布到不同的机架上。本小节介绍副本分配策略时我们不考虑设置机架信息。

无机架信息的副本分配的入口函数如代码清单 4-1 所示。

代码清单 4-1 不指定机架（RackUnaware）信息时副本分配的实现逻辑

```
private def assignReplicasToBrokersRackUnaware(
        nPartitions: Int,        // 分区数
        replicationFactor: Int, // 副本数
        brokerList: Seq[Int],    // 当前存活的 Broker 列表
        fixedStartIndex: Int,    // 第一个副本分配的位置
        startPartitionId: Int    // 起始分区编号
        ): Map[Int, Seq[Int]] = {
    val ret = mutable.Map[Int, Seq[Int]]()  // 保存分配结果的集合
    val brokerArray = brokerList.toArray     // brokerId 对应的列表
    val startIndex = if (fixedStartIndex >= 0) fixedStartIndex else
    rand.nextInt (brokerArray.length)     // 若起始索引小于 0，则根据代理列表长度随机生成
                                         // 起始索引，以保证是一个有效的 brokerId
    var currentPartitionId = math.max(0, startPartitionId)
    // 分区编号值为 0，为了保证传入的起始分区编号有效
    var nextReplicaShift = if (fixedStartIndex >= 0) fixedStartIndex else
    rand.nextInt (brokerArray.length) // 位置移动增加的步长，即与该分区第一个副本位置的间隔长度

    // 轮询所有分区，将每个分区的副本分配到不同的代理上
    for (_ <- 0 until nPartitions) {
      if (currentPartitionId > 0 && (currentPartitionId % brokerArray.length == 0))
          nextReplicaShift += 1 // 一遍轮询后位置增量加 1,
                                // 为了将副本尽可能地分布在不同的代理上
      val firstReplicaIndex = (currentPartitionId + startIndex) % brokerArray.length
      // 计算该分区第一个副本位置
      val replicaBuffer = mutable.ArrayBuffer(brokerArray(firstReplicaIndex))
```

```
      // 保存该分区所有副本分配的 Broker 位置集合
      for (j <- 0 until replicationFactor - 1)
          replicaBuffer += brokerArray(replicaIndex(firstReplicaIndex, nextReplicaShift,
          j, brokerArray.length)) // 为余下的副本分配代理
      ret.put(currentPartitionId, replicaBuffer)
      // 保存该分区所有副本所分配的 Broker 位置信息
      currentPartitionId += 1      // 继续为下一个分区分配副本
    }
    ret
}
```

代码清单 4-1 所示分配算法的核心思想是先将分区和代理按编号进行排序，然后从分区编号为 0 的分区开始，依次轮询为每个分区副本分配代理。为每个分区副本分配代理时，首先确定分区的第一个副本的位置，然后通过 replicaIndex(firstReplicaIndex, nextReplicaShift, j, brokerArray.length)为余下的副本分配代理。replicalIndex()方法具体实现如代码清单 4-2 所示。

代码清单 4-2　计算副本所在代理的算法实现

```
private def replicaIndex(firstReplicaIndex: Int, secondReplicaShift: Int, replicaIndex:
Int, nBrokers: Int): Int = {
    val shift = 1 + (secondReplicaShift + replicaIndex) % (nBrokers - 1)
    // 以保证与第一个副本的间隔长度为 1 到 n,其中 n 表示代理列表的长度
    (firstReplicaIndex + shift) % nBrokers
    // 与第一个副本的间隔长度为 shift
}
```

当在创建主题没有指定分区副本分配方案时，Kafka 通过代码清单 4-1 所示算法来为分区副本分配代理。Kafka 调用该算法为副本分配代理时，入参 fixedStartIndex 和 startPartitionId 使用默认值-1，因此每次创建一个新主题时 startIndex 的值都是一个随机数。同时入参 startPartitionId 的也使用默认值-1，因此 currentPartitionId 的值为 0。可见，默认创建主题时总是从编号为 0 的分区依次轮询。这样我们可以通过登录 ZooKeeper 客户端查看副本分配信息，根据编号为 0 的分区的 AR 反推出 startIndex 的值和 nextReplicaShift 的值。

分配策略之所以通过随机数来确定第一个副本位置，以及第二次轮询相对前一次分配的移位量（nextReplicaShift）是为了尽可能地把分区副本均匀分布。如果这里固定为某个值，那么就会导致某个代理分配的副本过多，从而导致各代理负载不均衡。另外，在分配时通过移位操作，也可保证同一个分区的多个副本分布在不同的代理上。

下面通过一个实例来验证分区副本分配算法的逻辑，假设有 3 个代理，依次记为 B1、B2 和 B3（由于是从 1 开始编号，因此数组下标 0 对应是 B1，数组下标 1 对应是 B2，依次类推），创建一个名字为“replica-assign-foo”的主题，该题有 6 个分区，依次记为 P0、P1、P2、P3、P4、P5 和 P6，每个分区有 3 个副本（副本数不能超过代理实例节点数），客户端创建命令如下：

```
./kafka-topics.sh --create --zookeeper server-1:2181,server-2:2181,server-3:2181
--replication-factor 3 --partitions 6  --topic replica-assign-foo
```

主题创建成功后，登录 ZooKeeper 客户端通过执行以下命令查看该主题的分区副本分配

方案：

```
get /brokers/topics/replica-assign-foo
```

主题“replica-assign-foo”分区副本分配方案如图 4-6 所示。

```
[zk: server-1:2181,server-2:2181,server-3:2181(CONNECTED) 3] get /brokers/topics/replica-assign-foo
{"version":1,"partitions":{"4":[3,2,1],"5":[1,3,2],"1":[3,1,2],"0":[2,3,1],"2":[1,2,3],"3":[2,1,3]}}
```

图 4-6 主题“replica-assign-foo”分区副本分配方案

由图 4-6 可知，分区 P0 的第一个副本分配在 B2 节点上，即在由代理列表构成的数组中的第二个节点上，因此 firstReplicaIndex 为 1，有公式：

```
firstReplicaIndex = (currentPartitionId + startIndex) % brokerArray.length  //公式1
```

将相应数据代入公式 1，即 1=(0+startIndex)%3，很容易推出本例创建主题随机生成的 startIndex 为 1。由分区 P0 的第二个副本分配在 B3，再由以下公式计算后最终返回的值为 2：

```
val shift = 1 + (secondReplicaShift + replicaIndex) % (nBrokers - 1) //公式2
(firstReplicaIndex + shift) % nBrokers                               //公式3
```

先由公式 3 可求得 shift，代入相应值，即(1+shift)%3=2，可得 shift 为 1。然后代入公式 2，即 1=1+(secondReplicaShift+0)%(3-1)，可求得 secondReplicaShfit 为 2，即对应算法起始随机为 nextReplicaShift 生成的值为 2。在运算时，replicaIndex 取值为 0 是由于 Kafka 在为第一个副本分配代理之后，迭代为余下副本分配代理时，从下标 0 开始。

通过以上运算后，分区副本分配算法的初始数据如表 4-3 所示。

表 4-3 副本分配策略初始数据

startIndex	currentPartitionId	nextReplicaShit	brokerArray.length
1	0	2	3

由公式 2 和公式 3 可求得 P0 的第三个副本分配的代理。第三个代理对应的 replicaIndex 为 1，代入公式 2 和公式 3，最终运算结果为 0，即 P0 的第三个副本分配在 B1 上，这与图 4-6 展示的分配结果一致。然后根据副本分配算法依次为余下的分区副本分配代理，最终分配结果如表 4-4 所示。

表 4-4 主题“replica-assign-foo”分区副本分配结果

P0	P1	P2	P3	P4	P5
B2	B3	B1	B2	B3	B1
B3	B1	B2	B1	B2	B3
B1	B2	B3	B3	B1	B2

表 4-4 分配结果是通过算法逻辑递推得到的，是从分区的维度进行切分。从表 4-4 所示的结果我们很难找出规律，现在根据算法的思想，我们从代理的角度进行考虑。

首先将代理按 brokerId 排序，给 P0 的第一个副本分配代理，然后递增依次为其他分区的第一个副本分配代理，这里称之为一轮。同时将每一轮根据代理总数 m 和分区总数 n 将每一轮分成 n/m 步。根据每个分区的副本数 r，我们将整个副本分配过程分为 r 轮。从第二轮开始，每个副本相对第一轮副本的位置向右平移 shift 个位置，但若 partitionId%m=0 时将 shift 加 1，shift 起始值为 0。由于将每一轮进行了分步，因此从第二轮开始，每一轮在第二步操作开始前 shift 值要增加 1，若(partitionId+ shift)%m=0 时，则将该偏移量再增 1。根据这种分配思想，我们得到如表 4-5 所示的分配结果。

表 4-5 副本分配结果

<table>
<tr><th>轮次</th><th>B1</th><th>B2</th><th>B3</th><th>shift</th></tr>
<tr><td rowspan="5">第一轮</td><td></td><td>P0</td><td>P1</td><td rowspan="2">0</td></tr>
<tr><td>P2</td><td></td><td></td></tr>
<tr><td></td><td>P3</td><td>P4</td><td rowspan="2">1</td></tr>
<tr><td>P5</td><td></td><td></td></tr>
<tr><td colspan="4">说明：P0～P2 为第一步记为 S11，P3～P5 为第二步记为 S12，第一轮确定 P0 的位置（B2）后依次分配不进行右移操作。为了便于区分，这里将第一步和第二步进行了换行，虽然 P0～P1 与 P2 换行了但仍属于一步之内，这里的换行只根据顺序进行排列，在第二步操作虽然没有右移但由于 P3%3=0，则 shift 要加 1 操作，下同</td></tr>
<tr><td rowspan="4">第二轮</td><td></td><td></td><td>P0</td><td rowspan="2">1</td></tr>
<tr><td>P1</td><td>P2</td><td></td></tr>
<tr><td>P3</td><td>P4</td><td>P5</td><td>2</td></tr>
<tr><td colspan="4">说明：第二轮第一步记为 S21，第二步记为 S22，S21 只需将 S11 右移 1 位，S22 操作前将 shift 加 1，此时 shift 为 2，因此 S22 即将 S12 右移 2 位</td></tr>
<tr><td rowspan="4">第三轮</td><td>P0</td><td>P1</td><td>P2</td><td>2</td></tr>
<tr><td></td><td></td><td>P3</td><td>4</td></tr>
<tr><td>P4</td><td>P5</td><td></td><td></td></tr>
<tr><td colspan="4">说明：第三轮第一步记为 S31，第二步记为 S32，S31 操作只需将 S11 右移 2 位，S32 操作时即为 P3 分配代理时 shift 加 1，即 shift 值变为 3，但此时(partitionId+shift)%3==0，因此 shift 要再加 1，此时 shift 变为 4，因些 S32 操作是将 S12 右移 4 位</td></tr>
</table>

通过表 4-5 很容易得到本例副本分配结果如下：

```
{"version":1,"partitions":{"0":[2,3,1],"1":[3,1,2],"2":[1,2,3],"3":[2,1,3],"4":
[3,2,1],"5":[1,3,2] }}
```

这与图 4-5 所示的分配结果一致。副本分配结果列表给出了该主题拥有的分区以及各分区的副本列表 AR，AR 中的第一个副本称为优先副本。Kafka 保证优先副本会被均匀分布到集群所有的代理节点上，刚创建的主题一般会选择优先副本作为分区的 Leader，这样一个主题的所有分区的 Leader 被均匀分布到集群当中，而 Leader 负责所有的读写操作，这样就保证不会由于 Leader 分布过于集中而导致集群负载不均衡的问题。

4.3 生产者

从 Kafka 0.8.2 版本开始，Kafka 发布了一套 Java 版的 client API（本书将其简称为 Java Client），对原核心包中的生产者和消费者的实现逻辑用 Java 进行了重新实现，并独立出了一个 client 工程。在 0.10 版本之后的 Kafka，生产者和消费者推荐使用 Java Client 这套新的 API，Scala 版本的 API 已被废弃，在未来版本中将被移除。因此在对生产者和消费者实现原理讲解时也是重点对 Java 重新实现的新版生产者和消费者的执行流程进行讲解。

4.3.1 Eclipse 运行生产者源码

Kafka 提供了一个在终端运行生产者的脚本 kafka-console-producer.sh，在该脚本中只有一条执行命令：

```
exec $(dirname $0)/kafka-run-class.sh kafka.tools.ConsoleProducer "$@"
```

由脚本代码可知，该脚本调用的是 ConsoleProducer，而 ConsoleProducer 真正的执行者是 OldProducer 或 NewShinyProducer。其中 OldProducer 依然是调用 Scala 实现的老版本生产者，而 NewShinyProducer 实质是对 Java Client 中的 KafkaProducer 进行了包装，调用的是 KafkaProducer。不过在 0.10 版本之后这两个生产者都已被废弃，由 KafkaProducer 代替。

当启动生产者时若指定了参数--old producer，如生产者启动命令为：

```
kafka-console-producer.sh --old-producer --broker-list brokerIp:port --topic topic-name
```

以上启动命令会调用 OldProducer，若不指定--old producer 参数则会调用 NewShiny Producer，由 KafkaProducer 真正执行。读者不妨在本地 Eclipse 中运行 Kafka，然后以 debug 模式来调试 ConsoleProducer。由于生产者启动至少需要指定要连接的代理列表（broker-list）及消息被发送的主题，对一个 Kafka 集群往往会有多个节点，这里并不要求指定所有的节点，之所以以 broker-list 的方式接受，是为了保证所提供的代理节点至少有一个节点是存活的，这样便于顺利与 Kafka 集群建立连接。例如，在本地 Eclipse 中指定运行 OldProducer，向主题名为“foo”的主题发送消息，则在 ConsoleProducer 运行参数中加上如下配置参数：

```
--old-producer --broker-list 127.0.0.1:9092 --topic foo
# 以老版本的 Producer 执行消息发布
```

在 Eclipse 中配置如图 4-7 所示。

在生产者启动后，即可以在控制台直接输入消息，进行消息发送。同样用 Kafka 自带的生产者客户端，不管是在 Windows 环境、mac 环境，还是 Linux 环境下，生产者启动后，一直会等待从控制台的输入的消息。当在控制台输入消息敲回车键后，生产者就会收到输入的消息，这是由 ConsoleProducer 内部类 LineMessageReader 实现，监听控制台的输入，当然客户端也可自定义读取消息的类，在启动生产者时通过参数--line-reader <reader_class>指定。

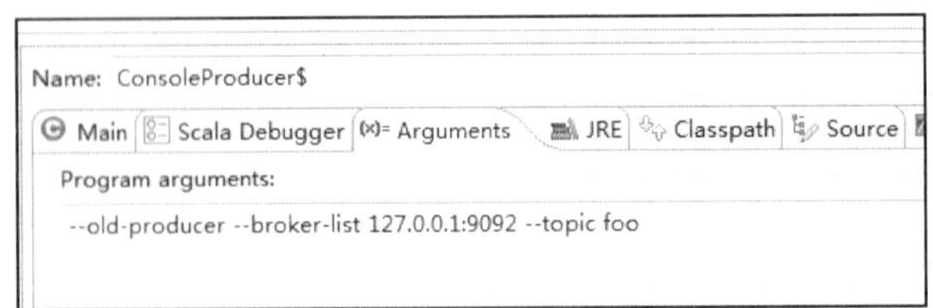

图 4-7　Eclipse 启动老版本生产者相关配置

默认输入的消息是没有 Key 的，Key 的作用在后面将详细讲解。LineMessageReader 定义了为消息指定 Key 的实现方式，通过配置项 parse.key 来指定消息是否会包括 Key，该配置项默认是 false，即将控制台输入所有内容都当作是消息的 Value。还可以指定 Key 和 Value 之间的分隔符，默认是制表符“\t”。如果希望在发送消息时指定 Key，则在 producer.properties 文件中加入 parse.key=true 配置。若希望在 Eclipse 中调试，则在 E clispe 运行 ConsoleProducer 时加入开启 Key 解析的配置，可以在配置文件中加入配置项，然后在启动生产者时通过指定配置项--producer.config <config file> 加载，也可以通过命令--property key=value 直接指定配置项参数键和值，如增加 parse.key=true 配置。

```
--old-producer --broker-list 127.0.0.1:9092 --topic foo --property parse.key=true
```

在 Eclipse 中开启消息的 Key 配置如图 4-8 所示。

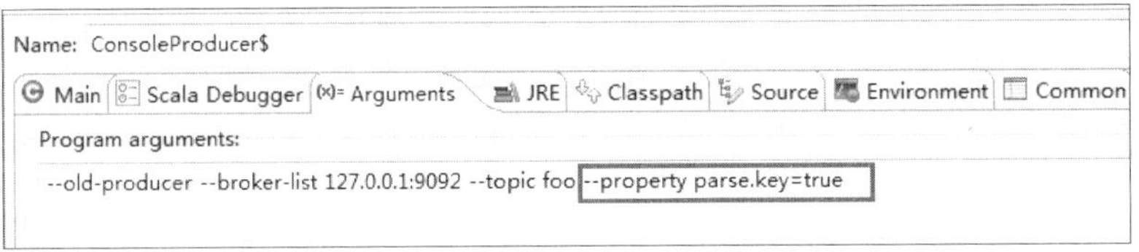

图 4-8　在 Eclipse 中开启消息的 Key 配置

在控制台输入 Key 和 Value 之间以 Tab 键分隔回车后，通过 debug 模式可以查看到消息的 Key 和 Value 均已有值，如图 4-9 所示。也可以通过 Kafka 提供的 kafka.tools.DumpLogSegments 查看消息详细内容，该工具用法在 5.3.3 节将详细介绍。Eclipse 运行生产者相关调试就介绍至此，读者可以尝试在运行生产者时设置更多的参数进行调试。

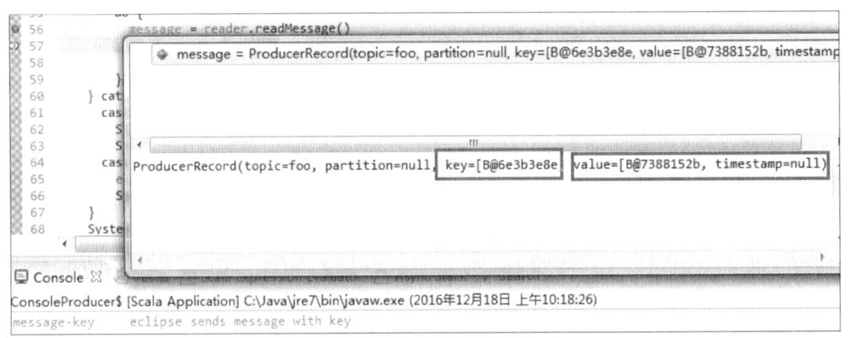

图 4-9　Eclipse 查看消息发送结果

4.3.2 生产者重要配置说明

在对生产者实现原理分析之前，我们先对生产者在实际应用中常用的配置予以介绍。这些配置是我们开发生产者程序或者对生产者性能进行优化需要关注的点。

首先要介绍的是 acks 配置项，Kafka 为生产者提供 3 种消息确认机制（acks），用于配置代理接收到消息后向生产者发送确认信号，以便生产者根据 acks 进行相应处理，该机制通过属性 request.required.acks 设置，取值可为 0、−1、1 中之一，默认取 1。

（1）当 acks=0 时，生产者不用等待代理返回确认信息，而连续发送消息。显然这种方式加快了消息投递的速度，然而无法保证消息是否已被代理接受，有可能存在丢失数据的风险。

（2）当 acsk=1 时，生产者需要等待 Leader 副本已成功将消息写入日志文件中。这种方式在一定程度上降低了数据丢失的可能性，但仍无法保证数据一定不会丢失。如果在 Leader 副本成功存储数据后， Follower 副本还没有来得及进行同步，而此时 Leader 宕机了，那么此时虽然数据已进行了存储，由于原来的 Leader 已不可用而会从集群中下线，同时存活的代理又再也不会有从原来的 Leader 副本存储的数据，此时数据就会丢失。

（3）当 acks=−1 时，Leader 副本和所有 ISR 列表中的副本都完成数据存储时才会向生产者发送确认信息，这种策略保证只要 Leader 副本和 Follower 副本中至少有一个节点存活，数据就不会丢失。为了保证数据不丢失，需要保证同步的副本至少大于 1，通过参数 min.insync.replicas 设置，当同步副本数不足此配置值时，生产者会抛出异常，但这种方式同时也影响了生产者发送消息的速度以及吞吐量。

其次介绍的是 batch.num.messages 配置项，Kafka 支持消息批量（Batch）向代理特定分区发送消息，批量大小由属性 batch.num.messages 设置，表示每次批量发送消息的最大消息数，当生产者采用同步模式发送时该配置项将失效。

其实还有很多与生产者相关的配置值得关注，如消息是同步发送还是异步发送、发送失败尝试重发的次数等，这里不再一一列举。生产中需要关注的配置整理如表 4-6 所示。

表 4-6 生产者重要配置属性说明

属 性 名	默认值	描 述
message.send.max.retries	3	设置当生产者向代理发信息时，若代理由于各种原因导致接受失败，生产者在丢弃该消息前进行重试的次数
retry.backoff.ms	100	在生产者每次重试之前，生产者会更新主题的 MetaData 信息，以此来检测新的 Leader 是否已选举出来。因为选举 Leader 需要一定时间，所以此选项指定更新主题的 MetaData 之前生产者需要等待的时间，单位为 ms

续表

属性名	默认值	描述
queue.buffering.max.ms	1000	在异步模式下，表示消息被缓存的最长时间，单位为 ms，当到达该时间后消息将开始批量发送；若在异步模式下同时配置了缓存数据的最大值 batch.num.messages，则达到这两个阈值之一都将开始批量发送消息
queue.buffering.max.messages	10000	在异步模式下，在生产者必须被阻塞或者数据必须丢失之前，可以缓存到队列中的未发送的最大消息条数，即初始化消息队列的长度
batch.num.messages	200	在异步模式下每次批量发送消息的最大消息数
request.timeout.ms	1500	当需要 acks 时，生产者等待代理应答的超时时间，单位为 ms。若在该时间范围内还没有收到应答，则会发送错误到客户端
send.buffer.bytes	100kb	Socket 发送缓冲区大小
topic.metadata.refresh.interval.ms	5min	生产者定时请求更新主题元数据的时间间隔。若设置为 0，则在每个消息发送后都去请求更新数据
client.id	console-producer	生产者指定的一个标识字段，在每次请求中包含该字段，用来追踪调用，根据该字段在逻辑上可以确认是哪个应用发出的请求
queue.enqueue.timeout.ms	2147483647	该值为 0 表示当队列没满时直接入队，满了则立即丢弃，负数表示无条件阻塞且不丢弃，正数表示阻塞达到该值时长后抛出 QueueFullException 异常

4.3.3 OldProducer 执行流程

OldProducer 是 Scala 版本的生产者，支持同步模式（sync）及异步模式（async），通过属性 producer.type 进行配置。若通过 Kafka 自带的 kafka-console-producer.sh 脚本运行生产者时，也可以通过参数--sync 或者配置 producer.type=sync 指定生产者以同步模式运行。

```
kafka-console-producer.sh --old-producer  --broker-list brokerIp:port  --topic topic-
name  --sync
```

下面对 OldProducer 实现原理进行详细讲解。这里我们主要关注的是 OldProducer 实例化过程及发送消息的过程。

1. 实例化过程

当实例化一个 OldProducer 时，首先要读取、解析配置信息以及对配置项合法性校验，根据配置信息实例化生产者。相关的配置较多，例如，用户可以指定根据业务场景开发的序列化类、指定消息压缩方式等，这里不再一一列举，读者可以根据自身业务需要参考表 4-6 所示的配置说明进行设置。

同时在生产者初始化时，会创建一个 LinkedBlockingQueue 的消息队列，并创建一个 EventHandler 对象和 ProducerPool 对象，ProducerPool 保存的是生产者与代理的连接，每个连接对应一个 SyncProducer 对象。ProducerPool 内部有一个 HashMap 的数据结构，以代理的 brokerId 作为 Map 的 Key，根据启动生产者时配置信息及 broker-list 指定的代理信息初始化 SyncProducer。参数 broker-list 指定的每组代理对应一个 SyncProducer，SyncProducer 包装了 NIO 网络层操作，每个 SyncProducer 都是一个与相应代理建立的 Socket 连接，是真正将消息发往代理的执行者。而 EventHandler 的作用是对消息进行发送前的准备，主要完成以下操作。

（1）进行序列化操作，用户可以指定序列化类。

（2）获取主题的元数据信息，包括主题对应的代理和分区信息、代理列表信息、分区的 Leader 及副本等。

（3）管理缓存中的主题元数据信息和每个主题对应的要发送的分区元数据信息，并不是每次发送消息时都要向 KafkaServer 发送获取代理信息请求，只有当距离上一次更新主题元数据信息的时间间隔不小于${topic.metadata.refresh.interval.ms}毫秒时才向 KafkaServer 发送请求元数据信息的请求，获取成功会将元数据信息更新到缓存中，否则会从缓存中获取元数据信息。若有新的代理上线，会创建新的 SyncProducer 并保存到 ProducerPool 中，当然若${topic.metadata.refresh.interval.ms}配置为 0，则每次发送时都会向 KafkaServer 请求主题的元数据信息。

（4）根据是否需要压缩及压缩方式对消息进行压缩处理，默认是不压缩。

（5）对处理后的数据进行分组分发。

在定位消息要发送到哪个分区时，若客户端指定了分区则返回指定的分区 partitionId，否则采用 Kafka 默认的 ByteArrayPartitioner 分配策略。Kafka 定义了一个 Partitionor 接口，支持客户端自定义 Partitioner，我们将 Partitioner 称为分区器，分区器接口提供 partition()方法和 close()方法两个方法，Scala 版本的 Partitioner 接口只有一个 partition()方法。客户端自定义 Partitoner 时只需实现该接口，并在 partition()方法中实现消息被分配到相应分区的分配策略。Kafka 默认的 Partitionor 根据消息 Key 的 hashCode 与分区总数取模的方式来分配分区。若消息包括 Key，则取 Key 的 hashCode 然后与可用的分区总数求模，若消息不包括 Key，则会产生一个随机数然后与可用的分区总数求模。分区分配好后会把元数据信息存储到缓存中。

若是以异步方式发送消息，则创建一个 ProducerSendThread 线程并启动该线程。至此，OldProducer 实例化过程分析完毕。

2. 发送消息

在发送消息时，根据消息发送方式的不同，执行逻辑会有区别。同步模式会调用 EventHandler 对消息进行处理后，从 ProducerPool 中取出发送消息的 SyncProducer 将消息发送到代理，而异步方式发送消息时首先会将消息插入到消息队列 LinkedBlockingQueue 中，当距离上一次 SyncProducer 将消息发往代理时间间隔不小于${queue.buffering.max.ms}或队列中缓存的消息数不小于${batch.num.messages}时才将消息发往代理。

同步发送和异步发送方式最大的区别在于异步模式会首先将消息存入到消息队列，然后由一个独立的线程判断是否需要将数据向代理发送。两种发送方式的主要流程如图 4-10 和图 4-11 所示。

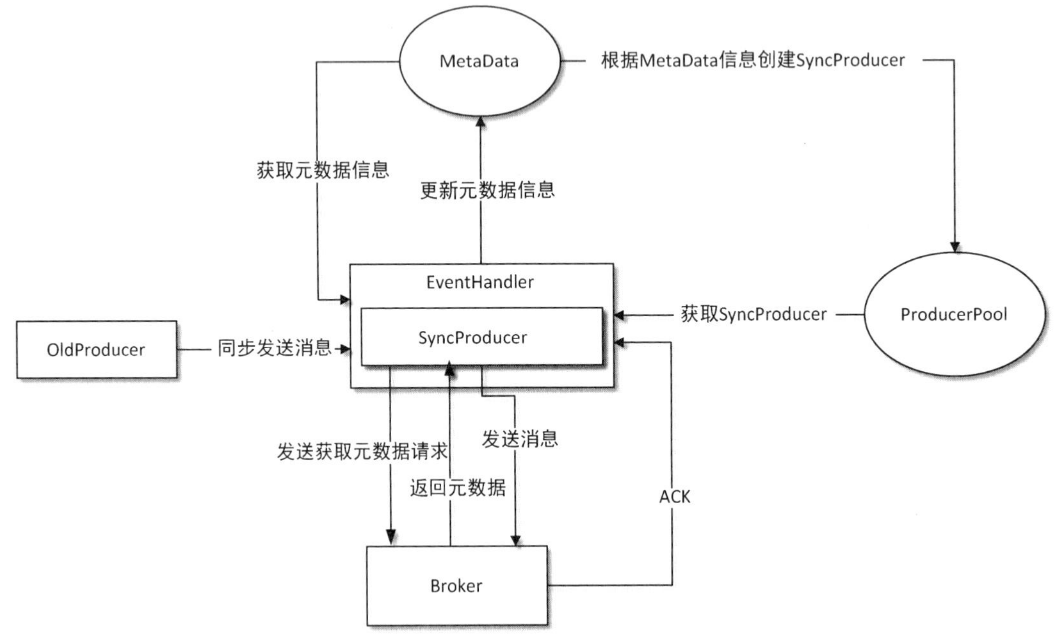

图 4-10　同步模式发生消息基本流程

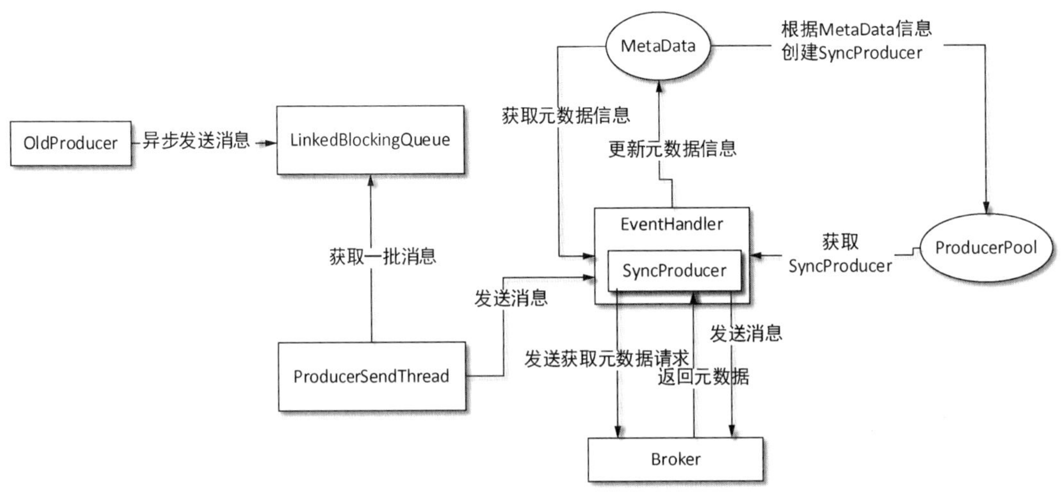

图 4-11　异步模式发送消息基本流程

需要说明的是，只有在生产者调用 send()方法发送消息时，才会触发 EventHandler 相关的操作，所以当代理上线或下线时，生产者只有在调用 send()方法时才会感知代理的变化。在每次调用 send()方法时会定期刷新 Metadata，在获取 MetaData 信息时会从 ProducerPool 中取一个 SyncProducer，一个 SyncProducer 就是创建的与相应代理的一个 Socket 连接，由 SyncProducer 请求完整的 MetaData 信息，这样就会感知代理的健康状况。同时 ProducerPool 会根据 MetaData 信息定期更新池中的 SyncProducer，重连与代理的连接。即当池中存在与 MetaData 中代理的 brokerId 对应的 SyncProducer，则先关闭原来的 SyncProducer，然后再重新创建一个 SyncProducer 并保存到池中，若池中不存在则直接创建并加入到池中。由于更新 MetaData 并完成 SyncProducer 重建工作会有一定的延迟，若不希望有延迟，可以将 topic.metadata.refresh. interval.ms 的值设置为一个负数，表示只有当发送失败时，才会请求完整的 MetaData 信息。通过定期重连或当发送失败时重连就能够感知代理的变化。

4.3.4 KafkaProducer 实现原理

KafkaProducer 是一个用 Java 语言实现的 Kafka 客户端，实现了 Producer 接口，用于将消息（ProducerRecord）发送至代理。KafkaProducer 是线程安全的，在一个 Kafka 集群中多线程之间共享同一个 KafkaProducer 实例通常比创建多个 KafkaProducer 实例性能要好。KafkaProducer 有一个缓存池，用于存储尚未向代理发送的消息，同时一个后台 I/O 线程负责从缓存池中读取消息构造请求，将消息发送至代理，本小节将对 KafkaProducer 的实现原理进行详细讲解。

用 Java 语言重新实现的 KafkaProducer 与老版本的生产者异步模式的设计思想很类似，只不过在实现细节及采用的数据结构上有所不同，同时老版本的生产者同步模式和异步模式分开实现，而 KafkaProducer 的同步模式是通过异步模式来实现，因为异步发送消息 Future <RecordMetadata>send(ProducerRecord<K, V> record, Callback callback)方法返回的是一个 Future 类型对象，因此若以同步模式发送消息只需调用 Future 的 get()方法进行阻塞，直到返回响应。再者 KafkaProducer 的 send()方法支持回调 Callback 接口，该接口中只定义了一个 onCompletion(RecordMetadata metadata, Exception exception)方法，当发送消息的请求被 KafkaServer 接受并 acks 后会回调 Callback。由于 Callback 一般是被生产者的 I/O 线程执行，Callback 执行效率会对其他发送消息的线程有影响，因此在 Callback 中建议不处理一些比较耗时的逻辑，在设计时应该使得 Callback 尽可能快地完成执行，如果实在是要处理一些比较耗时的逻辑或诸如会使线程阻塞的操作时，推荐在 Callback 中使用并发编程，类似 Java 的 Java.util.concurrent.Executor 进行并发处理。同时 Producer 也保证 Callback 会被顺序执行，类似下面先后两次 send 操作：

```
producer.send(new ProducerRecord<byte[],byte[]>(topic, partition, key1, value1), callback1);
producer.send(new ProducerRecord<byte[],byte[]>(topic, partition, key2, value2), callback2);
```

则 callback1 会在 callback2 前执行，为了保证 Callback 能够被顺序执行，会将 Callback 顺

序保存到 List 中，在底层实现时将 Callback 对象与每次发送消息返回的 FutureRecordMetadata 对象封装为一个 Thunk 对象，在 RecordBatch 中会维护一个 Thunk 的链表 thunks，用于记录同一批 RecordBatch 下每次发送的 Record 对应的 Callback。

1. 实例化过程

KafkaProducer 在实例化时首先会加载和解析生产者相关的配置信息并封装成 ProducerConfig 对象，然后根据配置项主要完成以下对象或数据结构的实例化。

（1）从配置项中解析出 clientId，客户端指定该配置项的值以便追踪程序运行情况，在同一个进程内，当有多个 KafkaProducer 时，若没有配置 client.id 则 clientId 以前辍“producer-”后加一个从 1 递增的整数。

（2）根据配置项创建和注册用于 Kafka metrics 指标收集的相关对象，用于对 Kafka 集群相关指标的追踪。

（3）实例化分区器。分区器用于为消息指定分区，客户端可以通过实现 Partitioner 接口自定义消息分配分区的规则。若用户没有自定义分区器，则在 KafkaProducer 实例化时会使用默认的 DefaultPartitioner，该分区器分配分区的规则是：若消息指定了 Key，则对 Key 取 hash 值，然后与可用的分区总数求模；若没有指定 Key，则 DefalutPartitioner 通过一个随机数与可用的总分区数取模。

（4）实例化消息 Key 和 Value 进行序列化操作的 Serializer。Kafka 实现了七种基本类型的 Serializer，如 BytesSerializer、IntegerSerializer、LongSerializer 等。用户也可以实现 Serializer 接口分别为 Key 和 Value 自定义序列化方式，当然在消费者消费消息时要实现相应的反序列化操作。若用户不指定 Serializer，默认 Key 和 Value 使用相同的 ByteArraySerializer。

（5）根据配置实例化一组拦截器（ProducerInterceptor），用户可以指定多个拦截器。如果我们希望在消息发送前、消息发送到代理并 ack、消息还未到达代理而失败或调用 send()方法失败这几种情景下进行相应处理操作，就可以通过自定义拦截器实现该接口中相应方法，多个拦截器会被顺序调用执行。

（6）实例化用于消息发送相关元数据信息的 MetaData 对象。MetaData 是被客户线程共享的，因此 MetaData 必须是线程安全的。MetaData 的主要数据结构由两部分组成，一类是用于控制 MetaData 进行更新操作的相关配置信息，另一类就是集群信息 Cluster。Cluster 保存了集群中所有的主题以及所有主题对应的分区信息列表、可用的分区列表、集群的代理列表等信息，在 KafkaProducer 实例化过程中会根据指定的代理列表初始化 Cluster，并第一次更新 MetaData。

（7）实例化用于存储消息的 RecordAccumulator。RecordAccumulator 的作用类似一个队列，这里称为消息累加器。KafkaProducer 发送的消息都先被追加到消息累加器的一个双端对列 Deque 中，在消息累加器内部每一个主题的每一个分区 TopicPartition 对应一个双端队列，队列中的元素是 RecordBatch，而 RecordBatch 是由同一个主题发往同一个分区的多条消息 Record 组成（在老版本中称消息称为 message，在 0.9 之后版本中称为 Record），并将结果以每个 TopicPartiton 作为 Key，该 TopicPartition 所对应的双端队列作为 Value 保存到一个 ConcurrentMap

类型的 batches 中。采用双端队列是为了当消息发送失败需要重试时，将消息优先插入到队列的头部，而最新的消息总是插入到队列尾部，只有需要重试发送时才在队列头部插入，发送消息是从队列头部获取 RecordBatch，这样就实现了对发送失败的消息进行重试发送。但是双端队列只是指定了 RecordBatch 的顺序存储方式，而并没有定义存储空间大小，在消息累加器中有一个 BufferPool 缓存数据结构，用于存储消息 Record。在 KafkaProducer 初始化时根据指定的 BufferPool 的大小初始化一个 BufferPool，引用名为 free。消息累加器主要数据结构如下：

```
public final class RecordAccumulator {
       省略不相关代码
private final AtomicInteger flushesInProgress;
private final AtomicInteger appendsInProgress;
private final int batchSize;
private final CompressionType compression;
private final long lingerMs;
private final long retryBackoffMs;
private final BufferPool free;
private final Time time;
private final ConcurrentMap<TopicPartition, Deque<RecordBatch>> batches;
private final IncompleteRecordBatches incomplete;
private final Set<TopicPartition> muted;
    ……省略不相关代码……
```

RecordAccumulator 主要数据结构部分属性在表 4-7 关于 KafkaProducer 重要配置说明中进行阐述。其中 flushesInProgress 用于 flush 操作控制记数器，appendsInProgress 用于 append 操作控制记数器，incomplete 用于保存已写入内存而未被 Sender 处理的 Record Batch，muted 用于保存消息已发送但还未收到 ack 的 TopicPartition，每一个 Topic Partion 对应一个分区。

（8）根据指定的安全协议${ security.protocol}创建一个 ChannelBuilder，Kafka 目前支持 PLAINTEXT、SSL、SASL_PLAINTEXT、SASL_SSL 和 TRACE 这 5 种协议。然后创建 NetworkClient 实例，这个对象的底层是通过维持一个 Socket 连接来进行 TCP 通信的，用于生产者与各个代理进行 Socket 通信。由 NetworkClient 对象构造一个用于数据发送的 Sender 实例 sender 线程，最后通过 sender 创建一个 KafkaThread 线程，启动该线程，该线程是一个守护线程，在后台不断轮询，将消息发送给代理。

至此，KafkaProducer 实例化主要工作已完成。在 4.3.2 节列举了一些重要的配置，如表 4-7 所示是再补充的几个关于 KafkaProducer 的重要配置。

表 4-7 KafkaProducer 重要配置属性说明

属性名	默认值	属性描述
metadata.max.age.ms	5 min	用于配置强制更新 metadata 的时间间隔，单位是 ms
max.request.size	1 MB	用于配置生产者每次请求的最大字节数
buffer.memory	32 MB	用于配置 RecordAccumulator 中 BufferPool 的大小

续表

属性名	默认值	属性描述
batch.size	16 KB	用于配置 RecordBatch 的大小
linger.ms	1000 ms	生产者默认会把两次发送时间间隔内收集到的所有发送消息的请求进行一次聚合然后再发送，以此提高吞吐量，如消息聚合的数量小于 batch.size，则再在这个时间间隔内再增加一些延时。通过该配置项可以在消息产生速度大于发送速度时，一定程度上降低负载。
max.block.ms	60 s	消息发送或获取分区元数据信息时最大等待时间
max.in.flight.requests.per.connection	5	用于设置每个连接的最大请求个数
retries	0	用于配置发送失败的重试次数，默认是 0，即不重试。Kafka 自带的客户端设置发送失败时重试 3 次

2. send 过程分析

在 KafkaProducer 实例化后，调用 KafkaProducer.send()方法进行消息发送。下面通过对 Future<RecordMetadata> send(ProducerRecord<K, V> record, Callback callback)方法进行分析，详细讲解消息 send 的过程。

首先，若客户端指定了拦截器链 ProducerInterceptors（由一个或多个 ProducerInterceptor 构成的 List，List<ProducerInterceptor<K, V>> interceptors），则 ProducerRecord 会被拦截器链中每个 ProducerInterceptor 调用其 onSend(ProducerRecord<K, V> record)方法进行处理。

接着，调用 KafkaProducer.doSend()方法进行处理。为了讲解方便，将 doSend()方法分以下几步进行讲解。

（1）获取 MetaData。通过调用 waitOnMetadata()方法对 MetaData 进行相应处理获取元数据信息 MetaData，因为只有获取到 Metadata 元数据信息才能真正进行消息的投递，因此该方法会一直被阻塞尝试去获取 MetaData，若超过${max.block.ms}时间后，依然没有获取到 MetaData 信息，则会抛出 TimeoutException 宣告消息发送失败，若客户端定义了拦截器，同时实现了 onAcknowledgement()方法则该异常会被拦截器进行处理。KafkaProducer 会调用 ProducerInterceptors.on SendError()方法进行处理，在该方法中会按序逐个调用 ProducerInterceptor.onAcknowledgement()进行处理。

（2）序列化。根据 KafkaProducer 实例化时创建的 Key 和 Value 的 Serializer，分别对 ProducerRecord 的 Key 和 Value 进行序列化操作，将 Key 和 Value 转为 byte 数组类型。

（3）获取分区。计算 ProducerRecord 将被发往的分区对应的 partitionId，如果客户端在创建 ProducerRecord 时指定了 partitionId 则直接返回所指定的 partitionId，否则根据分区器定义的分区分配策略计算出 partitionId。

（4）ProducerRecord 长度有效性检查。检查 ProducerRecord 总长度是否超过了${max.request.size}及${buffer.memory}所设阈值，超过任何一项阈值配置都会抛出 RecordTooLargeException。

（5）创建 TopicPartition 对象。根据 ProducerRecord 对应的 topic 及 partitionId，创建一个 TopicPartition 对象，在 RecordAccumulator 中会为每个 TopicPartiton 创建一个双端队列。

（6）构造 Callback 对象。由 KafkaProducer 实例化时定义的 ProducerInterceptors 和 Callback 重新构造一个 Callback 对象，该对象最终会交由 RecordBatch 处理。

（7）写 BufferPool 操作。这一步是调用 RecordAccumulator.append()方法将 ProducerRecord 写入 RecordAccumulator 的 BufferPool 中。

（8）返回第 7 步的处理结果。

至此，send 过程分析完毕。现在我们着重对 RecordAccumulator.append()方法实现逻辑进行分析。下面详细介绍 RecordAccumulator.append()方法的执行逻辑。

首先，将 append 操作的记数器 appendsInProgress 进行 incrementAndGet 操作，记数加 1，若 append 操作失败则需要将 appendsInProgress 进行 decrementAndGet 操作恢复原值，记数减 1，appendsInProgress 记数是为了追踪正在进行追加操作的线程数，以便当客户端在调用 KafkaProducer.close()方法强制关闭发送消息操作时，sender 调用消息累加器的 abortIncomplete Batches()方法，放弃未处理完的请求，释放资源。

接着，通过本 ProducerRecord 构造的 TopicPartition 获取其对应的双端队列 Deque<RecordBatch>。若获取不到当前 TopicPartition 关联的 Deque 则创建一个空的 Deque 对象，并将新创建的 Deque 与该 TopicPartition 保存到 batches 中关联起来。在获取 Deque 之后，调用 RecordAccumulator.try Append()方法，尝试进行消息写入操作。该过程是一个同步操作，而锁的对象为 Deque，这也保证了相同 TopicPartiton 的 append 操作只能顺序执行，当有一个线程正在进行 append 操作时，与之相同 TopicPartiton 的客户端就不能进行 append 操作，必须等待，这样就能保证写入同一个分区的数据在 BufferPool 是有序写入的。

现在再来分析 RecordAccumulator.tryAppend()方法的具体实现。在分析 tryAppend()方法之前，我们首先要明确 RecordAccumulator、BufferPool、RecordBatch、MemoryRecords、ByteBuffer 之间的关系，在实例化 RecordAccumulator 时，会创建一个 BufferPool，BufferPool 维护了一个 Deque<ByteBuffer>的双端队列，而 RecordBatch 是由相同 TopicParttion 的 Record 组成的，在 RecordBatch 中定义了一个 MemoryRecords 对象，MemorRecords 底层是一个消息缓冲区 ByteBuffer，Record 最终是被写入 BufferPool 维护的 Deque 的一个 ByteBuffer 之中。这几个类的关系如图 4-12 所示。

在 tryAppend()方法执行时，首先会从双端队列队尾中取出一个 RecordBatch，若 RecordBatch 不为 null，则调用 RecrodBatch.tryAppend()方法尝试将 Record 写到消息缓冲区。RecrodBatch.tryAppend()方法首先检查是否有空间以继续容纳新的 Record，若无空间则直接返回 null 交由消息累加器继续处理，否则通过压缩器 Compressor 将 Record 写入 ByteBuffer 中，若写入成功则进行以下处理。

（1）取当前的 maxRecordSize 与写入的 Record 总长度两者之中较大者更新当前 Record Batch 的 maxRecordSize。maxRecordSize 用于 Kafka 相关指标监控，sender 会交由相应的 Sensor 处理。

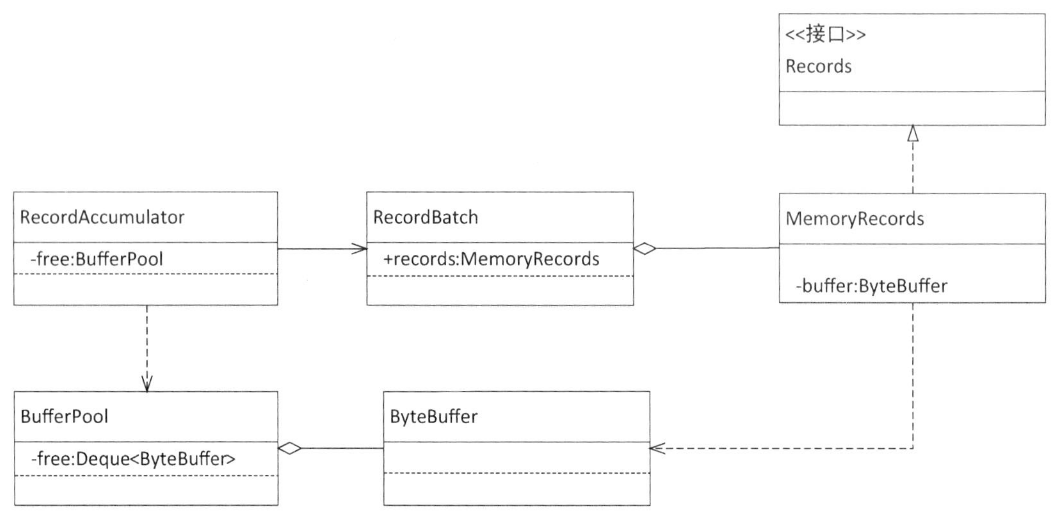

图 4-12　RecordAccumulator 底层实现类图

（2）更新 lastAppendTime。每次 append()操作完成后更新该字段，记录最后一次追加操作的时间。

（3）构造一个 FutureRecordMetadata 类型 future 对象。FutureRecordMetadata 实现 Future 接口，future 由新写的 Record 在 RecordBatch 中相对偏移量 offsetCounter、时间戳、Record 的 CRC32 校验和、Record 的 Key 和 Value 序列化后的 size 及一个 ProduceRequestResult 类型 result 组成。同一个 RecordBatch 中的 Record 共享同一个 result，result 用于 sender 线程控制 RecordBatch 中的 Record 是否被成功提交相关操作，result 保存了该 RecordBatch 的起始偏移量（baseOffer）及 TopicPartiton 信息。

（4）通过 future 和 callback 创建一个 Thunk 对象添加到 thunks 列表中。

（5）用于统计 RecordBatch 中 Record 总数的 recordCount 加 1。

（6）返回 future。

经过以上处理之后，若 future 为 null 即 RecordBatch 已无空间继续接受新的 Record 时，则将该 RecordBatch 进行 close 操作，否则根据 future 实例化一个 RecordAppendResult 对象。实例化 RecordAppendResult 对象调用的构造函数入参除了 future 对象外，还有两个 boolean 类型的参数 batchIsFull 及 newBatchCreated，这两个参数分别用来标识 RecordBatch 是否已满和当前 RecordBatch 是否为新创建的。

当 RecordBatch 所在双端队列 size 大于 1 或当前 RecordBatch 已不能再被写入时（writable 为 false，或者可写缓冲区的写限制 writeLimit 不大于 compressor 预估算的大小），将 batchIsFull 标识设置为 true。若队列中无该 TopicPartition 对应的 RecordBatch 或 RecordBatch 无空间容纳新的 Record 时，先比较当前 Record 所需要的空间与 batchSize 大小，取其较大者作为向 BufferPool 申请分配空间的 size。为了谨慎起见，可能此时已有同 TopicPartition 的其他线程创建了 RecordBatch 或 RecordBatch 中的部分 Record 已被 sender 处理释放了空间，此时已有空间可容纳新的 Record，则再次调用 tryAppend()方法，尝试写入，若此时写入成功，则释放刚才从 BufferPool 中申请的空间，否则根据申请的空间创建一个新 RecordBatch 对象，然后再进行写入操作。

写入完成后将新创建的 RecordBatch 添加到该 TopicPartiton 对应的双端队列之中，同时将新创建的 RecordBatch 加入消息累加器的 incomplete 中，最后实例化 RecordAppendResult 对象返回给 KafkaProducer。在 KafkaProducer 的 doSend()方法中，若 RecordAppendResult 对象的 batchIsFull 或 newBatchCreated 中有一个为 true 时则唤醒 sender 线程，同时返回 RecordAppend Result 的 future。Record append()操作涉及的几个操作调用关系如图 4-13 所示。

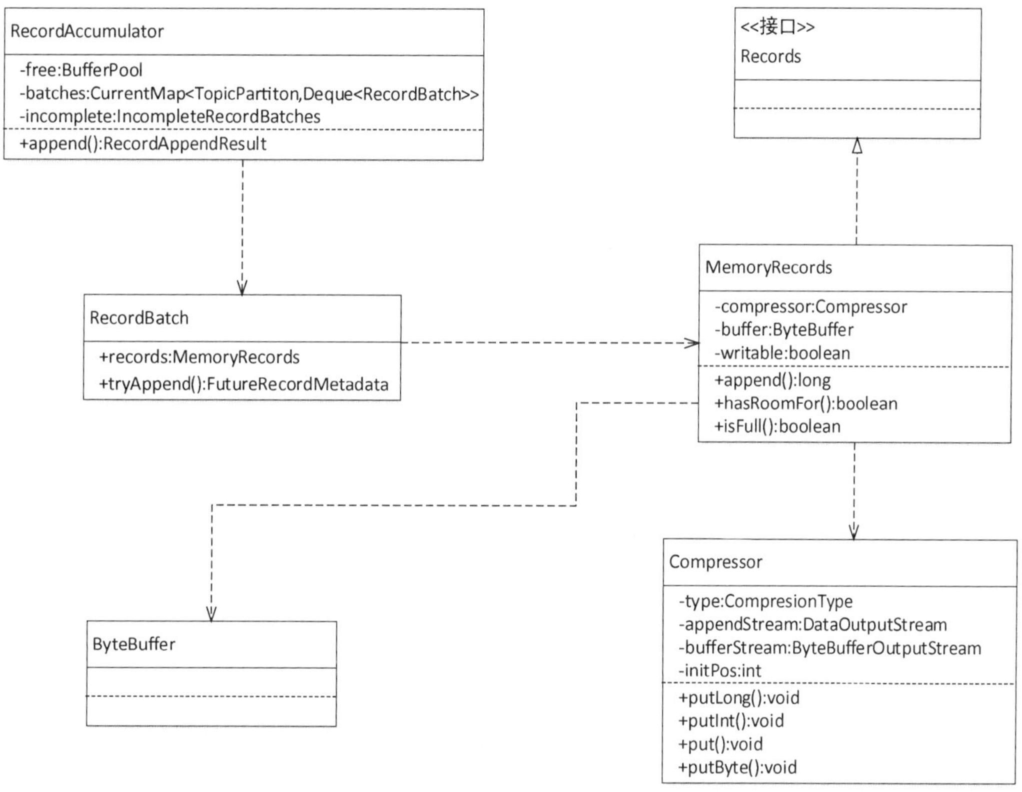

图 4-13 Record 追加操作调用关系的类图

在 Record.append()操作过程中负责对 Record 写操作的执行者是 Compressor，Compressor 根据当前版本支持的 4 种压缩类型：none（不压缩）、gzip、snappy 及 lz4，ByteBufferOutputStream 和默认缓冲区大小（1024 字节）实例化一个 DataOutputStream 对象，而 ByteBufferOutputStream 继承 OutputStream，内部唯一的一个属性就是 ByteBuffer，同时提供了对 ByteBuffer 的 write 方法，因此 Compressor 最终是将 Record 写入 ByteBuffer 中，类图如图 4-14 所示。

至此，KafkaProducer 发送 Record 的第一步操作将 Record 写入消息缓冲区过程分析完毕。第二步由 sender 线程从消息累加器中取出 Record 将请求发送到相应 Kafka 节点，我们将在下一小节进行详细讲解。

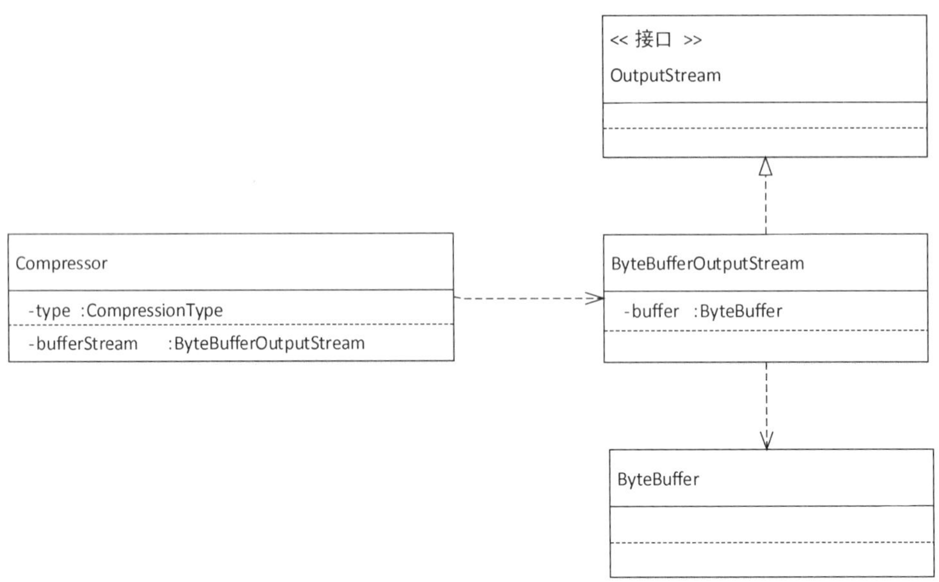

图 4-14 Compressor 执行 write 操作的类图

3. Sender 发送消息

上一节对 KafkaProducer 的 send 过程进行了分析，但 send 操作没有发起网络请求，只是将消息发送到消息缓冲区，而网络请求是由 KafkaProducer 实例化时创建的 Sender 线程来完成的。后台线程 Sender 不断循环，把消息发送给 Kafka 集群。一个完整的 KafkaProducer 发送消息过程如图 4-15 所示。

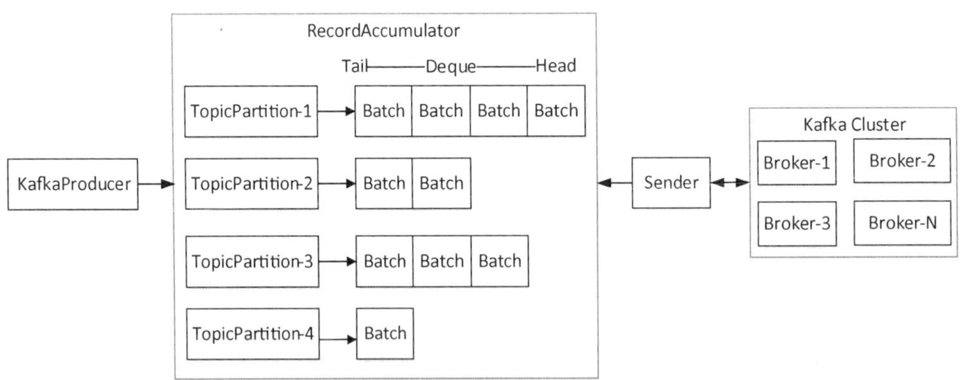

图 4-15 KafkaProducer 生产消息主体流程

由图 4-15 可以看出，KafkaProducer 发送的消息 Record 会根据 TopicPartition 分组保存到 RecordAccumlator 中，也就是会根据主题和分区进行分组。图 4-15 中的 Batch 表示一个 RecordBatch，RecordAccumlator 将 Record 按要送达的分区进行分组，每个 TopicPartiton 对应一

个双端队列 Deque，保存到一个以 TopicPartition 为 Key、以 TopicPartiton 对应的 Deque 为值的 ConcurrentMap 类型的 batches 中。消息会被 Compressor 处理追加到一个 BatchRecord 中，在 KafkaProducer 发送消息 send()实现过程中追加 Record 时，总是从队列队尾（Tail）取出 BatchReocrd（如果队列不为空），而 Sender 是从队列头（Head）取 Record 进行处理。本小节将深入讲解 KafkaProducer 如何将消息经由网络层发到 Kafka 集群。

在 KafkaProducer 实例化时，创建了一个 KafkaThread 线程对象。该对象包装了一个 Sender 线程，在 KafkaProducer 实例化时启动该线程即启动了 Sender，Sender 在后台运行负责将 RecordAccumlator 中存储的 Record 发送到 Kafka。Sender 作为一个线程实现了 Runnable 接口，因此了解 Sender 的执行过程就是要弄清在 run()方法中实现了哪些操作。在讲解 Sender 的 run()方法之前，我们先简要介绍 KafkaProducer 发送消息在网络层执行过程涉及的类，如图 4-16 所示。

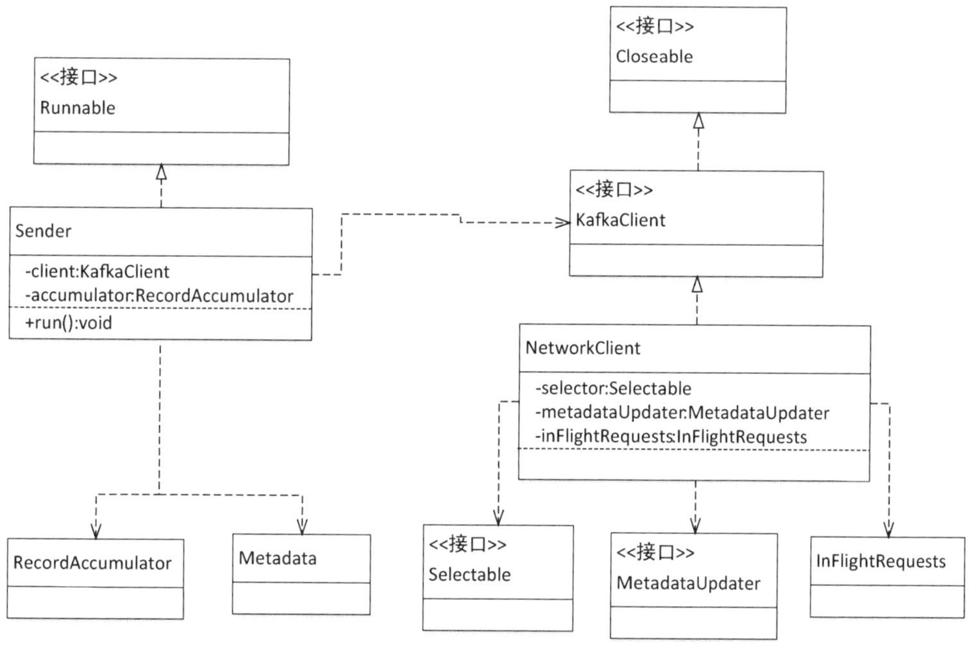

图 4-16 消息发送网络层的类层次关系

由图 4-16 可知，Sender 将消息发送到 Kafka 相应代理节点主要依赖于 KafkaClient、RecordAccumlator 及 MetaData 这 3 个对象，其中 KafkaClient 是一个接口，该接口定义了 KafkaClient 与网络交互的方式，而其唯一实现类是 NetworkClient。从 Sender 所依赖的 3 个类我们大致可以梳理出 Sender 操作基本流程如下。

首先从 MetaData 中获取集群信息，然后从 RecordAccumulator 中取出已满足发送条件的 BatchRecord 并构造相关网络层请求交由 NetworkClient 去执行。在这个过程中需要取出每个 TopicPartition 所对应的分区 Leader，而有可能某个 TopicPartition 的 Leader 不存在，则会触发请求 MetaData 更新操作。在发送过程中 NetworkClient 内部维护了一个 InFlightRequests 类型的 inflightRequests 对象用于保存已发送但还没有收到响应的请求。在这个流程当中 Sender 作用很像是一个任务调度器，而 NetworkClient 是网络请求的真正执行者，Sender 不断从 RecordAccumulator 取出数据构造请求交由 NetworkClient 去执行，如图 4-17 所示。

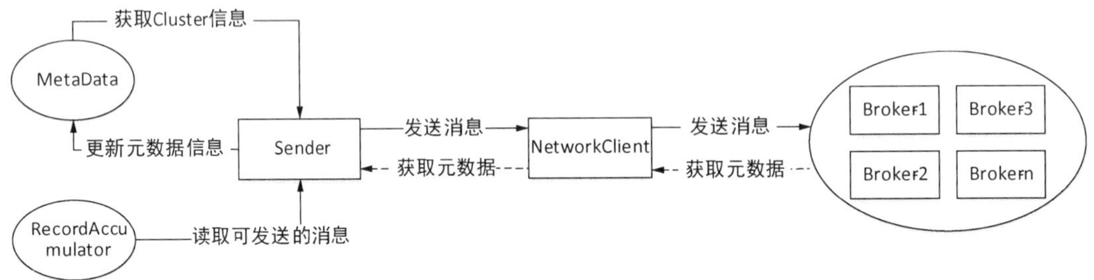

图 4-17　Sender 网络层基本组件调用流程

在对 Sender 执行流程进行了简单描述之后，下面详细分析 Sender 是如何将消息最终发送到 Kafka 相应节点的。由于 Sender 是一个线程，因此从 run()方法作为切入点进行分析。当 KafkaProducer 没有执行 close()方法时，Sender 作为后台线程会一直执行，此时标识字段 running 一直为 true，表示 Sender 线程正在运行，即 run()方法一直会被执行，run()方法内部仅做条件控制，而真正负责逻辑处理的是一个带参数的 run(long now)方法，该方法入参为调用该方法时系统当前时间，方法体逻辑如下。

（1）获取 Cluster 信息。从 MetaData 中获取集群 Cluster 信息。

（2）获取各 TopicPartition 分区的 Leader 节点集合。

（3）根据第 2 步执行返回的结果 ReadyCheckResult 对象，进行以下处理：若 unknown LeaderTopics 不为空，即存在没有找到分区 Leader 的主题，则遍历 unknownLeaderTopics 集合将主题信息加入 metaData 中，然后调用 metaData.requestUpdate()方法将 needUpdate 设置为 true，请求更新 metaData 信息。

（4）检测与 ReadyCheckResult.readyNodes 集合中各节点连接状态，通过调用 Network Client.ready(Node node,long now)方法来完成检测工作。该方法除检测连接状态之外，同时根据一定条件决定是否为还未建立连接的节点创建连接。若与某个节点的连接还未就绪则将该节点从 readyNodes 中移除，经过 NetworkClient.ready()方法处理之后，readyNodes 集合中的所有节点均已与 NetworkClient 建立了连接。

（5）根据 readyNodes 中的各节点 Node 的 id 进行分组，每个 Node 对应一个 List<Record Batch> ready 集合。先取出同一个 Leader 下的所有分区，然后按序取出每个分区对应的双端队列 deque，从 deque 头部取出第一个 RecordBatch，计算该 RecordBatch 的字节总数并累加到局部变量 size 中。若 size 值不大于${max.request.size}的值，则将该 RecordBatch 添加到相应 Node 的 ready 集合中，或者 size 值大于${max.request.size}值，但 ready 此时为空，表示这是第一个且大小超过请求设置的最大阈值的 RecordBatch，依然将该 RecordBatch 添加到 ready 集合中准备发送。如果某个 RecordBatch 满足添加到与之对应的 ready 集合的条件，在添加之前需要将该 RecordBatch 关闭，保证该 RecordBatch 不再接收新的 Record 写入。如果不满足将其添加到与之关联的 ready 集合的条件，则该节点的所有分区本次构造发送请求提前结束，继续迭代下一个节点进行同样处理。经过第 5 步的处理，为 readyNodes 集合中保存的各节点构造了一个 Map<Integer, List<RecordBatch>>类型的集合 batches，该 Map 对象以节点 id 作为 Key，以该节点为 Leader 节点的所有或部分分区对应双端队列的第一个 RecordBatch 构成的 List 集合作为 Value。

（6）如果要保证消息发送有序，则对第 5 步处理得到的 Map 取其 values 进行二重迭代，对每个 RecordBatch，调用 RecordAccumulator.mutePartition(TopicPartition tp)进行处理，该方法会将每个 RecordBatch 的 TopicPartition 添加到一个 HashSet 类型的 muted 集合中，其实质是提取所有 RecordBatch 的 TopicPartition，根据 Set 特性对 TopicPartition 去重。

（7）根据配置项${request.timeout.ms}的值，该配置默认是 30s，过滤掉请求已超时的 RecordBatch，若已超时则将该 RecordBatch 添加到过期队列 List 中，并将该 RecordBatch 从双端队列中移除，同时释放内存空间。然后将过期的 RecordBatch 交由 SenderMetrics 进行处理，更新和记录相应的 metrics 信息。

（8）遍历第 5 步得到的 batches，根据 batches 分组的 Node，将每个 Node 转化为一个 ClientRequest 对象，最终将 batches 转化 List<ClientRequest>集合。

（9）遍历第 8 步得到的 List<ClientRequest>集合，首先调用 NetworkClient.send(ClientRequest request, long now)方法执行网络层消息传输，向相应代理发送请求，在 send()方法中首先将 ClinetRequest 添加到 InFlightRequests 队列中，该队列记录了一系列正在被发送或是已发送但还没收到响应的 ClientRequest。然后调用 Selector.send(Send send)方法，但此时数据并没有真的发送出去，只是暂存在 Selector 内部相对应的 KafkaChannel 里面。在 Selector 内部维护了一个 Map<String, KafkaChannel> 类型的 channels，即每个 Node 对应一个 KafkaChannel，一个 KafkaChannel 一次只能存放一个 Send 数据包，在当前的 Send 数据包没有完整发出去之前，不能存放下一个 Send，否则抛出异常。

（10）调用 NetworkClient.poll(long timeout, long now)方法真正进行读写操作，该方法首先调用 MetadataUpdater.maybeUpdate(long now)方法检查是否需要更新元数据信息，然后调用 Selector.poll(long timeout)方法执行真正的 I/O 操作，最后对已经完成的请求对其响应结果 response 进行处理。

注意，第 2 步操作是通过调用 RecordAccumulator 的 ready(Cluster cluster, long mowMs)方法实现的，该方法通过遍历 batches 构造一个 ReadyCheckResult 对象，该对象记录了 TopicPartition 对应的目标节点信息。ReadyCheckResult 类定义如下：

```
public final static class ReadyCheckResult {
    public final Set<Node> readyNodes;
    public final long nextReadyCheckDelayMs;
    public final Set<String> unknownLeaderTopics;
```

```
    public ReadyCheckResult(Set<Node> readyNodes, long nextReadyCheckDelayMs,
           Set<String> unknownLeaderTopics) {
        this.readyNodes = readyNodes;
        this.nextReadyCheckDelayMs = nextReadyCheckDelayMs;
        this.unknownLeaderTopics = unknownLeaderTopics;
    }
}
```

其中 readyNodes 用于记录分区的 Leader 节点，nextReadyCheckDelayMs 记录下一次执行需要等待的时间，unknowLeaderTopics 用于保存没有找到分区 Leader 的主题。该方法具体实现逻辑如下。

（1）创建一个 Set<Node> 类型的 readeyNodes 集合，该集合保存 TopicPartition 分区对应的 Leader 节点信息；定义一个用于记录下次执行延迟等待时间 nextReadyCheckDelayMs 的变量，默认值为 Long.MAX_VALUE；创建一个 Set<String> 类型的 unknownLeaderTopics 集合用于记录没有找到 Leader 副本的分区对应的主题；同时根据 BufferPool 中维护的 Deque<Condition>类型的双端队列 waiters 长度是否大于 0 来设置标志位 exhausted 的值，exhausted 用来标识是否将 Leader 节点添加到 readyNodes 集合。waiters 是用来记录在申请分配空间时由于可分配内存不足而进行条件阻塞控制的 Condition。

（2）遍历 RecordAccumulator 对象的 batches，就 batches 中保存的每个分区 TopicPartition 对象及该分区对应的双端队列 deque 分别进行如下处理。

（a）从 Cluster 元数据信息中查找该分区的 Leader 副本对应的节点，如果 Leader 副本节点不存在，说明该主题对应的 MetaData 还未被加载，同时该分区对应的双端队列不为空，则将该分区所属的主题添加到一个 Set 类型的 unknownLeaderTopics 集合中，结束对该分区的处理，继续取 batches 中保存的下一个分区进行处理，否则转至步骤 b。

（b）如果 readyNodes 集合中找不到该分区 Leader 副本对应的节点，同时 muted 集合中也未找到该分区，则转至步骤 c 进行处理，否则结束对该分区的处理，继续取 batches 中保存的下一个分区进行处理。

（c）从 deque 头部取出第一个 RecordBatch，若第一个 RecordBatch 为空，则返回继续迭代；否则根据规则判断当前分区的 Leader 副本对应的节点是否需要保存到 readyNodes 集合中，如果不需要保存到 readyNodes 集合中，则设置 nextReadyCheckDelayMs 值；否则将 Leader 副本对应节点保存到 readyNodes 集合中，返回继续迭代 batches 中的元素。

这里将规则定义如下（以下规则输出均为 boolean 类型，同时在这里约定下文描述规则成立即表示规则输出结果为 true）。

规则一：判断 RecordBatch 是否被提交发送过，若满足提交重试次数 attempts 大于 0，同时上一次重试时间 lastAttemptMs 与重试间隔 retryBackoffMs（即配置项${retry.backoff.ms}）大于当前时间 nowMs，则表示该 RecordBatch 已被提交，标识字段 backingOff 的值表示该规则成立与否。

该规则源码如下：

```
boolean backingOff = batch.attempts > 0 && batch.lastAttemptMs + retryBackoffMs > nowMs;
```

规则二：deque 队列长度大于 1 或是 RecordBatch 已满，用标志位 full 接受该规则输出。该规则源码如下：

```
boolean full = deque.size() > 1 || batch.records.isFull();
```

规则三：若规则一满足即 backingOff=true，则设置变量 timeToWaitMs 为${retry.backoff.ms}，否则 timeToWaitMs 值为${linger.ms}。

根据当前时间 nowMs 与上一次重试时间之差 waitedTimeMs 是否大于 timeToWaitMs 来设置 expired 的值，该规则源码如下：

```
boolean expired = waitedTimeMs >= timeToWaitMs;
```

根据以上规则来确定是否需要将 Leader 副本对应的节点保存到 readyNodes 集合中，若规则一不成立即表示当前 RecordBatch 没有被提交过，那么 readyNodes 集合中肯定还没有该 Leader 节点，则再判断以下表达式是否成立：

```
boolean sendable = full||expired||exhausted||closed||flushInProgress();
```

若该表达式也成立，则将 Leader 添加到 readyNodes 集合中。其中标志位 closed 默认值为 false，close 字段用于标识 KafkaProducer 是否已关闭，在 KafkaProducer 调用 close()方法进行关闭操作时，ReccordAccumulator 执行 close()方法时会将该标志位 close 设置为 true。flushInprogress()方法当有线程正在等待进行 flush 操作时返回 true。否则设置 next Ready CheckDelayMs 值，取 timeToWaitMs 与 waitedTimeMs 之差和 0 之中较大者(Math.max(timeTo WaitMs - waitedTimeMs, 0))，然后返回继续迭代。

（3）待 batches 中的元素遍历完毕，将前面几步操作得到的 readyNodes，nextReady CheckDelayMs，unknownLeaderTopics 构造一个 ReadyCheckResult 对象返回。

至此，Sender 带参数的 run(long now)方法实现逻辑分析完毕，该方法被 Sender 线程 run()方法调用。线程 run()方法体内负责逻辑控制，在一定条件下调用 run(long now)方法进行消息发送。主要控制逻辑如下。

（1）首先会通过标志位 running 来控制主循环，在 running 为 true 时一直循环调用 run(long now)方法，直到 KafkaProducer 调用 close()方法时将 runing 设置为 false。

（2）当调用了 KafkaProducer.close(long timeout, TimeUnit timeUnit)方法，会将 running 设置为 false，此时退出主循环。若 close 操作是强制关闭，例如，在调用 close()方法时设置 timeout 为 0，或是不正确的 close()方法调用，如直接调用 KafkaProducer 实例化时创建的用于 I/O 操作的 KafkaThread 线程的 close 方法等，则调用 RecordAcccumulator 的 abortIncompleteBatches()方法，丢弃未处理的请求，将未处理的 RecordBatch 从其双端队列中移除，同时关闭 RecordBatch 释放空间；若是强制关闭，同时消息累加器尚有消息未发送（accumulator.hasUnsent()）或者客户端尚有正在处理（inFlightRequestCount()>0）的请求，则继续循环调用 run(long now)方法，将 RecordAccumulor 中存储的未发送的请求以及正在发送中的请求处理完毕。最后调用 NetworkClinet.close()方法，关闭

NetworkClinet 持有的用于执行 I/O 操作的 Selector 及与其关联的连接通道 KafkaChannel。

至此，Sender 线程发送消息基本过程分析完毕。

4.4 消费者

当前版本的 Kafka 还保留 Scala 版本的两套消费者，本书统称为旧版消费者。旧版消费者属于 Kafka 核心模块的一部分，分别为 SimpleConsumer 和 ZooKeeperConsumerConnector，我们习惯称 SimpleConsumer 为低级消费者，称 ZooKeeperConsumerConnector 为高级消费者。通过 Java 语言重新实现的消费者 KafkaConsumer 我们称为新版消费者。

4.4.1 旧版消费者

对于旧版消费者的实现原理并不打算进行过多的讲解，低级消费者直接通过 BlockingChannel 与相应的代理创建连接，BlockingChannel 是 Kafka 实现的对 Java NIO 相关通道的封装。而旧版的高级消息者已被废弃，未来的版本将会将其移除，因为高级消费者是基于 ZooKeeper 管理，存在羊群效应及脑裂问题，已通过 Java 语言重新设计与实现。在后续章节对消费者 API 应用也不会涉及高级消费者相关 API 的介绍。

Scala 版本所提供的两个级别的消费者主要有以下两点不同。

- 通信连接。从通信角度来看，两个级别的区别在于低级消费者直接与指定的代理通过 BlockingChannel 创建一条 Socket 连接，而高级消费者依赖通过 ZooKeeper 与代理进行通信，高级消费者启动时会在 ZooKeeper 相应路径下进行注册，并通过相应监听器监听节点的变化。消费者平衡（Rebalance）操作也是通过每个消费者在 ZooKeeper 中注册监听器来触发。依赖 ZooKeeper 进行消费者平衡的设计方式，在消费者、代理增加或减少抑或是订阅的主题及分区数发生变化触发消费者进行平衡操作时存在羊群效应及脑裂问题。
- API 层。从两个级别的消费者对外提供的 API 来分析，区别在于高级消费者屏蔽了底层实现细节，调用者无需自己定位查找 Leader 副本，消费者也无需管理消费的偏移量。低级消费者 API 实现较复杂但相对灵活，因为调用者可以根据业务需要对主题进行更底层的操作。

低级消费者提供了一种灵活控制数据消费的操作，虽然对调用者来说实现起来较复杂，但在某些场景下通过低级消费者反而更加方便。例如，同一条消息多次消费、只读取某个分区信息、消费指定位置的消息等场景。旧版高级消费者由于在设计上存在缺陷因此被重新实现，如果大家应用当前版本的 Kafka，强烈推荐使用新版的消费者。关于旧版消费者就简单介绍至此。

4.4.2 KafkaConsumer 初始化

KafkaProducer 是线程安全的，然而 KafkaConsumer 是非线程安全的。KafkaConsumer 定义

了一个 acquire()方法用来检测每个方法的调用是否只有一个线程在操作，在 KafkaConsumer 底层实现时我们可以看到每个方法的第一步就是检测当前方法是否有其他线程正在执行，若有其他线程正在操作即发生并发操作，则抛出 ConcurrentModificationException 异常。需要注意的是，KafkaConsumer 只是通过 acquire()方法来检测是否有多线程并发操作，一经发现多线程并发操作就抛出异常，这显然与我们说的同步方法或者锁不同，它并不会因此而阻塞等待，我们可以理解成 KafkaConsumer 相关的操作是在“轻量级锁”的控制下完成。之所以称为轻量级锁，是因为 KafkaConsumer 实现了一套思想与锁类似但不等同锁的实现方式，仅通过线程操作记数标记的方式来检测线程是否发生并发操作，以此保证只有一个线程操作。另外，acqurie()方法和 release()成对出现与锁的 lock 和 unlock 用法类似。

KafkaConsumer 实现了 Consumer 接口，Consumer 定义了对外提供的 API，主要包括订阅消息的 subscribe()方法和 assign()方法，分别用来指定订阅主题和订阅主题的某些分区；poll()方法，用于拉取消息；seek()方法、seekToBeginning()方法和 seekToEnd()方法，用来指定消费起始位置；commitSync()方法和 commitAsync()方法，分别用来以同步和异步方式提交消费偏移量；获取消费信息的方法，如获取分区分配关系的 assignment()方法、获取下一次消费消息位置的 position()方法以及对分区消费控制的 pause()方法和 resume()方法等。

现在，我们简要分析 KafkaConsumer 初始化的过程。由于 KafkaConsumer 的实例化过程与 KafkaProducer 实例化过程比较类似，只不过实例化的组件不同，因此对 KafkaConsumer 初始化过程不进行详细介绍。我们只简要分析 KafkaConsumer 初始化过程所定义的变量及其所依赖的组件。

KafkaConsumer 定义了以下 3 个 Atomic 类型的变量用来管理对 KafkaConsumer 的操作。

- CONSUMER_CLIENT_ID_SEQUENCE：当客户端没有指定消费者的 clientId 时，Kafka 自动为该消费者线程生成一个 clientId，该 clientId 以“consumer-”为前缀，之后为以 CONSUMER_CLIENT_ID_SEQUENCE 生成的自增整数组合构成的字符串。
- currentThread：记录当前操作 KafkaConsumer 的线程 Id，该字段起始值为-1（NO_CURRENT_THREAD）。在 acquire()方法中通过检测该字段是否等于-1。若不等于-1 则表示已有线程在操作 KafkaConsumer，此时抛出 ConcurrentModificationException；若该字段值等于-1 则表示目前还没有线程在操作，此时调用 acquire()方法检测的线程将获得 KafkaConsumer 的使用权。
- refcount：用于记录当前操作 KafkaConsumer 的线程数，初始值为 0。在 acquire()方法中若检测到当前线程具有对 KafkaConsumer 的使用权后，refcount 值加 1 操作（incrementAndGet），即记录当前已有一个线程在使用 KafkaConsumer。在 release()方法中，若 refcount 减 1 操作（decrementAndGet）之后的值等于 0，则将 currentThread 的值重置为-1，这样新的线程就可以请求使用 KafkaConsumer 了。

KafkaConsumer 实例化就是从 ConsumerConfig 中提取相应的消费者级别的配置实例化相应的组件。KafkaConsumer 较重要的配置如表 4-8 所示。

表 4-8 KafkaConsumer 重要配置说明

属性名	默认值	描述
group.id	/	消费组 id，新版本消费者必须由客户端指定
client.id	/	KafkaConsumer 对应的客户端 id，客户端可以不指定，Kafka 会自动生成一个 clientId 字符串
key.deserializer	/	消息的 Key 反序列化类，需要实现 org.apache.ka fka.common.serialization.Deserializer 接口
value.deserializer	/	消息的 Value 反序列化类，需要实现 org.apache.ka f ka.common.serialization.Deserializer 接口
enable.auto.commit	true	是否开启自动提交消费偏移量
max.poll.records	500	一次拉取消息的最大数量
max.poll.interval.ms	300000 ms	当通过消费组管理消费者时，该配置指定拉取消息线程最长空闲时间，若超过这个时间间隔还没有发起 poll 操作，则消费组认为该消费者已离开了消费组，将进行平衡操作
send.buffer.bytes	128 KB	Socket 发送消息缓冲区大小
receive.buffer.bytes	64 KB	Socket 接收消息缓冲区大小
fetch.min.bytes	1	一次拉取操作等待消息的最小字节数
fetch.max.bytes	50 MB	一次拉取操作获取消息的最大字节数
session.timeout.ms	10000 ms	与 ZooKeeper 会话超时时间，当通过消费组管理消费者时，如果在该配置的时间内组协调器没有收到消费者发来的心跳请求，则协调器会将该消费者从消费组中移除
request.timeout.ms	305000 ms	客户端发送请求后等待回应的超时时间
heartbeat.interval.ms	3000 ms	发送心跳请求的时间间隔
auto.commit.interval.ms	5000 ms	自动提交消费偏移量的时间间隔
fetch.max.wait.ms	500 ms	若是不满足 fetch.min.bytes 时，客户端等待请求的最长等待时间

KafkaConsumer 实例化的主要组件如图 4-18 所示，各组件作用说明如下。

- ConsumerConfig：消费者级别的配置，将相应配置传递给其他组件。
- SubscriptionState：维护了消费者订阅和消费消息的情况。该类定义了一系列用于保存订阅信息的字段，主要字段描述如下。
  - subscription：用来保存客户端通过 KafkaConsumer.subscribe()方法所订阅的主题列表。
  - subscribedPattern：用来保存通过模式匹配订阅主题的模式。
  - userAssignment：用来保存客户端通过 KafkaConsumer.assign()方法所订阅的分区列表。
  - groupSubscription：用来保存该消费者当前订阅的主题列表。
  - assignment：用来保存消费者对所订阅的每个主题分区的消费情况。

  SubscriptionState 类内部定义了一个私有的枚举类型 SubscriptionType，该枚举类定义了消费者订阅消息的四种模式。其中 NONE 表示初始状态还没有订阅任何主题，AUTO_TOPICS 表示按主题名订阅且由指定的分区分配策略自动进行分区与消费者的映射，AUTO_PATTERN 表示以正则表达式形式指定消费的主题，分区分配方式与 AUTO_TOPICS 模式相同，USER_ASSIGNED 表示客户端指定了消费者消费的分区。

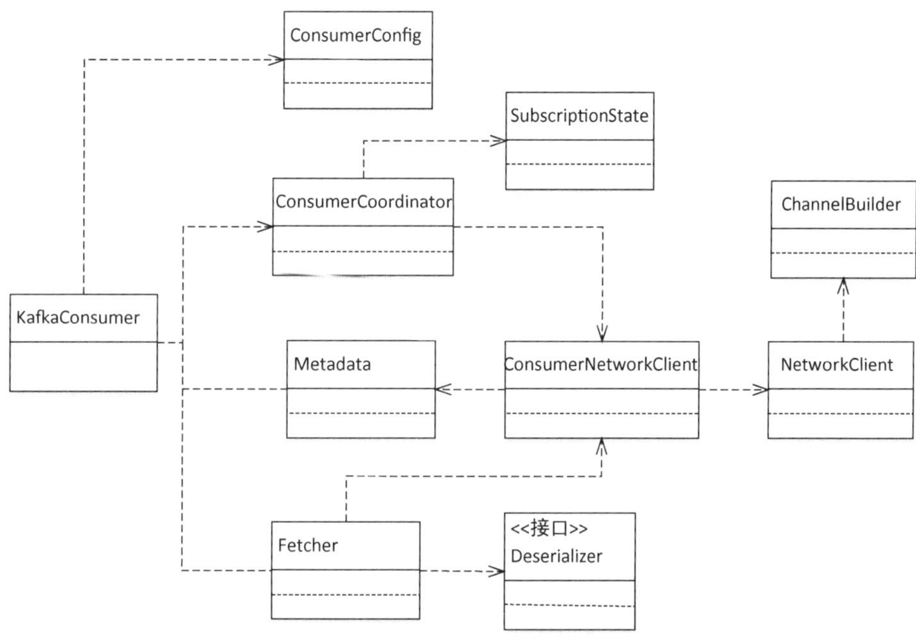

图 4-18 KafkaConsumer 依赖的主要组件的类图

SubscriptionState 还定义了一个内部类 TopicPartitionState，该类定义了某个消费者对某个 TopicPartiton 的消费情况，包括下一次拉取消息的起始位置 position 字段、最近一次已提交消息的位置 committed 字段、标识 TopicPartiton 是否被暂停消费的标志位 pause 字段以及消费偏移量被重置的策略 resetStrategy 字段。需要注意的是，TopicPartitionState 自身并没有主题及分区编号的属性字段，SubscriptionState 维护了一个 PartitionStates<TopicPartition State>类型的 assignment 对象，PartitionStates 底层是一个 LinkedHashMap，Map 的 Key 就是 TopicPartitonState 所对应的 TopicPartition，这样 assignment 就保存了该消费者所订阅的每个 TopicPartition 的消费情况。SubscriptionState 还维护了一个 ConsumerRebalanceListener 类型的 listener 引用，用于消费者发生平衡操作时回调处理，由客户端初始化。

- ConsumerCoodinator：负责消费者与服务端 GroupCoordinator 通信，在 3.3.1 节已进行过详细介绍。
- ConsumerNetworkClient：对网络层通信 NetworkClient 的封装，用于消费者与服务端的通信。

- Fetcher：对 ConsumerNetworkClient 进行了包装，负责从服务端获取消息。

4.4.3　消费订阅

KafkaConsumer 提供了两种订阅消息的方法，一种是通过 KafkaConsumer.subscribe()方法指定消息对应的主题，支持以正则表达式方式指定主题，另一种是通过 KafkaConsumer.assign()方法指定需要消费的分区。第一种订阅方式由同一个消费组的 Leader 消费者根据各消费者都支持的分区分配策略为消费者分配分区。同时在订阅主题时可以指定一个 ConsumerRebalanc Listener，在消费者发生平衡操作时回调处理。第二种订阅方式客户端直接指定了消费者与分区的对应关系。下面对两种订阅方式分别进行讲解。

按主题订阅有 3 个重载的 subscribe()方法，我们首先分析非正则表达式订阅主题的 subscri be()方法。不带 Consumer RebalanceListener 参数的 subscribe()方法在底层实现时调用的是带 Consumer RebalanceListener 参数的 subscribe()方法，只不过实例化了一个 NoOp Consumer RebalanceListener。

subscribe()方法首先通过 acquire()方法检测是否有并发操作，若无并发操作，则验证订阅的主题列表 topics 是否为 null，若 topics 为 null 则抛出 IllegalArgumentException，调用 Kafka Consumer.release()方法重置 current Thread 的值为-1，执行结束；若 topics 是一个空集合，即集合中无任何元素，则表示客户端取消订阅，因此调用 KafkaConsumer.unsu bscribe()执行取消订阅主题操作；否则调用 SubscriptionState.subscribe()方法，将订阅的主题列表信息保存到 Subscription State.subscription 集合和 SubscriptionState.groupSubscription 集合中，同时将实例化的 ConsumerRebalanceListener 赋值给 SubscriptionState.listener。然后调用 Metadata.setTopics()方法更新 Metadata 维护的该消费组所订阅主题的过期时间。虽然消费者并没有启用主题的过期时间，但仍然需要更新 Metadata 中主题的过期时间，因为只有这些通过显示设置过期时间的主题才会在 Metadata 中保留。最后调用 KafkaConsumer.release()方法重置 currentThread 的值为-1，执行结束。该方法执行逻辑如图 4-19 所示。

以正则即模式匹配订阅主题的 subscribe()方法提供了一种动态订阅主题的方法，这种方式会定期检查既有主题，当主题或主题的分区发生变化时，自动进行分区重分配。例如，当创建的主题名称符合订阅主题所指定的正则表达式时，该主题就会在定期检查时被加入到该消费组所订阅的主题列表中，删除主题时就会将该主题从消费组订阅主题列表中剔除，主题和分区的变化都会触发该消费组进行重新平衡操作，重新分配各消费者所消费的分区。

模式匹配订阅主题方式与直接指定主题列表方式实现逻辑类似，也是首先调用 Subscription State.subscribe()方法将订阅关系保存到 SubscriptionState 维护的用来保存订阅关系的数据结构中，即将订阅主题的模式（Pattern）赋值给 subscribedPattern。由于是通过模式匹配来查找订阅的主题，所以接下来需要先设置 Metadata.needMetadataForAllTopics 标志位为 true，然后请求更新 Metadata。最后交由消费者协调器 ConsumerCoordinator 从集群 Cluster 的当前所有主题中查找满足模式匹配的主题，将主题添加至 SubscriptionState 的 subscription 和 groupSubscription 集合中，并更新这些主题在 Metadata 中记录的过期时间。

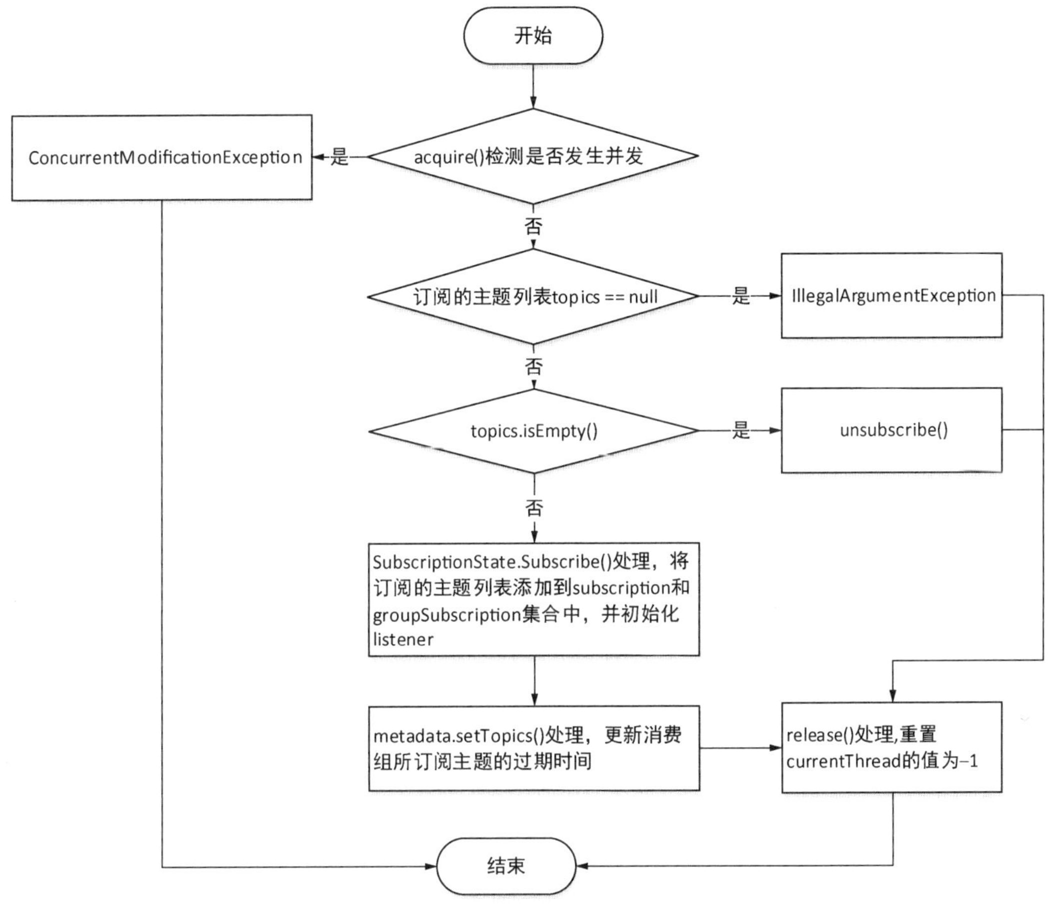

图 4-19 KafkaConsumer 非模式匹配订阅主题的基本流程

客户端指定分区的订阅方式 assign()方法实现逻辑与 subscribe()类似，也是首先检测是否有并发操作，然后判断请求参数是否合法，即分区是否为 null 以及是否是空集合，分别进行与 subscribe()方法相同处理。然后遍历订阅的分区，构造一个与所订阅分区相对应的主题的 topics 集合。在将用户指定的消费者分区分配关系保存到 SubscriptionState.assignment 之前，先调用 Consumer.maybeAutoCommitOffsetsNow()方法进行一次消费偏移量提交，以保证同一个消费组下的消费者对分区的消费偏移量已提交，防止重复消费。最后更新所订阅的分区对应的主题过期时间。

KafkaConsumer 两类订阅方式是互斥的，客户端只能选择其中一种订阅方式，subscribe()方法由 Kafka 自动进行分区分配，分区自动分配逻辑在 3.3 节有相应介绍，这里不再赘述。

4.4.4 消费消息

KafkaConsumer 提供了一个 poll()方法用于从服务端拉取消息，该方法通过 Fetcher 类来完成消息的拉取及更新消费偏移量，因此对 KafkaConsumer 消费消息的讲解，首先必须讲解 Fetcher 拉取消息的过程。

1. Fetcher 拉取消息过程

Fetcher 主要功能是负责构造拉取消息的 FetchRequest 请求，然后通过 ConsumerNetworkClient 发送 FetchRequest 请求，最后对返回的结果进行处理并更新缓存中记录的消费位置。在对 Fetcher 主要功能实现细节进行分析之前，先对 Fetcher 类定义的主要字段进行介绍。

- Client：ConsumerNetworkClient 类型，用于向 Kafka 相应节点发送网络请求。ConsumerNetworkClinet 类中定义了一个 unsent 字段，该字段是 Map<Node, List<ClientRequest>>类型，起缓冲队列的作用，保存了每个节点与发送到该节点的 ClientRequest 请求列表。对于消费消息的 ClientRequest 对象是由 FetchRequest 请求转化而来的。
- metadata：Metadata 类型，维护和管理 Kafka 集群的元数据信息。
- subscriptions：SubscriptionState 类型，通过 KafkaConsumer.subscriptions 赋值。
- completedFetches：ConcurrentLinkedQueue<CompletedFetch>类型，其中 CompletedFetch 类用于保存 FetchResponse 原始结果，也就是说，此时返回的消息并不是最终返回给客户端的 ConsumerRecord 而是 PartitionData 类型。
- nextInLineRecords：PartitionRecords 类型，PartitionRecords 是对 CompletedFetch 解析之后的结果封装类，该类定义了一个 List<ConsumerRecord<K, V>>类型的队列，用于保存从 CompletedFetch 解析后的消息。

在对 Fetcher 类的主要字段进行介绍之后，首先分析用于构造 FetchRequest 的 Fetcher.createFetchRequests()方法的实现逻辑，该方法执行逻辑如下。

首先通过 medata.fetch()方法获取集群信息 Cluster，然后从该消费者所分配的分区 subscriptions 中查找该消费者 “可拉取消息”（fetchable）的分区集合，一个分区是否为“可拉取消息”，需要满足以下条件。

（1）该分区对应的 TopicPartitionState 中暂停消费标志位 pause 为 false，position 不为空。

（2）nextInLineRecords 中没有来自该分区的消息。

（3）completedFetches 链表队列中的 CompletedFetch 不是来自该分区。

在查找到所有“可拉取消息”的分区集合之后，迭代集合中的每个分区，查找该分区的 Leader 副本所在的节点，之所以要查找 Leader 副本对应的节点，是因为 Leader 节点负责处理消息的读写请求。如果 Leader 节点不存在，则设置 metadata 更新标识为 true，触发 Kafka 元数据信息的更新操作，由于分区 Leader 副本对应的节点不存在，因此本次拉取消息将忽略该分区。若 Leader 副本对应的节点存在，同时 unsent 队列中不包括将要发往该 Leader 节点的请求，并且 inFlightRequests 也不包括发往该节点的请求，则构造与该分区对应的 FetchRequest.PartitionData 对象，并将该对象保存到 fetchable 集合中，fetchable 是一个 Map<Node, LinkedHashMap<TopicPartition, FetchRequest.PartitionData>>类型的集合，这样就按分区 Leader 节点进行了分组，最后再遍历 fetchable 中的每个元素，根据每个元素的值构造 FetchRequest，最终将 fetchable 转换为 Map<Node, FetchRequest>类型的 requests 集合。

通过 createFetchRequests()方法处理之后，将对分区的请求按分区 Leader 副本所在的节点进行了分组，这样就将消费者发往同一个 Leader 副本节点的所有分区请求封装为一个 FetchRequest 对象。在完成 FetchRequest 的构造之后，就可以执行 FetchRequest 请求的发送了。

Fetcher.sendFetches()方法就是负责将 createFetchRequest()方法构造的 requests 集合中的每个 FetchRequest 发送给相应的节点。该方法会遍历 requests 集合中的每个元素，调用 client.send()方法将 FetchRequest 构造一个 ClientRequest 对象，并将其保存到 client.unsent 缓冲队列中等待发送。同时绑定一个 RequestFutureListener，用于对 FetchResponse 进行处理，RequestFutureListener 提供了一个 onSuccess()方法和一个 onFailure()方法，分别用来在 FetchRequest 请求处理成功和发生异常时进行相应处理，在 onSuccess()方法中主要是对 FetchReponse 进行处理，用每个分区返回的数据实例化一个 CompletedFetch 对象，并添加到 completedFetches 队列中。

completedFetches 队列中的数据并不是最终返回给客户端的 ConsumerRecord 类型数据，Fetcher 定义了一个 fetchedRecords()方法用于将 completedFetches 队列中保存的消息转为 ConsumerRecord 类型的消息，同时会更新每个分区对应用的 TopicPartitionState 的 position 值，position 值是下一次拉取消息的起始位置。

至此，Fetcher 拉取消息的基本过程分析完毕。现在我们再回到 KafkaConsumer.poll()方法处理逻辑的讲解。

2. KafkaConsumer 拉取消息

KafkaConsumer.poll()方法只有一个用于指定在拉取消息时等待时长的参数 timeout。timeout 字段必须是非负整数，否则抛出 IllegalArgumentException 异常，若 timeout 为 0，则表示在没有拉取到消息时也无需等待重试再次拉取，而是立即返回给客户端，否则在没有拉取到消息时会在 timeout 时间内进行重试从服务端拉取消息，直至拉取到消息或者等待时间超过 timeout 后分别构造响应结果返回给客户端。该方法的核心逻辑是当没有拉取到消息时在 timeout 时间内循环调用 pollOnce(long remaining)方法向服务端发送 FetchRequest 请求并进行相应处理，若 pollOnce()方法拉取到消息，则 poll()方法会在将消息返回给客户端之前调用 Fetcher.sendFetches()方法发送下一次拉取消息的请求，若没有拉取到消息同时等待时间没有超过 timeout 设置，则循环调用 pollOnce()方法处理，若超时则构造一个空消息集合返回给客户端。

pollOnce()方法的主要逻辑是：确保消费组在服务端对应的组协调器已完成分配并正常连接，消费者已加入到该组协调器的管理之中，同时以同步方式调用 doAutoCommitOffsetsAsync()方法获取消费初始位置。然后首先调用 Fetcher.fetchedRecords()方法，检测是否已获取消息，之所以首先调用 Fetcher.fetchedRecords()方法进行处理，是因为 KafkaConsumer.poll()方法每次调用 pollOnce()方法获取消息之后，紧接着就会发送一次 FetchRequest 请求以避免阻塞等待。若获取到消息则立即返回到 poll()方法执行体，poll()方法会发送下一次拉取消息的 FetchRequest 请求，然后构造响应结果返回给客户端；否则调用 fetcher.sendFetches()方法发送 FetchRequest 请求，并调用 ConsumerNetworkClient.poll()方法执行网络层 I/O 请求处理，阻塞等待服务端响应之后构造返回结果，在构造返回结果之前，需要检测在长时间的 poll()处理之后，消费者是否需要重新加入消费组进行平衡操作，若需要重新加入消费组则返回一个空消息集合，否则调用 Fetcher.fetchedRecords()方法获取消息，最后返回 poll()方法执行体。

KafkaConsumer.poll()方法的执行逻辑流程如图 4-20 所示。

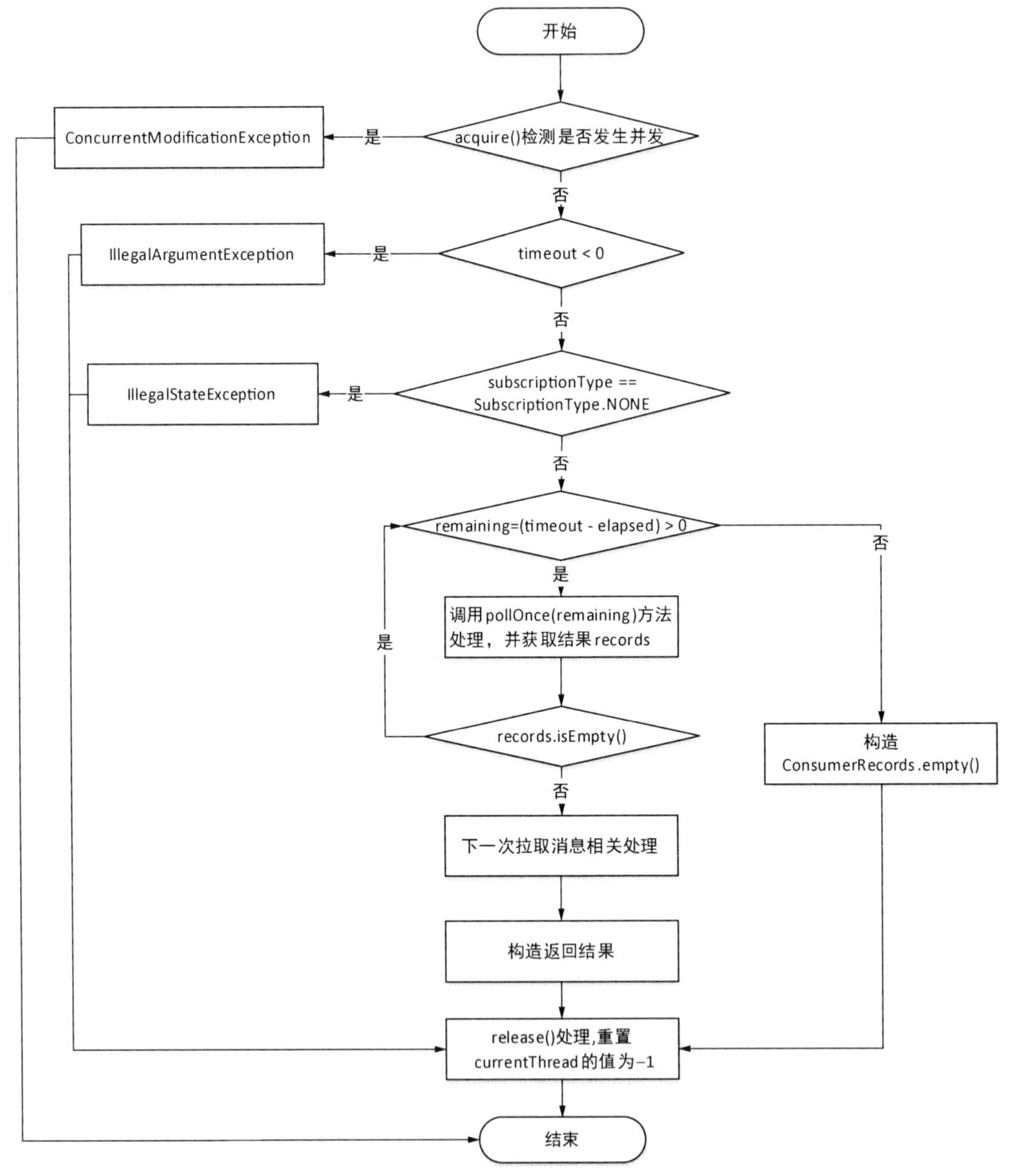

图 4-20　KafkaConsumer.poll()方法的执行逻辑流程

这里再着重介绍一下在拉取消息之前如何确定消费起始位置。Kafka 提供了由 KafkaConsumer 自动设置消费起始位置和客户端调用 KafkaConsumer 相应 API 两种方式来确定消费起始位置。客户端可以通过 KafkaConsumer 的 seek()方法、seekToBeginning()方法和 seekToEnd()方法在消费 poll 之前指定消费起始位置。其中 seek()方法用于指定消费起始位置到一个特定位置；seekToBeginning()方法指定 OffsetResetStrategy 为“EARLIEST”，相当于通过配置项 auto.offset.reset 设置消费偏移量重置策略为 earliest 的方式；seekToEnd()方法设置 OffsetResetStrategy 为“LATEST”，相当于通过配置项 auto.offset.reset 设置消费偏移量重置策略为 latest 的方式。另一种方式是通过 auto.offset.reset 配置项设置消费起始位置，默认是采用“LATEST”策略的自动重置消费起始位置，在 KafkaConsumer 初始化时会读取配置项 auto.offset.reset 配置的消费位置重置策略初始化 SubscriptionState。在 pollOnce()方法在执行时会检测是否订阅的主题和分区都已设置了消费起始位置，即订阅列表对应的 Topic PartitionState.position 不为空，若订阅列表中存在 TopicPartitonState.position 为空，则先通过 Fetcher 根据自动重置策略获取消费起始位置，若仍有部分订阅分区没有获取到消费起始位置，则通过 Fetcher 向 Kafka 集群发送 OffsetFetchRequest 请求，请求获取消费起始位置。

4.4.5 消费偏移量提交

旧版消费者将消费偏移量提交到 ZooKeeper 的/consumers/${group.id}/o f fsets/${topicName}/${partitionId}节点中，然而 ZooKeeper 并不适合频繁进行读写操作，因此新版消费者进行了改进，将消费偏移量保存到 Kafka 一个内部主题“__consumer_offsets”中，消费偏移量如同普通消息一样追加到该主题相应的分区当中。Kafka 内部主题配置了“compact”策略，这样不仅保证了该主题总保留各分区被消费的最新偏移量，而且控制了该主题的日志容量。通过该消费者对应的消费组（${group.id}）与该主题分区总数取模的方式来确定消费偏移量提交的分区，算法如下：

```
(Math.abs(${group.id}.hashCode() %${offsets.topic.num.partitions}
```

Kafka 提供了两种提交消费偏移量的方式：KafkaConsumer 自动提交和客户端调用 KafkaConsumer 相应 API 提交，后者提交偏移量的方式通常也称为手动提交。

由客户端调用 API 提交消费偏移量需要在实例化 KafkaConsumer 时设置 enable.auto.commit 配置项为 false。Kafka 提供了同步提交 commitSync()方法和异步提交 commitAsync()方法供客户端提交消费偏移量，这两种方法分别调用的是 ConsumerCoordinator 的 commitOffsetsSync()方法和 commitOffsetsAsync()方法。底层实现是通过客户端消费者协调器 ConsumerCoordinator 发送 OffsetCommitRequest 请求，服务端组协调器 GroupCoordinator 进行处理，最终将消费偏移量追加到 Kafka 内部主题当中。这两种提交消费偏移量方法的区别在于：使用同步提交时，KafkaConsumer 在提交请求响应结果返回前会一直被阻塞，在成功提交后才会进行下一次拉取消息操作；异步提交时 KafkaConsumer 不会被阻塞，这样当提交发生异常时就有可能发生重复消费的问题，但异步方式会提高消费吞吐量。

KafkaConsumer 自动提交消费偏移量时，在 KafkaConsumer 实例化时需设置 enable.auto.commit 为 true，同时可以通过配置项 auto.commit.interval.ms 来设置提交操作的时间间隔。当前版本的 KafkaConsumer 自动提交消费偏移量并不是通过定时任务周期性地提交，而是在一些特定事件发生时才检测与上一次提交的时间间隔是否超过了${auto.commit.interval.ms}计算出的下一次提交的截止时间 nextAutoCommitDeadline，若时间间隔超过了 nextAutoCommitDeadline 则请求提交偏移量，同时更新下一次提交消费偏移量的 nextAuto CommitDeadline。之所以不用定时任务，我认为首先定时任务在后台一直运行是比较耗费资源的，其次这也是没有必要的，因为当消费者启动后并不总能够拉取到消息，这在一定程度上取决于生产者生产消息的速率。需要检测是否提交消费偏移量的事件如下。

- 通过 KafkaConsumer.assign()订阅分区。这种订阅方式与通过 subscribe()订阅方式不同，这种方式直接指定分区，订阅与取消订阅并不会引起消费者进行平衡操作，因此通过这种方式订阅消息时需要进行一次消费偏移量提交检测，以保证该消费者消费偏移量被提交。
- KafkaConsumer.poll()拉取消息前确保连接到服务端组协调器，即在 ConsumerCoordinator.poll()方法处理时会进行消费偏移量提交检测。
- 在消费者进行平衡操作前，即在 ConsumerCoordinator.onJoinPrepare()方法处理时会进行消费偏移量提交检测。
- ConsumerCoordinator 关闭操作。

自动提交消费偏移量底层实现也是调用 ConsumerCoordinator 的 commitOffsetsSync()方法或 commitOffsetsAsync()方法进行处理。

4.4.6　心跳探测

KafkaConsumer 启动后会定期向服务端组协调器 GroupCoordinator 发送心跳探测 Heartbeat Request 请求，通过心跳探测通信双方相互感知对方是否存在并进行相应处理。实现心跳探测功能的核心组件为 HeartbeatThread 线程，在 ConsumerCoordinator 实例化时会创建一个守护线程 HeartbeatThread，该线程通过计算当前时间与上一次发送心跳时间之差进行相应判断以决定是否要发送心跳探测请求。Kafka 封装了一个 Heartbeat 类，该类定义了一些字段和方法用于 HeartbeartThread 线程进行心跳探测处理。对消费者心跳探测的分析主要是对该线程的 run()方法的执行逻辑进行简要介绍，该方法主要是对以下几种情况进行检测，若满足某个检测条件则进行相应处理，然后结束本次心跳探测处理。

- 检测该消费者是否已找到 GroupCoordinator，并已加入该组协调器管理之中，若检测到没有对应的 GroupCoordinator，则先发送 GroupCoordinatorRequest 请求查找 Group Coordinator。
- 检测与 GroupCoordinator 之间的会话超时时间 sessionTimeout 是否已过期，若 session Timeout 已过期，说明 HeartbeatRequest 发送后迟迟未收到 GroupCoordinator 返回的响应，则认为 GroupCoordinator 不可达已处于“Dead”状态，就会调用 coordinatorDead()方法进行处理，清空该 GroupCoordinator 对应的 unsent 队列，并将该消费者对应的 GroupCoordinator 设置为

null，这样就会引起重新为该消费者分配一个 GroupCoordinator 的操作。

- 检查消费者距离上一次 poll()操作时间间隔是否已超过最大空闲时间${max.pol l.interva l.ms}，若超过该时间则认为该消费者已离开了该组协调器管理，则调用 maybeLeave Group()方法进行处理，发送 LeaveGroupRequest 请求，并重置 generation 和 memberId 值，以准备进行消费者平衡操作。
- 检测是否已达到发送心跳探测时间，若还未到发送心跳探测的时间则继续等待。否则表示要发送心跳探测，则先调用 Heartbeat 相关方法设置相应字段，为下一次心跳探测进行准备，然后发送 HeartbeatRequest 请求，并添加一个 RequestFutureListener 监听器。在监听器中对心跳探测成功与失败分别进行处理，若心跳探测成功则更新 Heartbeat.lastHeartbeatReceive 字段，若心跳探测失败即发送异常时，则视不同异常进行相应处理，若是 RebalanceInProgressException 异常则表示正在进行平衡操作，则依然更新 Heartbeat.lastHeartbeatReceive 字段，否则设置 Heartbeat.heartbeatFailed 字段为 true，以标记心跳探测失败，同时唤醒被 wait()处理的心跳探测线程。

关于消费者心跳探测就简要介绍至此。对于组协调器如何处理 HeartbeatRequest 请求，不再进行深入分析，简而言之其处理过程就是组协调器根据消费组所处的状态回调 responseCallback 返回相应的应答码。需要深入了解的读者，可查阅 Kafka 源码。

4.4.7 分区数与消费者线程的关系

在介绍消费者线程总数与分区总数关系之前，首先简要介绍 Kafka 分配线程与分区的分配策略。

Kafka 提供了配置项 partition.assignment.strategy 用来设置消费者线程与分区映射关系，Kafka 提供了 range 和 round-robin 两种分配策略，默认是 range 分配的策略。

1. round-robin 分配策略

round-robin 策略较简单，首先将订阅的主题分区以及消费者线程进行排序，然后通过轮询方式逐个将分区依次分给消费者线程。

假设有 2 个主题，每个主题有 3 个分区，现在有 2 个消费者线程订阅了这 2 个主题，分配结果如图 4-21 所示。图中，T_n表示主题，P_n表示分区，C_n表示消费者线程。

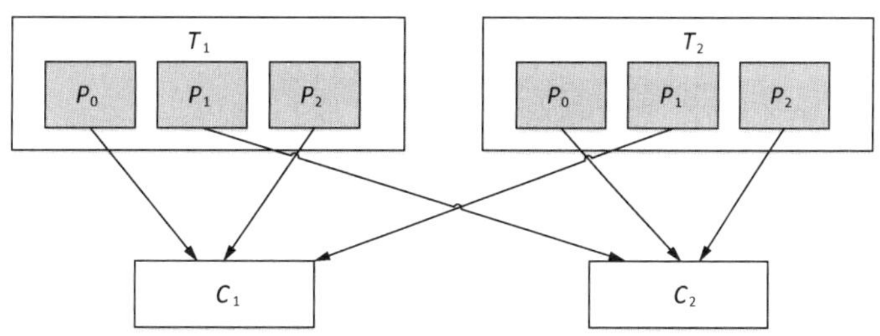

图 4-21 2 个主题 2 个消费者线程的 round-robin 策略分配结果

2. range 分配策略

range 策略即按照线程总数与分区总数进行整除运算计算一个跨度，然后将分区按跨度进行平均分配，以保证分区尽可能均衡地分配给所有消费者线程。该策略具体实现逻辑如下：首先对线程集合按照字典顺序进行排序，然后通过分区总数与消费者线程总数进行整除运算计算每个线程平均分配的分区数 numPartitionsPerConsumer，即一个平均跨度，通过分区总数与消费者线程总数取余计算平均之后多余的分区数 consumersWithExtraPartition，最后遍历线程集合为每个线程分配分区，从起始分区开始分配，依次为每个线程分配 num PartitionsPerConsumer 个分区，如果 consumers WithExtra Partition 不为 0，那么在迭代线程集合时，若迭代次数小于 consumers WithExtra Partition 对应的线程就会分配到 num Partitions PerConsumer+1 个分区。

该策略对应的实现类为 RangeAssignor，该分配策略算法如代码清单 4-3 所示。

代码清单 4-3 range 分配策略的核心算法

```
......省略其他代码......
// 获取主题分区总数
Integer numPartitionsForTopic = partitionsPerTopic.get(topic);
if (numPartitionsForTopic == null)
    continue;
// 对线程进行排序
Collections.sort(consumersForTopic);
// 每个线程至少平均分配的分区数
int numPartitionsPerConsumer = numPartitionsForTopic / consumersForTopic.size();
// 平均分后多余的分区数
int consumersWithExtraPartition = numPartitionsForTopic % consumersForTopic.size();
List<TopicPartition> partitions = AbstractPartitionAssignor.partitions(topic,
numPartitionsForTopic);
// 循环为每个线程分配分区
for (int i = 0, n = consumersForTopic.size(); i < n; i++) {
  // 该线程分配到的分区起始编号
  int start = numPartitionsPerConsumer * i + Math.min(i,
  consumersWithExtraPartition);
  // 若平均分配后多余的分区数 m，则循环数 n 小于 m 的线程应比平均数多分配一个分区
  int length = numPartitionsPerConsumer + (i + 1 > consumersWithExtraPartition ? 0 : 1);
  assignment.get(consumersForTopic.get(i)).addAll(partitions.subList(start, start
  + length));
}
......省略其他代码......
```

假设一个主题有 10 个分区，消费者线程总数为 4 个。根据 range 分配策略每个消费者线程分配的分区如图 4-22 所示。图中，分区以 P_n 表示，消费者线程以 C_n 表示，n 为从 0 开始依次递增的整数。

如果消费者线程总数大于分区总数，根据 range 分配策略就可以分析出有部分线程分配不到分区，从而导致该消费者线程接收不到任何消息。例如，一个主题有 4 个分区，消费者线程总数为 5 个，根据 range 分配策略分区与消费者线程的对应关系如图 4-23 所示。

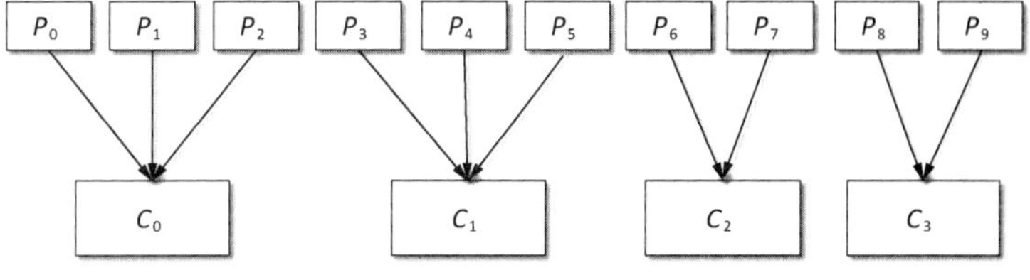

图 4-22 10 个分区 4 个消费者线程的 range 分配策略

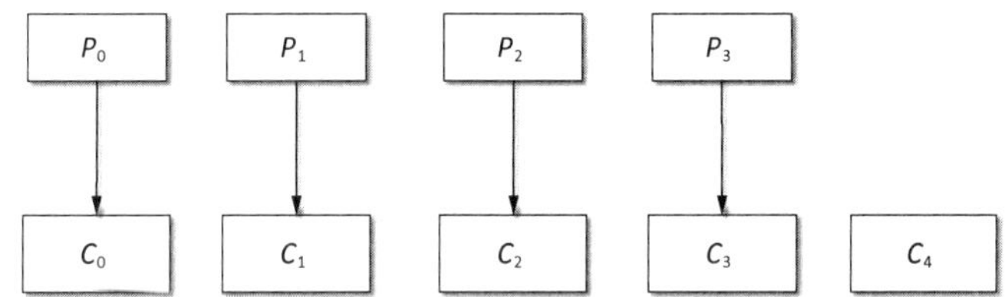

图 4-23 4 个分区 5 个消费者线程的 range 分配策略

通过对 range 分配策略的分析，我们总结以下几条关于分区总数与消费者线程总数对应规则。我们定义 P_{nt} 表示分区总数，C_{nt} 表示线程总数。

- 若 $P_{nt} > C_{nt}$，则有部分消费者线程会分配到多个分区，从而部分消费者线程会收到多个分区消息。这种情况下若对消息顺序有要求的场景，则要实现相应机制来保证消息的顺序。
- 若 $P_{nt} = C_{nt}$，则每个消费者线程分配到一个分区，每个消费者收到固定分区的消息。
- 若 $P_{nt} < C_{nt}$，则有部分消费者线程分配不到分区，这导致分配不到分区的消费者线程将收不到任何消息。

鉴于以上规则，在实际应用时多线程模型下采取 P_{nt} 与 C_{nt} 相等的实现方式，如果对消息顺序没有要求的应用场景则另当别论。另外，分配关系并不是分配之后就固定不变，当增加分区或者消费者线程数发生变化时就会引起平衡操作，线程与分区分配关系就会进行重新分配。

前面的实例都是基于订阅一个主题，其实订阅多主题的分配过程与其基本类似。现在我们将 round-robin 分配实例通过 range 分配策略进行分配，分配结果如图 4-24 所示。

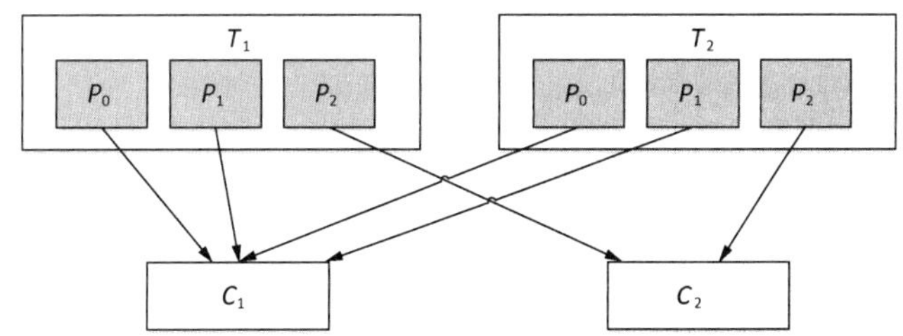

图 4-24 2 个主题 2 个消费者线程的 range 策略分配结果

4.4.8 消费者平衡过程

Kafka 消费者平衡是指消费者重新加入消费组，并重新分配分区给消费者的过程。在以下几种情况下会引起消费者平衡操作。

- 新的消费者加入消费组。
- 当前消费者从消费组退出。这里的退出包括异常退出和消费者正常关闭。
- 消费者取消对某个主题的订阅。
- 订阅主题的分区增加。
- 代理宕机新的协调器当选。
- 当消费者在${session.timeout.ms}毫秒内还没发送心跳请求，组协调器认为消费者已退出。

消费者自动平衡操作提供了消费组的高可用性、可扩展性，这样当我们增加或是减少消费者时，无需关注消费者与分区的分配关系。只是在平衡操作时，由于要给消费者重新分配分区，所以会出现在一个短暂时间内消费者不能拉取消息。消费者平衡操作过程就是消费者重新加入消费组，然后由 GroupCoordinator 选出一个 Leader 消费者，由 Leader 消费者根据各消费者支持的分区分配策略制定分区分配方案，然后在 SyncGroupRequest 请求时 Leader 消费者将分区分配方案上传给 GroupCoordinaotor，Follower 消费者在 SyncGroupRequest 请求响应时会收到 GroupCoordinator 转发的分区分配方案，这样各消费者就会得到自己应该消费的分区。

消费者平衡操作过程不再进行深入代码层面的分析，平衡操作各消费者重新加入消费组的过程请参考 3.3.2 节的相关介绍。

4.5　小结

本章将第 3 章所讲的知识点化零为整，通过对 Kafka 核心流程进行分析将相应组件的功能串成一个整体。本章主要分析了 Kafka 核心流程，包括 KafkaServer 启动流程、创建主题的流程、生产者发送消息的流程、消费者消费消息的流程。

通过本章的讲解，读者应该已经从整体上掌握了 Kafka 的实现原理，这也为第 5 章奠定了理论基础。

第 5 章

Kafka 基本操作实战

$KAFKA_HOME/bin 目录中提供了 Kafka 基本操作的执行脚本，这些脚本中一部分是调用 Kafka 核心源码的 kafka.tools 包下的相应类，而有些脚本是调用 Kafka tools 工程相应工具类，tools 工程是用 Java 语言开发实现的。在这些脚本中有一个名为 kafka-run-class.sh 的脚本，该脚本用来调用运行 Kafka 类的辅助工具。本章将详细讲解 Kafka 自带脚本的功能及具体用法。

5.1 KafkaServer 管理

Kafka 运行依赖于 ZooKeeper，在启动 Kafka 之前，首先要保证 ZooKeeper 已正常启动。在$KAFKA_HOME/bin 目录下，Kafka 自带了 ZooKeeper 操作的相应脚本，读者可以修改该目录下 ZooKeeper 相关脚本，然后运行。这里对 ZooKeeper 操作并未使用 Kafka 提供的脚本，而是直接执行$ZOOKEEPER_HOME/bin 目录下提供的相应操作脚本及命令。Kafka 提供了启动 KafkaServer 的执行脚本 kafka-server-start.sh，而该脚本核心代码是调用 kafka-run-class.sh 脚本编译 kafka.Kafka 类，代码如下：

```
exec $base_dir/kafka-run-class.sh $EXTRA_ARGS kafka.Kafka "$@"
```

kafka-run-class.sh 是 Kafka 自带的用来直接编译运行 Kafka 源码中有 main 方法的 Scala 文件。根据启动 KafkaServer 时调用脚本的不同，对 KafkaServer 启动操作分以下两小节分别进行介绍。

5.1.1 启动 Kafka 单个节点

Kafka 提供了直接启动本地 KafkaServer 的执行脚本 kafka-server-start.sh，该脚本在调用执行时需要传入 server.properties 文件路径，当然该文件名可以随意指定，在启动时 KafkaServer 读取并解析该文件中相关配置信息以完成 KafkaServer 的实例化。

1. *启动脚本分析*

kafka-server-start.sh 脚本执行入参定义如下：

```
if [ $# -lt 1 ]; then
    echo "USAGE: $0 [-daemon] server.properties [--override property=value]*"
    exit 1
fi
```

可以看到，在执行该脚本时必须指定 KafkaServer 用于实例化的配置文件，可选参数-daemon 表示使程序以守护进程的方式后台运行。在启动时我们还可以覆盖 KafkaConfig 相应的默认配置，格式为：--override property=value，其中 property 表示待覆盖的配置项名称，value 为该配置项新设置的值。

在 Kafka 运行时，会创建相应的日志文件以便对 Kafka 运行状况及异常情况进行跟踪，因此在该脚本中配置了$KAFKA_LOG4J_OPTS 参数，代码如下：

```
if [ "x$KAFKA_LOG4J_OPTS" = "x" ]; then
    export KAFKA_LOG4J_OPTS="-Dlog4j.configuration =
    file:$base_dir/../config/log4j.properties"
fi
```

其中$base_dir 为$KAFKA_HOME/bin 目录，这里指定在 Kafka 启动时加载的是$KAFKA_HOME/config/log4j.properties 文件，因此若读者希望对 Kafka 输出日志进行调整，如开启或关闭某些运行日志输出、修改 Kafka 运行日志切分规则（默认是按小时进行切分）等，只需对该 log4j.properties 文件修改即可。

同时，该脚本还对 JVM 的内存 HEAP 大小进行了设置，代码如下：

```
if [ "x$KAFKA_HEAP_OPTS" = "x" ]; then
    export KAFKA_HEAP_OPTS="-Xmx1G -Xms1G"
fi
```

默认堆初始化（-Xms）空间为 1 GB，堆最大空间为 1 GB，因此若运行 Kafka 的服务器内存大小不足时会导致 Kafka 启动失败。例如，尝试修改该脚本内存分配大小大于机器物理内存并以非-daemon 方式启动 Kafka 时，在控制台输出以下启动失败日志：

```
Java HotSpot(TM) 64-Bit Server VM warning: INFO: os::commit_memory(0x00000003c0000000,
17179869184, 0) failed; error='Cannot allocate memory' (errno=12)
#
# There is insufficient memory for the Java Runtime Environment to continue.
# Native memory allocation (mmap) failed to map 17179869184 bytes for committing
reserved memory.
# An error report file with more information is saved as:
# /usr/local/software/kafka/kafka_2.11-0.10.1.1/bin/hs_err_pid19768.log
```

在 hs_err_pid19768.log 文件中有相关异常信息的详细描述。由于这里设置了 KAFKA_HEAP_

OPTS，这样就方便我们设置 JVM 调优的相关配置，当然也可以不在该脚本中配置而在启动 Kafka 之前对 JVM 运行环境进行设置，如 export KAFKA_HEAP_OPTS= “${JVM 优化具体配置}”。

2. *启动* KafkaServer

执行以下命令启动 KafkaServer：

```
kafka-server-start.sh -daemon ../config/server.properties
```

首次启动成功后在$KAFKA_HOME/logs 目录下会创建相应的日志文件，相关日志文件说明如表 5-1 所示，同时在$log.dir 目录下创建相应文件，在 4.1 节中有详细介绍。

表 5-1 Kafka 日志文件说明

日 志 名 称	日 志 说 明	默认日志级别
controller.log	KafkaController 运行时日志	TRACE
kafka-authorizer.log	Kafka 权限认证相应操作日志	WARN
kafka-request.log	Kafka 相应网络请求日志	WARN
kafkaServer-gc.log	Kafka 运行过程，进行 GC 操作时的日志	INFO
log-cleaner.log	Kafka 日志清理操作相关统计信息	INFO
server.log	KafkaServer 运行日志	INFO
state-change.log	Kafka 分区角色切换等状态转换日志	TRACE

分别在集群其他机器上运行此命令，启动 KafkaServer。启动完毕后，登录 ZooKeeper 客户端查看相应节点信息。例如，查看 brokers 信息，执行命令及输出结果信息如下：

```
[zk: 172.117.12.61:2181(CONNECTED) 0] ls /brokers/ids
[1, 2, 3]
[zk: 172.117.12.61:2181(CONNECTED) 1] get /controller
{"version":1,"brokerid":1,"timestamp":"1486464201250"}
cZxid = 0x80000004e
ctime = Tue Feb 07 18:43:14 CST 2017
mZxid = 0x80000004e
mtime = Tue Feb 07 18:43:14 CST 2017
pZxid = 0x80000004e
cversion = 0
dataVersion = 0
aclVersion = 0
ephemeralOwner = 0x25a1654ae340006
dataLength = 54
numChildren = 0
[zk: 172.117.12.61:2181(CONNECTED) 2]
```

通过以上信息，可以看到 3 个节点组成的 Kafka 集群已成功启动，其中[1, 2, 3]分别表示这 3 个节点 Kafka 的 brokerId，broker.id=1 的节点作为 Leader 控制器。

此时假设我们杀（kill）掉 broker.id=1 的 Kafka 进程，可以看到 ZooKeeper 会将 broker.id=1 的节点从/brokers/ids 中移除，同时 Kafka 集群会从其他两个节点中选举出一个节点作为 Leader 控制器。首先查看 Kafka 进程号，然后强制 kill 掉 Kafka 进程，操作命令如下：

```
[root@rhel65 bin]# jps
16097 QuorumPeerMain
16236 ZooKeeperMain
21304 Kafka
21766 Jps
[root@rhel65 bin]# kill -9 21304
```

再次在 ZooKeeper 客户端查看代理信息如下：

```
[zk: 172.117.12.61:2181(CONNECTED) 6] ls /brokers/ids
[2, 3]
[zk: 172.117.12.61:2181(CONNECTED) 7] get /controller
{"version":1,"brokerid":2,"timestamp":"1486464518008"}
cZxid = 0x80000005f
ctime = Tue Feb 07 18:48:38 CST 2017
mZxid = 0x80000005f
mtime = Tue Feb 07 18:48:38 CST 2017
pZxid = 0x80000005f
cversion = 0
dataVersion = 0
aclVersion = 0
ephemeralOwner = 0x15a1654ca270004
dataLength = 54
numChildren = 0
[zk: 172.117.12.61:2181(CONNECTED) 8]
```

由以上显示信息可知，broker.id=1 的 KafkaServer 从集群中下线之后，集群自动选举出 broker.id=2 的节点作为 Leader 控制器。

若希望开启 JMX 监控，则在 KafkaServer 启动时需要设置 JMX_PORT，可以将 JMX_PORT 配置添加到 KafkaServer 启动脚本 kafka-server-start.sh 文件中。例如，设置 JMX_PORT 端口为 9999，则在启动脚本中增加以下配置：

```
export JMX_PORT=9999
```

再次启动 KafkaServer，通过 ZooKeeper 客户端查看节点信息，可以看到该节点 JMX_PORT 信息为设置的 9999。若不设置则 JMX_PORT 端口为一个无效端口-1，信息如下：

```
[zk: 172.117.12.61:2181(CONNECTED) 10] get /brokers/ids/1
{"jmx_port":9999,"timestamp":"1486516725492","endpoints":["PLAINTEXT://localhost:
9092"],"host":"localhost","version":3,"port":9092}
```

当然也可以在执行启动 KafkaServer 脚本时指定 JMX_PORT 配置，启动命令如下：

```
JMX_PORT=9999 kafka-server-start.sh -daemon ../config/server.properties    # 开启
JMX 监控，指定 jmx 端口为 9999
```

5.1.2 启动 Kafka 集群

Kafka 并没有提供同时启动集群中所有节点的执行脚本，在生产中一个 Kafka 集群往往会有多个节点，若逐个节点启动稍微有些麻烦，在这里自定义一个脚本用来启动集群中所有节点，脚本名为 kafka-cluster-start.sh，内容如代码清单 5-1 所示。

代码清单 5-1 启动 Kafka 集群的脚本代码

```
#!/bin/bash

brokers="server-1 server-2 server-3"
KAFKA_HOME=" /usr/local/software/kafka/kafka_2.11-0.10.1.1"

echo "INFO:Begin to start kafka cluster..."

for broker in $brokers
do
    echo "INFO:Start kafka on ${broker} ..."
    ssh $broker -C "source /etc/profile; sh ${KAFKA_HOME}/bin/kafka-server-start.sh
    -daemon ${KAFKA_HOME}/config/server.properties"
    if [ $? -eq 0 ]; then
       echo "INFO:[${broker}] Start successfully "
    fi
done

echo "INFO:Kafka cluster starts successfully!"
```

下面简要介绍代码清单 5-1 所示的启动 Kafka 集群的脚本代码。

首先定义了变量 brokers 用来保存集群中各节点的机器域名，brokers="server-1 server-2 server-3"表示机器名分别为 server-1、server-2 和 server-3 的 3 个节点（机器域名在/etc/host 中已进行配置）。若增加或减少节点时只需修改 brokers 变量的值。

然后遍历 brokers 指定的代理列表取出每个节点，通过 SSH 方式登录该节点，执行 ${KAFKA_HOME}/bin/kafka-server-start.sh 脚本，启动 Kafka。为了保证该步骤执行成功，要确保已安装配置 SSH。

将 kafka-cluster-start.sh 脚本放在 Kafka 集群任何一个节点上。这里将此文件存放在 broker.id=1 的节点上，并给该文件赋予可执行权限，命令如下：

```
chmod +x kafka-cluster-start.sh    # 授予可执行权限
```

运行 kafka-cluster-start.sh 脚本启动 Kafka 集群各节点，命令如下：

```
./kafka-cluster-start.sh
```

同时由于 Kafka 运行在 JVM 之上，因此会依赖相应系统环境配置，为了保证各环境配置在执行该脚本时已生效，在启动命令中加入了 source/etc/profile 命令。若不加入该命令，可能由于部分环境配置及权限设置问题导致启动失败。例如，我在初始执行该脚本试图启动

Kafka 集群时，启动并未成功，查看 logs 目录下的 kafkaServer.out 文件发现该文件记录以下日志内容：

```
nohup: failed to run command `Java': Permission denied
```

为了简单，这里直接在命令中加入了 source/etc/profile 命令，保存再次执行该脚本，Kafka 集群正常启动。

脚本执行无任何报错信息提示时，通过 jps 查看 kafka 进程，查看启动日志或是登录 ZooKeeper 客户端来验证各节点运行情况。

5.1.3　关闭 Kafka 单个节点

Kafka 自带了关闭 Server 的脚本 kafka-server-stop.sh，脚本核心代码如下：

```
PIDS=$(ps ax | grep -i 'kafka\.Kafka' | grep Java | grep -v grep | awk '{print $1}')

if [ -z "$PIDS" ]; then
    echo "No kafka server to stop"
    exit 1
else
    kill -s TERM $PIDS
fi
```

该脚本实现的功能是查找进程名为 Kafka 的进程的 PID，然后杀掉该进程。但该脚本在某些版本的操作系统执行时并不能关闭 Kafka。这里使用的操作系统为：

```
[root@rhel65 bin]# lsb_release -a
LSB Version:
    :base-4.0-amd64:base-4.0-noarch:core-4.0-amd64:core-4.0-noarch: graphics-4.0
    -amd64:graphics-4.0-noarch:printing-4.0-amd64:printing-4.0-noarch
Distributor ID:  RedHatEnterpriseServer
Description:  Red Hat Enterprise Linux Server release 6.5 (Santiago)
Release:  6.5
Codename:     Santiago
```

执行 kafka-server-stop.sh 时，输出以下信息：

```
[root@rhel65 bin]# kafka-server-stop.sh
No kafka server to stop
```

关闭失败的原因是 ps ax | grep -i 'kafka\.Kafka' | grep Java | grep -v grep | awk '{print $1}'命令在我所使用的操作系统中并不能得到 Kafka 进程的 PID：

```
[root@rhel65 bin]# ps ax | grep -i 'kafka\.Kafka' | grep Java | grep -v grep | awk '{print $1}'
[root@rhel65 bin]#
```

因此这里将该脚本查找 PID 的命令（代码中第一行）修改如下：

```
PIDS=$(jps | grep -i 'Kafka' |awk '{print $1}')
```

通过 jps 命令查看进程信息，然后从输出的进程信息中查找 Kafka 进程信息所在的行，通过 awk 提取第二列即为 Kafka 进程的 PID。修改后保存再次执行 kafka-server-stop.sh 脚本，脚本正常执行，查看 server.log 文件部分输出如下：

```
[2017-02-08 18:44:26,892] INFO Shutting down. (kafka.log.LogManager)
[2017-02-08 18:44:26,906] INFO Shutdown complete. (kafka.log.LogManager)
[2017-02-08 18:44:26,908] INFO [GroupCoordinator 2]: Shutting down.
(kafka.coordinator.GroupCoordinator)
[2017-02-08 18:44:26,909] INFO [ExpirationReaper-2], Shutting down
(kafka.server.DelayedOperationPurgatory$ExpiredOperationReaper)
[2017-02-08 18:44:26,917] INFO [ExpirationReaper-2], Stopped
(kafka.server.DelayedOperationPurgatory$ExpiredOperationReaper)
[2017-02-08 18:44:26,918] INFO [ExpirationReaper-2], Shutdown completed
(kafka.server.DelayedOperationPurgatory$ExpiredOperationReaper)
[2017-02-08 18:44:26,918] INFO [ExpirationReaper-2], Shutting down
(kafka.server.DelayedOperationPurgatory$ExpiredOperationReaper)
[2017-02-08 18:44:27,117] INFO [ExpirationReaper-2], Stopped
(kafka.server.DelayedOperationPurgatory$ExpiredOperationReaper)
[2017-02-08 10:44:27,117] INFO [ExpirationReaper-2], Shutdown completed
(kafka.server.DelayedOperationPurgatory$ExpiredOperationReaper)
[2017-02-08 10:44:27,118] INFO [GroupCoordinator 2]: Shutdown complete.
(kafka.coordinator.GroupCoordinator)
[2017-02-08 10:44:27,142] INFO [Kafka Server 2], shut down completed
(kafka.server.KafkaServer)
```

从日志结果显示来看，KafkaServer 已正常关闭，此时再次执行 jps 查看进程信息，进程列表中已无 Kafka 进程。

5.1.4 关闭 Kafka 集群

Kafka 也同样没有提供关闭集群操作的脚本。这里我提供一个用来关闭 Kafka 集群的脚本，文件名为 kafka-cluster-stop.sh，文件内容如代码清单 5-2 所示。

代码清单 5-2 关闭 Kafka 集群的脚本代码

```
#!/bin/bash
brokers="server-1 server-2 server-3"
KAFKA_HOME=" /usr/local/software/kafka/kafka_2.11-0.10.1.1"
echo "INFO:Begin to shut down kafka cluster..."
for broker in $brokers
do
    echo "INFO:Shut down kafka on ${broker} ..."
        ssh $broker -C "${KAFKA_HOME}/bin/kafka-server-stop.sh"
    if [ $? -eq 0 ]; then
        echo "INFO:[${broker}] Shut down completed "
    fi
done
echo "INFO:Kafka cluster shuts down completed!"
```

该脚本也是通过 SSH 方式登录集群中每个节点，调用$KAFKA_HOME/bin/kafka-server-stop.sh 脚本，因此使用该脚本关闭集群时应确保已配置 SSH。将该脚本放置在 Kafka 集群任一节点，并授予可执行权限，命令如下：

```
chmod +x kafka-cluster-stop.sh
```

执行该脚本，在控制台打印如下信息：

```
[root@rhel65 bin]# ./kafka-cluster-stop.sh
INFO:Begin to shut down kafka cluster...
INFO:Shut down kafka on server-1 ...
INFO:[server-1] Shut down completed
INFO:Shut down kafka on server-2 ...
INFO:[server-2] Shut down completed
INFO:Shut down kafka on server-3 ...
INFO:[server-3] Shut down completed
INFO:Kafka cluster shuts down completed!
```

5.2 主题管理

Kafka 提供了一个 kafka-topics.sh 工具脚本用于对主题相关的操作，如创建主题、删除主题、修改主题分区数和副本分配以及修改主题级别的配置信息，查看主题信息等操作。该脚本核心代码仅一行：

```
exec $(dirname $0)/kafka-run-class.sh kafka.admin.TopicCommand "$@"
```

运行 kafka-run-class.sh 脚本调用 kafka.admin.TopicCommand 类，同时接受一个操作类型指令，该指令主要包括--list、--describe、--create、--alter 和--delete。

读者可以直接运行该脚本以查看该工具所支持的操作及操作命令格式。本节将详细介绍该工具操作命令的具体用法。

5.2.1 创建主题

Kafka 提供以下两种方式来创建一个主题。

（1）若代理设置了 auto.create.topics.enable=true，该配置默认值为 true，这样当生产者向一个还未创建的主题发送消息时，会自动创建一个拥有${num.partitions}个分区和${ default.replication.factor}个副本的主题。

（2）客户端通过执行 kafka-topics.sh 脚本创建一个主题。

本小节将采用第二种方式来创建主题，第一种方式创建主题将在讲解 kafka-console-producer.sh 时进行介绍。下面创建一个名称为“kafka-action”的主题，该主题拥有 2 个副本、3 个分区，创建该主题命令如下：

```
kafka-topics.sh --create --zookeeper server-1:2181,server-2:2181,server-3:2181
--replication-factor 2 --partitions 3 --topic kafka-action
```

在控制台执行结果输出如下：

```
Created topic "kafka-action".
```

此时会在${log.dir}目录下创建相应的分区文件目录，副本分别分布在不同的节点上，该主题分区目录分布如图 5-1 所示。

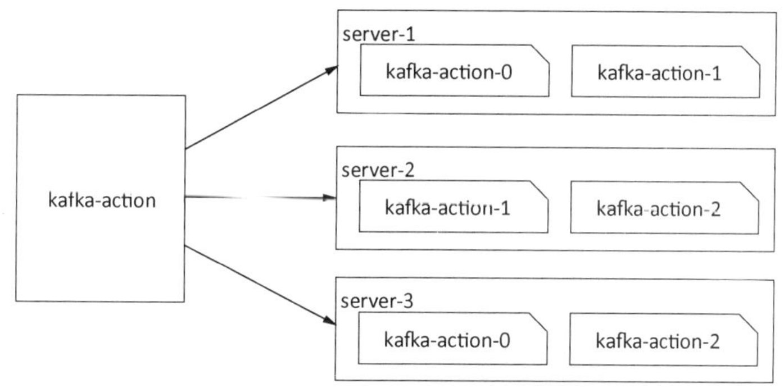

图 5-1 “kafka-action”在集群中的分布

同时登录 ZooKeeper 客户端查看所创建的主题元数据信息，“kafka-action”元数据信息如下：

```
[zk: server-1:2181(CONNECTED) 54] ls /brokers/topics/kafka-action/partitions
[0, 1, 2]
[zk: server-1:2181(CONNECTED) 55] get /brokers/topics/kafka-action
{"version":1,"partitions":{"2":[3,1],"1":[2,3],"0":[1,2]}}
```

可以看到，该主题有 3 个分区、2 个副本，分别分布在 3 个节点上。上述创建主题命令各参数说明如下。

- zookeeper 参数是必传参数，用于配置 Kafka 集群与 ZooKeeper 连接地址，这里并不要求传递${ zookeeper.connect }配置的所有连接地址。为了容错，建议多个 ZooKeeper 节点的集群至少传递两个 ZooKeeper 连接配置，多个配置之间以逗号隔开。
- partitions 参数用于设置主题分区数，该配置为必传参数。Kafka 通过分区分配策略，将一个主题的消息分散到多个分区并分别保存到不同的代理上，以此来提高消息处理的吞吐量。Kafka 的生产者和消费者可以采用多线程并行对主题消息进行处理，而每个线程处理的是一个分区的数据，因此分区实际上是 Kafka 并行处理的基本单位。分区数越多一定程度上会提升消息处理的吞吐量，然而 Kafka 消息是以追加的形式存储在文件中的，这就意味着分区越多需要打开更多的文件句柄，这样也会带来一定的开销。
- replication-factor 参数用来设置主题副本数，该配置也是必传参数。副本会被分布在不同的节点上，副本数不能超过节点数，否则创建主题会失败。例如，3 个节点的 Kafka 集群最多只能有 3 个副本，若创建主题时指定副本数大于 3，则会抛出以下错误提示：

```
error while executing topic command : replication factor: 4 larger than available
brokers: 3
```

在创建主题时，我们还可以通过 config 参数来设置主题级别的配置以覆盖默认配置，可以设置多组配置，具体格式为：

```
--config config1-name=config1-value --config config2-name=config2-value
```

创建一个名为 config-test 的主题，设置该主题的 max.message.bytes 为 404800 字节，执行命令如下：

```
kafka-topics.sh --create --zookeeper server-1:2181,server-2:2181 --replication-
factor 2 --partitions 3 --topic config-test --config  max.message.bytes=404800
```

输出结果如下：

```
Created topic "config-test".
```

在创建主题时若使用了 config 参数，则通过 ZooKeeper 客户端可以在/config/topics 节点下查看到该主题所覆盖的配置，相关节点信息如下：

```
[zk: 172.117.12.61:2181(CONNECTED) 67] get /config/topics/config-test
{"version":1,"config":{"max.message.bytes":"404800"}}
```

关于主题级别的相关配置，读者可参阅 Kafka 官方网站的说明 https://kafka.apache.org/documentation.html#topic-config。

5.2.2 删除主题

删除 Kafka 主题，一般有以下两种方式。

（1）手动删除各节点${log.dir}目录下该主题分区文件夹，同时登录 ZooKeeper 客户端删除待删除主题对应的节点，主题元数据保存在/brokers/topics 和/config/topics 目录下。

（2）执行 kafka-topics.sh 脚本进行删除，若希望通过该脚本彻底删除主题，则需要保证在启动 Kafka 时所加载的 server.properties 文件中配置 delete.topic.enable=true，该配置默认为 false。否则执行该脚本并未真正删除主题，而是在 ZooKeeper 的/admin/delete_topics 目录下创建一个与待删除主题同名的节点，将该主题标记为删除状态。

本小节只讲解通过 kafka-topics.sh 删除主题的操作，如删除主题“kafka-action”的操作命令如下：

```
kafka-topics  --delete --zookeeper server-1:2181,server-2:2181  --topic kafka-action
```

删除命令执行后，在控制台打印结果信息如下：

```
Topic kafka-action is marked for deletion.
Note: This will have no impact if delete.topic.enable is not set to true.
```

从以上执行结果可以分析出：当 delete.topic.enable 设置为 false 时，只是标记“kafka-action”

为删除状态，主题在${log.dir}目录下对应的分区文件及在ZooKeeper中的相应节点并未被删除，而是在/admin/delete_topics 目录下创建一个以待删除主题命名的节点，以作标记。此时若希望彻底删除主题，则需要通过手动删除相应文件及节点。当该配置为true时，则会将该主题对应的所有文件目录及元数据信息删除。

5.2.3 查看主题

Kafka提供了list和describe两个命令方便查看主题信息，其中list参数列出Kafka所有的主题名，describe参数可以查看所有主题或某个特定主题的信息。

1. 查看所有主题

执行以下命令：

```
kafka-topics.sh --list --zookeeper server-1:2181,server-2:2181
```

输出结果如下：

```
config-test
kafka-action
```

当前Kafka集群有两个主题，主题名分别为“config-test”及“kafka-action”。

2. 查看某个特定主题信息

当执行describe命令时，若指定topic参数则查看特定主题的信息，若不指定topic参数则查看所有主题信息。该命令会按主题名分组显示各主题的信息。执行以下命令查看config-test主题的信息：

```
kafka-topics.sh --describe --zookeeper server-1:2181,server-2:2181
```

执行结果输出如下：

```
Topic:config-test PartitionCount:3 ReplicationFactor:2 Configs:max.message.bytes=404800
Topic: config-test Partition: 0   Leader: 3  Replicas: 3,1 Isr: 3,1
Topic: config-test   Partition: 1 Leader: 1  Replicas: 1,2 Isr: 1,2
Topic: config-test   Partition: 2 Leader: 2  Replicas: 2,3 Isr: 2,3
Topic:kafka-action   PartitionCount:3 ReplicationFactor:2  Configs:
Topic: kafka-action  Partition: 0 Leader: 1  Replicas: 1,2 Isr: 1,2
Topic: kafka-action  Partition: 1 Leader: 2  Replicas: 2,3 Isr: 2,3
Topic: kafka-action  Partition: 2 Leader: 3  Replicas: 3,1 Isr: 3,1
```

从输出结果可以看到：已按主题分组展示，每组主题信息中第一行分别展示了主题名、该主题分区总数、该主题副本总数、创建主题时通过config参数所设置的配置，从第二行开始按主题分区编号排序，展示每个分区的Leader副本节点、副本列表AR及ISR列表信息。

3. 查看正在同步的主题

通过describe与under-replicated-partitions命令组合使用，可以查看处于“under replicated”

状态的分区。处于该状态的主题可能正在进行同步操作，也有可能同步发生异常，即此时所查询到的主题分区的 ISR 列表长度小于 AR 列表长度。对于通过该命令查询到的分区要重点监控，因为这可能意味着集群某个代理已失效或者同步速度减慢等。当然，也可以指定 topic 参数以查询特定主题是否处于“under replicated”状态。执行命令如下：

```
kafka-topics.sh --describe --zookeeper 172.117.12.61:2181 --under-replicated-partitions # 查看处于“under replicated”状态的主题
```

4. 查看没有 Leader 的分区

通过 describe 与 unavailable-partitions 命令组合使用，可以查看没有 Leader 副本的主题。同样也可以指定 topic 参数，查看某个特定主题的哪些分区的 Leader 已不可用。执行命令如下：

```
kafka-topics.sh --describe --zookeeper server-1:2181,server-2:2181 --unavailable-partitions
```

5. 查看主题覆盖的配置

通过 describe 与 topics-with-overrides 命令组合使用，可以查看主题覆盖了哪些配置。组合使用与只有 describe 命令的区别在于：topic-with-overrides 命令只显示 descibe 命令执行的第一行信息。同样，也可以指定 topic 参数查看某个特定主题所覆盖的配置。执行以下命令：

```
kafka-topics.sh --describe --zookeeper server-1:2181,server-2:2181 --topics-with-overrides # 查看主题所覆盖的配置
```

输出信息如下：

```
Topic:config-test PartitionCount:3 ReplicationFactor:2 Configs:max.message.bytes=404800
```

5.2.4 修改主题

当创建一个主题之后，可以通过 alter 命令对主题进行修改，包括修改主题级别的配置、增加主题分区、修改副本分配方案、修改主题 Offset 等。下面详细讲解如何通过 Kafka 的 shell 脚本对主题进行修改。

1. 修改主题级别配置

在创建主题时，可以通过 config 参数覆盖主题级别的默认配置，当主题创建后可以通过 alter 与 config 参数组合使用，修改或增加新的配置以覆盖相应配置原来的值，或者通过 alter 与 delete-config 参数组合使用删除相应配置设置使其恢复默认值。同时 Kafka 还提供了一个 kafka-configs.sh 的脚本，专门用来对配置（这里的配置不单指主题级别的配置）进行操作，在未来的版本中将不再支持 alter 与 config 参数组合使用的方式对配置进行操作。在当前版本（0.10.1.1）的 Kafka 通过 alter 参数对配置进行操作时会有操作命令已过期并推荐使用 kafka-configs.sh 脚本的提示信息，虽然这种操作方式已过期，但并未被移除，因此在这里依然对其操

作方法进行介绍。下面通过修改主题“config-test”的相关配置来介绍相关命令的具体用法。

- 执行以下命令查看 config-test 主题当前的配置，命令如下：

```
kafka-topics.sh --describe --zookeeper server-12181,server-2:2181,server-3:2181
--topics-with-overrides --topic config-test    # 查看主题当前已覆盖的配置
```

输出结果如下：

```
Topic:config-test  PartitionCount:3  ReplicationFactor:2
Configs:max.message.bytes=404800
```

- 修改该 max.message.bytes 配置使其值为 204800，命令如下：

```
kafka-topics.sh --alter --zookeeper server-1:2181,server-2:2181,server-3:2181
--topic config-test --config max.message.bytes=204800
```

输出信息如下：

```
WARNING: Altering topic configuration from this script has been deprecated and may
be removed in future releases. Going forward, please use kafka-configs.sh for this
functionality
Updated config for topic "config-test".
```

更新配置成功，同时输出信息提示通过该方式修改主题级别配置的相关命令已过期，在未来的版本该命令将被移除，推荐使用 kafka-configs.sh 脚本。关于 kafka-topics.sh 脚本的相关操作在 5.5 节将有详细介绍。

- 覆盖主题“config-test”的 segment.bytes 大小为 200 MB（200*1024*1024），执行命令如下：

```
kafka-topics.sh --alter --zookeeper server-1:2181,server-2:2181,server-3:2181
--topic config-test --config segment.bytes=209715200
```

该命令执行后，通过参数 topics-with-overrides 查看主题 config-test 已覆盖的配置信息，相应信息输出结果如下：

```
Topic:config-test  PartitionCount:3  ReplicationFactor:2
Configs:segment.bytes=209715200,max.message.bytes=204800
```

- 删除配置项 segment.bytes 的设置，使其值恢复为默认值，操作命令如下：

```
kafka-topics.sh --alter --zookeeper server-1:2181,server-2:2181,server-3:2181
--topic config-test --delete-config segment.bytes
```

命令执行之后，再次查看主题 config-test 已覆盖的配置信息如下：

```
Topic:config-test PartitionCount:3 ReplicationFactor:2 Configs:max.message.bytes=204800
```

2. 增加分区

Kafka 并不支持减少分区的操作，我们只能为一个主题增加分区。例如，主题“config-test”目前有 3 个分区，如果将其分区设置为 5 个，操作命令如下：

```
kafka-topics.sh --alter --zookeeper server-1:2181,server-2:2181,server-3:2181
--topic config-test --partitions 5
```

增加分区命令执行成功后，查看集群各节点${log.dir}目录下所分配的分区目录文件均已成功创建。同时登录 ZooKeeper 客户端查看分区元数据信息如下：

```
[zk: 172.117.12.61:2181(CONNECTED) 7] ls /brokers/topics/config-test/partitions
[0, 1, 2, 3, 4]
[zk: 172.117.12.61:2181(CONNECTED) 8] get  /brokers/topics/config-test
{"version":1,"partitions":{"4":[1,3],"1":[1,2],"0":[3,1],"2":[2,3],"3":[3,2]}}
```

通过以上元数据信息显示，主题 config-test 分区数已增加到 5 个，同时各分区副本进行了重新分配。

5.3 生产者基本操作

Kafka 自带了一个在终端演示生产者发布消息的脚本 kafka-console-producer.sh，熟练掌握该脚本用法，更能直观帮助我们理解生产者发送消息的过程。运行该脚本启动一个生产者进程，在运行该脚本时可以传递相应配置以覆盖默认配置，该脚本提供 3 个命令参数用于设置配置项的方式。

- 参数 producer.config，用于加载一个生产者级别相关配置的配置文件，如 producer.properties。
- 参数 producer-property，通过该命令参数可以直接在启动生产者命令行中设置生产者级别的配置，在命令行中设置的参数将会覆盖所加载配置文件中的参数设置。
- 参数 property，通过该命令可以设置消息消费者相关的配置。

该脚本还支持其他命令参数，包括配置消息序列化类、配置消息确认方式、配置消息失败重试次数等，这里不一一列举。

5.3.1 启动生产者

Kafka 自带了一个 kafka-console-producer.sh 脚本，通过执行该脚本可以在终端调用 Kafka 生产者向 Kafka 发送消息。该脚本运行时需要指定 broker-list 和 topic 两个必传参数，分别用来指定 Kafka 的代理地址列表以及消息被发送的目标主题。同时该脚本还支持其他可选参数，例如，通过参数 sync 指定以同步模式发送消息，property 参数后跟配置项键值对，producer.config 参数加载一个生产者级别的配置文件等，这里不一一列出，读者可以参考表 4-6 所示的生产者配置说明。

执行以下命令，启动一个向主题 kafka-action 发送消息的生产者，同时指定每条消息包含有 Key：

```
kafka-console-producer.sh --broker-list server-1:9092,server-2:9092,server-3:9092
--topic kafka-action --property parse.key=true
```

该命令执行后，控制台等待客户端输入消息。由于没有指定消息 Key 与消息净荷（payload）

之间的分隔符，默认是以制表符分隔。若希望修改分隔符，则通过配置项 key.separator 指定。例如，执行以下命令启动一个生产者，同时指定启用消息的 Key 配置，并指定 Key 与消息实际数据之间以空格作为分隔符。

```
kafka-console-producer.sh --broker-list server-1:9092,server-2:9092,server-3:9092
--topic kafka-action --property parse.key=true --property key.separator=' '
```

在控制台分别输入一批消息，消息 Key 与消息实际数据之间以空格分隔。然后执行以下命令，验证消息是否发送成功。

```
kafka-run-class.sh kafka.tools.GetOffsetShell --broker-list server-1:9092,
server-2:9092,server-3:9092 --topic kafka-action --time -1
```

该命令用于查看某个主题各分区对应消息偏移量。可以通过 partitions 参数指定一个或多个分区，多个分区之间以逗号分隔，若不指定则默认查看该主题所有分区；time 参数表示查看在指定时间之前的数据，支持-1（latest）、-2（earliest）两个时间选项，默认取值为-1。

执行以上命令输出结果信息如下，共 3 列，分别表示主题名、分区编号、消息偏移量：

```
kafka-action:2:6
kafka-action:1:6
kafka-action:0:4
```

通过结果信息可知，总共产生了 16 条消息，3 个分区按编号从大到小依次有 6 条、6 条、4 条消息。

5.3.2 创建主题

在 5.2 节已提及，若开启了自动创建主题配置项 auto.create.topics.enable=true，当生产者向一个还不存在的主题发送消息时，Kafka 会自动创建该主题。例如，执行以下命令启动一个生产者向主题（该主题未创建）“producer-create-topic”发送消息：

```
kafka-console-producer.sh --broker-list server-1:9092,server-2:9092,server-3:9092
--topic producer-create-topic
```

生产者启动成功后，在控制台输入以下信息并按回车键，模拟生产者向主题 producer-create-topic 发送消息：

```
Producer sends message to a topic that doesn't exist yet
```

此时控制台输出以下信息：

```
WARN Error while fetching metadata with correlation id 0 : {producer-create-topic=
LEADER_NOT_AVAILABLE} (org.apache.kafka.clients.NetworkClient)
```

输出以上警告信息是由于当向该主题发送消息时该主题并不存在，因此获取不到该主题对应的元数据信息，此时就会创建一个新主题，该主题有${num.partitions}个分区和${ default.replication.factor}个副本。

5.3.3　查看消息

Kafka 生产的消息以二进制的形式存在文件中，为了便于查看消息内容，Kafka 提供了一个查看日志文件的工具类 kafka.tools.DumpLogSegments。通过 kafka-run-class.sh 脚本，可以直接在终端运行该工具类。例如，查看主题 producer-create-topic 相应分区下的日志文件，执行命令如下：

```
kafka-run-class.sh kafka.tools.DumpLogSegments --files /opt/data/kafka-logs/
producer-create-topic-0/00000000000000000000.log
```

上述命令，files 是必传参数，用于指定要转储（dump）文件的路径，可同时指定多个文件，多个文件路径之间以逗号分隔。

5.3.4　生产者性能测试工具

Kafka 提供了一个用来测试生产者性能的工具脚本 kafka-producer-perf-test.sh，通过该工具可以对生产者性能进行调优，通过优化不同的配置来提升生产者的发送速率，从而得到一组最优的参数配置，提高吞吐量。

1. Kafka 自带测试工具应用

Kafka 自带的生产者测试脚本核心代码内容如下：

```
exec $(dirname $0)/kafka-run-class.sh org.apache.kafka.tools.ProducerPerformance "$@"
```

该脚本调用的是 org.apache.kafka.tools.ProducerPerformance 类，该类在 tools 工程下，用 Java 语言实现，与之前版本的 Kafka 相比，Kafka 0.10.1.1 版本中生产者性能测试工具并没有提供线程数设置的 threads 参数，我认为这应该与当前版本的 KafkaProducer 实现方式有关，通过 Java 语言重新实现的 KafkaProducer 是线程安全的，多线程共享同一个 KafkaProducer 实例要比每个线程创建一个实例在发送消息时要快得多，而当前 ProducerPerformanc 类中也没有采用多线程的实现方式。同时，当前版本的脚本将指定连接 Kafka 代理地址的参数不再是直接通过参数 broker-list 设置，而是通过参数 producer-props 指定配置项的形式设置，通过配置 bootstrap.servers 来指定代理列表。该工具支持参数详细说明如表 5-2 所示。

表 5-2　Kafka 测试工具参数说明

参数名	参数说明
topic	指定生产者发送消息的目标主题
num-records	测试时发送消息的总条数
record-size	每条消息的字节数
throughput	限流控制
producer-props	以键值对的形式指定配置，可同时指定多组配置，多组配置之间以空格分隔
producer.config	加载生产者级别的配置文件

需要特别说明的是，throughput 参数是用来进行限流控制的。当 throughput 值小于 0 时则不进行限流；若该参数值大于 0 时，当已发送的消息总字节数与当前已执行的时间取整大于该字段时生产者线程会被阻塞一段时间。生产者线程被阻塞时，在控制台可以看到输出一行吞吐量统计信息；若该参数值等于 0 时，则生产者在发送一次消息之后检测满足阻塞条件时将会一直被阻塞。

例如，向一个名为“producer-perf-test”的主题发送 100 万条消息，每条消息大小为 1000 字节，同时 acks 设置为 all，对应的 acks 值为-1，测试 Kafka 生产消息的性能执行命令如下：

```
kafka-producer-perf-test.sh --num-records 1000000  --record-size 1000 --topic
producer-perf-test --throughput 1000000 --producer-props
bootstrap.servers=server-1:9092,server-2:9092,server-3:9092 acks=all
```

测试结果输出如下：

```
1000000 records sent, 237812.128419 records/sec (226.80 MB/sec), 105.50 ms avg latency,
340.00 ms max latency, 101 ms 50th, 223 ms 95th, 238 ms 99th, 240 ms 99.9th
```

测试输出结果各字段说明如表 5-3 所示。

表 5-3 Kafka 压力测试输出字段说明

字 段 名	描 述
recores sent	测试时发送的消息总数
records/sec	以每秒发送的消息数来统计的吞吐量
MB/sec	以每秒发送的消息大小（单位为 MB）来统计的吞吐量
avg latency	消息处理的平均耗时，单位为 ms
max latency	消息处理的最大耗时，单位为 ms
50th/95th/99.9th	分别表示 50%、95%、99.9%的消息处理耗时

由于不同环境配置压力测试结果不一样，这里只是介绍如何使用该工具对生产者进行压力测试，并不打算给出一份压力测试的完整数据，请读者依据此方法自行进行相关压力测试。例如，通过设置不同参数配置、消息数、每条消息字节数、消息同步方式、是否有消费者在消费等场景对比压测，这里不再介绍。

2. Kafka 测试源码修改编译

生产者压力测试的脚本调用的是 kafka.tools.ProducerPerformance.Java 类，该类已丢弃了对线程数的设置，如果希望在压力测试时可指定线程数，我们可以修改该类然后重新编译，并替换$KAFKA_HOME/lib 目录下的 kafka-tools-0.10.1.1.jar 文件，或者修改该脚本，在该脚本中调用 kafka.tools.ProducerPerformance。这里采用修改脚本的方式，将原脚本复制一份，并重命名为 kafka-producer-perf-test-old.sh，将该脚本内容修改如下：

```
exec $(dirname $0)/kafka-run-class.sh kafka.tools.ProducerPerformance "$@"
```

在终端直接运行该脚本，会在控制台输出该脚本所支持的参数，修改后的脚本支持更多的参数，其中 thread 参数用于设置生产者线程数，new-producer 参数用于设置创建的生产者为 org.apache.kafka.clients.producer.KafkaProducer，同时还支持多主题设置、测试结果导出到 CSV 文件中等。

通过 threads 参数设置线程数为 3，messages 参数设置发送的总消息数，message-size 参数设置每条消息的字节数，sync 参数设置生产者以同步模式发送消息，broker-list 参数设置代理地址列表，再次执行上述性能测试用例，执行命令如下：

```
kafka-producer-perf-test-old.sh --new-producer --messages 1000000 --message-size
1000 --threads 3 --topics producer-perf-test  --broker-list server-1:9092,server
-2:9092,server-3:9092
```

该命令执行时在控制台输出以下错误信息：

```
WARN Error registering AppInfo mbean (org.apache.kafka.common.utils.AppInfoParser)
Javax.management.InstanceAlreadyExistsException:
kafka.producer:type=app-info,id=producer-performance
```

错误原因在于 KafkaProducer 在实例化时会实例化 JMX 管理相关组件，该组件会通过 client.id 配置注册相应的 MBean 对象，若注册时的 client.id 相同，也会报此错误，而在 Scala 版本的 ProducerPerformance 源码中对 client.id 设置的代码如下：

```
props.put(ProducerConfig.CLIENT_ID_CONFIG, "producer-performance")
```

可以看到，对 client.id 设置为一个固定值，这样会导致在 threads 设置大于 1 时，由于为每个线程实例化一个 KafkaProducer 对象时 client.id 为同一值，JMX 组件注册 MBean 对象时就会报错。

我们将该行代码修改为：

```
props.put(ProducerConfig.CLIENT_ID_CONFIG, "producer-performance"+System.
currentTimeMillis());
```

然后按以下步骤将 kafka 源码重新编译成新的 jar 文件。

（1）设置 Scala 版本。由于本书所研究的 Kafka 版本为 kafka_2.11-0.10.1.1，因此在对 Kafka 部分 jar 文件替换时也要保证编译 Kafka 的 Scala 版本为 2.11 相应版本，否则替换相应 jar 文件运行 Kafka 时，由于 Scala 版本不一致而导致 Kafka 启动失败。查看 Kafka 启动日志，错误信息如下：

```
Caused by: Java.lang.ClassNotFoundException: scala.collection. GenTraversableOnce
```

进入 Kafka 源码目录下，编辑 gradle.properties 文件，确保 Scala 版本为 2.11 相应版本，本书用的 Scala 的版本为 2.11.8，则对应的配置如下：

```
scalaVersion=2.11.8
```

（2）构建 Kafka 源码 jar 文件。在 Kafka 源码目录下执行 gradlew releaseTarGz 命令，将 Kafka 源码构建成相应 jar 文件。

```
.\gradlew releaseTarGz
```

编译成功后，控制台部分输出信息如图 5-2 所示。

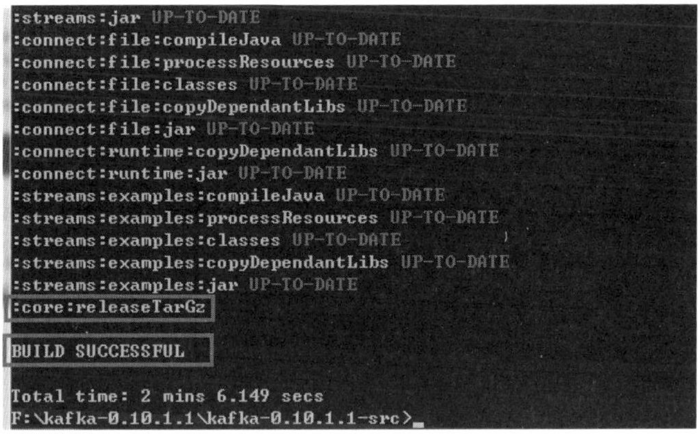

```
:streams:jar UP-TO-DATE
:connect:file:compileJava UP-TO-DATE
:connect:file:processResources UP-TO-DATE
:connect:file:classes UP-TO-DATE
:connect:file:copyDependantLibs UP-TO-DATE
:connect:file:jar UP-TO-DATE
:connect:runtime:copyDependantLibs UP-TO-DATE
:connect:runtime:jar UP-TO-DATE
:streams:examples:compileJava UP-TO-DATE
:streams:examples:processResources UP-TO-DATE
:streams:examples:classes UP-TO-DATE
:streams:examples:copyDependantLibs UP-TO-DATE
:streams:examples:jar UP-TO-DATE
:core:releaseTarGz

BUILD SUCCESSFUL

Total time: 2 mins 6.149 secs
F:\kafka-0.10.1.1\kafka-0.10.1.1-src>
```

图 5-2 Kafka 源码编译 jar 文件编译输出日志

进入 Kafka 源码 core/bulid/libs 目录下可看到该命令执行后构建的相应 jar 文件，如图 5-3 所示。

本地磁盘 (F:) ▸ kafka-0.10.1.1 ▸ kafka-0.10.1.1-src ▸ core ▸ build ▸ libs

工具(T) 帮助(H)

共享 ▾ 刻录 新建文件夹

名称	修改日期	类型	大小
kafka_2.11-0.10.1.1.jar	2017/3/20 12:18	Executable Jar File	5,455 KB
kafka_2.11-0.10.1.1-javadoc.jar	2017/3/20 12:18	Executable Jar File	44 KB
kafka_2.11-0.10.1.1-scaladoc.jar	2017/3/20 12:18	Executable Jar File	10 KB
kafka_2.11-0.10.1.1-sources.jar	2017/3/20 12:18	Executable Jar File	675 KB
kafka_2.11-0.10.1.1-test.jar	2017/3/20 12:18	Executable Jar File	3,018 KB
kafka_2.11-0.10.1.1-test-sources.jar	2017/3/20 12:18	Executable Jar File	408 KB

图 5-3 Kafka 源码编译为 jar 文件执行结果

（3）替换 jar 文件。登录 Kafka 集群服务器，用上一步构建的 jar 文件替换各代理的$KAFKA_HOME/libs 目录下相应 jar 文件，重新启动集群。

（4）执行测试命令。再次执行测试脚本，启动新版本的生产者，同时指定线程数为 3，执行命令及测试结果如图 5-4 所示。

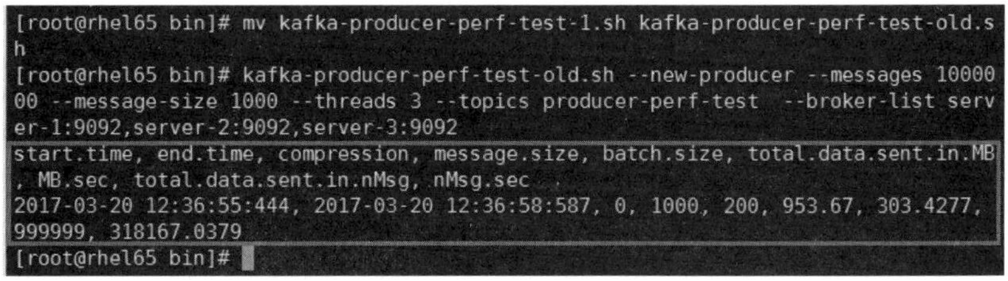

```
[root@rhel65 bin]# mv kafka-producer-perf-test-1.sh kafka-producer-perf-test-old.s
h
[root@rhel65 bin]# kafka-producer-perf-test-old.sh --new-producer --messages 10000
00 --message-size 1000 --threads 3 --topics producer-perf-test  --broker-list serv
er-1:9092,server-2:9092,server-3:9092
start.time, end.time, compression, message.size, batch.size, total.data.sent.in.MB
, MB.sec, total.data.sent.in.nMsg, nMsg.sec
2017-03-20 12:36:55:444, 2017-03-20 12:36:58:587, 0, 1000, 200, 953.67, 303.4277,
999999, 318167.0379
[root@rhel65 bin]#
```

图 5-4 KafkaProducer 多线程测试结果

这里更多的是希望介绍 Kafka 构建 jar 文件的方法，对测试脚本的应用不再进行更多介绍。

5.4 消费者基本操作

Kafka 也自带了对消费者进行操作的相关脚本，本节将详细介绍每个脚本的作用及用法。

5.4.1 消费消息

Kafka 的消费者以 Pull 的方式获取消息，同时 Kafka 采用了消费组的模式，每个消费者都属于某一个消费组。在创建消费者时，若不指定消费者的 groupId，则该消费者属于默认消费组。消费组是一个全局的概念，因此在设置 group.id 时，要确保该值在 Kafka 集群中唯一。

同一个消费组下的各消费者在消费消息时是互斥的，也就是说，对于一条消息而言，就同一个消费组下的消费者来讲，只能被同组下的某一个消费者消费，但不同消费组的消费者能消费同一条消息，正因如此，我们很方便通过消费组来实现消息的单播与广播。这里所说的单播与广播是相对消费者消费消息而言的。

Kafka 提供了一个 kafka-console-consumer.sh 脚本以方便用户在终端模拟消费者消费消息，该脚本内容如下：

```
exec $(dirname $0)/kafka-run-class.sh kafka.tools.ConsoleConsumer "$@"
```

该脚本调用的是 Kafka core 工程下 kafka.tools 包下的 ConsoleConsumer 对象，该对象根据运行时参数不同，分别调用 Kafka 老版本的消费者和新版本的消费者（org.apache.kafka.clients.consumer.KafkaConsumer）消费消息。

1. 旧版高级消费者

kafka-console-consumer.sh 脚本通过运行时指定连接 Kafka 的方式来区分调用哪个版本的消费者。若在运行脚本时指定 zookeeper 参数，则调用的是旧版高级消费者（kafka.consumer.Zoo Keeper ConsumerConnector）。进入$KAFKA_HOME/bin 目录下执行以下命令启动一个老版本的消费者。

```
./kafka-console-consumer.sh --zookeeper server-1:2181,server-2:2181,server-2:2181
--topic kafka-action --consumer-property group.id=old-consumer-test --consumer-property
consumer.id=old-consumer-c1 --from-beginning --delete-consumer-offsets
```

以上启动消费者命令的各参数说明如下。

- zookeeper 参数用于指定连接 Kafka 的 ZooKeeper 地址设置。
- topic 参数指定消费者消费的主题。
- consumer-property 参数后面以键值对的形式指定消费者级别的配置。例如，在启动消费者时可以通过配置 group.id 设置消费组名，若不设置该值，执行该脚本时会随机创建一个以“console-consumer-”为前缀，之后连接一个 100000 以内的随机整数组成字符串作为消费组名；通过 consumer.id 设置消费者的 Id，启动一个旧版高级消费者会在 ZooKeeper 中注册该消费者的 Id，在 ZooKeeper 中会创建一个以${group.id}_${consumer.id}的节点，若不指定 consumer.id，启动消费者时会创建一个以代理的 hostname-当前时间戳-UUID 前 8 位字符构成的字符串作为 consumer.id。

- from-beginning 参数设置从消息起始位置开始消费。默认是从最新消息位置（latest）开始消费。执行该脚本时老版本的消费者并不支持--offset 参数，也就是说，使用老版本消费者时只能指定是从消息起始位置还是最新消息位置，而不能指定从任意偏移量开始消费。
- delete-consumer-offsets 参数用于删除在 ZooKeeper 中记录的已消费的偏移量。假设有多个消费者属于该消费组，则再创建一个属于该消费组的消费者时若指定了 from-beginning 参数，则必须指定该参数，以删除其他消费者在 ZooKeeper 中记录的已被消费的最大偏移量，因为对一条消息而言，只能被同一个消费组下的某一个消费者消费。之所以在这里使用该参数是希望向读者介绍该参数的用法，但在实际应用中很少会在创建新的消费者时删除已被消费提交的偏移量。

旧版消费者默认将消费偏移量保存到 ZooKeeper 中，可以通过 offsets.storage 进行设置，若指定 offsets.storage=kafka 则将偏移量保存到 Kafka 内部主题中，若设置 offsets.storage=zookeeper 则将偏移量保存到 ZooKeeper 中。当 offffset.storage=kafka 时还可以通过配置项 dual.commit.enabled=true 设置同时将偏移量保存到 ZooKeeper 中。启动一个旧版消费者在 ZooKeeper 中对应元数据的目录结构如图 5-5 所示。

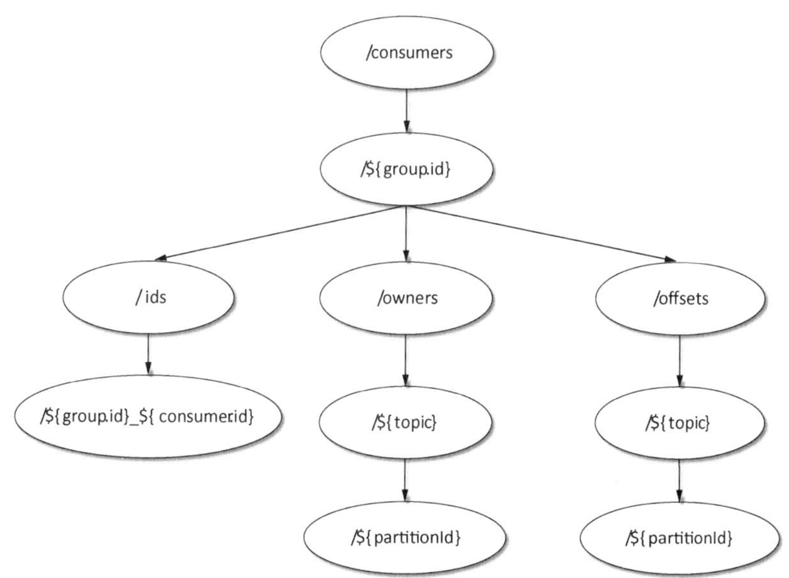

图 5-5 消费者在 ZooKeeper 中元数据目录结构

每个消费者被创建时都会向 ZooKeeper 中注册相应的元数据信息，若该消费者所属的消费组在 ZooKeeper 中不存在，则首先在/consumers 目录下创建一个名为${group.id}的节点，即消费组节点，并创建 3 个子节点。3 个节点名及作用描述如表 5-4 所示。

表 5-4　消费组子节点说明

节 点 名	用　途
ids	记录该消费组下正在运行的消费者列表
owners	记录该消费组消费的主题列表
offsets	记录该消费组下每个消费者所消费主题的各个分区的偏移量，若在启动消费者时指定 offsets.storage=kafka 则偏移量会保存到 Kafka 内部主题中，就不会有该节点

一个新的消费者被创建时会在 ZooKeeper 中与之对应的消费组节点的 ids 子节点下注册一个临时节点，该临时节点名为${group.id}_${consumer.id}，当消费者退出时该节点就会被删除。当消费者发生变化时，通过 ZooKeeper 的 Watch 机制感知消费者的变化，从而进行消费者平衡操作，根据分区分配策略重新分配每个消费者消费的分区。

在 ZooKeeper 客户端查看该消费组 ids 节点信息，执行命令及输出信息如下：

```
[zk: server-1:2181,server-2:2181,server-3:2181(CONNECTED) 91] ls /consumers/
old-consumer-test/ids
[old-consumer-test_old-consumer-c1]
```

同时，通过 get 命令查看 old-consumer-test_old-consumer-c1 节点存储的元数据信息如下：

```
{"version":1,"subscription":{"kafka-action":1},"pattern":"white_list","timestamp":
"1489024110802"}
```

其中 version 为固定值 1；subscription 记录该消费者订阅的主题列表及每个主题对应的消费者线程数，本例表示订阅的主题名为“kafka-action”，有一个线程在消费；pattern 目前支持 white_list、black_list 和 static 这 3 个取值，Kafka 提供了按主题分组统计的功能（TopicCount），根据 pattern 的取值分别实例化不同的 TopicCount 对象；timestamp 记录消费者启动时的时间戳。

在消费组节点 owners 子节点中记录该消费组所消费的主题列表以及每个主题的每个分区对应的消费者线程。当主题的元数据信息发生变化时，如分区 Leader 发生变化时，将触发所有的消费组进行平衡操作。例如，在 ZooKeeper 客户端执行以下命令查看本例所创建的消息者在 owner 节点相关信息：

```
[zk: server-1:2181,server-2:2181,server-3:2181(CONNECTED) 100] ls  /consumers/
old-consumer-test/owners
```

输出信息如下：

```
[kafka-action]
```

查看编号为 0 的分区对应的消费者线程信息，在 ZooKeeper 客户端执行命令：

```
[zk:server-1:2181,server-2:2181,server-3:2181(CONNECTED)101]get /consumers/
old-consumer-test/owners/kafka-action/0
```

输出信息如下：

```
old-consumer-test_old-consumer-c1-0
```

由于当前消费组只有一个消费者，因此通过以上命令查看某个分区对应的消费者信息均为old-consumer-test_old-consumer-c1-0，该信息格式为${group.id}_${consumer.id}-消费者线程编号。

在 offsets 子节点记录了该消费组订阅的每个主题的各分区已消费的最大偏移量，要查看本例编号为 0 的分区已消费的最大偏移量，在 ZooKeeper 客户端执行命令：

```
[zk: server-1:2181,server-2:2181,server-3:2181(CONNECTED) 118] get
/consumers/old-consumer-test/offsets/kafla-actiont/0
```

输出信息如下（省略了 ZooKeeper 相关信息）：

```
5
```

以上输出结果表示该分区的消息已被该消费组（old-consumer-test）的消费者消费的最大偏移量为 5。

2. 旧版低级消费者

Kafka 自带了一个 kafka-simple-consumer-shell.sh 脚本，用于调用 Kafka 的低级消费者（Simple Consumer），该脚本代码如下：

```
exec $(dirname $0)/kafka-run-class.sh kafka.tools.SimpleConsumerShell "$@"
```

该脚本调用 kafka.tools.SimpleConsumerShell 类，SimpleConsumerShell 通过实现 Simple Consumer 相关的 API，简单地将消息输出到终端。低级消费者需要自己管理消费偏移量，同时只能消费某个主题的某个分区的消息，因此当我们执行该脚本启动一个消费者时，该消费者并不会向 ZooKeeper 注册相应元数据信息。例如，执行以下命令，启动一个消费者，从主题 kafka-action 编号为 0 的分区拉取消息。

```
./kafka-simple-consumer-shell.sh --broker-list server-1:9092,server-2:9092,server
-3:9092 --clientId simple-consumer-test --offset -1 --partition 0 --topic kafka-action
```

该命令部分参数说明如下。

- --broker-list：用于指定代理地址列表。从该参数也可以看出 Low-Level 消费者并不依赖 ZooKeeper。
- --offset：用于指定消费的起始位置。该参数支持任意非负整数，同时支持−1 和−2 两个负数，分别表示消息起始位置和最新消息的位置，若不指定该参数，默认是−2。
- --partition 用于指定分区，若不指定默认是编号为 0 的分区。

该脚本还支持其他参数，如指定消息格式的 formatter 参数、指定是从分区的 Leader 副本消费消息还是从 Follower 副本消费的 replica 参数，默认是−1 即从 Leader 副本消费等。

3. 新版本消费者

新版本的消费者（org.apache.kafka.clients.consumer.KafkaConsumer）去掉了对 ZooKeeper 的依赖，当启动一个消费者时不再向 ZooKeeper 注册，而是由消费组协调器（GroupCoordinator）统一管理。消费者已消费消息的偏移量提交后会保存到名为“__consumer_offsets”的内部主题中。下面详细介绍如何 kafka-console-consumer.sh 脚本执行新版本消费者相关操作。

首先执行以下命令启动一个新版消费者：

```
./kafka-console-consumer.sh --bootstrap-server server-1:9092,server-2:9092,
server-3:9092 --new-consumer --consumer-property group.id=new-consumer-test
--consumer-property client.id=new-consumer-c1 --topic kafka-action
```

执行该脚本关键参数是 bootstrap-server，因为以这种方式连接 Kafka 时才会调用新版本的 KafkaConsumer，若通过参数 zookeeper 方式启动则调用的是老版本的消费者。同时可以通过 new-consumer 参数直接指定调用新版本的消费者，若以参数 bootstrap-server 方式启动，则默认调用的是新版消费者，此时可以不用设置 new-consumer 参数。以上启动消费者的命令通过参数 consumer-property 设置 group.id 为 new-consumer-test。通过计算消费组名的 hashcode 值与内部主题分区总数（默认是 50 个分区）取模来确定消费者偏移量存储的分区。若没有指定 group.id，则消费者属于默认消费组，可以通过以下命令查看消费组名信息。

```
    kafka-consumer-groups.sh --bootstrap-server server-1:9092,server-2:9092,
server-3:9092  --list --new-consumer
```

其中，参数 new-consumer 指定列出新消费者类型的所有消费组信息。通过消费组名根据以下公式就可以计算出该消费组已消费的偏移量存储在__consumer_offsets 主题对应的分区。

```
Math.abs(${group.id}.hashCode()) % ${offsets.topic.num.partitions}
```

利用该公式，计算出本例的消费者已消费的偏移量保存在编号为 6 的分区（Math.abs ("new-consumer-test".hashCode()) % 50=6）。可以通过以下几种方式来验证。

（1）查看主题 kafka-action 各分区的偏移量信息，命令如下：

```
kafka-run-class.sh kafka.tools.GetOffsetShell --broker-list server-1:9092,server
-2:9092,server-3:9092 --topic kafka-action -time -1
```

输出结果如下：

```
kafka-action:2:14
kafka-action:1:12
kafka-action:0:11
```

（2）查看__consumer_offsets 主题编号为 6 的分区的信息。执行以下命令：

```
kafka-simple-consumer-shell.sh --topic __consumer_offsets --partition 6
--broker-list server-1:9092,server-2:9092,server-3:9092 --formatter
"kafka.coordinator.GroupMetadataManager\$OffsetsMessageFormatter"
```

输出结果如下：

```
[new-consumer-test,kafka-action,0]::[OffsetMetadata[11,NO_METADATA],CommitTime
1489143903365,ExpirationTime 1489230303365]
[new-consumer-test,kafka-action,1]::[OffsetMetadata[12,NO_METADATA],CommitTime
1489143903365,ExpirationTime 1489230303365]
[new-consumer-test,kafka-action,2]::[OffsetMetadata[14,NO_METADATA],CommitTime
1489143903365,ExpirationTime 1489230303365]
```

可以看到，编号为 6 的分区中记录了该消费组已消费的偏移量，各分区记录的偏移量信息与方式 1 中展示的信息一致。

4. 消费多主题

Kafka 自带脚本 kafka-console-consumer.sh 的 topic 参数并不支持同时指定多个主题，但该脚本提供了另外一个参数 whitelist（白名单），该参数可同时指定多个主题，且支持正则表达式。注意，主题名表达式需要加引号。例如，执行以下命令，指定消费 kafka-action 和 producer-perf-test 两个主题的消息。

```
kafka-console-consumer.sh --bootstrap-server server-1:9092,server-2:9092,
server-3:9092  --new-consumer --consumer-property group.id=consume-multi-topic
--whitelist "kafka-action|producer-perf-test"
```

然后启动两个生产者，分别向 kafka-action 和 producer-perf-test 两个主题发送消息，此时在终端可以看到消费者消费到两个主题的消息，测试结果如图 5-6 所示。

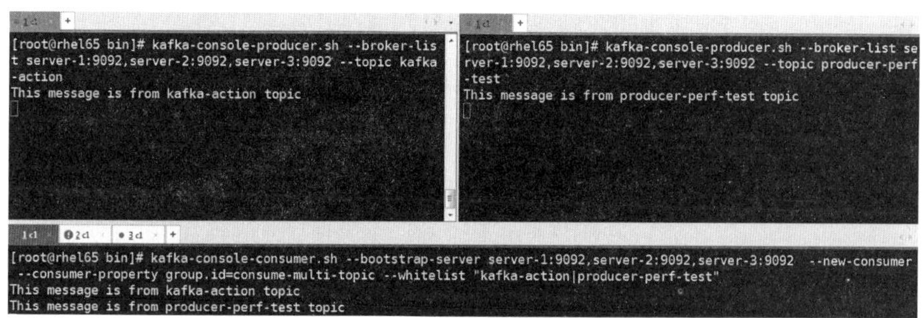

图 5-6 消费多主题的测试结果

5.4.2 单播与多播

Kafka 引入了消费组，每个消费者都属于一个特定的消费组，通过消费组就可以实现消息的单播与多播。本节详细介绍消息单播与多播的具体实现方式。

1. 单播

一条消息只能被某一个消费者消费的模式称为单播。要实现消息单播，只要让这些消费者属于同一个消费组即可。下面通过一个简单实例介绍在终端模拟消息单播操作流程。

首先启动一个生产者向 kafka-action 主题发送消息，执行命令如下：

```
kafka-console-producer.sh --broker-list server-1:9092,server-2:9092,server-3:9092
--topic kafka-action
```

在终端分别执行以下命令，启动两个消费者：

```
kafka-console-consumer.sh --bootstrap-server server-1:9092,server-2:9092,server-
3:9092 --new-consumer --topic kafka-action --consumer-property group.id=single
-consumer-group
```

当生产者发送一条消息时，两个消费者中只有一个能收到信息，运行结果如图 5-7 所示。

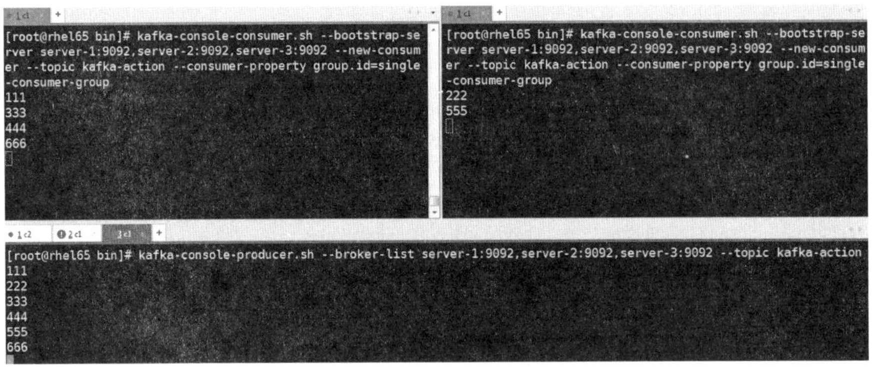

图 5-7　单播测试结果

2. 多播

一条消息能够被多个消费者消费的模式称为多播。之所以不称之为广播，是因为一条消息只能被 Kafka 同一个分组下某一个消费者消费，而不是所有消费者都能消费，所以从严格意义上来讲并不能算是广播模式，当然如果希望实现广播模式只要保证每个消费者均属于不同的消费组。针对 Kafka 同一条消息只能被同一个消费组下的某一个消费者消费的特性，要实现多播只要保证这些消费者属于不同的消费组即可。例如，我们再增加一个消费者，该消费者属于 multi-consumer-group 消费组，命令如下：

```
kafka-console-consumer.sh --bootstrap-server
server-1:9092,server-2:9092,server-3:9092 --new-consumer --topic kafka-action
--consumer-property group.id=multi-consumer-group
```

然后通过生产者发送几条消息，可以看到不同消费组的消费者同时能消费到消息，然而同一个消费组下的消费者却只能有一个消费者能消费到消息，运行结果如图 5-8 所示。

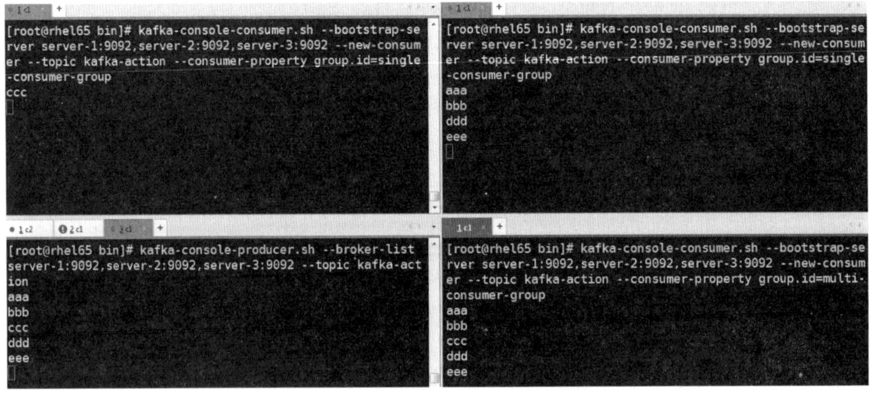

图 5-8　多播测试结果

5.4.3 查看消费偏移量

Kafka 提供了一个查看某个消费组消费者消费偏移量的 kafka-consumer-offset-checker.sh 脚本。通过该脚本可以查看某个消费组消费消息的情况，该脚本调用的是 kafka.tools.Consumer OffsetChecker，不过在 0.9 版本之后已不再建议使用该脚本，而建议使用 kafka-consumer-groups.sh，该脚本调用的是 kafka.admin.ConsumerGroupCommand。下面分别介绍通过这两个脚本查看消费偏移量的用法。

1. ConsumerOffsetChecker 用法

ConsumerOffsetChecker 底层调用的是 SimpleConsumer 来获取相关的消费信息。首先执行以下命令，启动一个新版本的消费者，该消费者消费主题 kafka-action 的消息，同时该消费者隶属于消费组 consumer-offset-test。

```
kafka-console-consumer.sh --bootstrap-server server-1:9092,server-2:9092,
server-3:9092 --new-consumer --topic kafka-action --consumer-property
group.id=consumer-offset-test
```

执行以下命令查看消费组 consumer-offset-test 对主题 kafka-action 消费情况：

```
kafka-consumer-offset-checker.sh --zookeeper server-1:2181,server-2:2181,
server-3:2181 --topic kafka-action --group consumer-offset-test --broker-info
```

其中参数 zookeeper 和 group 是必传参数，支持同时查看多个主题，多个主题之间以逗号分隔，不指定主题，则默认查看该消费组消费的所有主题。broker-info 是可选参数，打印出各代理信息。

输出结果如下：

```
Group                Topic          Pid     Offset      logSize     Lag     Owner
consumer-offset-test kafka-action   0       30          30          0       none
consumer-offset-test kafka-action   1       28          28          0       none
consumer-offset-test kafka-action   2       32          32          0       none
BROKER INFO
2 -> 172.117.12.62:9092
1 -> 172.117.12.61:9092
3 -> 172.117.12.63:9092
```

输出信息展示了该消费组对所订阅的主题各分区消费情况，包括消费组名（Group）、主题名（Topic）、分区编号（Pid）、已提交的最大消费偏移量（Offset）、消息最大偏移量（logSize）、消费者未消费或是已消费但还未提交而落后于消息偏移量的剩余量（Lag）、消费组所属于的用户（Owner）。同时打印出代理信息，即 broker.id 与代理地址的映射关系。

2. ConsumerGroupCommand 用法

kafka-consumer-groups.sh 脚本调用的是 ConsumerGroupCommand 类。该脚本支持--zookeeper 和--bootstrap-server 两种运行方式，支持以下 3 种类型的操作。

- list：返回与启动方式对应的所有消费组，即若是以参数 zookeeper 方式启动，则返回的是老版本的消费者对应的消费组信息，否则返回新版本的消费者隶属的消费组信息。
- describe：查看某个消费组当前的消费情况。
- delete：删除消费组。

list 类型的操作在上一小节其实已应用过，在此不再介绍。接下来我们首先介绍 describe 类型的操作。describe 用于查看消费组当前的消费情况，若待查看的消费组是以老版本方式创建的，则通过该脚本查看消费情况时应该以--zoookeeper 方式运行。以--zookeeper 方式运行时，其实现原理即通过查询老版本的消费者在 ZooKeeper 中记录的相应的元数据信息。反之，若查看的是新消费者的消费情况，则应以--bootstrap-server 方式运行该脚本。若消费组是通过新消费者方式创建，新版本的消费者不依赖于 ZooKeeper，而运行该脚本时却是通过 ZooKeeper 方式执行，这样由于在 ZooKeeper 中查询不到相应的元数据信息，而导致不会返回任何消费信息。

本例待查看的消费者为新版本的消费者，因此执行以下命令查看该消费组消费情况：

```
kafka-consumer-groups.sh --bootstrap-server
server-1:9092,server-2:9092,server-3:9092 --describe --group consumer-offset-test
--new-consumer
```

输出结果如下：

```
GROUP                TOPIC        PARTITION  CURRENT-OFFSET  LOG-END-OFFSET  LAG OWNER
consumer-offset-test kafka-action 0          29              29   0 consumer-1_/172.117.12.61
consumer-offset-test kafka-action 1          28              28   0 consumer-1_/172.117.12.61
consumer-offset-test kafka-action 2          31              31   0 consumer-1_/172.117.12.61
```

同时，若是以 bootstrap-server 方式运行该脚本时，只能查看运行着的消费组，若消费组状态为“Dead”，则由于在 Metadata 中查询不到相应元数据信息而导致不会返回任何消费信息，此时会在终端输出以下提示信息，Kafka 认为消费者正在进行平衡操作：

```
Consumer group `consumer-offset-test` is rebalancing.
```

因此，若在查询消费组消费信息时出现以上提示信息，有一种可能是消费者已处于非正常运行状态，有可能消费者正在进行平衡操作。

该脚本支持删除不包括任何消费者的消费组。需要注意的是，该脚本只能删除消费组为老版本消费者对应的消费组。我们可以指定删除某个主题的消费组，也可以不指定主题。当然也可以不指定消费组而指定主题，此时删除该主题下的所有不具有消费者的消费组。删除操作的本质是删除 ZooKeeper 中相应消费组的节点及其子节点。

首先执行以下命令，查看消息组信息：

```
kafka-consumer-groups.sh --zookeeper server-1:2181,server-2:2181,server-3:2181 --list
```

输出为：

```
old-consumer-test
```

登录 ZooKeeper 客户端查看该消费组节点信息如下：

```
[zk: server-1:2181,server-2:2181,server-3:2181(CONNECTED) 12] ls /consumers/
old-consumer-test/ids
[]
```

由该消费组在 ZooKeeper 中元数据信息可知，该消费组下没有任何消费者，因此执行以下命令该消费组将被成功删除。

```
kafka-consumer-groups.sh --zookeeper server-1:2181,server-2:2181,server-3:2181
--delete --group old-consumer-test
```

该命令执行后输出信息如下：

```
Deleted all consumer group information for group old-consumer-test in zookeeper.
```

再次在 ZooKeeper 客户端查看 Kafka 元数据信息，发现该消费组相应的节点已被删除。

5.4.4 消费者性能测试工具

Kafka 也提供了对新、老两个版本的消费者性能进行压力测试的脚本 kafka-consumer-perf-test.sh。本小节也仅介绍该脚本的相关用法，而不给出消费者性能压力测试的完整报告。

与消费者相关操作的其他脚本一样，该脚本也是通过运行时所指定的连接 Kafka 的方式来确定调用哪个版本的消费者。该脚本支持多线程（--threads 参数）设置，例如，以 broker-list 方式启动该脚本，并指定 5 个线程，消费 100 万条消息，每条消息大小为 1000 字节（默认为 100 字节），同时指定 num-fetch-threads 为 2，默认是 1 个线程，消费的主题为“producer-perf-test”。该主题在生产者性能测试时已写入了超过 100 万条消息，其他参数不再设置（在实际压力测试时我是将消费级别的相应配置写在一个 consumer.properties 文件中，然后通过--consumer.config 参数加载该文件），执行命令如下：

```
kafka-consumer-perf-test.sh --broker-list server-1:9092,server-2:9092,server
-3:9092 --threads 5 --messages 1000000 --message-size 1000 --num-fetch-threads 2
--group consumer-perf-test --topic producer-perf-test --new-consumer
```

测试结果输出如下：

```
start.time, end.time, data.consumed.in.MB, MB.sec, data.consumed.in.nMsg, nMsg.sec
2017-03-11 15:31:27:815, 2017-03-11 15:31:33:528, 953.9642, 166.9813, 1000304, 175092.5958
```

测试结果共展示 6 列信息，依次为运行起始时间、结束时间、消费的消息总量（单位为 MB）、按消息总量统计的吞吐量（单位为 MB/s）、消费的消息总条数、按消息总数统计的吞吐量（单位为条/s）。

5.5 配置管理

Kafka 提供了 kafka-configs.sh 脚本用于对配置进行管理操作，支持修改配置（--alter）和查看配置（--describe）两个基本操作。该脚本将对配置的增、删、改视为修改配置（--alter）的一种，--add-conifg 与--alter 指令组合使用，用来实现增加或是修改配置，即不能试图只通过--alter 指令去修改配置或只用--add-config 指令试图增加一个配置以覆盖该配置的默认值。删除配置（--delete-config）也要与--alter 指令组合使用。应用该脚本管理配置需要指定操作配置类型（entity-type），该脚本支持的类型有 topics、clients、users 和 brokers，同时类型（entity-type）与类型名称（entity-name）要一起使用，若指定配置类型为 topics，则相应类型名称即为待管理主题的名称。类型与类型名称对应关系解释如表 5-5 所示。

表 5-5　配置类型与配置名称映射关系说明

entity-type	entity-name 描述
topics	指定主题名称
clients	指定客户端 id，在 producer.properties 或 consumer.properties 中配置的用来跟踪消息的 client.id
users	设置了用户权限控制的用户名
brokers	对应 Kafka 代理的 broker.id 值

该脚本调用 kafka.admin.ConfigCommand 类对客户端传递参数进行处理，若是修改（--alter）类型操作则在 ZooKeeper 相应节点进行以下处理。

（1）将相应配置写入/config/<entity-type>/<entity-name>节点中。该信息在 ZooKeeper 客户端可以通过 get /config/<entity-type>/<entity-name>命令查看，元数据格式为{"version":1,"config":{"<property-name>":"<property-value>"}}。这里的<property-name>及<property-value>分别指所设置的配置属性名及属性值，多配置之间满足 JSON 串格式。增加配置即在 JSON 中添加一组配置项键值对，删除配置即从 JSON 串剔除相应的配置。

（2）在/config/changes/节点下创建一个以 config_change_为前辍，之后连接按序递增的 10 位数字字符串（记为 seqNo，不够 10 位左补 0）作为节点名的节点。通过 get /config/changes/config_change_seqNo 命令可查看该节点信息，其数据格式为{"version":2,"entity_path":"<entity-type>/<entity-name>"}。

若是查看配置信息（--describe）类型操作，则从/config/<entity-type>/<entity-name>节点的元数据信息（{"version":1,"config":{"<property-name>":"<property-value>"}}）中获取 config 对应的配置，若命令没有传 entity-name 字段，则默认查看 entity-type 对应的所有配置信息。

下面依据该脚本所支持的 4 种配置类型，分别介绍通过该脚本操作配置的具体用法。

5.5.1　主题级别配置

在 5.2 节通过 kafka-topics.sh 脚本提供的 alter 与 config 参数对主题级别的配置操作进行了介绍，但该脚本在未来的版本中将不再支持对配置的操作管理。本小节将通过 kafka-configs.sh 脚本介绍如何通过该脚本对主题级别的配置进行操作。

1. 查看配置

查看主题“config-test”已覆盖的配置，命令如下：

```
kafka-configs.sh  --zookeeper server-1:2181,server-2:2181,server-3:2181
--describe  --entity-type topics  --entity-name config-test # 查看指定主题所有的覆盖配置
```

其中，--describe 指定操作指令为查看配置信息操作，--entity-type topics 表示所操作的配置类型为主题级别配置，--entity-name 指定待操作的主题名。

该命令执行结果输出如下：

```
Configs for topic 'config-test' are max.message.bytes=204800
```

2. 增加/修改配置

增加或修改主题“config-test”的主题级别的配置。例如，增加 flush.messages 配置，命令如下：

```
kafka-configs.sh --zookeeper server-1:2181,server-2:2181,server-3:2181  --entity
-type topics  --entity-name config-test  --alter  --add-config  flush.messages=2
```

其中，alter 和 add-config 参数指定操作指令为增加或修改配置操作，--entity-type topics 表示所操作的配置类型为主题级别配置，entity-name 参数指定待操作的主题名。该命令支持同时修改多个配置，多个配置之间以逗号分隔。例如，同时修改两个配置，执行命令如下：

```
kafka-configs.sh -zookeeper  server-1:2181,server-2:2181,server-3:2181
--entity-type topics  --entity-name config-test  --alter  --add-config
flush.messages=2,max.message.bytes=102400
```

3. 删除配置

通过 delete-config 参数指定删除配置，同样支持同时删除多个配置，多个配置之间以逗号分隔。例如，同时修改两个配置项，则执行命令如下：

```
kafka-configs.sh --zookeeper 172.117.12.61:2181 --entity-type topics  --entity-name
config-test -alter --delete-config flush.messages,max.message.bytes
```

5.5.2 代理级别设置

Kafka-config.sh 脚本提供了对副本传输流量控制的配置，这在分区迁移时很有用，通过对复制流量合理的控制，可以实现数据间的平滑迁移。

该脚本在代理级别支持以下两个配置。

- follower.replication.throttled.rate：设置 Follower 复制的速率，单位为 B/s。
- leader.replication.throttled.rate：设置 Leader 节点传输速率，单位为 B/s。

当分区重分配动态修改这两个配置时，通常设置这两个配置项的值相同。为了不影响 Kafka 本身的性能，往往对临时设置的一些限制性的配置在使用完后及时删除。本小节仅介绍如何增加和删除这两个配置，对其流量控制效果的验证将在 5.6.2 节再进行介绍。

假设对 server-1 对应的代理（broker.id=1）上分布的 Leader 副本和 Follower 副本的复制速率控制为 10 MB/s，命令如下：

```
kafka-configs.sh --zookeeper server-1:2181,server-1:2181,server-1:2181
--entity-type brokers --entity-name 1 --alter --add-config follower.
replication.throttled.rate=10485760,leader.replication.throttled.rate=10485760
```

该命令执行后，输出信息如下：

```
Updated config for entity: brokers '1'.
```

查看对该代理增加的限制，命令如下：

```
kafka-configs.sh --zookeeper server-1:2181,server-1:2181,server-1:2181
--entity-type brokers --entity-name 1 -describe
```

输出信息：

```
Configs for brokers '1' are leader.replication.throttled.rate=10485760,follower.
replication.throttled.rate=10485760
```

删除该配置，命令如下：

```
kafka-configs.sh --zookeeper server-1:2181,server-1:2181,server-1:2181
--entity-type brokers --entity-name 1 --alter --delete-config
leader.replication.throttled.rate,follower.replication.throttled.rate
```

在主题级别也有两个对 Leader 副本和 Follower 副本复制速率进行限制的配置，只不过这两个配置分别用来配置被限制的主题对应的副本列表。例如，对主题 kafka-action 的 Leader 副本和 Follower 副本的复制速率进行设置，具体步骤如下。

首先查看主题 kafka-action 各分区 Leader 与 Follower 分布情况。

```
kafka-topics.sh --zookeeper server-1:2181,server-1:2181,server-1:2181 --topic
kafka-action -describe
```

输出信息如下：

```
Topic:kafka-action   PartitionCount:3  ReplicationFactor:2    Configs:
Topic: kafka-action  Partition: 0  Leader: 1    Replicas: 1,2 Isr: 1,2
Topic: kafka-action  Partition: 1  Leader: 2    Replicas: 2,3 Isr: 3,2
Topic: kafka-action  Partition: 2  Leader: 3    Replicas: 3,1 Isr: 1,3
```

由以上信息可知，3 个分区 Leader 副本对应的 brokerId 依次为 1、2、3，即分区与代理节点映射关系为[0:1,1:2,2:3]，而副本对应的 brokerId 依次为 2、3、1，同理可得分区副本与代理节点的映射关系为[0:2,1:3,2:1]，由此对该主题设置副本限流的命令如下：

```
kafka-configs.sh --zookeeper server-1:2181,server-1:2181,server-1:2181
--entity-type topics --entity-name kafka-action --alter --add-config
leader.replication.throttled.replicas=[0:1,1:2,2:3],follower.replication.
throttled.replicas=[0:2,1:3,2:1]
```

5.5.3 客户端/用户级别配置

当前版本的Kafka在客户端级别以及用户级别仅支持配置生产者每秒最多写入消息的字节数（producer_byte_rate）和消费者每秒拉取消息的字节数（consumer_byte_rate），我们简称为流控设置。下面简单介绍对用户级别以及客户端级别流控设置的基本用法。

1. 为用户添加流控

执行以下命令，给用户 morton 配置生产者和消费者流量控制，这里的用户是通过 Kafka 身份认证创建的用户，在 5.9 节有详细介绍。

```
kafka-configs.sh  --zookeeper localhost:2181 --alter --add-config 'producer_byte_
rate=1024,consumer_byte_rate=2048' --entity-type users --entity-name morton
```

该命令执行后，会在 ZooKeeper 的/config/users 路径下创建一个 morton 节点，并将相应的限流信息存储在该节点中，如图 5-9 所示。

```
[zk: localhost:2181(CONNECTED) 36] ls /config/users
[morton]
[zk: localhost:2181(CONNECTED) 37] get /config/users/morton
{"version":1,"config":{"producer_byte_rate":"1024","consumer_byte_rate":"2048"}}
```

图 5-9 ZooKeeper 存储的用户级别的流控元数据信息

执行以下命令，查看对用户 morton 添加的流控信息：

```
kafka-configs.sh  --zookeeper localhost:2181 --describe --entity-type users
```

输出流控信息：

```
Configs for user-principal 'morton' are producer_byte_rate=1024,consumer_byte_rate=2048
```

2. 为客户端添加流控

假设定义一个名为“acl-client”的客户端，对该客户端进行流控设置，这样在客户端创建生产者或消费者情况下通过 client.id 指定该客户端名称时，这里的流控就会对该生产者或消费者起作用。对客户端配置流控的命令如下：

```
kafka-configs.sh  --zookeeper localhost:2181 --alter --add-config 'producer_byte_
rate=1024,consumer_byte_rate=2048' --entity-type clients --entity-name acl-client
```

该命令执行后，会在 ZooKeeper 的/config/clients 路径下创建一个名为“acl-client”的节点，在该节点中存储与“acl-client”同名的客户端流控信息，如图 5-10 所示。

```
[zk: localhost:2181(CONNECTED) 39] ls /config/clients
[acl-client]
[zk: localhost:2181(CONNECTED) 40] get /config/clients/acl-client
{"version":1,"config":{"producer_byte_rate":"1024","consumer_byte_rate":"2048"}}
```

图 5-10 ZooKeeper 存储的客户端级别的流控元数据信息

3. 为特定用户的客户端添加流控

在对客户端添加流控时，若没有指定用户则表示该配置是对所有用户起作用。当然，可以为某个用户的客户端添加流控，例如执行以下命令为用户 morton 名为“user-client-config”的客户端添加流控。

```
kafka-configs.sh  --zookeeper localhost:2181 --alter --add-config
'producer_byte_rate=1024,consumer_byte_rate=2048' --entity-type users --entity-name
morton --entity-type clients --entity-name user-client-config
```

该命令执行后，在 ZooKeeper 中创建的节点及存储的元数据信息如图 5-11 所示。

```
[zk: localhost:2181(CONNECTED) 43] ls /config/users
[morton]
[zk: localhost:2181(CONNECTED) 44] ls /config/users/morton
[clients]
[zk: localhost:2181(CONNECTED) 45] ls /config/users/morton/clients
[user-client-config]
[zk: localhost:2181(CONNECTED) 46] get /config/users/morton/clients/user-client-config
{"version":1,"config":{"producer_byte_rate":"1024","consumer_byte_rate":"2048"}}
```

图 5-11　ZooKeeper 中存储的用户 morton 的客户端流控信息

关于用户级别以及客户端级别的流控操作简单介绍至此。操作命令相对较简单，本例中的流控设置仅是作为讲解演示，在实际业务中应根据具体情况进行设置。

5.6　分区操作

本节详细介绍分区管理相关操作，包括分区 Leader 平衡、分区迁移、增加分区及副本的详细操作步骤。在 5.6.2 节会穿插介绍分区迁移时流量控制相关的验证操作。

5.6.1　分区 Leader 平衡

当创建一个主题时，该主题的分区及副本会被均匀地分配到 Kafka 集群相应节点上，这样优先副本也在集群中均匀地分布。通常当一个主题创建后优先副本会作为分区的 Leader 副本，Leader 负责所有的读写操作。但随着运行时间的推移，当 Leader 节点发生故障时，就会从 Follower 节点中选出一个新的 Leader，这样就有可能导致集群的负载不均衡，从而影响整个集群的健壮性和稳定性。当原 Leader 节点恢复后再次加入到集群时也不会主动成为 Leader 副本。Kafka 提供了两种方法重新选择优先副本作为分区 Leader 的方法，使集群负载重新达到平衡。

（1）自动平衡：在代理节点启动时，设置 auto.leader.rebalance.enable=true，默认为 true。当该配置为 true 时，控制器在故障转移操作时会启动一个定时任务，每隔${leader.imbalance.check.interval.seconds}秒（默认是 5min）触发一次分区分配均衡操作，而只有在代理的不均衡的百分比达到${leader.imbalance.per.broker.percentage}（该配置默认是 10，即不均衡比例达到 10%）以上时才会真正执行分区重新分配操作。若该配置设置为 false，当某个节点在失效前是某个分区的优先副本，即失效前是 Leader 副本，该节点恢复后它也只是一个 Follower 副本。

（2）手动平衡：Kafka 提供了一个对分区 Leader 进行重新平衡的工具脚本 kafka-preferred-replica-election.sh，通过该工具将优先副本选举为 Leader，从而重新让集群分区达到平衡。

第一种方法 Kafka 自动触发，但存在一定时间的延迟，第二种方法需要手动执行，同时提供更细粒度的分区均衡操作，支持以 JSON 字符串形式指定需要触发平衡操作的分区列表。若不指定分区，则会尝试对所有分区执行将优先副本选为 Leader 副本。

例如，查看当前主题“kafka-action”分区副本分布信息：

```
kafka-topics.sh --zookeeper server-1:2181,server-2:2181,server-3:2181 --describe
--topic kafka-action
```

分区副本信息如下：

```
Topic:kafka-action   PartitionCount:3  ReplicationFactor:2   Configs:
Topic: kafka-action  Partition: 0  Leader: 1  Replicas: 1,2  Isr: 1,2
Topic: kafka-action  Partition: 1  Leader: 2  Replicas: 2,3  Isr: 3,2
Topic: kafka-action  Partition: 2  Leader: 3  Replicas: 3,1  Isr: 1,3
```

从当前分区副本信息可知，当前主题的 Leader 是均匀分布于集群的 3 个节点之上。假设 Kafka 集群设置 auto.leader.rebalance.enable=false，即关闭了分区 Leader 自动平衡操作，现在执行以下命令暂时关闭 brokerId 为 2 的节点：

```
kafka-server-stop.sh
```

再次查看该主题分区及副本分布情况：

```
Topic:kafka-action   PartitionCount:3  ReplicationFactor:2  Configs:
Topic: kafka-action  Partition: 0  Leader: 1  Replicas: 1,2  Isr: 1
Topic: kafka-action  Partition: 1  Leader: 3  Replicas: 2,3  Isr: 3
Topic: kafka-action  Partition: 2  Leader: 3  Replicas: 3,1  Isr: 1,3
```

从当前的分区副本分布情况可知，brokerId 为 2 的节点关闭后，分区 1 的 Leader 转移到 AR 列表中的另一个 brokerId 为 3 的节点上，这样就会增加该节点负载。若过一段时间重新启动 brokerId 为 2 的节点，由于关闭了分区自动平衡功能，因此需要手动执行分区平衡操作才能重新将 brokerId 为 2 的节点选举为分区 1 的 Leader。下面详细介绍手动平衡分区的具体操作。

首先，在${KAFKA_HOME}/config 目录下创建一个 partitions-leader-election.json 文件，内容如下：

```
{"partitions":[{"topic": "kafka-action", "partition": 1}]}
```

该文件配置对主题“kafka-action”的分区编号为 1 的分区进行平衡操作。执行以下命令重新启动 brokerId 为 2 的节点：

```
kafka-server-start.sh -daemon ../config/server.properties
```

然后，执行以下命令进行分区 Leader 平衡操作：

```
kafka-preferred-replica-election.sh --zookeeper server-1:2181,server-2:2181,
server-3:2181 --path-to-json-file ../config/partitions-leader-election.json
```

再次查看分区副本分布信息如下：

```
Topic:kafka-action   PartitionCount:3 ReplicationFactor:2    Configs:
Topic: kafka-action  Partition: 0  Leader: 1   Replicas: 1,2  Isr: 1,2
Topic: kafka-action  Partition: 1  Leader: 2   Replicas: 2,3  Isr: 3,2
Topic: kafka-action  Partition: 2  Leader: 3   Replicas: 3,1  Isr: 1,3
```

从分区分布信息可知，当 brokerId 为 2 的节点重新启动后，经过手动分区平衡操作之后分区 1 的优先副本节点重新成为该分区的 Leader 副本。

5.6.2 分区迁移

本小节介绍 kafka-reassign-partitions.sh 脚本的用法，该脚本在集群扩容、节点下线等场景时对分区迁移操作，从而使集群负载达到均衡。

当下线一个节点前，需要将该节点上的分区副本迁移到其他可用节点上，Kafka 并不会自动进行分区副本迁移，若不进行手动重新分配，就会导致某些主题数据丢失和不可用的情况。当新增节点时，也只有新创建的主题才会分配到新的节点上，而之前主题的分区并不会自动分配到新加入的节点上，因为在主题创建时，该主题的 AR 列表中并没有新加入的节点。为了解决这些问题，就需要让分区副本再次进行合理的分配。

本小节分别对节点下线、集群扩容两种应用场景分区副本的迁移进行讲解，详细介绍分区迁移操作的基本步骤。

1. 节点下线分区迁移

首先，执行以下命令创建一个主题。

```
kafka-topics.sh --zookeeper server-1:2181,server-2:2181,server-3:2181  --create
--topic reassign-partitions --partitions 3  --replication-factor 1
```

该主题分区副本分布情况如下：

```
Topic:reassign-partitions  PartitionCount:3  ReplicationFactor:1  Configs:
Topic: reassign-partitions Partition: 0 Leader: 1    Replicas: 1  Isr: 1
Topic: reassign-partitions Partition: 1 Leader: 2    Replicas: 2  Isr: 2
Topic: reassign-partitions Partition: 2 Leader: 3    Replicas: 3  Isr: 3
```

然后，假设需要将 brokerId 为 2 的节点下线，在下线前我们通过 Kafka 提供的 kafka-reassign-partitions.sh 脚本按以下步骤将该分区转移到其他节点上。

（1）生成分区分配方案。首先创建一个文件，该文件以 JSON 字符串格式指定要进行分区重分配的主题。例如，我在$KAFKA_HOME/config 目录下创建一个名为 topics-to-move.json 的文件，该文件内容如代码清单 5-3 所示。若要对多个主题分区重新分配，则以 JSON 格式指定多组“topic”，version 为固定值。

代码清单 5-3 topics-to-move.json 文件的具体内容

```
{"topics":
   [{"topic":"reassign-partitions"}],
   "version": 1
}
```

然后执行以下生成分区分配方案的命令。

```
kafka-reassign-partitions.sh --zookeeper server-1:2181,server-2:2181,server-3:2181
--topics-to-move-json-file ../config/topics-to-move.json --broker-list "1,3" --generate
```

该命令的各个参数说明如下。

- zookeeper：指定 ZooKeeper 地址，从 ZooKeeper 获取主题元数据信息。
- topic-to-move-json-file：指定分区重分配对应的主题配置文件的路径，该配置文件的内容为以 JSON 格式指定需要进行分区重分配的主题。
- broker-list：指定分区可迁移的 brokerId 列表。本例是要下线 brokerId 为 2 的节点，需要将该节点的分区迁移到 brokerId 为 1 和 3 的节点上，因此这里指定 brokerId 的列表为“1，3”。
- generate：指定该命令类型为生成一个分区分配的参考配置。

该命令底层实现原理为：从 ZooKeeper 中读取主题元数据信息及指定的有效代理，根据分区副本分配算法重新计算指定主题的分区副本分配方案。

生成分区分配方案的命令执行后在控制台输出信息如下：

```
Current partition replica assignment

{"version":1,"partitions":[{"topic":"reassign-partitions","partition":0,"replicas":
[1]},{"topic":"reassign-partitions","partition":1,"replicas":[2]},{"topic":
"reassign-partitions","partition":2,"replicas":[3]}]}
Proposed partition reassignment configuration

{"version":1,"partitions":[{"topic":"reassign-partitions","partition":0,"replicas":
[1]},{"topic":"reassign-partitions","partition":1,"replicas":[3]},{"topic":
"reassign-partitions","partition":2,"replicas":[1]}]}
```

以上信息包括两部分：当前分区分配信息以及根据指定的代理列表生成的分区分配方案。Kafka 推荐的分配方案已将 3 个分区分别分配到 brokerId 为 1 和 3 的两节点上。将 Kafka 生成的分区重分配方案信息复制到$KAFKA_HOME/config 目录下 partitions-reassignment.json 文件中，新的分区分配方案如代码清单 5-4 所示。

代码清单 5-4 partitions-reassignment.json 文件的具体内容

```
{"version":1,"partitions":[{"topic":"reassign-partitions","partition":0,"replicas":
[1]},{"topic":"reassign-partitions","partition":1,"replicas":[3]},{"topic":
"reassign-partitions","partition":2,"replicas":[1]}]}
```

（2）执行分区迁移。通过步骤 1 生成了分区新的分配方案，执行以下命令对指定主题的分区进行迁移：

```
kafka-reassign-partitions.sh --zookeeper server-1:2181,server-2:2181,server-3:2181
--reassignment-json-file ../config/partitions-reassignment.json --execute
```

该命令的各个参数说明如下。

- zookeeper：指定 ZooKeeper 地址，该命令会将新的分区分配方案信息写入 ZooKeeper 相应节点。
- reassignment-json-file：指定分区分配方案的文件路径，该分配文件是以 JSON 格式指定各分区对应的 brokerId 列表。
- execute：指定该命令操作类型为执行分区迁移。

分区迁移的基本原理是在目标节点上创建分区目录，然后复制原分区数据到目标节点，最后删除原节点的数据，因此在迁移时要确保目标节点有足够的空间。

（3）查看分区迁移进度。执行以下命令查看分区迁移的进度：

```
kafka-reassign-partitions.sh --zookeeper server-1:2181,server-2:2181,server-3:2181
--reassignment-json-file ../config/partitions-reassignment.json --verify
```

输出信息：

```
Status of partition reassignment:
Reassignment of partition [reassign-partitions,0] completed successfully
Reassignment of partition [reassign-partitions,1] completed successfully
Reassignment of partition [reassign-partitions,2] completed successfully
```

从分区迁移进度信息可知：3 个分区已完成迁移（completed successfully），若分区还正在迁移中，则状态为 in progress。分区迁移一旦开始即无法停止，更不要强行停止集群，否则会造成数据不一致，带来意想不到的后果，因此设置合理的文件保留时间是很有必要的，这样在数据迁移时要迁移的数据量就相对较小。

（4）查看分区分配信息。再次执行查看该主题分区副本分布信息如下：

```
Topic:reassign-partitions  PartitionCount:3  ReplicationFactor:1  Configs:
Topic: reassign-partitions Partition: 0 Leader: 1    Replicas: 1  Isr: 1
Topic: reassign-partitions Partition: 1 Leader: 3    Replicas: 3  Isr: 3
Topic: reassign-partitions Partition: 2 Leader: 1    Replicas: 1  Isr: 1
```

从分区分配信息可知，已按照分区重分配方案完成了分区迁移。在以上操作步骤中执行分区迁移（execute）时并没有对数据复制流量进行限制，在数据量比较大时对复制流量的限制会在一定程度上减少数据迁移操作时对其他操作带来的影响，进而保证集群的稳定。

2. 集群扩容数据迁移

上一节通过下线 brokerId 为 2 的节点介绍了分区数据迁移的基本步骤，本小节通过将该节点恢复加入集群来模拟集群扩容，在介绍集群扩容数据迁移基本操作时先介绍复制限流控制的相关操作。

首先执行生成分区重分配方案的命令，生成的分区重分配方案信息如代码清单 5-5 所示。

代码清单 5-5 集群扩容操作的分区重分配方案

```
{"version":1,"partitions":[{"topic":"reassign-partitions","partition":0,"replicas":
[1]},{"topic":"reassign-partitions","partition":1,"replicas":[2]},{"topic":
"reassign-partitions","partition":2,"replicas":[3]}]}
```

分区迁移时复制限流有两种方法：一是通过动态修改配置，二是通过 kafka-reassign-partitions.sh 脚本支持的 throttle 参数设置。

（1）动态配置限流。通过动态配置方式限流时，在复制过程中并没有相应的日志信息显示已限流，因此为了展示动态配置限流的效果，我们首先增加分区的数据量，然后通过查看分区迁移进度与不限流之前进度状态的对比，来验证限流是否生效。当将复制流量限制在一个比较小的数字时，分区迁移过程将变慢，查看迁移进度时在一个时间范围内会出现正在迁移的状态（in progress）。

这里再介绍 Kafka 自带的另一个用于生成测试数据的脚本 kafka-verifiable-producer.sh，该脚本用于向指定主题发送自增整型数字消息。执行以下命令生成 10 万条消息。

```
kafka-verifiable-producer.sh --broker-list server-1:9092,server-2:9092,server
-3:9092 --topic reassign-partitions --max-message 100000
```

参数 max-message 用于指定要发送的消息总数。然后按以下步骤设置数据复制时限流配置。设置数据复制被限流的副本列表：

```
kafka-configs.sh --zookeeper server-1:2181,server-1:2181,server-1:2181
--entity-type topics --entity-name reassign-partitions --alter --add-config
leader.replication.throttled.replicas=[0:1,1:2,2:3],follower.replication.
throttled.replicas=[0:1,1:2,2:3]
```

设置 brokerId 为 2 的节点复制速率为 1KB/s：

```
kafka-configs.sh --zookeeper server-1:2181,server-1:2181,server-1:2181
--entity-type brokers --entity-name 2 --alter --add-config
follower.replication.throttled.rate=100,leader.replication.throttled.rate=1024
```

通过 ZooKeeper 客户端查看该节点配置信息：

```
[zk: server-1:2181,server-2:2181,server-3:2181(CONNECTED) 34] get /config/brokers/2
{"version":1,"config":{"leader.replication.throttled.rate":"1024","follower.
replication.throttled.rate":"1024"}}
```

执行分区迁移后，查看迁移进度信息如下：

```
Status of partition reassignment:
Reassignment of partition [reassign-partitions,0] completed successfully
Reassignment of partition [reassign-partitions,1] is still in progress
Reassignment of partition [reassign-partitions,2] completed successfully
```

分区迁移进度表明，brokerId 为 2 的节点限流之后，复制进度明显变慢。若设置的限流值过于偏小导致复制速度很慢，多次查看分区迁移进度一直处于迁移中的状态时，可以通过动态修改限流配置增大限流值。需要注意的是，在分区迁移时应多次运行查看迁移进度的命令（verify），以确保分区迁移完成，同时通过该命令将限流配置移除。本例分区迁移完成后执行该命令输出结果如下：

```
Status of partition reassignment:
Reassignment of partition [reassign-partitions,0] completed successfully
Reassignment of partition [reassign-partitions,1] completed successfully
Reassignment of partition [reassign-partitions,2] completed successfully
Throttle was removed.
```

由分区迁移进度状态信息可知：各分区迁移已完成，同时限额配置已被移除。此时再通过 ZooKeeper 客户端查看该主题及节点所设置的动态配置信息，可以看到相应的配置信息均已被删除。

（2）throttle 设置限流。分区迁移脚本提供了参数 throttle 用于设置限流值。例如，设置迁移时数据复制速率为 1 KB/s，执行命令如下：

```
kafka-reassign-partitions.sh --zookeeper server-1:2181,server-2:2181,server-3:2181
--reassignment-json-file ../config/partitions-reassignment.json --execute
--throttle 1024
```

在输出信息中有以下两条信息：

```
Warning: You must run Verify periodically, until the reassignment completes, to ensure
the throttle is removed. You can also alter the throttle by rerunning the Execute
command passing a new value.
The throttle limit was set to 1024 B/s
```

警告信息提示：需要执行验证迁移进度命令，以确保限流设置被移除。如果迁移过程比较缓慢，可以调整限额值再次执行迁移命令。最后一行显示了当前所设置的限额值。

5.6.3 增加分区

当前版本的 Kafka 并不支持减少分区的操作，也就是说，只能对一个主题执行增加分区的操作，Kafka 自带的 kafka-topics.sh 脚本可以很方便地对某个主题的分区数进行修改。

为了介绍分区及副本数变化的操作，我们创建一个名为“partition-replica-foo”主题，该主题有 3 个分区、1 个副本，创建该主题命令如下：

```
kafka-topics.sh --create --zookeeper server-1:2181,server-2:2181,server-3:2181
--replication-factor 1 --partitions 3 --topic partition-replica-foo
```

登录 ZooKeeper 客户端查看该主题的分区元数据信息：

```
[zk: server-1:2181,server-2:2181,server-3:2181(CONNECTED) 2] ls /brokers/topics/
partition-replica-foo/partitions
[0, 1, 2]
```

可以看到主题当前有 3 个分区，现在将分区数修改为 6，执行以下命令：

```
kafka-topics.sh --alter --zookeeper server-1:2181,server-2:2181,server-3:2181
--partitions 6 --topic partition-replica-foo
```

再次查看该主题分区元数据信息：

```
[zk: server-1:2181,server-2:2181,server-3:2181(CONNECTED) 6] ls /brokers/topics/
partition-replica-foo/partitions
[0, 1, 2, 3, 4, 5]
```

由当前分区信息可知：该主题分区数已成功扩展为 6 个。向该主题发送一批数据（这里测试时发送 1～10 的数字），通过 kafka-run-class.sh 脚本调用 kafka.tools.DumpLogSegments 查看消息内容，新增的分区能够正常接收到消息。例如，查看编号为 5 的分区存储的消息内容，命令如下：

```
kafka-run-class.sh kafka.tools.DumpLogSegments --files /opt/data/kafka-
logs/partition-replica-foo-5/00000000000000000000.log  --print-data-log
```

该分区存储的消息内容如下：

```
offset: 0 position: 0 CreateTime: 1490746340519 isvalid: true payloadsize: 1 magic:
1 compresscodec: NoCompressionCodec crc: 442199113 payload: 4
offset: 1 position: 35 CreateTime: 1490746347162 isvalid: true payloadsize: 2 magic:
1 compresscodec: NoCompressionCodec crc: 4005880382 payload: 10
```

5.6.4 增加副本

前一小节创建的主题有 6 个分区、1 个副本，本小节介绍如何将该主题的副本数修改为 2。

首先查看该主题分区副本分布情况，执行命令如下：

```
kafka-topics.sh --describe --zookeeper server-1:2181,server-2:2181,server-3:2181
--topic partition-replica-foo
```

该主题分区副本分布信息如下：

```
Topic: partition-replica-foo  PartitionCount:6  ReplicationFactor:1  Configs:
Topic: partition-replica-foo  Partition: 0  Leader: 1    Replicas: 1 Isr: 1
Topic: partition-replica-foo  Partition: 1  Leader: 2    Replicas: 2 Isr: 2
Topic: partition-replica-foo  Partition: 2  Leader: 3    Replicas: 3 Isr: 3
Topic: partition-replica-foo  Partition: 3  Leader: 1    Replicas: 1 Isr: 1
Topic: partition-replica-foo  Partition: 4  Leader: 2    Replicas: 2 Isr: 2
Topic: partition-replica-foo  Partition: 5  Leader: 3    Replicas: 3 Isr: 3
```

将 3 个节点依次记为 B1～B3，6 个分区依次记为 P0～P5，由该主题当前分区副本分配信息可知，该主题第一个分区即 P0 分布在 B1 上，即对应 brokerId 列表数组的第 0 个位置，根据第 4 章的副本分配算法可知由于起始 shift 为 0，由 firstReplicaIndex+shift=0，可得 firstReplicaIndex

为 0，当修改副本数为 2 后，根据副本分配算法得到新的分区副本分布情况如表 5-6 所示。这里根据副本分配算法来确定新的副本分布情况，当然也可以不采用该算法进行分配，只要保证各副本均匀分布在所有节点即可。

表 5-6　分区副本分布

<table>
<tr><th>轮次</th><th>B1</th><th>B2</th><th>B3</th><th>shift</th><th>firstReplicaIndex+shift</th></tr>
<tr><td rowspan="2">第一轮</td><td>P0</td><td>P1</td><td>P2</td><td>0</td><td>0</td></tr>
<tr><td>P3</td><td>P4</td><td>P5</td><td>1</td><td>1</td></tr>
<tr><td rowspan="4">第二轮</td><td></td><td>P0</td><td>P1</td><td rowspan="4">1</td><td rowspan="4">1</td></tr>
<tr><td>P2</td><td></td><td></td></tr>
<tr><td></td><td>P3</td><td>P4</td></tr>
<tr><td>P5</td><td></td><td></td></tr>
</table>

根据表 5-6 副本分布信息，创建一个 JSON 格式文件，该文件内容为该主题对应每个分区副本列表。若这里指定该文件名为 replica-extends.json，则该文件内容如代码清单 5-6 所示。

代码清单 5-6　replica-extends.json 文件的具体内容

```
{
   "version": 1,
   "partitions": [
      {
         "topic": "partition-replica-foo",
         "partition": 0,
         "replicas": [
            1,
            2
         ]
      },
      {
         "topic": "partition-replica-foo",
         "partition": 1,
         "replicas": [
            2,
            3
         ]
      },
      {
         "topic": "partition-replica-foo",
         "partition": 2,
         "replicas": [
            3,
            1
         ]
      },
      {
```

```
            "topic": "partition-replica-foo",
            "partition": 3,
            "replicas": [
               1,
               2
            ]
         },
         {
            "topic": "partition-replica-foo",
            "partition": 4,
            "replicas": [
               2,
               3
            ]
         },
         {
            "topic": "partition-replica-foo",
            "partition": 5,
            "replicas": [
               3,
               1
            ]
         }
      ]
}
```

执行分区副本重分配命令：

```
kafka-reassign-partitions.sh --zookeeper server-1:2181,server-2:2181,server-3:2181
--reassignment-json-file ../config/replica-extends.json --execute
```

查看分区副本重分配执行状态：

```
kafka-reassign-partitions.sh --zookeeper server-1:2181,server-2:2181,server-3:2181
--reassignment-json-file ../config/replica-extends.json --verify
```

分区副本重分配执行状态输出：

```
Status of partition reassignment:
Reassignment of partition [partition-replica-foo,3] completed successfully
Reassignment of partition [partition-replica-foo,4] completed successfully
Reassignment of partition [partition-replica-foo,5] completed successfully
Reassignment of partition [partition-replica-foo,1] completed successfully
Reassignment of partition [partition-replica-foo,0] completed successfully
Reassignment of partition [partition-replica-foo,2] completed successfully
```

该主题副本扩展后，分区副本分布情况如下：

```
Topic: partition-replica-foo  Partition: 0  Leader: 1  Replicas: 1,2  Isr: 1,2
Topic: partition-replica-foo  Partition: 1  Leader: 2  Replicas: 2,3  Isr: 2,3
Topic: partition-replica-foo  Partition: 2  Leader: 3  Replicas: 3,1  Isr: 3,1
```

```
Topic: partition-replica-foo  Partition: 3  Leader: 1  Replicas: 1,2  Isr: 1,2
Topic: partition-replica-foo  Partition: 4  Leader: 2  Replicas: 2,3  Isr: 2,3
Topic: partition-replica-foo  Partition: 5  Leader: 3  Replicas: 3,1  Isr: 3,1
```

至此，增加副本的相关操作介绍完毕。其实，增加副本操作是分区迁移的一个特例，本质也是分区副本的重分配操作。

5.7 连接器基本操作

Kafka 自带了对连接器应用的脚本，用于将数据从外部系统导入到 Kafka 或从 Kafka 中导出到外部系统。Kafka 连接器有独立模式（standalone）和分布式模式（distributed）两种工作模式。Kafka 自带脚本 connect-standalone.sh 和 connect-distributed.sh 分别对应 Kafka 连接器的两种工作模式。本节将根据 Kafka 提供的连接器执行脚本分别介绍在这两种工作模式下 Kafka 与外部系统之间数据交互的操作。

5.7.1 独立模式

Kafka 自带脚本 connect-standalone.sh 用于以独立模式启动 Kafka 连接器。本小节详细介绍如何通过该脚本将文件中的数据导入到 Kafka 以及将 Kafka 中的数据导出到文件。

执行该脚本时需要指定两个配置文件，一个是 worker 运行时相关配置的配置文件，称为 WorkConfig，在该文件中指定与 Kafka 建立连接的配置（bootstrap.servers）、数据格式转化类（key.converter/value.converter）、保存偏移量的文件路径（offset.storage.file.filename）、提交偏移量的频率（offset.flush.interval.ms）等。另外一个是指定 source 连接器或是 sink 连接器配置的文件，可同时指定多个连接器配置，每个连接器配置文件对应一个连接器，因此要保证连接器名称全局唯一，连接器名通过 name 属性指定。

1. Source 连接器

Source 连接器用于将外部数据导入到 Kafka 相应主题中。Kafka 自带的 connect-file-source.properties 文件配置了一个读取文件的 Source 连接器，修改该配置文件内容如代码清单 5-7 所示。

代码清单 5-7　connect-file-source.properties 文件的具体内容

```
name=local-file-source
connector.class=FileStreamSource
tasks.max=1
file=/tmp/kafka-action/connect/input/test.txt
topic=connect-test
```

该连接器运行一个 task，按行将/tmp/kafka-action/streams/input/test.txt 文件中的数据导入到一个名为“connect-test”的主题中。该配置文件各配置说明如表 5-7 所示。

表 5-7 Source 连接器配置说明

属 性 名	属 性 描 述
name	连接器名称
connector.class	Source 连接器执行类，该类继承 org.apache.kafka.connect.source.SourceConnector 类
tasks.max	SourceTask 数量
file	该连接器数据源文件路径
topic	数据导入的目标主题名称

在启动连接器前，先在/tmp/kafka-action/connect/input 目录下创建一个 test.txt 文件，然后执行以下命令启动一个从文件导入数据到 Kafka 的连接器：

```
connect-standalone.sh ../config/connect-standalone.properties ../config/connect
-file-source.properties
```

该命令支持 daemon 参数，以 daemon 方式启动的命令如下：

```
connect-standalone.sh -daemon ../config/connect-standalone.properties ../
config/connect-file-source.properties
```

连接器启动后会在 logs 目录下创建一个 connectStandalone.out 日志文件，该日志文件记录了连接器运行时相关的日志。连接器启动完成后，向 test.txt 文件中写入数据：

```
echo " kafka-connect " >> /tmp/kafka-action/connect/input/test.txt
```

登录 ZooKeeper 客户端，查看主题元数据信息：

```
[zk: server-1:2181,server-2:2181,server-3:2181(CONNECTED) 43] ls
/brokers/topics/connect-test/partitions
[0]
[zk: server-1:2181,server-2:2181,server-3:2181(CONNECTED) 44] get
/brokers/topics/connect-test/partitions/0/state
{"controller_epoch":26,"leader":2,"version":1,"leader_epoch":0,"isr":[2]}
```

由主题元数据信息可知，当启动一个 Source 连接器后，发送消息时会通过生产者创建主题的方式创建一个 Source 连接器启动时指定的主题（若该主题不存在），该主题拥有一个分区。该分区被分配到 brokerId 为 2 的节点上，在该节点执行以下命令，查看分区中导入的数据：

```
kafka-run-class.sh kafka.tools.DumpLogSegments --files
/opt/data/kafka-logs/connect-test-0/00000000000000000000.log --print-data-log
```

该命令执行后输出结果：

```
offset: 0 position: 0 CreateTime: 1490848047199 isvalid: true payloadsize: 71 magic:
1 compresscodec: NoCompressionCodec crc: 2697874837 keysize: 30 key:
{"schema":null,"payload":null} payload:
{"schema":{"type":"string","optional":false},"payload":"kafka-connect"}
```

从输出结果可以看到通过 echo 指令写入到文件中的信息被成功导入到 Kafka 中，该信息在

Kafka 中对应的消息格式为 JSON 字符串且带有 schema 信息，这是由于在 connect-standalone.properties 文件中设置了消息的 Key 和 Value 的转换类为 org.apache.kafka.connect.json.JsonConverter，同时设置了 key.converter.schemas.enable 和 value.converter.schemas.enable 两配置项的值为 true。

Source 连接器是通过多个 SourceTask 共享一个 KafkaProducer 将数据发送到 Kafka，因此在 Source 连接器启动时，在启动日志中会看到加载 ProduceConfig 相关的配置信息。我们可以在 WorkConfig 中指定生产者级别的配置，即在 connect-standalone.properties 文件中通过"producer."前缀来指定生产者级别的配置。

2. Sink 连接器

Kafka 自带脚本 connect-console-sink.properties 配置了一个将 Kafka 中的数据导出到文件的 Sink 连接器，这里将该配置文件稍微进行修改，指定数据导出路径为/tmp/kafka-action/connect/output/test.txt。各 Sink 连接器的配置说明如表 5-8 所示。

表 5-8 Sink 连接器配置说明

属 性 名	属 性 描 述
name	连接器名称
connector.class	Sink 连接器执行类，该类继承 org.apache.kafka.connect.sink.SinkConnector 类
tasks.max	SinkTask 数量
file	数据导出后输出的目标文件路径
topics	导出数据源对应的主题名称，可指定多个主题

执行以下命令，启动 Sink 连接器，将上一小节导入到 Kafka 的数据导出到/tmp/kafka-action/connect/output/test.txt 文件中：

```
connect-standalone.sh ../config/connect-standalone.properties ../config/connect
-file-sink.properties
```

Sink 连接器是通过 KafkaConsumer 从指定的主题中消费消息，在 Sink 连接器启动日志中会看到加载 ConsumerConfig 的配置信息。在启动 Sink 连接器时可以在 WorkConfig 配置文件中以"consumer."为前缀来指定 Consumer 级别的配置。本小节介绍的 FileStreamSink 连接器，默认情况下是以 Sink 连接器名作为 group.id 的，且不同的连接要求名称全局唯一，也就是说，默认情况下不同的连接器属于不同的消费组。

可以同时启动多个 Sink 连接器。将 connect-file-sink.properties 文件复制一份命名为 connect-file-sink-2.properties，同时修改该文件内容如代码清单 5-8 所示。

代码清单 5-8 connect-file-sink-2.properties 文件的具体内容

```
name=local-file-sink-2
connector.class=FileStreamSink
tasks.max=1
```

```
file=/tmp/kafka-action/connect/output/test2.txt
topics=connect-test
```

执行以下命令，同时启动两个 Sink 连接器：

```
connect-standalone.sh ../config/connect-standalone.properties ../config/connect-
file-sink.properties ../config/connect-file-sink-2.properties
```

连接器启动成功后，打开两个 Sink 连接器对应的目标文件可以看到两个文件内容相同，这是由于这两个连接器属于两个不同的消费组，因此同一条消息会被这两个连接器同时消费。

5.7.2 REST 风格 API 应用

Kafka 提供了一套基于 REST 风格 API 接口来管理连接器，默认端口为 8083，也可以在启动 Kafka 连接器前在 WorkConfig 配置文件中通过 rest.port 配置端口。相关的 REST 风格接口在 Kafka connect 源码 runtime 工程的 org.apache.kafka.connect.runtime.rest.resources 包下定义。相关的 REST 风格接口说明如表 5-9 所示。

表 5-9 Kafka 连接器管理 REST 风格接口说明

接口 url	访问方式	接 口 说 明
/	GET	查看 Kafka 版本信息
/connectors	GET	查看当前活跃的连接器列表，显示连接器的名字
/connectors	POST	根据指定配置，创建一个新连接器
/connectors/{connector}	GET	查看指定连接器的信息
/connectors/{connector}/config	GET	查看指定连接器的配置信息
/connectors/{connector}/config	PUT	修改指定连接器的配置
/connectors/{connector}/status	GET	查看指定连接器的状态
/connectors/{connector}/restart	POST	重启指定连接器
/connectors/{connector}/pause	PUT	暂停指定的连接器
/connectors/{connector}/resume	PUT	恢复所指定的被暂停的连接器
/connectors/{connector}/tasks	GET	查看指定连接器正在运行的 Task
/connectors/{connector}/tasks	POST	修改 Task 配置，即覆盖现有 Task，只支持分布模式
/connectors/{connector}/tasks/{task}/status	GET	查看某个连接器的某个 Task 的状态
/connectors/{connector}/tasks/{task}/restart	POST	重启某个连接器的某个 Task
/connectors/{connector}	DELETE	删除指定连接器
/connector-plugins	GET	查看已配置的连接器，显示连接器实例类完整路径
/connector-plugins /{connectorType}/config/validate	PUT	验证指定的配置，返回各配置

表 5-9 中，{connector}指待查看的连接器名，即连接器配置文件 name 字段指定的值，{task}指待查看的 Task 的 taskId，{connectorType}指连接器配置文件中 connector.class 指定的值。

对表 5-9 中列举的连接器的相关操作，不再逐个进行操作讲解，这里着重讲解如何通过模拟 HTTP 请求工具 Postman 访问 Kafka 连接器的 REST 风格接口修改一个连接器的配置。

首先启动 Kafka 自带的 FileStreamSource 连接器，然后向该连接器指定的数据源文件通过 echo 指令写一条数据：

```
echo "restful test" >> /tmp/kafka-action/connect/input/test.txt
```

此时分区中数据内容如下：

```
offset: 0 position: 0 CreateTime: 1490962508781 isvalid: true payloadsize: 70 magic:
1 compresscodec: NoCompressionCodec crc: 2046084259 keysize: 30 key:
{"schema":null,"payload":null} payload:
{"schema":{"type":"string","optional":false},"payload":"restful test"}
```

可以看到当前消息是以 JSON 字符串的形式存储的，现在通过 REST 风格接口修改数据转换类为 org.apache.kafka.connect.storage.StringConverter。

首先，设置 HTTP 请求方式为 POST，同时设置 HTTP 的 header 信息，在 Postman 的 Headers 界面配置以下 HTTP 头信息：

```
Content-Type: application/json
User-Agent: kafka-connect
Accept: application/json
```

在 HTTP 请求工具 Postman 的 Headers 子菜单中配置 HTTP 请求头如图 5-12 所示。

图 5-12　Headers 信息设置

然后，在 Postman 的 Body 界面中以 JSON 格式设置需要修改的配置信息，如代码清单 5-9 所示。

代码清单 5-9　修改消息导入的数据格式的具体设置

```
{
   "connector.class":"FileStreamSource",
   "key.converter":"org.apache.kafka.connect.storage.StringConverter",
   "value.converter":"org.apache.kafka.connect.storage.StringConverter",
   "converter.internal.key.converter":"org.apache.kafka.connect.storage.StringConverter",
   "converter.internal.value.converter":"org.apache.kafka.connect.storage.StringConverter",
```

```
    "topic": "connect-test",
    "file":"/tmp/kafka-action/connect/input/test.txt"
}
```

设置消息的 Key 和 Value 的转换类为 org.apache.kafka.connect.storage.StringConverter，通过连接器修改配置时配置项 connnector.class 和 topic 配置项必须指定，若不指定虽然请求能够成功，但所进行的修改并不会生效，在连接器运行日志中会有相应的异常提示信息。同时，修改配置时配置项 file 也需指定，否则该连接器修改后的配置会由于没有指定从哪个数据源文件中读取数据，而导致即使向原指定的数据源文件中通过 echo 指定写入数据，Kafka 也将接收不到任何消息。由此可知，其实每次的修改都是根据相应配置新创建一个连接器实例。

在 Postman 中通过访问 REST 风格接口修改连接器配置的完整设置如图 5-13 所示。

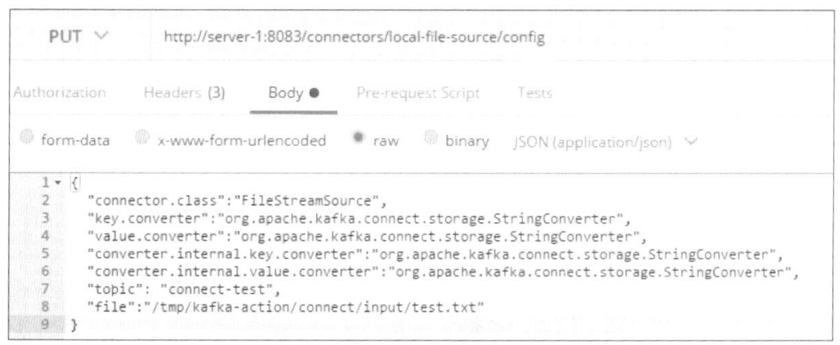

图 5-13 Postman 请求修改连接器配置的具体设置

修改连接器配置的请求执行后，会返回连接器当前的配置信息，如图 5-14 所示。

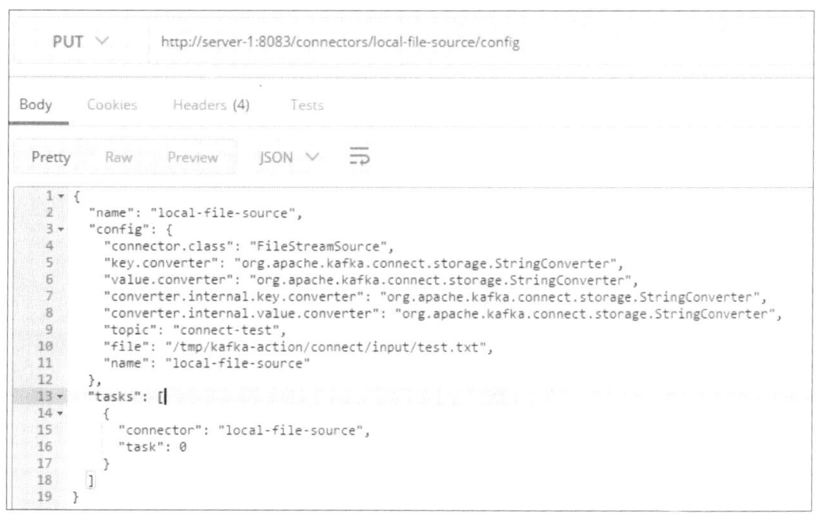

图 5-14 修改连接器配置请求响应结果

然后再通过 echo 指令向数据源文件中写入一条数据，由于元数据在间隔一定时间后才更新，因此可能修改的配置并没有立即生效，可以重新启动该连接器的 Task 使当前连接器所进行的修改立即生效。在 Postman 中通过访问 REST 风格接口重启 Task 操作如图 5-15 所示，只需在请求的 url 地址中指定需要重启的 taskId，并指定操作指令为“restart”即可。

图 5-15　重启连接器 Task 操作请求设置

由于是重启操作，所以该接口调用并不会返回操作响应结果。通过查看连接器运行日志可看到该接口返回应答信息如图 5-16 所示，即表示 Task 重启成功。

```
[2017-03-31 21:46:30,674] INFO 10.8.54.209 - - [31/Mar/2017:13:46:30 +0000] "POST /c
onnectors/local-file-source/tasks/0/restart HTTP/1.1" 204 -  20 (org.apache.kafka.co
nnect.runtime.rest.RestServer:60)
```

图 5-16　Task 成功启动相应日志信息

重启 Task 之后，再次执行 echo 指令将写入的数据通过 StringConverter 类转化为普通文本消息。配置修改前后分区中的信息对比如图 5-17 所示。

```
[root@rhel65 bin]# kafka-run-class.sh kafka.tools.DumpLogSegments --files /opt/dat
a/kafka-logs/connect-test-0/00000000000000000000.log --print-data-log
Dumping /opt/data/kafka-logs/connect-test-0/00000000000000000000.log
Starting offset: 0
offset: 0 position: 0 CreateTime: 1490967239598 isvalid: true payloadsize: 70 magi
c: 1 compresscodec: NoCompressionCodec crc: 1710687603 keysize: 30 key: {"schema":
null,"payload":null} payload: {"schema":{"type":"string","optional":false},"payloa
d":"restful test"}
offset: 1 position: 134 CreateTime: 1490967294629 isvalid: true payloadsize: 73 ma
gic: 1 compresscodec: NoCompressionCodec crc: 1845051590 keysize: 30 key: {"schema
":null,"payload":null} payload: {"schema":{"type":"string","optional":false},"payl
oad":"StringConverter"}
offset: 2 position: 271 CreateTime: 1490967324716 isvalid: true payloadsize: 15 ma
gic: 1 compresscodec: NoCompressionCodec crc: 4071414471 payload: StringConverter
[root@rhel65 bin]#
```

图 5-17　连接器数据格式修改前后的数据对比

5.7.3　分布式模式

Kafka 自带的 connect-distributed.sh 脚本用于以分布式模式运行连接器，执行该脚本时需要指定一个 WorkConfig 类型的配置文件，但以分布式模式启动连接器并不支持在启动时通过加载连接器配置文件创建一个连接器，而只能通过访问 REST 风格接口创建连接器。

以分布式模式启动连接器时，通常需要关注如表 5-10 所示的配置项。

表 5-10 分布式模式连接器配置说明

属性名	属性描述
group.id	连接器 Cluster 的唯一标识
bootstrap.servers	与 Kafka 代理建立连接的配置
config.storage.topic	用于存储连接器相关配置信息的主题，包括创建连接的配置信息以及该连接的 Task 信息。要指定该主题拥有一个分区和多个副本，需要手动创建
offset.storage.topic	用于存储 Source 连接器读取数据对应偏移量的主题，与存储消费者提交偏移量的内部主题作用相同。该主题通常有多个分区和多个副本，若 Kafka 启动时指定 auto.create.topics.enable=true，则根据默认分区及副本数自动创建该主题，因此建议该主题也通过手动创建
status.storage.topic	用于存储连接器每个 Task 状态的主题，该主题通常也有多个分区和多个副本，也需要手动创建
session.timeout.ms	用于设置连接器的 Work 与 WorkCoordinator 之间的最大超时时间，Work 会周期性地向 WorkCoordinator 发送心跳，让 WorkCoordinator 以此来判断 Work 是否有效，若在该配置时间内还未收到 Work 发送的心跳则 WorkCoordinator 会将该 Work 从工作组中移除，同时触发 WorkCoordinator 进行平衡操作
offset.flush.interval.ms	连接器 Task 提交偏移量的时间间隔
heartbeat.interval.ms	连接器 Work 向 WorkCoordinator 发送心跳检测的间隔时间，推荐该值不超过 session.timeout.ms 的 1/3

在对连接器分布式模式运行的配置了解之后，按以下步骤运行 Kafka 自带的 FileStream Source 连接器和 FileStreamSink 连接器。

（1）修改 WorkConfig 配置文件。修改${KAFKA_HOME}/config 目录下的 connect-distributed.properties 文件，这里仅进行以下修改：

```
bootstrap.servers=server-1:9092,server-2:9092,server-3:9092
```

（2）创建相关主题。依次创建 connect-distributed.properties 文件中配置的 3 个主题。

（a）创建保存偏移量的主题，命令如下：

```
kafka-topics.sh --create --zookeeper server-1:2181,server-2:2181,server-3:2181
--replication-factor 2 --partitions 3 --topic connect-offsets
```

（b）创建保存连接器配置的主题，命令如下：

```
kafka-topics.sh --create --zookeeper server-1:2181,server-2:2181,server-3:2181
--replication-factor 2 --partitions 1 --topic connect-configs
```

（c）创建保存 Task 状态的主题，命令如下：

```
kafka-topics.sh --create --zookeeper server-1:2181,server-2:2181,server-3:2181
--replication-factor 2 --partitions 3 --topic connect-status
```

（3）分布式模式启动。执行 connect-distributed.sh 脚本，以分布式模式启动连接器，执行命令如下：

```
connect-distributed.sh  ../config/connect-distributed.properties
```

启动日志输出中会有几行警告信息，提示所提供的某个配置项是未知配置：

```
WARN The configuration 'config.storage.topic' was supplied but isn't a known config
```

这是由于在连接器启动时会加载 ProducerConfig 和 ConsumerConfig，而对 ProducerConfig 和 ConssumerConfig 初始化时会将 WorkConfig 中的所有配置加入到这两类配置对应的 Map 中，由于 Work 中的部分配置并不是 ProducerConfig 或 ConsuermConfig 中定义的配置项，因此在解析配置项时会给出警告信息。同样支持设置以“producer.”作为配置项前缀的生产者级别的配置和以“consumer.”作为配置项前缀的消费者级别的配置。

（4）创建一个 FileStreamSource 连接器。首先，在/tmp/kafka-action/connect/input 目录下创建一个名为 connect-distributed.txt 文件，然后编辑创建 FileStreamSource 连接器的相关配置，配置内容如代码清单 5-10 所示。我们指定该连接器将/tmp/kafka-action/connect/input/connect-distributed.txt 文件中的数据导入一个名为“connect-distributed”的主题中，数据转化类为 org.apache.kafka.connect.storage.StringConverter。

代码清单 5-10　分式式模式请求创建 FileStreamSource 连接器的相关配置

```
{
   "name": "local-file-distribute-source",
   "config": {
       "topic": "connect-distributed",
       "connector.class": "FileStreamSource",
       "key.converter": "org.apache.kafka.connect.storage.StringConverter",
       "value.converter": "org.apache.kafka.connect.storage.StringConverter",
       "converter.internal.key.converter": "org.apache.kafka.connect.storage.
       StringConverter",
       "converter.internal.value.converter": "org.apache.kafka.connect.storage.
       StringConverter",
       "file": "/tmp/kafka-action/connect/input/connect-distributed.txt"
   }
}
```

通过访问 REST 风格接口创建连接器。在 Postman 中首先设置 HTTP 请求头信息（设置与 5.7.2 节所介绍的配置相同），然后在消息体中加入代码清单 5-10 对应的连接器配置信息，并指定请求方式为 POST，在 Postman 中的设置如图 5-18 所示。

POST http://server-1:8083/connectors

Authorization Headers (3) Body Pre-request Script Tests

form-data x-www-form-urlencoded raw binary JSON (application/json)

```
{
  "name": "local-file-distribute-source",
  "config": {
    "topic": "connect-distributed",
    "connector.class": "FileStreamSource",
    "key.converter": "org.apache.kafka.connect.storage.StringConverter",
    "value.converter": "org.apache.kafka.connect.storage.StringConverter",
    "converter.internal.key.converter": "org.apache.kafka.connect.storage.StringConverter",
    "converter.internal.value.converter": "org.apache.kafka.connect.storage.StringConverter",
     "file": "/tmp/kafka-action/connect/input/connect-distributed.txt"
  }
}
```

图 5-18 访问 REST 风格接口请求创建 Source 连接器的相关设置

待创建连接器的请求成功返回后，通过 REST 风格接口查看该连接器的信息。在 Postman 中访问 REST 风格接口请求查看该连接器的信息设置及响应结果如图 5-19 所示。

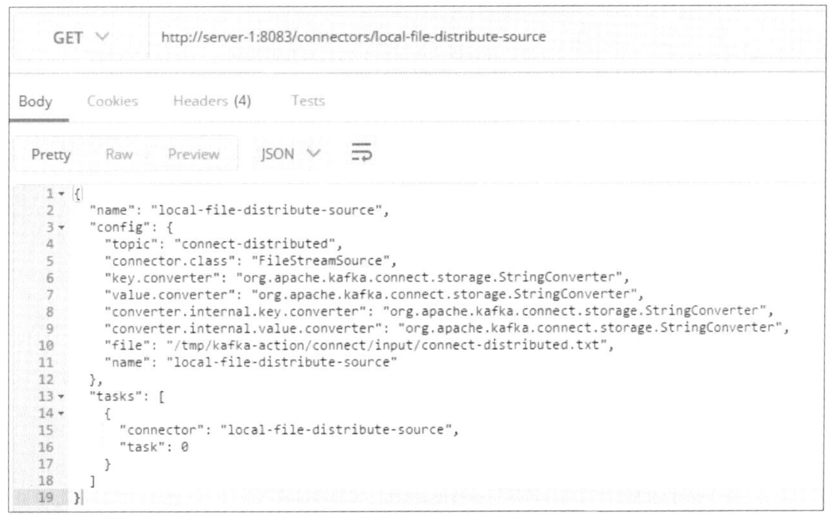

GET http://server-1:8083/connectors/local-file-distribute-source

Body Cookies Headers (4) Tests

Pretty Raw Preview JSON

```
{
  "name": "local-file-distribute-source",
  "config": {
    "topic": "connect-distributed",
    "connector.class": "FileStreamSource",
    "key.converter": "org.apache.kafka.connect.storage.StringConverter",
    "value.converter": "org.apache.kafka.connect.storage.StringConverter",
    "converter.internal.key.converter": "org.apache.kafka.connect.storage.StringConverter",
    "converter.internal.value.converter": "org.apache.kafka.connect.storage.StringConverter",
    "file": "/tmp/kafka-action/connect/input/connect-distributed.txt",
    "name": "local-file-distribute-source"
  },
  "tasks": [
    {
      "connector": "local-file-distribute-source",
      "task": 0
    }
  ]
}
```

图 5-19 REST 风格接口请求查看该连接器的信息设置及响应结果

然后，向 connect-distributed.txt 发送数据，验证 FileStreamSource 连接器是否正常运行。

```
echo "connect-distributed" >> /tmp/kafka-action/connect/input/connect-distributed.txt
```

此时，登录 ZooKeeper 客户端，查看目标主题“connect-distributed”是否被创建以及该主题分区对应的节点信息：

```
[zk:server-1:2181,server-2:2181,server-3:2181(CONNECTED) 38]get /brokers/topics/
connect-distributed/partitions/0/state
{"controller_epoch":31,"leader":2,"version":1,"leader_epoch":0,"isr":[2]}
```

登录分区对应的节点，查看导入的数据，执行命令如下：

```
kafka-run-class.sh kafka.tools.DumpLogSegments --files /opt/data/kafka-logs/
connect-distributed-0/00000000000000000000.log --print-data-log
```

输出结果为：

```
Starting offset: 0
offset: 0 position: 0 CreateTime: 1491039692562 isvalid: true payloadsize: 19 magic:
1 compresscodec: NoCompressionCodec crc: 1188385350 payload: connect-distribute
```

至此，FileStreamSource 连接器已正常运行。

（5）创建一个 FileStreamSink 连接器。通过 REST 风格接口创建一个 FileStreamSink 连接将第 4 步导入的数据导出到 connect-distributed-sink.txt 文件中。创建该连接器的配置如代码清单 5-11 所示，对应的 connector.class 为 FileStreamSink，通过 topics 参数指定数据源主题。

代码清单 5-11　实例化 FileStreamSink 连接器的具体配置

```
{
   "name": "local-file-distribute-sink",
   "config": {
     "topics": "connect-distributed",
     "connector.class": "FileStreamSink",
     "key.converter": "org.apache.kafka.connect.storage.StringConverter",
     "value.converter": "org.apache.kafka.connect.storage.StringConverter",
     "converter.internal.key.converter": "org.apache.kafka.connect.storage.
     StringConverter",
     "converter.internal.value.converter": "org.apache.kafka.connect.storage.
     StringConverter",
     "file": "/tmp/kafka-action/connect/output/connect-distributed-sink.txt"
   }
}
```

将该 FileStreamSink 连接器配置信息在 Postman 中执行后，查看当前活跃的连接器信息如图 5-20 所示。

图 5-20　访问 REST 风格接口请求查看当前连接器的操作及响应结果

在/tmp/kafka-action/connect/out/目录下会自动创建一个 connect-distributed-sink.txt 文件，打开该文件，可以看到导入到 Kafka 中的数据已被成功导出，如图 5-21 所示。

```
[root@rhel65 output]# cat connect-distributed-sink.txt
connect-distributed
[root@rhel65 output]#
```

图 5-21 分布式模式创建的 Sink 连接器导出数据效果

至此，连接器分布式模式基本操作已介绍完毕。关于连接器的其他操作，如多任务运行、REST 风格访问跨域设置、安全组件验证等，在这里不再展开介绍。

5.8 Kafka Manager 应用

Kafka Manager 提供了对 Kafka 集群进行管理和监控的可视化 Web 界面，通过 Web 界面能够方便地对主题进行管理，包括创建主题、删除主题、查询集群的主题、增加分区、分区副本重分配、选优先副本为分区 Leader、修改主题级别的配置。同时还可以监控分区的 AR 和 ISR 等信息，代理及消费者运行情况等。本节简单介绍通过 Kafka Manager 创建主题的操作，对主题的其他操作基本上是点击相关的操作按钮自动完成，因此不进行详细介绍。

进入 Kafka Manager 管理界面，在头部导航栏中点击“Topic”下拉列表，选择 Create 子菜单进入 CreateTopic（创建主题）操作界面。例如，我们创建一个名为“kafka-manager-foo”的主题，该主题有 3 个分区，1 个副本。创建主题操作界面如图 5-22 所示。

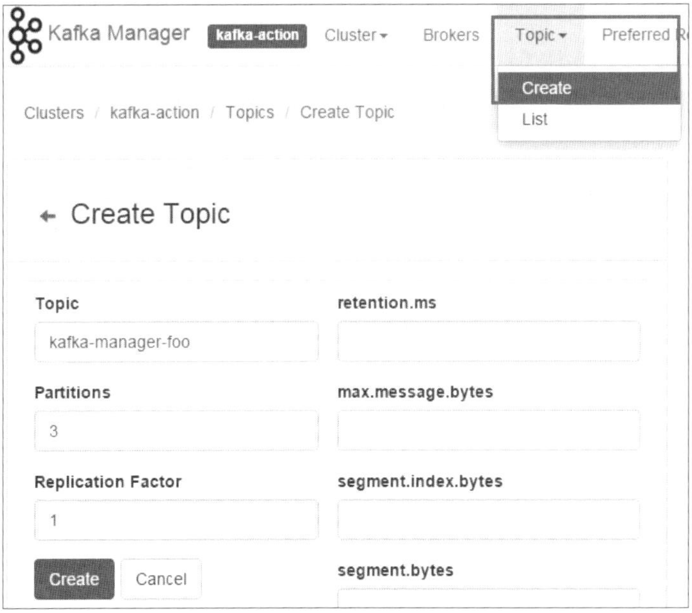

图 5-22 Kafka Manager 创建主题的操作界面

主题创建完成后，进入该主题管理界面，在管理界面会展示当前主题相关的信息以及可对该主题进行的操作选项，如图 5-23 所示。

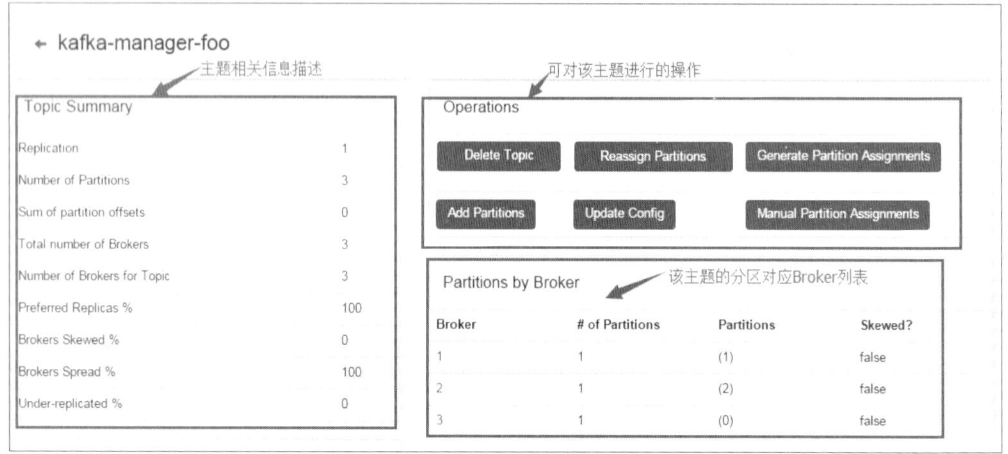

图 5-23　主题管理页主要模块

同时，在管理界面的最下部分以表格形式展示了当前主题的分区副本信息，如图 5-24 所示。

Partition Information

Partition	Latest Offset	Leader	Replicas	In Sync Replicas	Preferred Leader?	Under Replicated?
0	0	3	(3)	(3)	true	false
1	0	1	(1)	(1)	true	false
2	0	2	(2)	(2)	true	false

图 5-24　Kafka Manager 展示的主题的分区副本信息的分配关系

在主题管理界面还有两块区域分别对应 metrics 指标信息（当启动代理时若开启了 JMX，则 metrics 监控区域会有相应指标结果）和消费者对该主题的消费情况。这里我们重点关注该主题对应的消费者消费情况。例如，执行以下命令分别启动两个消费者，这两个消费者属于两个不同的消费组。

启动一个新版消费者，命令如下：

```
kafka-console-consumer.sh --bootstrap-server  server-1:9092,server-2:9092,
server-3:9092 --new-consumer --topic kafka-manager-foo --consumer-property
group.id=consumer-kafka-manager-test
```

启动一个旧版消费者，命令如下：

```
kafka-console-consumer.sh --zookeeper server-1:2181,server-2:2181,server-3:2181
--topic kafka-manager-foo --consumer-property group.id=consumer-zookeeper
```

创建两个消费者后，在主题管理界面该主题对应两个消费组，如图 5-25 所示。

从图 5-22 可以看到，新旧两个消费者对应的缩写分别为“KF”和“ZK”，即表示新版的 KafkaConsumer 和旧版的 ZooKeeperConsumerConnector。点击消费组名会进入该消费组对应消费者对主题各分区的消费情况。例如，查看老版消费者对该主题的消费结果如图 5-26 所示。

图 5-25　主题 kafka-manager-foo 的消费组信息

← consumer-zookeeper / kafka-manager-foo

Topic Summary

Total Lag	0
% of Partitions assigned to a consumer instance	100

kafka-manager-foo

Partition	LogSize	Consumer Offset	Lag	Consumer Instance Owner
0	1	1	0	consumer-zookeeper_rhel65-1493984802981-a8c11f84-
1	1	1	0	consumer-zookeeper_rhel65-1493984802981-a8c11f84-
2	0	0	0	consumer-zookeeper_rhel65-1493984802981-a8c11f84-

图 5-26　Kafka Manager 展示的消费者消费信息

关于 Kafka Manager 的其他操作本书不再进行更多介绍，读者可根据实际需要进行相关学习。

5.9　Kafka 安全机制

在 0.9 版本之后，Kafka 增加了身份认证与权限控制两种安全机制。

身份认证是指客户端与服务端连接进行身份认证，包括客户端与 Kafka 代理之间的连接认证、代理之间的连接认证、代理与 ZooKeeper 之间的连接认证。目前支持 SSL、SASL/Kerberos、SASL/PLAIN 这 3 种认证机制。

权限控制是指对客户端的读写操作进行权限控制，包括对于消息或 Kafka 集群操作权限控制。权限控制是可插拔的，并且支持与外部的授权服务进行集成，Kafka 自带了简单的授权实现类 SimpleAclAuthorizer，可以在 server.properties 文件中通过配置项 authorizer.class.name 指定，如设置 authorizer.class.name=kafka.security.auth.SimpleAclAuthorizer。Kafka 权限类型如表 5-11 所示。

表 5-11　Kafka 权限控制权限类型说明

权限类型	权限说明
READ	读操作权限，如消费者消费主题的权限、消费组管理时相关读取相关元信息权限等
WRITE	写操作权限，如生产者向主题写消息的权限

续表

权限类型	权限说明
DELETE	删除主题操作的权限
CREATE	创建主题操作的权限
ALTER	修改主题及配置操作的权限
DESCRIBE	获取主题元数据信息的权限
ClusterAction	集群元数据操作权限，如更新集群元数据操作、关闭控制器、停止副本等
ALL	所有权限

Kafka 将权限控制列表 ACL 存储在 ZooKeeper 中，当添加权限控制之后，会在 ZooKeeper 中创建两个节点：即存储 ACL 信息的 kafka-acl 节点和存储 ACL 变更信息的 kafka-acl-changes 节点。

关于身份认证和权限控制的实现原理以及相应的认证机制原理，本书不进行讲解，读者可自行查阅相关资料进行学习。本节通过 Kafka 自带脚本 kafka-acls.sh 介绍基于 SASL/PLAIN 认证机制配置身份认证操作的步骤以及相应的权限控制操作。SASL/PLAIN 是一套简单的通过用户名和密码进行身份认证的机制，主要与 TLS 加密一起使用来实现安全身份认证，Kafka 对 SASL/PLAIN 支持一种默认实现。

下面详细介绍基于 SASL/PLAIN 机制进行身份认证及权限控制操作的基本步骤。

5.9.1 利用 SASL/PLAIN 进行身份认证

利用 SASL/PLAIN 进行身份认证的基本步骤如下。

（1）修改 server.properties 文件，开启 SASL 认证配置。在 Kafka 集群每个节点的 server.properties 文件中增加开启 SASL 认证机制相关配置，如代码清单 5-12 所示。为了讲解方便，本例在单节点的 Kafka 上进行配置。

代码清单 5-12 KafkaServer 开启 SASL 认证的相关配置

```
# 配置一个 SASL 端口
listeners=SASL_PLAINTEXT://0.0.0.0:9092
# 设置代理之间通信协议
security.inter.broker.protocol=SASL_PLAINTEXT
# 启用 SASL 机制
sasl.enabled.mechanisms=PLAIN
# 配置 SASL 机制
sasl.mechanism.inter.broker.protocol=PLAIN
```

（2）创建服务端 JAAS 文件，配置 PLAIN。创建一个服务端 Java 验证与授权 JAAS 文件，该文件名为“kafka_server_jaas.conf”，在该文件中指定认证机制，并配置连接代理的用户名和密码。该文件内容如代码清单 5-13 所示。

代码清单 5-13　服务端 JAAS 文件的具体配置内容

```
KafkaServer {
    org.apache.kafka.common.security.plain.PlainLoginModule required
    username="kafka"
    password="kafkapswd"
    user_kafka="kafkapswd"
    user_morton="mortonpswd";
};
```

Kafka 定义了关键字"KafkaServer"字段用于指定服务端登录配置。该配置通过 org.apache.kafka.common.security.plain.PlainLoginModule 指定采用 PLAIN 机制，定义了两个用户，用户通过 username 和 password 指定该代理与集群其他代理初始化连接的用户名和密码，通过"user_"为前缀后接用户名方式创建连接代理的用户名和密码，例如，user_morton= "mortonpswd"是指用户名为 morton，密码为 mortonpswd。

（3）创建和配置客户端 JAAS 文件。创建一个客户端 JAAS 文件，在该文件中指定客户端消费者和生产者连接 KafkaServer 的认证机制。该文件名为"kafka_client_jaas.conf"，具体配置如代码清单 5-14 所示。

代码清单 5-14　客户端 JAAS 配置文件的具体内容

```
KafkaClient {
    org.apache.kafka.common.security.plain.PlainLoginModule required
    username="morton"
    password="mortonpswd";
};
```

Kafka 通过关键字"KafkaClient"字段用于指定客户端连接 Kafka 服务端登录配置，通过 username 和 password 字段配置客户端连接服务端的用户信息，这里指定用户为"morton"。

（4）将 JAAS 配置文件加入相应启动脚本中。

- 修改 kafka-server-start.sh 脚本，在该脚本中引入服务端 JAAS 文件路径，添加以下内容：

```
if [  "x$KAFKA_OPTS" ]; then
   export KAFKA_OPTS="-DJava.security.auth.login.config=/usr/local/software/
   kafka/ kafka_2.11-0.10.1.1/config/kafka_server_jaas.conf"
fi
```

- 修改 kafka-console-producer.sh 和 kafka-console-consumer 脚本，在该脚本中引入服务端 JAAS 文件路径，添加以下内容：

```
if [  "x$KAFKA_OPTS" ]; then
   export KAFKA_OPTS="-DJava.security.auth.login.config=/usr/local/software/
   kafka/ kafka_2.11-0.10.1.1/config/kafka_client_jaas.conf"
fi
```

至此，认证相关配置基本完成。当然，还可以配置代理连接 ZooKeeper 的认证，这里不再介绍。

下面分别启动客户端进行验证。为了对比验证，首先注释掉 kafka-console-producer.sh 脚本文件中添加的 JAAS 路径配置，然后重启 Kafka 代理，创建一个主题并启动生产者和消费者客户端，相关命令如下：

```
kafka-server-start.sh -daemon ../config/server.properties  # 重启 Kafka 代理
kafka-topics.sh --zookeeper localhost:2181 --create --topic acls-foo --partitions
1 --replication-factor 1     # 创建用于测试 acls 的主题
kafka-console-producer.sh --broker-list localhost:9092 --topic acls-foo
--producer-property security.protocol=SASL_PLAINTEXT --producer-property
sasl.mechanism=PLAIN         # 启动生产者，该生产者启动时没有引入客户端 JAAS 配置文件
kafka-console-consumer.sh --bootstrap-server localhost:9092 --topic acls-foo
--consumer-property security.protocol=SASL_PLAINTEXT --consumer-property
sasl.mechanism=PLAIN         # 启动消费者，该消费者启动脚本引入了客户端 JAAS 配置文件
```

生产者启动后，在控制台输入一条消息，此时发现消费者并没有收到消息，同时在启动生产者的控制台打印如图 5-27 所示错误信息。

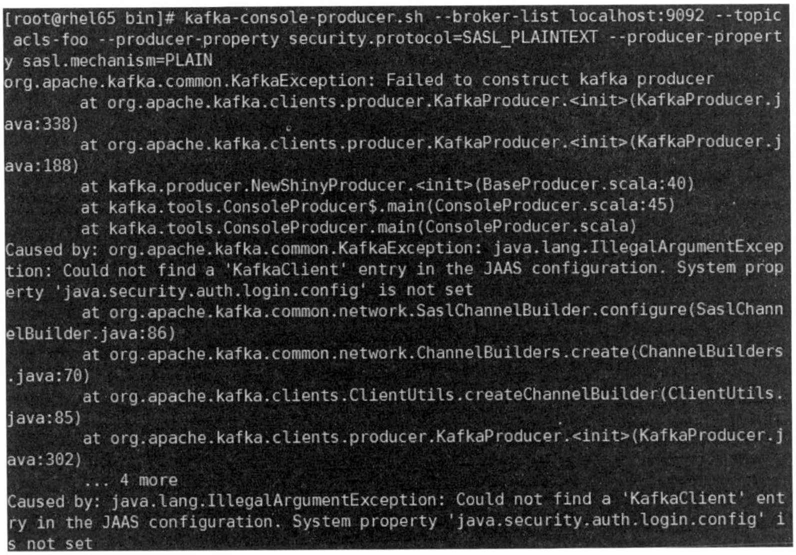

```
[root@rhel65 bin]# kafka-console-producer.sh --broker-list localhost:9092 --topic
 acls-foo --producer-property security.protocol=SASL_PLAINTEXT --producer-propert
y sasl.mechanism=PLAIN
org.apache.kafka.common.KafkaException: Failed to construct kafka producer
        at org.apache.kafka.clients.producer.KafkaProducer.<init>(KafkaProducer.j
ava:338)
        at org.apache.kafka.clients.producer.KafkaProducer.<init>(KafkaProducer.j
ava:188)
        at kafka.producer.NewShinyProducer.<init>(BaseProducer.scala:40)
        at kafka.tools.ConsoleProducer$.main(ConsoleProducer.scala:45)
        at kafka.tools.ConsoleProducer.main(ConsoleProducer.scala)
Caused by: org.apache.kafka.common.KafkaException: java.lang.IllegalArgumentExcep
tion: Could not find a 'KafkaClient' entry in the JAAS configuration. System prop
erty 'java.security.auth.login.config' is not set
        at org.apache.kafka.common.network.SaslChannelBuilder.configure(SaslChann
elBuilder.java:86)
        at org.apache.kafka.common.network.ChannelBuilders.create(ChannelBuilders
.java:70)
        at org.apache.kafka.clients.ClientUtils.createChannelBuilder(ClientUtils.
java:85)
        at org.apache.kafka.clients.producer.KafkaProducer.<init>(KafkaProducer.j
ava:302)
        ... 4 more
Caused by: java.lang.IllegalArgumentException: Could not find a 'KafkaClient' ent
ry in the JAAS configuration. System property 'java.security.auth.login.config' i
s not set
```

图 5-27　没有引入 JAAS 配置文件启动生产者时的错误提示信息

若执行以下命令启动生产者：

```
kafka-console-producer.sh --broker-list localhost:9092 --topic acls-foo
```

在控制台输入一条消息后，控制台输出信息如下：

```
WARN Bootstrap broker localhost:9092 disconnected (org.apache.kafka.
clients.NetworkClient)
```

可见，生产者并没有连接上代理。现在，在生产者脚本中引入对客户端 JAAS 路径的配置，重新启动生产者，然后再尝试发送一条消息，执行结果如图 5-28 所示。

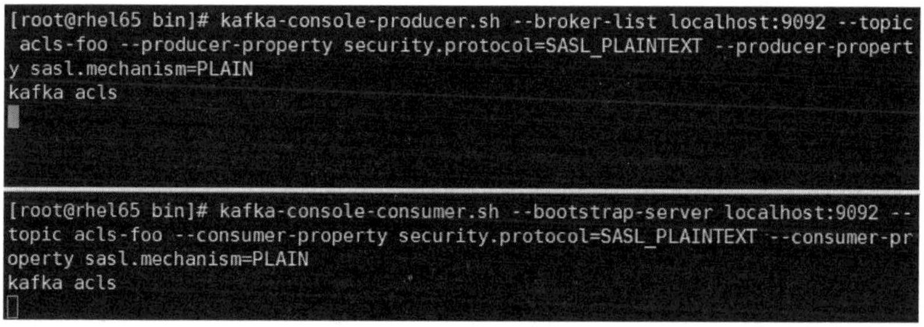

```
[root@rhel65 bin]# kafka-console-producer.sh --broker-list localhost:9092 --topic
 acls-foo --producer-property security.protocol=SASL_PLAINTEXT --producer-propert
y sasl.mechanism=PLAIN
kafka acls
```

```
[root@rhel65 bin]# kafka-console-consumer.sh --bootstrap-server localhost:9092 --
topic acls-foo --consumer-property security.protocol=SASL_PLAINTEXT --consumer-pr
operty sasl.mechanism=PLAIN
kafka acls
```

图 5-28 Kafka 身份认证配置测试结果

由图 5-25 可知，客户端已正常连接上 Kafka 代理，并能够正常通信。

5.9.2 权限控制

kafka-acls.sh 脚本支持查询（list）、添加（add）、移除（remove）这 3 类权限控制的操作。要启用 Kafka ACL 权限控制，首先需要在 server.properties 文件中增加权限控制实现类的设置，如指定 Kafka 实现的 SimpleAclAuthorizer 类：

```
authorizer.class.name = kafka.security.auth.SimpleAclAuthorizer
```

设置完成后，重启 Kafka。此时启动消费者客户端时，会抛出以下错误信息：

```
ERROR Unknown error when running consumer:  (kafka.tools.ConsoleConsumer$)
org.apache.kafka.common.errors.GroupAuthorizationException: Not authorized to
access group: console-consumer-1259
```

该错误信息提示未给该用户授予访问消费组的权限，也就是没有授予读的权限。此时启动生产者也会有相应的错误信息。之所以客户端启动时会报相关的权限问题，是因为在开启权限控制后，默认条件下除超级用户之外，所有用户均还未授予任何权限，如果希望改变这种限制可以在 server.properties 文件中增加以下配置：

```
allow.everyone.if.no.acl.found=true
```

同时在 server.properties 文件中配置超级用户，格式如下：

```
super.users=User:user1;User:user2
```

由于客户启动时都需要连接到 Kafka，因此需要加入 Java.security.auth.login.config 环境变量设置，否则即使进行了授权，客户端依然会连接不上 Kafka。客户端相应执行脚本都会调用 kafka-run-class.sh 脚本，因此在该文件中引入 Java.security.auth.login.config 环境变更设置信息，即引入登录认证服务 JAAS 文件配置路径。修改该文件的“Launch mode”相关设置（在该文件的最后几行处），定义一个 KAFKA_SASL_OPTS 变量，引入服务端 JAAS 配置文件，同时加入到环境变量中，修改后的配置如代码清单 5-15 所示。

代码清单 5-15　客户端环境变量中引入服务端 JAAS 的配置

```
KAFKA_SASL_OPTS='-DJava.security.auth.login.config=/usr/local/software/kafka/kafk
a_2.11-0.10.1.1/config/kafka_server_jaas.conf'
if [ "x$DAEMON_MODE" = "xtrue" ]; then
    nohup $Java $KAFKA_HEAP_OPTS $KAFKA_JVM_PERFORMANCE_OPTS $KAFKA_GC_LOG_OPTS
    $KAFKA_JMX_OPTS $KAFKA_SASL_OPTS $KAFKA_LOG4J_OPTS -cp $CLASSPATH $KAFKA_OPTS "$@" >
    "$CONSOLE_OUTPUT_FILE" 2>&1 < /dev/null &
else
    exec $Java $KAFKA_HEAP_OPTS $KAFKA_JVM_PERFORMANCE_OPTS $KAFKA_GC_LOG_OPTS
    $KAFKA_ JMX_OPTS $KAFKA_SASL_OPTS $KAFKA_LOG4J_OPTS -cp $CLASSPATH $KAFKA_OPTS "$@"
fi
```

若是通过 API 方式调用，则在客户端增加以下代码引入认证配置：

```
System.setProperty("Java.security.auth.login.config", "/usr/local/software/kafka/
kafka_2.11-0.10.1.1/config/kafka_server_jaas.conf'");
```

下面详细介绍这 3 类操作的具体用法。

（1）查询权限列表。通过 kafka-acls.sh 脚本可以查询某个主题（--topic）、某个消费组（--group）、集群（--cluster）当前的权限列表。

例如，执行以下命令查看当前集群的权限列表：

```
kafka-acls.sh --authorizer-properties zookeeper.connect=localhost:2181 --list -cluster
```

输出结果：

```
Current ACLs for resource `Cluster:kafka-cluster`:
```

由于当前还没有设置任何权限，因此查询结果为空。

（2）为生产者授权。首先在未授权情况下，执行以下启动生产者命令：

```
kafka-console-producer.sh --broker-list localhost:9092 --topic acls-foo
--producer-property security.protocol=SASL_PLAINTEXT  --producer-property
sasl.mechanism=PLAIN
```

在未授权情况下启动生产者，在控制台输出以下失败信息：

```
WARN Error while fetching metadata with correlation id 0 :
{acls-foo=UNKNOWN_TOPIC_OR_PARTITION} (org.apache.kafka.clients.NetworkClient)
```

这是由于当前客户端并没有查询元数据信息的权限，下面为当前客户端授予生产者相应的权限。

通过 add 指令增加一条权限设置，增加权限时需要通过参数 allow-principal 指定给某个用户授权或者通过参数 deny-principal 指定某用户不具有的权限，该用户即为身份认证时创建的客户端用户。因为权限控制就是控制客户端相应的操作权限，因此必须对应到具体的用户。当然，也可以通过 User:* 指定权限控制的对象为所有用户。执行以下命令，为用户 morton 授予作为生产者所具有的权限。

```
kafka-acls.sh --add --authorizer-properties zookeeper.connect=localhost:2181
--allow-principal User:morton  --producer  --topic=*
```

该命令通过 producer 参数指定为该用户生产者角色授权，相当于通过--operation 参数赋予 Write 和 Describe 权限，该命令指定该用户对所有主题具有写和查询权限，包括查询元数据信息的权限。此时，执行以下命令查询当前的权限信息：

```
kafka-acls.sh --authorizer-properties zookeeper.connect=localhost:2181 -list
```

输出权限信息：

```
Current ACLs for resource `Topic:*`:
    User:morton has Allow permission for operations: Describe from hosts: *
    User:morton has Allow permission for operations: Write from hosts: *

Current ACLs for resource `Cluster:kafka-cluster`:
    User:morton has Allow permission for operations: Create from hosts: *
```

由权限信息可知，该用户对所有主题具有查询及写的权限，对集群具有写的权限。权限信息中 hosts：*表示允许所有的机器可以访问，即该用户作为生产者时对其机器 IP 不进行权限控制，可以通过参数 allow-host 或者 deny-host 来设置允许或禁止生产者访问 IP。

同时，登录 ZooKeeper 客户端，在/kafka-acls 路径下会创建两个节点名分别为“Topic”和“Cluster”的节点，在 Topic 节点再创建一个以“*”为名的节点，用于记录当前设置的权限信息，之所以节点名为“*”，是因为在授权时通过“*”指定当前客户端作为生产者时对所有主题具有操作权限。在 ZooKeeper 的 kafka-acls 路径下的 Topic 权限列表信息如图 5-29 所示。

```
[zk: localhost:2181(CONNECTED) 28] get /kafka-acl/Topic/*
{"version":1,"acls":[{"principal":"User:morton","permissionType":"Allow","
operation":"Describe","host":"*"},{"principal":"User:morton","permissionTy
pe":"Allow","operation":"Write","host":"*"}]}
```

图 5-29 生产者权限列表信息

授权后再次启动生产者，可以正常发送信息。

（3）为消费者授权。在未对消费者授权时，执行以下命令启动消费者：

```
kafka-console-consumer.sh --bootstrap-server localhost:9092 --topic acls-foo
--consumer-property security.protocol=SASL_PLAINTEXT --consumer-property
sasl.mechanism=PLAIN
```

消费者启动失败，同时在控制台输出如下错误信息：

```
ERROR Unknown error when running consumer:  (kafka.tools.ConsoleConsumer$)
org.apache.kafka.common.errors.GroupAuthorizationException: Not authorized to
access group: console-consumer-5158
```

由日志信息可知，当前客户端不具有访问消费组的权限。现在，执行以下命令为客户端授予消费者的权限，这里指定该客户端消费者只能消费 acls-foo 主题的消息。

```
kafka-acls.sh --add --authorizer-properties zookeeper.connect=localhost:2181
--allow-principal User:morton  --consumer --topic acls-foo --group acls-group
```

由于消费者属于某个消费组，因此授权时需要通过--group 参数指定该消费者所属的消费组。这里指定属于 acls-group 消费组的消费者才具有消费该主题的权限，执行以下启动生产者的命令，通过 group.id 指定消费组，当然也可将消费者相关的配置添加到一个属性文件，在启动消费者时通过 consumer.conf 参数加载该配置文件。

```
kafka-console-consumer.sh --bootstrap-server localhost:9092 --topic acls-foo
--consumer-property security.protocol=SASL_PLAINTEXT --consumer-property
sasl.mechanism=PLAIN --consumer-property group.id=acls-group
```

该消费者启动后，正常接收到生产者发送到“acls-foo”主题的消息。与生产者权限设置一样，也可以通过 allow-host 或者 deny-host 参数设置允许或禁止消费者的访问 IP。在 ZooKeeper 的/kafka-acls 路径下会创建一个 Group 节点，通过 ZooKeeper 客户端查看该节点及其子节点信息如图 5-30 所示。

```
[zk: localhost:2181(CONNECTED) 30] get /kafka-acl/Group/acls-group
{"version":1,"acls":[{"principal":"User:morton","permissionType":"Allow","
operation":"Read","host":"*"}]}
```

图 5-30 消费者权限控制列表信息

（4）删除权限。通过 remove 参数删除相应的权限信息，可以删除某用户对主题（--topic）操作的权限、对集群（--cluster）操作的权限和对消费组（--group）操作的权限。

例如，删除所有用户对 acls-foo 主题的所有权限，当然在多个用户的情况下，也可以指定某个用户，命令如下。可以通过--topic=*指定主题，也可以通过--operation 指定删除具体的权限。在删除权限时会让用户确认是否进行删除操作，可以通过 force 参数表示强制删除，这样在控制台执行删除权限命令时就不会出现让客户端确认删除操作的提示信息。

```
kafka-acls.sh --authorizer-properties zookeeper.connect=localhost:2181 --remove
--topic acls-foo -force
```

删除所有用户对集群的操作权限，命令如下：

```
kafka-acls.sh --authorizer-properties zookeeper.connect=localhost:2181 --remove
-cluster
```

删除“acls-group”消费组的消费者相应权限，命令如下：

```
kafka-acls.sh --authorizer-properties zookeeper.connect=localhost:2181 --remove
--group acls-group
```

至此，Kafka 身份认证及权限控制基本操作介绍完毕。对于其他认证机制的配置及组合权限的设置，这里不再介绍。

5.10 镜像操作

Kafka 提供了一个镜像操作的工具 kafka-mirror-maker.sh，用于将一个集群的数据同步到另一个集群，这在实际工作中很有用，比如在机房搬迁时，需要将原集群中的数据同步到新集群当中，通过该工具就能够很方便实现这两个集群之间数据的迁移。

例如，5.9 节中讲解 Kafka 安全机制时，就是在一个独立的 Kafka 单机环境进行相关操作的，现在将该 Kafka 环境的“acls-foo”主题迁移到本书所用的 Kafka 集群中。由于 Kafka 集群并没有进行身份认证相关配置，因此在执行镜像相关操作之前，先去掉身份认证及权限控制相关的设置。

Kafka 镜像工具的本质是创建一个消费者，从源集群中待迁移的主题消费数据，然后创建一个生产者，将消费者从源集群中拉取的数据写入目标集群。对于本例，源集群即为单机版的 Kafka 环境，目标集群即为本书所用 Kafka 集群。下面详细介绍该镜像工具迁移数据的具体操作。

首先在源集群中分别创建消费者和生产者启动的配置文件，如本例创建的消费者配置文件为 mirror-consumer.properties，该文件内容如下：

```
bootstrap.servers=localhost:9092   # 指定源 Kafka 集群的代理地址表列
group.id=mirror   # 消费组名
```

消费者配置文件只配置了 KafkaConsumer 初始化最基本的参数配置。创建的生产者配置文件 mirror-producer.properties 的内容如下：

```
bootstrap.servers=172.117.12.61:9092, 172.117.12.62:9092, 172.117.12.63:9092  # 指定目标集群的代理地址列表
```

执行下运行镜像工具的命令：

```
kafka-mirror-maker.sh --consumer.config ../config/mirror-consumer.properties
--producer.config ../config/mirror-producer.properties --whitelist acls-foo
```

该命令通过 consumer.config 参数加载生产者配置文件，通过 producer.config 参数加载生产者配置文件，通过 whitelist 参数指定要进行镜像操作的主题，支持正则，还支持其他参数，例如，通过 blacklist 指定不需要进行镜像的主题，通过 new.consumer 参数指定镜像操作时使用 KafkaProducer 等，不再一一列举。

该命令执行后，进入目标 Kafka 集群，会看到源集群中的“acls-foo”主题数据已被正确同步。需要说明的是，由于镜像操作的命令是启动一个生产者和一个消费者进行数据镜像操作，因此数据同步完成后，该命令依然在等待新的数据进行同步，也就是需要客户端自己查看数据是否已同步完成，在保证数据同步完成后手动关闭该命令。同时，客户端可以在目标集群中创建主题，主题的分区及副本数可以与源集群中该主题对应的分区及副本数不一致。如果希望镜像操作启动的生产者在写入消息时创建主题则需要保证目标集群已设置 auto.create.topics.enable=true。

5.11 小结

本章详细介绍了 Kafka 自带脚本的功能及具体用法。在介绍顺序上，以 Kafka 运行的基本流程为主线，依次对 Kafka 常用的操作进行详解，同时对部分脚本及源码进行了修改，如启动和关闭 Kafka 集群的脚本、Kafka 源代码修改并编译发布的操作等。

第 6 章

Kafka API 编程实战

Kafka 提供了以下 4 类核心 API。

- Producer API。Producer API 提供生产消息相关的接口，我们可以通过实现 Producer API 提供的接口来自定义 Producer、自定义分区分配策略等。
- Consumer API。Consumer API 提供消费消息相关接口，包括创建消费者、消费偏移量管理等。
- Streams API。Streams API 是 Kafka 提供的一系列用来构建流处理程序的接口，通过 Streams API 让流处理相关的应用场景变得更加简单。
- Connect API。Kafka 在 0.9.0 版本后提供了一种方便 Kafka 与外部系统进行数据流连接的连接器（Connect），实现将数据导入到 Kafka 或从 Kafka 中导出到外部系统。Connect API 提供了相关实现的接口，不过很多时候并不需要编码来实现 Connect 的功能，而只需要简单的几个配置就可以应用 Kafka Connect 与外部系统进行数据交互，因此我们对 Connect API 不进行介绍。

本章重点介绍 Producer API 和 Consumer API 的应用，Streams API 的应用将在第 7 章讲解。在介绍 Kafka 的 Java API 应用之前，我们先创建一个通过 Maven 管理的 Maven Project，该工程名为“kafka-action”，在工程的 pom.xml 文件中引入 Kafka 的依赖包，该 pom.xml 文件的内容如代码清单 6-1 所示。

代码清单 6-1　工程核心配置 pom.xml

```
<project xmlns="http://maven.apache.org/POM/4.0.0"
     xmlns:xsi="http://www.w3.org/2001/XMLSchema-instance"
     xsi:schemaLocation="http://maven.apache.org/POM/4.0.0
         http://maven.apache.org/xsd/maven-4.0.0.xsd">
     <modelVersion>4.0.0</modelVersion>
     <groupId>com.kafka.action</groupId>
     <artifactId>kafka-action</artifactId>
```

```
        <version>1.0.0</version>
    <!-- kafka start -->
            <dependency>
                <groupId>org.apache.kafka</groupId>
                <artifactId>kafka_2.11</artifactId>
                <version>0.10.1.1</version>
            </dependency>
            <dependency>
              <groupId>org.apache.kafka</groupId>
              <artifactId>kafka-clients</artifactId>
              <version>0.10.1.1</version>
          </dependency>
        <!-- kafka end>
        ……省略非核心代码……
    </project>
```

6.1　主题管理

第 5 章介绍了通过 Kafka 相应脚本对主题管理相关的操作，本节介绍调用 Kafka 提供的相应 API 编写主题管理的程序。

由于主题的元数据信息是注册在 ZooKeeper 相应节点之中，所以对主题的操作实质是对 ZooKeeper 中记录主题元数据信息相关路径的操作。Kafka 将对 ZooKeeper 的相关操作封装成一个 ZkUtils 类，并封装了一个 AdminUtils 类调用 ZkClient 类的相关方法以实现对 Kafka 元数据的操作，包括对主题、代理、消费者等相关元数据的操作。对主题操作的相关 API 调用较简单，相应操作都是通过调用 AdminUtils 类的相应方法来完成的。

6.1.1　创建主题

首先实例化 ZkUtils 对象，然后调用 AdminUtils.createTopic()方法创建主题，API 创建主题与命令行创建主题基本相似，需要指定主题的分区数以及副本数，同时可以设置主题级别的配置。由于采用 Kafka 自动副本分配策略时支持指定代理机架信息，因此通过 API 创建主题时，可以指定机架感知类型，这里采用默认类型。创建主题的实现如代码清单 6-2 所示。

代码清单 6-2　创建主题的具体实现

```
public static void createTopic(String topic,int partition,int repilca,Properties
properties){
    ZkUtils zkUtils = null;
    try {
        // 实例化 ZkUtils
        zkUtils = ZkUtils.apply(ZK_CONNECT, SESSION_TIMEOUT, CONNECT_TIMEOUT,
        JaasUtils.isZkSecurityEnabled());
```

```
            if (!AdminUtils.topicExists(zkUtils, topic)) {// 主题不存在则创建
                AdminUtils.createTopic(zkUtils, topic, partition, repilca,properties,
                AdminUtils.createTopic$default$6());
            } else {
                // TODO 进行相应处理，如打印日志等
            }
        } catch (Exception e) {
            e.printStackTrace();
        }finally{
            zkUtils.close();
        }
    }
```

其中ZK_CONNECT、SESSION_TIMEOUT和CONNECT_TIMEOUT字段是自定义的常量，分别指连接 ZooKeeper 集群的地址、与 ZooKeeper 连接 Session 过期时间以及连接 ZooKeeper 的超时时间。ZkUtis 实例化参数定义如下：

```
/** 连接 Zk */
private static final String ZK_CONNECT= "server-1:2181,server-2:2181,server-3:2181";
/** session 过期时间 */
private static final int SESSION_TIMEOUT = 30000;
/** 连接超时时间 */
private static final int CONNECT_TIMEOUT = 30000;
```

由代码清单 6-2 所示，创建主题的方法返回类型是 void，在客户端创建主题时并不能真正保证创建主题成功，客户端创建主题仅是在 ZooKeeper 相应路径创建节点并写入主题元数据信息，客户端创建主题若没发生异常则表示在 ZooKeeper 写入主题元数据信息成功。

6.1.2 修改主题级别配置

配置的修改每次都是覆盖操作，后一次的修改会完全覆盖前一次的修改。这样当后一次修改时没有包括前一次相应的配置，当本次修改后，不包括在本次所修改的配置将恢复到默认值。因此为了不覆盖先前已进行的修改，在每次修改前，先查询主题当前的配置，然后在此基础上进行修改。修改主题配置的具体实现如代码清单 6-3 所示。

代码清单 6-3 修改主题级别配置的具体实现

```
public static void modifyTopicConfig(String topic, Properties properties) {
    ZkUtils zkUtils = null;
    try {
        // 实例化 ZkUtils
        zkUtils = ZkUtils.apply(ZK_CONNECT, SESSION_TIMEOUT,CONNECT_TIMEOUT,
        JaasUtils.isZkSecurityEnabled());
        // 首先获取当前已有的配置，这里是查询主题级别的配置，因此指定配置类型为 Topic
        Properties curProp = AdminUtils.fetchEntityConfig(zkUtils,
        ConfigType.Topic(),topic);// 添加新修改的配置
```

```
            curProp.putAll(properties);
            AdminUtils.changeTopicConfig(zkUtils, topic, curProp);
        } catch (Exception e) {
            e.printStackTrace();
        } finally {
            zkUtils.close();
        }
    }
```

其中待修改的配置项以键值对形式保存在 Java.util.Properties 对象中。删除对配置项所进行的修改，只需查询出当前配置项，然后从 Properties 中移出相应配置并调用 AdminUtils.changeTopicConfig()方法修改配置进行覆盖操作。

6.1.3　增加分区

Kafka 提供了一个 AdminUtils.addPartitions()方法为一个主题增加分区，在增加分区时可以指定分区副本分配方案，也可以不指定。若不指定分配方案，则 Kafka 采用默认分区副本分配策略自动分配。

关于 AdminUtils.addPartitions()方法参数需要注意以下两点。

（1）第 3 个参数是指定分区总数。例如，某个主题当前已有一个分区，若希望再为该主题增加两个分区，此时该参数应传 3 而不是 2。

（2）第 4 个参数是指定副本分配方案。与命令行数据格式不同，不同分区的副本用逗号分隔，同一个分区的多个副本之间以冒号分隔。同时需要注意的是，副本分配方案要包括已有分区的副本分配信息，根据分配顺序从左到右依次与分区对应，分区编号递增。

假设一个主题名为“partition-api-foo”的主题，该主题有一个分区、两个副本，当前分配方案为{"version":1,"partitions":{"0":[3,1]}}。现在增加一个分区，指定新增加的分区两个副本分配在 brokerId 为 2 和 3 的两个节点上，由于当前已有一个分区，新增加的分区编号自然为 1。正确的分配方案格式为“3:1,2:3”，其中“3:1”表示分区 0 的两个副本对应的 brokerId，根据副本与分区对应规则，“2:3”表示分区 1 的两个副本对应的 brokderId。在分配时首先根据当前已有的分区数 n 从分配方案中剔除前 n 组副本分配信息，从第 n+1 组开始依次为新增分区的副本分配方案。

例如，为“partition-api-foo”主题增加一个分区的核心实现代码如下：

```
AdminUtils.addPartitions(zkUtils, "partiton-api-foo", 2,"3:1,2:1", true,
AdminUtils. addPartitions$default$6())
```

6.1.4　分区副本重分配

Kafka 并没有提供直接增加副本的 API，但提供了修改分区副本分配方案的方法 AdminUtils.createOrUpdateTopicPartitionAssignmentPathInZK()。通过该方法可以实现分区副本重分配，同时也可以通过该接口为某个主题增加分区和副本。调用该方法一般步骤如下：

（1）实例化 ZkUtils；

（2）获取代理元数据（BrokerMetadata）信息；

（3）生成分区副本分配方案，当然也可以自定义分配方案；

（4）调用 createOrUpdateTopicPartitionAssignmentPathInZK()方法完成副本分配；

（5）释放与 ZooKeeper 的连接。

例如，通过该方法修改主题“partition-api-foo”的分区数为 2、副本数为 3，具体实现核心代码如代码清单 6-4 所示。

代码清单 6-4　修改分区及副本数的核心代码

```
ZkUtils zkUtils = null;
try {
    // 1.实例化 ZkUtils
    zkUtils = ZkUtils.apply(ZK_CONNECT, SESSION_TIMEOUT,CONNECT_TIMEOUT,
    JaasUtils.isZkSecurityEnabled());
    // 2.获取代理元数据信息
    Seq<BrokerMetadata> brokerMeta = AdminUtils.getBrokerMetadatas(zkUtils,
    AdminUtils.getBrokerMetadatas$default$2(),
    AdminUtils.getBrokerMetadatas$default$3());
    // 3.生成分区副本分配方案：2 个分区、3 个副本
    Map<Object, Seq<Object>> replicaAssign = AdminUtils.assignReplicasToBrokers
    (brokerMeta, 2, 3, AdminUtils.assignReplicasToBrokers$default$4(),
    AdminUtils.assignReplicasToBrokers$default$5());
    // 4.修改分区副本分配方案
    AdminUtils.createOrUpdateTopicPartitionAssignmentPathInZK(zkUtils,
    "partition-api-foo",replicaAssign, null, true);
} catch (Exception e) {
    e.printStackTrace();
} finally {// 5.释放与 ZooKeeper 的连接
    zkUtils.close();
}
```

6.1.5　删除主题

删除主题的 API 较简单，通过调用 AdminUtils.deleteTopic(zkUtils, topic)方法，即可删除指定的主题。

6.2　生产者 API 应用

本节将通过具体实例来介绍如何通过 Producer API 开发生产者程序。

6.2.1　单线程生产者

实现一个简单的 Kafka 生产者一般步骤如下。

（1）创建 Properties 对象，设置生产者级别配置。以下 3 个配置是必须指定的。

- bootstrap.servers：配置连接 Kafka 代理列表，不必包含 Kafka 集群所有的代理地址，当连接上一个代理后，会从集群元数据信息中获取其他存活的代理信息。但为了保证能够成功连上 Kafka 集群，在多代理集群的情况下建议至少配置两个代理。
- key.serializer：配置用于序列化消息 Key 的类。
- value.serializer：配置用于序列化消息实际数据的类。

（2）根据 Properties 对象实例化一个 KafkaProducer 对象。

（3）实例化 ProducerRecord 对象，每条消息对应一个 ProducerRecord 对象。

（4）调用 KafkaProducer 发送消息的方法将 ProducerRecord 发送到 Kafka 相应节点。Kafka 提供了两个发送消息的方法，即 send(ProducerRecord<String,String>record)方法和 send(ProducerRecord<String,String> record,Callback callback)方法，带有回调函数的 send()方法要实现 org.apache.kafka.clients.producer.Callback 接口。如果消息发送发生异常，Callback 接口的 onCompletion 会捕获到相应异常。KafkaProducer 默认是异步发送消息，会将消息缓存到消息缓冲区中，当消息在消息缓冲区中累计到一定数量后作为一个 RecordBatch 再发送。生产者发送消息实质分两个阶段：第一阶段是将消息发送到消息缓冲区；第二阶段是一个 Sender 线程负责将缓冲区的消息发送到代理，执行真正的 I/O 操作，而在第一阶段执行完后就返回一个 Future 对象，根据对 Future 对象处理方式的不同，KafkaProducer 支持两种发送消息方式。

- 异步方式：两个 send 方法都返回一个 Future<RecordMetadata>对象，即只负责将消息发送到消息缓冲区，并不等待 Sender 线程处理结果，若希望了解异步方式消息发送成功与否，可以在回调函数中进行相应处理，当消息被 Sender 线程处理后会回调 Callback。
- 同步方式：通过调用 send 方法返回的 Future 对象的 get()方法以阻塞式获取执行结果，即等待 Sender 线程处理的最终结果。

（5）关闭 KafkaProducer，释放连接的资源。

介绍完实现一个 KafkaProducer 的基本步骤之后，现在用 Java 语言来实现一个 KafkaProducer，通过该生产者将模拟股票行情信息发送到 Kafka 集群中。

为了简化程序，我们并没有对接股票真实行情信息，而是通过一组随机数模拟股票行情信息，将股票信息封装为一个 JavaBean，该 JavaBean 对象类名为 StockQuotationInfo.Java，同时覆盖其 toString()方法，这样便于调用该对象的 toString()方法得到的字符串作为消息内容，鉴于篇幅考虑省略了相应字段的 get 和 set 方法，该类具体内容见代码清单 6-5 所示。

代码清单 6-5　StockQuotationInfo.Java 股票行情信息封装类

```
package com.kafka.action.chapter6.dto;
import Java.io.Serializable;
public class StockQuotationInfo implements Serializable{
```

```
    private static final long serialVersionUID = 1L;
    /** 股票代码 */
    private String stockCode;
    /** 股票名称 */
    private String stockName;
    /** 交易时间 */
    private long tradeTime;
    /** 昨日收盘价 */
    private float preClosePrice;
    /** 开盘价 */
    private float openPrice;
    /** 当前价,收盘时即为当日收盘价 */
    private float currentPrice;
    /** 今日最高价 */
    private float highPrice;
    /** 今日最低价 */
    private float lowPrice;
    ……省略了各属性的 get 和 set 方法……
    @Override
    public String toString() {
        return this.stockCode + "|" + stockName + "|" + tradeTime + "|" + preClosePrice
        + "|" + openPrice + "|" + currentPrice + "|" + highPrice + "|" + lowPrice;
    }
}
```

编写一个行情推送的生产者类 QuotationProducer.Java，在一个静态代码块中创建一个 KafkaProducer，同时定义一个构造 Properties 对象的 initConfig()方法和一个产生股票行情信息的 createQuotationInfo()方法，然后在 main()方法中调用 KafkaProducer 对象发送消息，每推送 10 条股票行情信息让线程休眠 2s，该类具体实现如代码清单 6-6 所示。

代码清单 6-6　QuotationProducer.Java 股票行情生产者实现类

```
package com.kafka.action.chapter6.producer;

import Java.text.DecimalFormat;
import Java.util.Properties;
import Java.util.Random;

import org.apache.kafka.clients.producer.KafkaProducer;
import org.apache.kafka.clients.producer.ProducerRecord;
import org.apache.log4j.Logger;
public class QuotationProducer {
    private static final Logger LOG = Logger.getLogger(QuotationProducer.class);
    /** 设置实例生产消息的总数 */
    private static final int MSG_SIZE = 100;
    /** 主题名称 */
    private static final String TOPIC = "stock-quotation";
    /** Kafka 集群 */
```

```
private static final String BROKER_LIST =
" server-1:9092,server-2:9092,server-3:9092 ";
private static KafkaProducer<String, String> producer = null;
static {
    // 1.构造用于实例化 KafkaProducer 的 Properties 信息
    Properties configs = initConfig();
    // 2.初始化一个 KafkaProducer
    producer = new KafkaProducer<String, String>(configs);
}

/**
 * 初始化 Kafka 配置
 * @return
 */
private static Properties initConfig() {
    Properties properties = new Properties();
    // Kafka broker 列表
    properties.put(ProducerConfig.BOOTSTRAP_SERVERS_CONFIG, BROKER_LIST);
    // 设置序列化类
    properties.put(ProducerConfig.KEY_SERIALIZER_CLASS_CONFIG,
                   StringSerializer.class.getName());
    properties.put(ProducerConfig.VALUE_SERIALIZER_CLASS_CONFIG,
                   StringSerializer.class.getName());
    return properties;
}

/**
 * 生产股票行情信息
 * @return
 */
private static StockQuotationInfo createQuotationInfo() {
    StockQuotationInfo quotationInfo = new StockQuotationInfo();
    // 随机产生 1 到 10 之间的整数，然后与 600100 相加组成股票代码
    Random r = new Random();
    Integer stockCode = 600100 + r.nextInt(10);
    // 随机产生一个 0 到 1 之间的浮点数
    float random = (float) Math.random();
    // 设置涨跌规则
    if (random / 2 < 0.5) {
        random = -random;
    }
    DecimalFormat decimalFormat = new DecimalFormat(".00");// 设置保存两位有效数字
    quotationInfo.setCurrentPrice(Float.valueOf(decimalFormat.format(11 +
    random)));// 设置最新价在 11 元浮动
    quotationInfo.setPreClosePrice(11.80f);// 设置昨日收盘价为固定值
    quotationInfo.setOpenPrice(11.5f);// 设置开盘价
    quotationInfo.setLowPrice(10.5f);// 设置最低价，并不考虑 10%限制，
                                     //以及当前价是否已是最低价
```

```
        quotationInfo.setHighPrice(12.5f);// 设置最高价，并不考虑 10%限制，
                                         //以及当前价是否已是最高价
        quotationInfo.setStockCode(stockCode.toString());
        quotationInfo.setTradeTime(System.currentTimeMillis());
        quotationInfo.setStockName("股票-" + stockCode);
        return quotationInfo;
    }

    public static void main(String[] args) {
        ProducerRecord<String, String> record = null;
        StockQuotationInfo quotationInfo = null;
        try {
            int num = 0;
            for (int i = 0; i < MSG_SIZE; i++) {
                quotationInfo = createQuotationInfo();
                record = new ProducerRecord<String, String>(TOPIC, null,
                quotationInfo.getTradeTime(),quotationInfo.getStockCode(),
                quotationInfo.toString());
                producer.send(record);// 异步发送消息
                if (num++ % 10 == 0) {
                    Thread.sleep(2000L);// 休眠 2s
                }
            }
        } catch (InterruptedException e) {
            LOG.error("Send message occurs exception", e);
        } finally {
            producer.close();
        }
    }
}
```

在运行股票行情生产者之前，我们先在 Kafka 集群中创建一个名为“stock-quotation”的主题，该主题有 1 个副本、6 个分区。进入$KAFKA_HOME/bin 目录下，执行以下创建主题命令：

```
./kafka-topics.sh --create --zookeeper server-1:2181,server-2:2181,server-3:2181
--replication-factor 1 --partitions 6 --topic stock-quotation
```

最后，运行 QuotationProducer.Java 类，这里直接在 Eclipse 中运行该类。该类执行后，进入$KAFKA_HOME/bin 目录下，执行以下命令查看某个分区的日志文件信息：

```
kafka-run-class.sh kafka.tools.DumpLogSegments --files
/opt/data/kafka-logs/stock-quotation-0/00000000000000000000.log --print-data-log
```

在终端部分输出信息片段如下：

```
offset: 19 position: 1615 CreateTime: 1488371576746 isvalid: true payloadsize: 45
magic: 1 compresscodec: NoCompressionCodec crc: 325016124 keysize: 6 key: 600107
payload: 600107|股票-600107|1488371576746|11.8|10.73
```

```
offset: 20 position: 1700 CreateTime: 1488371598758 isvalid: true payloadsize: 45
magic: 1 compresscodec: NoCompressionCodec crc: 2038453447 keysize: 6 key: 600107
payload: 600107|股票-600107|1488371598758|11.8|10.14
```

由于我们以股票代码作为消息的 Key，因此在默认分区分配策略下，同一支股票的行情信息会发送到同一个分区下，这样也便于我们后期对消息进行处理。

如果我们希望在消息发送完成后获取消息的一些信息，例如获取消息偏移量及消息被发送到哪个分区，那么我们可以在发送消息时，指定回调 CallBack，只需对 QuotationProducer.Java 类中发送消息这块代码稍微进行修改，如代码清单 6-7 所示。

代码清单 6-7 股票行情生产者发送消息时指定回调的实现逻辑

```
public static void main(String[] args) {
    ProducerRecord<String, String> record = null;
    StockQuotationInfo quotationInfo = null;
    try {
        int num = 0;
        for (int i = 0; i < MSG_SIZE; i++) {
            quotationInfo = createQuotationInfo();
            record = new ProducerRecord<String, String>(TOPIC, null,
            quotationInfo.getTradeTime(),quotationInfo.getStockCode(),
            quotationInfo.toString());
            // 发送消息时指定一个 Callback，实现 onCompletion()方法，
            // 在成功发送后获取消息的偏移量及分区
            producer.send(record, new Callback() {
                @Override
                public void onCompletion(RecordMetadata metaData, Exception
                exception) {
                    if(null!=exception){// 发送异常记录异常信息
                        LOG.error("Send message occurs exception.",exception);
                    }
                    if(null!=metaData){
                        LOG.info(String.format("offset:%s,partition:%s",
                        metaData.offset(),metaData.partition()));
                    }
                }
            });
            if (num++ % 10 == 0) {
                Thread.sleep(2000L);// 休眠 2 秒
            }
        }
    } catch (InterruptedException e) {
        LOG.error("Send message occurs exception", e);
    } finally {
        producer.close();
    }
}
```

再次运行该生产者，在控制台会打印每条消息的偏移量及分区信息。控制台打印的部分日志信息如下：

```
2017-03-01 20:54:40 [INFO]-[com.kafka.action.chapter6.producer.QuotationProducer]
offset:183,partition:4
2017-03-01 20:54:42 [INFO]-[com.kafka.action.chapter6.producer.QuotationProducer]
offset:109,partition:1
2017-03-01 20:54:42 [INFO]-[com.kafka.action.chapter6.producer.QuotationProducer]
offset:110,partition:1
2017-03-01 20:54:42 [INFO]-[com.kafka.action.chapter6.producer.QuotationProducer]
offset:184,partition:4
```

6.2.2 多线程生产者

为了提升 Kafka 发送消息的吞吐量，在数据量比较大同时对消息顺序也没有严格要求的情况下，可以采用多线程的方式。实现多线程生产者一般有两种方式：只实例化一个 KafkaProducer 对象运行多个线程共享该生产者发送消息；实例化多个 KafkaProducer 对象。由于 KafkaProducer 是线程安全，经验证多个线程共享一个实例比每个线程各自实例化一个 KafkaProducer 对象在性能上要好很多。

本小节基于上一节单线程生产者实现方式进行修改，采用实例化一个 KafkaProducer 对象，然后启动多个线程共享该 KafkaProducer 实例的方式来介绍 Kafka 生产者多线程的实现方式。首先定义一个线程类 KafkaProducerThread，该线程类持有一个 KafkaProducer 的引用，在线程内部调用外部传入的 KafkaProducer 对象发送消息。该线程类的具体实现如代码清单 6-8 所示。

代码清单 6-8　线程类 KafkaProducerThread 的具体实现

```java
package com.kafka.action.chapter6.producer;
import org.apache.kafka.clients.producer.Callback;
import org.apache.kafka.clients.producer.KafkaProducer;
import org.apache.kafka.clients.producer.ProducerRecord;
import org.apache.kafka.clients.producer.RecordMetadata;
import org.apache.log4j.Logger;

public class KafkaProducerThread implements Runnable{

    private static final Logger LOG = Logger.getLogger(KafkaProducerThread.class);

    private  KafkaProducer<String, String> producer = null;

    private  ProducerRecord<String, String> record = null;

    public KafkaProducerThread(KafkaProducer<String, String> producer,
    ProducerRecord<String, String> record) {
        this.producer = producer;
        this.record = record;
```

```
    }

    @Override
    public void run() {
        producer.send(record,new Callback() {

            @Override
            public void onCompletion(RecordMetadata metaData, Exception
            exception) {
                if (null != exception) {// 发送异常记录异常信息
                    LOG.error("Send message occurs exception.", exception);
                }
                if (null != metaData) {
                    LOG.info(String.format("offset:%s,partition:%s",
                    metaData.offset(), metaData.partition()));
                }
            }
        });
    }
}
```

然后创建一个固定线程数量的线程池，这些线程共享同一个 KafkaProducer 实例：

```
ExecutorService executor = Executors.newFixedThreadPool(THREADS_NUMS);
executor.submit(new KafkaProducerThread(producer, record));
```

修改 main 方法发送消息的逻辑如代码清单 6-9 所示。

代码清单 6-9 多线程发送消息的具体实现

```
public static void main(String[] args) {
    ProducerRecord<String, String> record = null;
    StockQuotationInfo quotationInfo = null;
    ExecutorService executor = Executors.newFixedThreadPool(THREADS_NUMS);
    long current = System.currentTimeMillis();
    try {
        for (int i = 0; i < MSG_SIZE; i++) {
            quotationInfo = createQuotationInfo();
            record = new ProducerRecord<String, String>(TOPIC, null,
                    quotationInfo.getTradeTime(),
                    quotationInfo.getStockCode(), quotationInfo.toString());
            executor.submit(new KafkaProducerThread(producer, record));
        }
    } catch (Exception e) {
        LOG.error("Send message occurs exception", e);
    } finally {
        producer.close();
        executor.shutdown();
    }
}
```

6.3 消费者 API 应用

当前版本的 Kafka 还保留 Scala 版本的两套消费者，本书将其统称为旧版消费者。旧版消费者属于 Kafka 核心模块的一部分，分别为 SimpleConsumer 和 ZooKeeperConsumerConnector。两套消费者对应的 API 分别称为低级（Low-Level）API 和高级（High-Level）API。

低级 API 提供对消息更灵活的控制处理，但实现起来也更为复杂，调用者需要自己管理已消费的偏移量以及消费者平衡等。

高级 API 提供了一种简单、方便的对外接口，屏蔽了底层实现细节，消费者无需管理已消费的偏移量，Kafka 会将每个分区已消费的最后偏移量保存在 ZooKeeper 的/consumers/${group.id}/offsets/${topicName}/${partitionId}节点中。

在 Kafka 0.9 版本之后，通过 Java 语言对消费者进行了重新实现，即 KafkaConsumer，本书将其称为新版消费者。新版消费者在实现上与旧版高级消费者的最大区别是不再强依赖于 ZooKeeper。消费者提交的消费偏移量也不再保存到 ZooKeeper 当中，而是保存在 Kafka 内部主题“__consumer_offsets”之中，该主题默认有 50 个分区，每个分区有 3 个副本，分区数由配置项 offsets.topic.num.partition 设置，通过${group.id}的 hashcode 值与${offsets.topic.num.partition}取模的方式来确定某个消费组已消费的偏移量保存到该主题的哪个分区中。

6.3.1 旧版消费者 API 应用

对于旧版消费者提供的两套 API，我们只介绍低级 API 的应用。对于高级 API 的应用本书不进行阐述，因为如果我们应用的是 Kafka 0.10 以上的版本，推荐使用 KafkaConsumer，也就是本书所说的新版消费者。

低级消费者 API 虽然应用起来较为复杂，但允许客户端对消息进行灵活的控制，因此，在实际开发应用中也颇受欢迎。以下几种常见应用场景通过低级 API 来实现则更为方便。

- 支持消息重复消费。
- 添加事务管理机制，保证消息被处理且仅被处理一次。
- 只消费指定分区或者指定分区的某些片段。

应用消费者低级 API 编程实现一个消费者，一般步骤包括以下几步。

（1）获取指定主题相应分区对应的元数据信息。

（2）由于副本机制的引入，Leader 代理节点负责读写操作，因此需要找出指定分区的 Leader 副本节点，创建一个 SimpleConsumer，建立与 Leader 副本的连接。

（3）构造消费请求。

（4）获取数据并处理。

（5）对偏移量进行处理。

（6）当代理发送变化时进行相应处理，保证消息被正常消费。

现在我们通过 Java 语言调用低级消费者 API 实现一个消费者，该消费者只是简单地将拉取到的消息打印出来。为实现该功能，我们创建一个 KafkaSimpleConsumer 类，在该类中首先定义一些常量，如代码清单 6-10 所示。

代码清单 6-10　KafkaSimpleConsumer 类常量的定义

```
public class KafkaSimpleConsumer {
    private static final Logger LOG = Logger.getLogger(KafkaSimpleConsumer.class);
    /**
      指定 Kafka 集群代理列表，列表无需指定所有的代理地址，
      只要保证能连上 Kafka 集群即可，一般建议多个节点时至少写两个节点的地址
    */
    private static final String BROKER_LIST = "172.117.12.61,172.117.12.62";
    /** 连接超时时间设置为 1 分钟 */
    private static final int TIME_OUT = 60 * 1000;
    /** 设置读取消息缓冲区大小 */
    private static final int BUFFER_SIZE = 1024 * 1024;
    /** 设置每次获取消息的条数 */
    private static final int FETCH_SIZE = 100000;
    /** broker 的端口 */
    private static final int PORT = 9092;
    /** 设置容忍发生错误时重试的最大次数 */
    private static final int MAX_ERROR_NUM = 3;
}
```

接下来，定义一个获取指定主题相应分区元数据信息的方法 PartitionMetadata fetchPartitionMetadata(List<String> brokerList, int port, String topic, int partitionId)，该方法返回分区元数据信息 PartitionMetadata 对象。获取分区元数据信息逻辑如下。

（1）实例化一个 SimpleConsumer，该消费者作为获取元数据信息的执行者。

（2）构造获取主题元数据信息的请求 TopicMetadataRequest。

（3）通过 Consumer.send()正式与代理建立连接，连接上代理后发送 TopicMetadataRequest 请求。

（4）从步骤（3）返回响应结果中获取主题元数据信息 TopicMetadata 列表，每个主题的每个分区的元数据信息对应一个 TopicMetadata 对象，遍历主题元数据信息列表，获取当前分区对应的元数据信息 PartitionMeatadata。

fetchPartitionMetadata()方法具体实现代码见代码清单 6-11 所示。在具体实现代码中，为了防止只进行一次连接请求而得不到元数据信息，这里在实现时通过轮询多个代理节点，若与某个节点创建连接时发生异常，则继续尝试与下一个代理节点创建连接，直到请求成功或者轮询完所配置的代理节点。

代码清单 6-11　获取分区元数据方法的具体实现代码

```
private PartitionMetadata fetchPartitionMetadata(List<String> brokerList, int port,
String topic, int partitionId) {
    SimpleConsumer consumer = null;
    TopicMetadataRequest metadataRequest = null;
    TopicMetadataResponse metadataResp = null;
```

```
    List<TopicMetadata> topicsMetadata = null;
    try {
        for (String host : brokerList) {
            // 1.构造一个消费者用于获取元数据信息的执行者
            consumer = new SimpleConsumer(host, port, TIME_OUT, BUFFER_SIZE,
            "fetch-metadata");
            // 2.构造请求主题的元数据的 request
            metadataRequest = new TopicMetadataRequest(Arrays.asList(topic));
            // 3.发送获取主题元数据的请求
            try {
                metadataResp = consumer.send(metadataRequest);
            } catch (Exception e) {// 有可能与代理连接失败
                LOG.error("Send topicMetadataRequest occurs exception.",e);
                continue;
            }
            // 4.获取主题元数据列表
            topicsMetadata = metadataResp.topicsMetadata();
            // 5.主题元数据列表中提取指定分区的元数据信息
            for (TopicMetadata metaData : topicsMetadata) {
                for (PartitionMetadata item : metaData.partitionsMetadata()) {
                    if (item.partitionId() != partitionId) {
                        continue;
                    } else {
                        return item;
                    }
                }
            }
        }
    } catch (Exception e) {
        LOG.error("Fetch PartitionMetadata occurs exception", e);
    } finally {
        if (null != consumer) {
            consumer.close();
        }
    }
    return null;
}
```

同时，我们还需要实现对消费偏移量的管理，在每次拉取消息时需要指定起始偏移量。更多时候我们可能关注消息的起始偏移量或者消息的最大偏移量。为此定义一个获取消息偏移量的方法 long getLastOffset(SimpleConsumer consumer, String topic, int partition, long beginTime, String clientName)，该方法逻辑较简单，只需要构造一个 OffsetRequest 请求，在构造 OffsetRequest 请求参数 PartitionOffsetRequestInfo 对象时，通过将时间设置为 kafka.api.OffsetRequest.EarliestTime()，则表示获取消息的起始偏移量；若时间设置为 kafka.api.OffsetRequest.LatestTime()，则表示获取消息最大偏移量。然后通过当前的消费者发送获取偏移量的请求，从响应中得到相应的偏移量，实现代码如代码清单 6-12 所示。

代码清单 6-12　获取消息偏移量方法的具体实现代码

```
private long getLastOffset(SimpleConsumer consumer, String topic, int partition, long
beginTime, String clientName) {
    TopicAndPartition topicAndPartition = new TopicAndPartition(topic, partition);
    Map<TopicAndPartition, PartitionOffsetRequestInfo> requestInfo = new HashMap
    <TopicAndPartition, PartitionOffsetRequestInfo>();
    // 设置获取消息起始 offset
    requestInfo.put(topicAndPartition, new PartitionOffsetRequestInfo(beginTime, 1));
    // 构造获取 offset 请求
    OffsetRequest request = new OffsetRequest(requestInfo, kafka.api.OffsetRequest.
    CurrentVersion(), clientName);
    OffsetResponse response = consumer.getOffsetsBefore(request);

    if (response.hasError()) {
     LOG.error("Fetch last offset occurs exception:" + response.errorCode(topic,
     partition));
     return -1;
    }
    long[] offsets = response.offsets(topic, partition);
    if (null == offsets || offsets.length == 0) {
        LOG.error("Fetch last offset occurs error,offses is null.");
        return -1;
    }

    return offsets[0];
}
```

然后，我们定义一个 consume(List<String> brokerList, int port, String topic, int partitionId)方法，该方法调用 fetchPartitionMetadata()方法及 getLastOffset()方法实现消费者拉取消息的功能。在该方法中我们并没有对代理失效及发生异常进行相应处理，只是简单地尝试再次根据当前分区的 Leader 节点信息实例化一个消费者，直到失败次数达到能够容忍的最大值时，程序退出。该方法的具体实现如代码清单 6-13 所示。

代码清单 6-13　consume 方法的具体实现代码

```
public void consume(List<String> brokerList, int port, String topic, int partitionId) {
    SimpleConsumer consumer = null;
    try {
        // 1.首先获取指定分区的元数据信息
        PartitionMetadata metadata = fetchPartitionMetadata(brokerList, port, topic,
        partitionId);
        if (metadata == null) {
            LOG.error("Can't find metadata info");
            return;
        }
        if (metadata.leader() == null) {
            LOG.error("Can't find the partition:" + partitionId + " 's leader.");
            return;
```

```
    }
    String leadBroker = metadata.leader().host();
    String clientId = "client-" + topic + "-" + partitionId;

    // 2.创建一个消息者作为消费消息的真正执行者
    consumer = new SimpleConsumer(leadBroker, port, TIME_OUT, BUFFER_SIZE,
    clientId);
    // 设置时间为 kafka.api.OffsetRequest.EarliestTime()从最新消息起始处开始
    long lastOffset = getLastOffset(consumer, topic, partitionId,
    kafka.api.OffsetRequest.EarliestTime(), clientId);
    int errorNum = 0;
    FetchRequest fetchRequest = null;
    FetchResponse fetchResponse = null;
    while (lastOffset > -1) {
        // 当在循环过程中出错时将起始实例化的 consumer 关闭并设置为 null
        if (consumer == null) {
            consumer = new SimpleConsumer(leadBroker, port, TIME_OUT, BUFFER_SIZE,
            clientId);
        }
    // 3.构造获取消息的 request
    fetchRequest = new FetchRequestBuilder().clientId(clientId).addFetch(topic,
    partitionId, lastOffset, FETCH_SIZE).build();
    // 4.获取响应并处理
    fetchResponse = consumer.fetch(fetchRequest);
    if (fetchResponse.hasError()) {// 若发生错误
        errorNum++;
        if (errorNum > MAX_ERROR_NUM) {// 达到发生错误的最大次数时退出循环
            break;
        }
        // 获取错误码
        short errorCode = fetchResponse.errorCode(topic, partitionId);
        // offset 已无效,因为在获取 lastOffset 时设置为从最早开始时间,若是这种错误码,
        // 我们再将时间设置为从 LatestTime()开始查找
        if (ErrorMapping.OffsetOutOfRangeCode() == errorCode) {
            lastOffset = getLastOffset(consumer, topic, partitionId,
            kafka.api.OffsetRequest.LatestTime(), clientId);
            continue;
        } else if (ErrorMapping.OffsetsLoadInProgressCode() == errorCode) {
            Thread.sleep(30000);// 若是这种异常则让线程休眠 30s
            continue;
        } else {// 这里只是简单地关闭当前分区 Leader 信息实例化的 Consumer,
                // 并没有对代理失效时进行相应处理
           consumer.close();
           consumer = null;
           continue;
     }
} else {
     errorNum = 0;// 错误次数清零
```

```
        long fetchNum = 0;
        for (MessageAndOffset messageAndOffset : fetchResponse.messageSet(topic,
        partitionId)) {
            long currentOffset = messageAndOffset.offset();
            if (currentOffset < lastOffset) {
                LOG.error("Fetch an old offset: " + currentOffset + "expect the offset
                is greater than " + lastOffset);
                    continue;
            }
            lastOffset = messageAndOffset.nextOffset();
            ByteBuffer payload = messageAndOffset.message().payload();

            byte[] bytes = new byte[payload.limit()];
            payload.get(bytes);
            // 简单打印出消息及消息 offset
            LOG.info("message:" + (new String(bytes, "UTF-8")) + ",offset:" +
             messageAndOffset.offset());
                fetchNum++;
        }

        if (fetchNum == 0) {// 如果还没有消息，则让线程阻塞几秒
            try {
                Thread.sleep(1000);
            } catch (InterruptedException ie) {
            }
        }
    }
  }
  } catch (InterruptedException | UnsupportedEncodingException e) {
      LOG.error("Consume message occurs exception.", e);
  } finally {
      if (null != consumer) {
          consumer.close();
      }
  }
}
```

最后，在 main 方法中调用该消费者。例如，这里指定该消费者从主题名为“stock-quotation-partition”、分区编号为 5 的分区中拉取消息，如代码清单 6-14 所示。

代码清单 6-14　实例化自定义的低级消费者

```
public static void main(String[] args) {
    KafkaSimpleConsumer consumer = new KafkaSimpleConsumer();
    consumer.consume(Arrays.asList(StringUtils.split(BROKER_LIST, ",")), PORT,
    "stock-quotation-partition", 5);
}
```

该程序执行后，在控制台输出信息如下：

```
2017-03-04 15:59:56 [INFO]-[com.kafka.action.chapter6.KafkaSimpleConsumer] message:
600105|股票-600105|1488453151949|11.8|11.0,offset:0
2017-03-04 15:59:56 [INFO]-[com.kafka.action.chapter6.KafkaSimpleConsumer] message:
600105|股票-600105|1488453153954|11.8|10.77,offset:1
2017-03-04 15:59:56 [INFO]-[com.kafka.action.chapter6.KafkaSimpleConsumer] message:
600105|股票-600105|1488453157987|11.8|10.6,offset:2
```

6.3.2 新版消费者 API 应用

本节将介绍 KafkaConsumer 相关的 API 应用，包括创建消费者、订阅主题、消费者偏移量管理、消费者多线程实现方式等。

1. 创建消费者

实例化一个 KafkaConsumer 对象与实例化 KafkaProducer 对象的步骤相同，KafkaConsumer 构造方法接受一个 Java.util.Properties 类型的参数，用于客户端指定消费者相关的配置属性。通常实例化一个 KafkaConsumer 对象客户端需要指定连接 Kafka 节点的 bootstrap.servers 属性、消息 Key 反序列化类的 key.deserializer 属性、消息 Value 反序化类的 value.deserializer 属性、是否自动提交消费偏移量的 enable.auto.commit 属性，同时由于每个消费者都属于一个特定的消费组，因此我们一般通过 group.id 参数指定该消费者所属的消费组。为了便于追踪消费者，我们通过 client.id 参数为每个消费者指定一个消费者名称。消费者的其他配置可参照表 4-8 所示。

创建一个 KafkaConsumer 对象的实现代码如代码清单 6-15 所示。

代码清单 6-15 创建 KafkaConsumer 对象的实现代码

```
Properties props = new Properties();
props.put("bootstrap.servers", "localhost:9092");
props.put("group.id", "test");
props.put("client.id", "test");
props.put("key.deserializer",
        "org.apache.kafka.common.serialization.StringDeserializer");
props.put("value.deserializer",
        "org.apache.kafka.common.serialization.StringDeserializer");
KafkaConsumer<String, String> consumer = new KafkaConsumer<>(props);
```

在没有指定消费偏移量提交方式时，默认是每隔 1 秒自动提交偏移量。可以通过 auto.commit.interval.ms 参数设置偏移量提交的时间间隔。

2. 订阅主题

在实例化一个消费者之后，我们需要为该消费者订阅主题。一个消费者可以同时订阅多个主题，通常我们可以以集合的形式指定多个主题，或者以正则表达式形式订阅特定模式的主题。

同时，在订阅主题时还可以注册一个回调监听器，用于当消费者发生平衡时回调处理。该监听器为 ConsumerRebalanceListener 接口，当消费者发生平衡操作时，可以在该接口的相应方法中完成必要的应用程序逻辑处理，如提交消费偏移量操作。该接口定义了两个回调方法：一个是在消费者平衡操作开始之前、消费者停止拉取消息之后被调用的 onPartitionsRevoked (Collection<TopicPartition> partitions)方法，在该方法中我们可以提交偏移量操作以避免数据重复消费；另一个是在平衡之后、消费者开始拉取消息之前被调用的 onPartitionsAssigned (Collection <TopicPartition> partitions)方法，一般我们在该方法中保证各消费者回滚到正确的偏移量，即重置各消费者消费偏移量。

Kafka 定义了以下 3 种订阅主题方法。

- subscribe(Collection<String> topics)方法，以集合形式指定消费者订阅的主题，通常我们用 ArrayList。
- subscribe(Collection<String> topics, ConsumerRebalanceListener listener)方法，订阅主题时指定一个监听器，用于在消费者发生平衡操作时回调进行相应的业务处理。
- subscribe(Pattern pattern, ConsumerRebalanceListener listener)方法，以正则表达式形式指定匹配特定模式的主题。

如代码清单 6-16 所示，让前一小节实例化的消费者订阅“stock-quotation”主题，同时实现一个消费者平衡回调监听器，在 onPartitionsRevoked()方法中提交消费者已拉取的消息偏移量，在 onPartitionsAssigned()方法中重置消费者对各分区已消费的偏移量到已提交的偏移量处。

代码清单 6-16　订阅主题具体实现的核心逻辑

```
consumer.subscribe(Arrays.asList("stock-quotation"),new ConsumerRebalanceListener() {
    @Override
    public void onPartitionsRevoked(Collection<TopicPartition> partitions) {
        consumer.commitSync();// 提交偏移量
    }

    @Override
    public void onPartitionsAssigned(Collection<TopicPartition> partitions) {
        long committedOffset=-1;
        for(TopicPartition topicPartition:partitions){
            // 获取该分区已消费的偏移量
            committedOffset = consumer.committed(topicPartition).offset();
            // 重置偏移量到上一次提交的偏移量下一个位置处开始消费
            consumer.seek(topicPartition, committedOffset+1);
        }
    }
});
```

在订阅主题之后，就可以通过 Kafka 提供的 poll(long timeout)方法轮询拉取消息。

3. 订阅指定分区

Kafka 消费者可以通过调用 KafkaConsumer.subscribe()方法订阅主题，也可以直接订阅某些主题的特定分区。Kafka 消息者 API 提供了一个 assign(Collection<TopicPartition> partitions)方法用来订阅指定的分区。

例如，我们指定消费者只订阅主题“stock-quotation”的编号 0 和 2 的分区，实现该功能的代码片段如代码清单 6-17 所示。

代码清单 6-17 订阅特定分区

```
consumer.assign(Arrays.asList(new TopicPartition("stock-quotation", 0),new TopicPartition
("stock-quotation", 2) ));
```

通过 subscribe()方法订阅主题具有消费者自动均衡的功能。在多线程条件下多个消费者进程根据分区分配策略自动分配消费者线程与分区的关系，当一个消费组的消费者发生增减变化时，分区分配关系会自动调整，以实现消费负载均衡及故障自动转移。而 assign()方法订阅主题时，不具有消费者自动均衡的功能。

4. 消费偏移量管理

Kafka 消费者 API 提供了两个方法用于查询消费偏移量的操作，一个是 committed(TopicPartition partition)方法，该方法返回一个 OffsetAndMetadata 对象，通过 OffsetAndMetadata 对象可以获取指定分区已提交的偏移量；另一个是返回下一次拉取位置的 position(TopicPartition partition)方法。

同时，Kafka 消费者 API 还提供了重置消费偏移量的方法。seek(TopicPartition partition, long offset)方法用于将消费起始位置重置到指定的偏移量位置，还有另外两个重置消费偏移量的方法，即 seekToBeginning()方法和 seekToEnd()方法。seekToBeginning()方法指定从消息起始位置开始消费，对应偏移量重置策略 auto.offset.reset=earliest；seekToEnd()方法指定从最新消息对应的位置开始消费，也就是说要等待新的消息写入后才进行拉取，对应偏移量重置策略 auto.offset.reset=latest。

Kafka 消费者消费位移确认有自动提交与手动提交两种策略。在创建 KafkaConsumer 对象时，通过参数 enable.auto.commit 设定，true 表示是自动提交，默认是自动提交。自动提交策略由消费者协调器（ConsumerCoordinator）每隔${ auto.commit.interval.ms}毫秒执行一次偏移量的提交。手动提交需要由客户端自己控制偏移量的提交。

（1）自动提交。在创建一个消费者时，默认是自动提交偏移量，当然我们也可以显示设置为自动。例如，我们创建一个消费者，该消费者自动提交偏移量，程序代码片段如代码清单 6-18 所示。

代码清单 6-18 自动提交偏移量的消费者实例

```
Properties props = new Properties();
props.put("bootstrap.servers", "localhost:9092");
props.put("group.id", "test");
props.put("client.id", "test");
props.put("enable.auto.commit", true);// 显示设置偏移量自动提交
props.put("auto.commit.interval.ms", 1000);// 设置偏移量提交时间间隔
props.put("key.deserializer",
        "org.apache.kafka.common.serialization.StringDeserializer");
props.put("value.deserializer",
        "org.apache.kafka.common.serialization.StringDeserializer");
```

```
KafkaConsumer<String, String> consumer = new KafkaConsumer<>(props);// 创建消费者
consumer.subscribe(Arrays.asList("stock-quotation"));// 订阅主题

try {
    while (true) {
        // 长轮询拉取消息
        ConsumerRecords<String, String> records = consumer.poll(1000);
        for (ConsumerRecord<String, String> record : records)// 简单打印出消息内容
        System.out.printf("partition = %d, offset = %d,key= %s value = %s%n",
                          record.partition(), record.offset(),
                          record.key(),record.value());
    }
} catch(Exception e){
    // TODO 异常处理
    e.printStackTrace();
} finally {
    consumer.close();
}
```

由代码清单 6-18 可知，自动提交偏移量，客户端只关注业务处理，在程序中没有任何关于提交偏移量的操作，更不像 SimpleConsumer 在每次 poll 之前都需要知道拉取消息的位置。

（2）手动提交。手动提交策略提供了一种对偏移量更加灵活控制的管理方式，在有些场景我们可能对消费偏移量有更精确的管理，以保证消息不被重复消费以及消息不被丢失。假设我们对拉取到的消息需要写入数据库处理，或者其他网络访问请求，抑或更复杂的业务处理，在这种场景下我们认为所有的业务处理完成才认为消息被成功消费，显然在这种场景下我们必须手动控制偏移量的提交。

Kafka 提供了异步提交（commitAsync）及同步提交（commitSync）两种手动提交的方式。两者的主要区别在于同步模式下提交失败时一直尝试提交，直到遇到无法重试的情况下才会结束，同时同步方式下消费者线程在拉取消息时会被阻塞，直到偏移量提交操作成功或者在提交过程中发生错误。而异步方式下消费者线程不会被阻塞，可能在提交偏移量操作的结果还未返回时就开始进行下一次的拉取操作，在提交失败时也不会尝试提交。

实现手动提交前需要在创建消费者时关闭自动提交，即设置 enable.auto.commit=false。然后在业务处理成功后调用 commitAsync()或 commitSync()方法手动提交偏移量。由于同步提交会阻塞线程直到提交消费偏移量执行结果返回，而异步提交并不会等消费偏移量提交成功后再继续下一次拉取消息的操作，因此异步提交还提供了一个偏移量提交回调的方法 commitAsync (OffsetCommitCallback callback)。当提交偏移量完成后会回调 OffsetCommitCallack 接口的 onComplete()方法，这样客户端根据回调结果执行不同的逻辑处理。

一个简单的手动提交消费偏移量的实现逻辑如代码清单 6-19 所示。需要说明的是，代码清单 6-19 只是简单给出手动提交的一般思路，并没有考虑异常处理及代码优化方面的问题。

代码清单 6-19　手动提交消费偏移量的简单实现代码片段

```
Properties props = new Properties();
props.put("bootstrap.servers", "localhost:9092");
```

```
props.put("group.id", "test");
props.put("client.id", "test");
props.put("fetch.max.bytes", 1024);// 为了便于测试，这里设置一次 fetch 请求取得的数据最大
                                     //值为 1KB,默认是 5MB
props.put("enable.auto.commit", false);// 设置手动提交偏移量
props.put("key.deserializer",
          "org.apache.kafka.common.serialization.StringDeserializer");
props.put("value.deserializer",
          "org.apache.kafka.common.serialization.StringDeserializer");
KafkaConsumer<String, String> consumer = new KafkaConsumer<>(props);
// 订阅主题
consumer.subscribe(Arrays.asList("stock-quotation"));
try {
    int minCommitSize = 10;// 最少处理 10 条消息后才进行提交
    int icount = 0 ;// 消息计算器
    while (true) {
        // 等待拉取消息
        ConsumerRecords<String, String> records = consumer.poll(1000);
        for (ConsumerRecord<String, String> record : records) {
           // 简单打印出消息内容,模拟业务处理
           System.out.printf("partition = %d, offset = %d,key= %s value = %s%n",
           record. partition(), record.offset(), record.key(),record.value());
           icount++;
        }
       // 在业务逻辑处理成功后提交偏移量
       if (icount >= minCommitSize){
            consumer.commitAsync(new OffsetCommitCallback() {
                @Override
                public void onComplete(Map<TopicPartition, OffsetAndMetadata> offsets,
                Exception exception) {
                    if (null == exception) {
                        // TODO 表示偏移量成功提交
                        System.out.println("提交成功");
                    } else {
                        // TODO 表示提交偏移量发生了异常，根据业务进行相关处理
                        System.out.println("发生了异常");
                    }
            }
       });
       icount=0; // 重置计数器
    }
}
} catch(Exception e){
    // TODO 异常处理
    e.printStackTrace();
} finally {
    consumer.close();
}
```

5. 以时间戳查询消息

Kafka 在 0.10.1.1 版本增加了时间戳索引文件，因此我们除了直接根据偏移量索引文件查询消息之外，还可以根据时间戳来访问消息。Kafka 消费者 API 提供了一个 offsetsForTimes (Map<TopicPartition, Long> timestampsToSearch)方法，该方法入参为一个 Map 对象，Key 为待查询的分区，Value 为待查询的时间戳，该方法会返回时间戳大于等于待查询时间的第一条消息对应的偏移量和时间戳。需要注意的是，若待查询的分区不存在，则该方法会被一直阻塞。

假设我们希望从某个时间段开始消费，那们就可以用 offsetsForTimes()方法定位到离这个时间最近的第一条消息的偏移量，在查到偏移量之后调用 seek(TopicPartition partition, long offset)方法将消费偏移量重置到所查询的偏移量位置，然后调用 poll()方法长轮询拉取消息。例如，我们希望从主题"stock-quotation"第 0 分区距离当前时间相差 12 小时之前的位置开始拉取消息，实现逻辑如代码清单 6-20 所示。

代码清单 6-20　按时间查询消费实例的实现代码片段

```
Properties props = new Properties();
props.put("bootstrap.servers", "localhost:9092");
props.put("group.id", "test");
props.put("client.id", "test");
props.put("enable.auto.commit", true);// 显示设置偏移量自动提交
props.put("auto.commit.interval.ms", 1000);// 设置偏移量提交时间间隔
props.put("key.deserializer",
        "org.apache.kafka.common.serialization.StringDeserializer");
props.put("value.deserializer",
        "org.apache.kafka.common.serialization.StringDeserializer");
KafkaConsumer<String, String> consumer = new KafkaConsumer<>(props);
// 订阅主题
consumer.assign(Arrays.asList(new TopicPartition("stock-quotation", 0)));
try {
    Map<TopicPartition, Long> timestampsToSearch = new HashMap<TopicPartition,
    Long>();
    // 构造待查询的分区
    TopicPartition partition = new TopicPartition("stock-quotation", 0);
    // 设置查询 12 小时之前消息的偏移量
    timestampsToSearch.put(partition, (System.currentTimeMillis() - 12 * 3600 *
    1000));
     // 会返回时间大于等于查找时间的第一个偏移量
    Map<TopicPartition, OffsetAndTimestamp> offsetMap =
    consumer.offsetsForTimes (timestampsToSearch);
    OffsetAndTimestamp offsetTimestamp = null;
    // 这里依然用 for 轮询，当然由于本例是查询的一个分区，因此也可以用 if 处理
    for (Map.Entry<TopicPartition, OffsetAndTimestamp> entry : offsetMap.entrySet()) {
        // 若查询时间大于时间戳索引文件中最大记录索引时间，
        // 此时 value 为空，即待查询时间点之后没有新消息生成
        offsetTimestamp = entry.getValue();
        if (null != offsetTimestamp) {
            // 重置消费起始偏移量
```

```
                consumer.seek(partition, entry.getValue().offset());
            }
        }
        while (true) {
            // 等待拉取消息
            ConsumerRecords<String, String> records = consumer.poll(1000);
            for (ConsumerRecord<String, String> record : records){
                // 简单打印出消息内容
                System.out.printf("partition = %d, offset = %d,key= %s value = %s%n",
                record.partition(), record.offset(), record.key(),record.value());
            }
        }
    } catch (Exception e) {
        e.printStackTrace();
    } finally {
        consumer.close();
    }
```

6. 消费速度控制

Kafka 还提供了对消费速度控制的方法，在有些应用场景我们可能需要暂停某些分区消费，先消费其他分区，当达到一定条件时再恢复对这些分区的消费。

当同时消费多个主题，并将不同主题的消息进行关联运算逻辑处理或是流式计算时的 Join 操作时，由于不同主题数据产生的速率不尽相同，此时我们就可以通过控制消息生产速率较快的主题的消费速度，先从生产速率慢的主题中获取消息。

Kafka 提供 pause(Collection<TopicPartition> partitions)和 resume(Collection<TopicPartition> partitions)方法，分别用来暂停某些分区在拉取操作时返回数据给客户端和恢复某些分区向客户端返回数据操作。通过这两个方法可以对消费速度加以控制，这两个方法应用较简单，只是需要在业务中合理应用，这里不再对其用法进行过多介绍。

7. 多线程实现

KafkaConsumer 为非线程安全的，多线程需要处理好线程同步。多线程的实现方式有多种，我们在这里介绍一种常见的实现方式，即每个线程各自实例化一个 KafkaConsumer 对象。当然，这种方式并不是一种最佳选择，因为当这些线程属于同一个消费组时线程数受限于分区数，根据前面介绍的消费者与分区数的关系，当消费者数大于分区数时就有部分消费者一直处于空闲状态。

本节介绍的多线程是基于主题级别的消费，也就是说，多个消费者线程消费一个主题，而不是多个线程消费同一个分区，若多个线程消费同一个分区时需要考虑偏移量提交处理的问题，相对而言实现较复杂，我们不进行介绍，在实际应用中一般也不推荐。事实上，一般我们是将分区作为消费者线程的最小划分单位。

我们依然通过多线程消费 stock-quotation 主题的消息，消费者拉取到消息后仅打印输出消息内容。首先创建一个消费者线程，具体实现逻辑如代码清单 6-21 所示。

代码清单 6-21 消费者线程的具体实现

```
package com.kafka.action.chapter6.consumer;

import Java.util.Arrays;
import Java.util.Map;
import Java.util.Properties;

import org.apache.kafka.clients.consumer.ConsumerRecord;
import org.apache.kafka.clients.consumer.ConsumerRecords;
import org.apache.kafka.clients.consumer.KafkaConsumer

public class KafkaConsumerThread extends Thread {
    // 每个线程拥有私有的 KafkaConsumer 实例
    private KafkaConsumer<String, String> consumer;

    public KafkaConsumerThread(Map<String, Object> consumerConfig, String topic) {
        Properties props = new Properties();
        props.putAll(consumerConfig);
        this.consumer = new KafkaConsumer<String, String>(props);
        consumer.subscribe(Arrays.asList(topic));
    }

    @Override
    public void run() {
        try {
            while (true) {
                ConsumerRecords<String, String> records = consumer.poll(1000);
                for (ConsumerRecord<String, String> record : records) {
                    // 简单打印出消息内容
                    System.out.printf("threadId=%s,partition = %d, offset = %d,
                                      key= %s value = %s%n",
                                      Thread.currentThread().getId(),
                                      record.partition(), record.offset(),
                                      record.key(), record.value());
                }
            }
        } catch (Exception e) {
            e.printStackTrace();
        } finally {
            consumer.close();
        }
    }
}
```

由于 stock-quotation 主题有 6 个分区，因此我们创建一个主类用于创建 6 个消费者线程，具体实现如代码清单 6-22 所示。

代码清单 6-22 创建 6 个消费者线程消费同一个主题的实现逻辑

```
import Java.util.HashMap;
import Java.util.Map;

public class KafkaConsumerExecutor {

    public static void main(String[] args) {
        Map<String, Object> config = new HashMap<String, Object>();
        config.put("bootstrap.servers", "localhost:9092");
        config.put("group.id", "test"); // 6 个线程属于同一个消费组
        config.put("enable.auto.commit", true);// 显示设置偏移量自动提交
        config.put("auto.commit.interval.ms", 1000);// 设置偏移量提交时间间隔
        config.put("key.deserializer",
                "org.apache.kafka.common.serialization.StringDeserializer");
        config.put("value.deserializer",
                "org.apache.kafka.common.serialization.StringDeserializer");

        for(int i=0;i<6;i++){
            new KafkaConsumerThread(config, "stock-quotation").start();
        }
    }
}
```

运行该 main()方法，从控制台输出信息可以看到每个分区由固定的线程消费。

6.4 自定义组件实现

Kafka 对部分配置的属性值提供了统一接口，允许用户自定义其实现，客户端只需要实现该接口相应方法，在方法中根据业务需要进行定制，例如，客户端可以自定义分区器以及序列化与反序列化类。本节结合实例简单介绍客户端自定义相关类的具体用法。

6.4.1 分区器

在实际应用中，有可能 Kafka 默认分区策略并不能很好地满足业务需要，此时就需要根据 Kafka 提供的 API 开发定制满足业务场景的分区策略，也就是需要自定义一个分区器。自定义一个分区器的基本流程如下。

（1）实现 org.apache.kafka.clients.producer.Partitioner 接口，重写该接口的 int partition(String topic, Object key, byte[] keyBytes, Object value, byte[] valueBytes, Cluster cluster)方法，在该方法中实现分区分配的算法。

（2）在实例化 KafkaProducer 的配置中指定 partitioner.class 为自定义的分区器。

继续本章中向 Kafka 发送股票行情的实例，自定义一个股票行情相关的分区器，该分区器根据股票代码最后一位数字与分区总数取模的策略来分配消息。其实可以根据股票代码对应的

市场来划分，这样同一个市场的股票就会在同一个分区，这里只是介绍 API 的用法并不太关注业务本身。

为实现该功能，我们首先自定义一个名为 StockPartitioner 的分区器，该类实现了 org.apache.kafka.clients.producer.Partitioner 接口，同时重写分区分配方法。自定义分区器实现逻辑详见代码清单 6-23 所示。

代码清单 6-23　自定义分区器的实现逻辑

```
package com.kafka.action.chapter6.producer;

import Java.util.Map;

import org.apache.kafka.clients.producer.Partitioner;
import org.apache.kafka.common.Cluster;
import org.apache.log4j.Logger;
public class StockPartitionor implements Partitioner {
    private static final Logger LOG = Logger.getLogger(StockPartitionor.class);
    /** 分区数 */
    private static final Integer PARTITIONS = 6;
    @Override
    public void configure(Map<String, ?> arg0) {
    }
    @Override
    public void close() {
    }
    /**
     * 根据股票代码最后一位与分区总长度取模来作为分区分配的策略
     */
    @Override
    public int partition(String topic, Object key, byte[] keyBytes,
    Object value, byte[] valueBytes, Cluster cluster) {
        if (null == key) {
            return 0;
        }
        String stockCode = String.valueOf(key);
        try {
            int partitionId = Integer.valueOf(stockCode.substring(stockCode
                                               .length() - 2)) % PARTITIONS;
            return partitionId;
        } catch (NumberFormatException e) {
            LOG.error("Parse message key occurs exception,key:" + stockCode, e);
            return 0;
        }
    }
}
```

然后修改 QuotationProducer.initConfig()方法，在 Properties 中增加 patitioner.class 设置，代码如下：

```
properties.put(ProducerConfig.PARTITIONER_CLASS_CONFIG,
              StockPartitionor.class. getName());
```

为了便于验证分区策略，我们新创建一个主题，命令如下：

```
./kafka-topics.sh --create --zookeeper server-1:2181,server-2:2181,server-3:2181
--replication-factor 1 --partitions 6 --topic stock-quotation-partition
```

最后修改行情推送生产者相应逻辑，向主题 stock-quotation-partition 发送一批行情信息，待程序执行结束之后，执行以下命令查看 stock-quotation-partition-3 分区中的消息：

```
kafka-run-class.sh kafka.tools.DumpLogSegments --files /opt/data/kafka-logs/stock-
quotation-partition-3/00000000000000000000.log --print-data-log
```

输出信息部分内容如下：

```
offset: 0 position: 0 CreateTime: 1488453153954 isvalid: true payloadsize: 44 magic:
1 compresscodec: NoCompressionCodec crc: 4029733061 keysize: 6 key: 600109 payload:
600109|股票-600109|1488453153954|11.8|10.5
offset: 1 position: 84 CreateTime: 1488453153956 isvalid: true payloadsize: 45 magic:
1 compresscodec: NoCompressionCodec crc: 2342800744 keysize: 6 key: 600103 payload:
600103|股票-600103|1488453153956|11.8|10.75
offset: 2 position: 169 CreateTime: 1488453153956 isvalid: true payloadsize: 45 magic:
1 compresscodec: NoCompressionCodec crc: 2816793266 keysize: 6 key: 600103 payload:
600103|股票-600103|1488453153956|11.8|10.41
offset: 3 position: 254 CreateTime: 1488453155982 isvalid: true payloadsize: 45 magic:
1 compresscodec: NoCompressionCodec crc: 3879419630 keysize: 6 key: 600109 payload:
600109|股票-600109|1488453155982|11.8|10.44
```

从输出结果可知：分配到该分区的所有数据都满足消息的 Key 最后一位数字与分区总数 6 取模的值等于分区编号 3，达到了预期目标。

6.4.2 序列化与反序列化

Kafka 对外提供了统一的序列化与反序列化接口，客户端通过实现这两个接口自定义序列化与反序列化类。本小节介绍如何利用 Avro 序列化框架来自定义序列化与反序列化类。

Avro 相关知识本书不进行讲解，读者可查阅 Avro 官方网站提供的相关资料进行了解。Avro 依赖 Schema 来实现数据结构定义，Avro 的 Schema 主要由 JSON 对象来表示。通过 Avro 工具（本书通过 Maven 插件）将 Schema 定义的数据结构编译为对应的 Java 对象。

本小节依然基于向 Kafka 推送股票行情的实例，详细讲解如何应用 Avro 框架自定义序列化和反序列化类，并配置自定义序列化与反序列化类实现向 Kafka 发送消息以及消费消息。

1. 自定义序列化类

首先在本章对应工程的 pom.xml 文件中增加 Avro 依赖包配置，增加以下 Maven 依赖：

```
<dependency>
  <groupId>org.apache.avro</groupId>
```

```
    <artifactId>avro</artifactId>
    <version>1.8.1</version>
  </dependency>
```

同时增加 Maven 编译 Avro Schema 的插件配置：

```
<build>
  <plugins>
    <plugin>
      <groupId>org.apache.avro</groupId>
      <artifactId>avro-maven-plugin</artifactId>
      <version>1.8.1</version>
      <executions>
        <execution>
          <phase>generate-sources</phase>
          <goals>
            <goal>schema</goal>
          </goals>
          <configuration>
            <sourceDirectory>${project.basedir}/src/main/resources/
            </sourceDirectory>
            <outputDirectory>${project.basedir}/src/main/Java/</outputDirectory>
          </configuration>
        </execution>
      </executions>
    </plugin>
    <plugin>
      <groupId>org.apache.maven.plugins</groupId>
      <artifactId>maven-compiler-plugin</artifactId>
      <configuration>
        <source>1.8</source>
        <target>1.8</target>
      </configuration>
    </plugin>
  </plugins>
</build>
```

然后定义一个序列化类 AvroSerializer，该序列化类实现 org.apache.kafka.common.serialization.Serializer 接口，同时该序列化类接收 Avro Schema 编译生成的 Java 类，这些 Java 类都继承 org.apache.avro.specific.SpecificRecordBase 类，并实现该接口的 serialize()方法，在该方法中利用 Avro 框架进行序列化操作，将 SpecificRecordBase 类型的对象转为字节数组。自定义的 AvroSerializer 类如代码清单 6-24 所示。

代码清单 6-24　AvroSerializer 类的具体实现代码

```
package com.kafka.action.chapter6.avro;

import Java.io.ByteArrayOutputStream;
import Java.io.IOException;
```

```
import Java.util.Map;

import org.apache.avro.io.BinaryEncoder;
import org.apache.avro.io.DatumWriter;
import org.apache.avro.io.EncoderFactory;
import org.apache.avro.specific.SpecificDatumWriter;
import org.apache.avro.specific.SpecificRecordBase;
import org.apache.kafka.common.errors.SerializationException;
import org.apache.kafka.common.serialization.Serializer;

public class AvroSerializer<T extends SpecificRecordBase> implements Serializer<T> {
    @Override
    public void configure(Map<String, ?> configs, boolean isKey) {
    }

    /**
     * 实现序列化方法
     */
    @Override
    public byte[] serialize(String topic, T data) {
        if (null == data) {
            return null;
        }
        DatumWriter<T> writer = new SpecificDatumWriter<>(data.getSchema());
        ByteArrayOutputStream outputStream = new ByteArrayOutputStream();
        BinaryEncoder binaryEncoder = EncoderFactory.get().directBinaryEncoder(
                outputStream, null);
        try {
            writer.write(data, binaryEncoder);
        } catch (IOException e) {
            throw new SerializationException(e.getMessage());
        }
        return outputStream.toByteArray();
    }

    @Override
    public void close() {
    }
},
```

由于本章实例消息体为股票行情信息，因此定义一个股票行情信息对应的 Schema 文件。在工程的 src/main/resources 目录下创建一个名为 stock_quotation.avs 的文件，在该文件中定义股票行情信息对应的 Avro Schema。该文件的内容如代码清单 6-25 所示。

代码清单 6-25 stock_quotation.avs 文件的具体内容

```
{
    "namespace": "com.kafka.action.chapter6.avro",
    "type": "record",
    "name": "AvroStockQuotation",
```

```
    "fields": [
        {"name": "stockCode", "type": "string"},
        {"name": "stockName", "type": "string"},
        {"name": "tradeTime", "type": "long"},
        {"name": "preClosePrice", "type": "float"},
        {"name": "openPrice", "type": "float"},
        {"name": "currentPrice", "type": "float"},
        {"name": "highPrice", "type": "float"},
        {"name": "lowPrice", "type": "float"}
    ]
}
```

本例 Avro Schema 文件各字段说明如表 6-1 所示。

表 6-1　Avro Schema 基本字段说明

字段	描述
namespace	指定 Java 对象的包名
fields	指定属性域，各属性包括属性名和属性类型，也可为属性指定默认值
type	用于指定类型，若是 fileds 的子节点则表示属性字段类型，否则指 Schema 编译后的 Java 对象类型，若是普通 JavaBean 对象则该字段对应值为 record
name	Java 类名或者属性名

然后通过 Maven 插件编译该工程。在 Eclipse 中点击该工程右键 Run As，选中 Maven install 运行编译该工程，编译完后刷新工程，在 com.kafka.action.chapter6.avro 包下生成一个 AvroStock Quotation.Java 类，该类继承自 org.apache.avro.specific.SpecificRecordBase 实现了 org.apache.avro. specific. SpecificRecord 接口。

最后定义一个生产者 AvroQuotationProducer 类，在实例化 KafkaProducer 时指定消息体的序列化类为自定义的 AvroSerializer 类，该生产者发送 AvroStockQuotation 类型的消息。核心代码如下：

```
properties.put(ProducerConfig.VALUE_SERIALIZER_CLASS_CONFIG
               AvroSerializer.class.getName());
producer = new KafkaProducer<String, AvroStockQuotation>(configs);
```

在 AvroQuotationProducer 类中定义一个发送消息的方法，该方法的具体实现如代码清单 6-26 所示。

代码清单 6-26　AvroQuotationProducer 发送消息方法的具体实现

```
public static void sendMsg(TopicEnum topic, AvroStockQuotation message) {
    if (null == message) {
        return;
    }
    if (StringUtils.equals(topic.getDataType().getClass().getName(),message.
    getClass().getName())) {
        ProducerRecord<String, AvroStockQuotation> record = new ProducerRecord
        <String, AvroStockQuotation>(topic.getTopicName(),
```

```
            (String) message.getStockCode(),message);
        producer.send(record, new Callback() {
            @Override
            public void onCompletion(RecordMetadata metaData, Exception exception) {
                if (null != exception) {// 发送异常记录异常信息
                    LOG.error("Send message occurs exception.", exception);
                }
                if (null != metaData) {
                    LOG.info(String.format("offset:%s,partition:%s",
                                                metaData.offset(), metaData.partition()));
                }
            }

        });
    }
}
```

该方法入参 TopicEnum 是一个枚举类，用于定义主题与消息类型的对应关系。该枚举类的具体实现如代码清单 6-27 所示，关于定义该枚举类的原因将在自定义反序列化类时进行介绍。

代码清单 6-27 TopicEnum 枚举类的具体实现

```
package com.kafka.action.chapter6.avro;

import org.apache.avro.specific.SpecificRecordBase;
import org.apache.commons.lang.StringUtils;
public enum TopicEnum {
    STOCK_QUOTATION_AVRO("stock-quotation-avro", new AvroStockQuotation());
    public String topicName;
    public SpecificRecordBase dataType;

    private TopicEnum(String topicName, SpecificRecordBase dataType) {
        this.topicName = topicName;
        this.dataType = dataType;
    }
    ……省略了属性的 get 和 set 方法……
    public static TopicEnum getEnum(String topicName) {
        if (StringUtils.isBlank(topicName)) {
            return null;
        }
        for (TopicEnum topic : values()) {
            if (StringUtils.equalsIgnoreCase(topic.getTopicName(), topicName)) {
                return topic;
            }
        }
        return null;
    }
}
```

在 main 方法中，调用该生产者发送 100 条模拟股票行情信息的消息。在运行该方法之前，首先创建一个名为 stock-quotation-avro 的主题，创建该主题命令如下：

```
kafka-topics.sh --create --zookeeper server-1:2181,server-2:2181,server-3:2181
--replication-factor 1 --partitions 6 --topic stock-quotation-avro
```

启动该生产者，在 Eclipse 控制台显示的信息部分内容如图 6-1 所示。

```
erminated> AvroQuotationProducer [Java Application] C:\Program Files\Java\jdk1.8.0_111\bin\javaw.exe (2017年3月19日 下午9:50:32)
2017-03-19 21:50:33 [INFO]-[com.kafka.action.chapter6.producer.AvroQuotationProducer] offset:94,partition:5
2017-03-19 21:50:33 [INFO]-[com.kafka.action.chapter6.producer.AvroQuotationProducer] offset:95,partition:5
2017-03-19 21:50:33 [INFO]-[com.kafka.action.chapter6.producer.AvroQuotationProducer] offset:178,partition:4
2017-03-19 21:50:33 [INFO]-[com.kafka.action.chapter6.producer.AvroQuotationProducer] offset:179,partition:4
2017-03-19 21:50:33 [INFO]-[com.kafka.action.chapter6.producer.AvroQuotationProducer] offset:118,partition:1
2017-03-19 21:50:33 [INFO]-[com.kafka.action.chapter6.producer.AvroQuotationProducer] offset:119,partition:1
```

图 6-1　使用 Avro 序列化消息的生产者执行结果

2. 自定义反序列化类

由于生产者发送消息时自定义了消息的序列化方式，因此消费者消费消息时也需要以同样的方式反序列化消息。

首先，定义一个使用 Avro 框架反序列化的类 AvroDeserializer，该类实现了 org.apache.kafka.common.serialization.Deserializer 接口，重写 deserialize(String topic, byte[] data)方法，在该方法中将消息字节数组转为具体的消息实体对象。

在应用 Avro 框架实现反序列化时，要通过具体实例类型的 Schema 实例化 DatumReader。由于 AvroDeserializer 定义为一个泛型，通过 Java 反射机制将字节码数组得到具体类型比较复杂，因此一种简单的实现方式是直接将主题与该主题对应消息类型关联起来，因此我们定义了一个枚举类型的 TopicEnum。

AvroDeserizlizer 类的具体实现代码如代码清单 6-28 所示。

代码清单 6-28　AvroDeserizlizer 类的具体实现代码

```
package com.kafka.action.chapter6.avro;

import Java.io.ByteArrayInputStream;
import Java.util.Map;

import org.apache.avro.io.BinaryDecoder;
import org.apache.avro.io.DatumReader;
import org.apache.avro.io.DecoderFactory;
import org.apache.avro.specific.SpecificDatumReader;
import org.apache.avro.specific.SpecificRecordBase;
import org.apache.kafka.common.serialization.Deserializer;

import com.sun.xml.internal.ws.encoding.soap.DeserializationException;

public class AvroDeserializer<T extends SpecificRecordBase> implements
Deserializer<T> {

    @Override
    public void configure(Map<String, ?> configs, boolean isKey) {
```

```
    }

    @Override
    public void close() {

    }

    @Override
    public T deserialize(String topic, byte[] data) {
        if (null == data) {
            return null;
        }
        try {
            // 根据主题名从 TopicEnum 中获取该主题对应的 SpecificRecordBase 类型的实体类
            SpecificRecordBase record = TopicEnum.getEnum(topic).getDataType();
            if (null == record) {
                return null;
            }
            // 得到 schema 实例化 DatumReader
            DatumReader<T> userDatumReader = new SpecificDatumReader<>(
                    record.getSchema());
            BinaryDecoder binaryEncoder = DecoderFactory.get()
                    .directBinaryDecoder(new ByteArrayInputStream(data), null);
            return userDatumReader.read(null, binaryEncoder);
        } catch (Exception e) {
            throw new DeserializationException(e.getMessage());
        }
    }
}
```

然后，实现一个消费者，在消费者实例化时指定 value.deserializer 配置项的值为自定义的反序列化类，代码如下：

```
props.put(ConsumerConfig.VALUE_DESERIALIZER_CLASS_CONFIG,
        AvroDeserializer.class.getName());
```

该消费者简单打印出每条消息的偏移量、分区及消息实体对象 AvroStockQuotation 的股票代码与股票名，具体实现代码如代码清单 6-29 所示。

代码清单 6-29 使用 Avro 框架反序列化的消费者的具体实现代码

```
package com.kafka.action.chapter6.consumer;

import Java.util.Collections;
import Java.util.Properties;

import org.apache.kafka.clients.consumer.ConsumerConfig;
import org.apache.kafka.clients.consumer.ConsumerRecord;
import org.apache.kafka.clients.consumer.ConsumerRecords;
```

```
import org.apache.kafka.clients.consumer.KafkaConsumer;
import org.apache.kafka.common.serialization.StringDeserializer;
import org.apache.log4j.Logger;

import com.kafka.action.chapter6.avro.AvroDeserializer;
import com.kafka.action.chapter6.avro.AvroStockQuotation;
import com.kafka.action.chapter6.avro.TopicEnum;

public class AvroQuotationConsumer {

    private static final Logger LOG = Logger.getLogger(AvroQuotationConsumer.class);

    private static final String BROKER_LIST = "server-1:9092,server-2:9092,
    server-3:9092";

    private static final String GROUP_ID = "avro-consumer";

    private static final Long TIME_OUT = 30L;

    private static KafkaConsumer<String, AvroStockQuotation> consumer = new KafkaConsumer
    <String, AvroStockQuotation>(initConfig());

    private static Properties initConfig() {
        Properties props = new Properties();
        props.put(ConsumerConfig.BOOTSTRAP_SERVERS_CONFIG, BROKER_LIST);
        props.put(ConsumerConfig.ENABLE_AUTO_COMMIT_CONFIG, true);
        props.put(ConsumerConfig.GROUP_ID_CONFIG, GROUP_ID);
        props.put(ConsumerConfig.KEY_DESERIALIZER_CLASS_CONFIG,
                StringDeserializer.class.getName());
        props.put(ConsumerConfig.VALUE_DESERIALIZER_CLASS_CONFIG,
                AvroDeserializer.class.getName());
        return props;
    }

    public void consume(String topicName) {
        try {
            if (null == consumer) {
                consumer = new KafkaConsumer<String, AvroStockQuotation>(initConfig());
            }
            while (true) {
                consumer.subscribe(Collections.singletonList(topicName));
                ConsumerRecords<String, AvroStockQuotation> records =
                        consumer.poll(TIME_OUT);
                AvroStockQuotation quotation = null;
                if (null != records) {
                    for (ConsumerRecord<String, AvroStockQuotation> record : records) {
                        quotation = record.value();
                        LOG.info(String.format("offset:%s,partition:%s,key:%s,
                                        value[stockCode%s,stockName%s]",
                                        record.offset(), record.partition(),
                                        record.key(), quotation.getStockCode(),
```

```
                        quotation.getStockName()));
                    }
                }
            }
        } catch (Exception e) {
            LOG.error("Consume data from Kafka occurs exception", e);
        } finally {
            consumer.close();
            consumer = null;
        }
    }

    public static void main(String[] args) {
        AvroQuotationConsumer consumer = new AvroQuotationConsumer();
        while (true) {
            consumer.consume(TopicEnum.STOCK_QUOTATION_AVRO.getTopicName());
        }
    }
}
```

运行该消费者，控制台输出信息如图 6-2 所示。

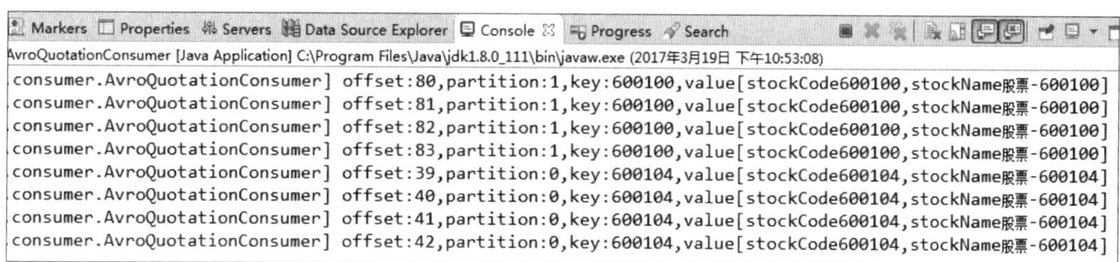

图 6-2　使用 Avro 反序列化的消费者执行结果

6.5　Spring 与 Kafka 整合应用

Spring 与 Kafka 的整合有 spring-kafka 和 spring-integration-kafka 两种方式。本书我们只介绍 spring-kafka 这种方式。

进入 Spring 官方网站，在 Spring 支持的 Projects 列表中会看到有一个工程名为“SPRING KAFKA”的项目，点击该项目进入 Spring 与 Kafka 集成相关使用指南页面，在该页面会展示 Spring 与 Kafka 集成包所支持的 Kafka 版本，如图 6-3 所示。

Spring for Apache Kafka Version	kafka-clients Version
1.2.x	0.10.2.x
1.1.x	0.10.0.x, 0.10.1.x
1.0.x	0.9.x.x

图 6-3　Spring 与 Kafka 集成版本的对应关系

由于本书所使用的 Kafka 为 0.10.1.1 版本，因此我们选择 spring-kafka 为 1.1.5.RELEASE 版本。在该页面的右上角，会有 spring-kafka 版本信息以及该版本的使用指南和 API。下面通过一个实例来讲解 Spring 与 Kafka 整合的具体步骤。

假设有这样一个应用场景：将用户对股票的买卖委托发送到 Kafka，然后再由消费者从 Kafka 读取用户委托信息进行交易撮合相关操作。为了简单，在这里我们让消费者读取消息后在控制台打印日志来模拟交易撮合。

首先创建一个 Maven 工程，在 pom.xml 文件中加入 Kafka 以及 Spring 与 Kafka 集成的 jar 文件依赖配置。

```
<dependency>
  <groupId>org.apache.kafka</groupId>
  <artifactId>kafka_2.11</artifactId>
  <version>0.10.1.1</version>
</dependency>
<dependency>
  <groupId>org.springframework.kafka</groupId>
  <artifactId>spring-kafka</artifactId>
  <version>1.1.5.RELEASE</version>
</dependency>
```

因篇幅有限，该工程与 Spring 相关的 application_context.xml 文件以及 web.xml 文件的配置代码不再介绍。工程的目录结构如图 6-4 所示。

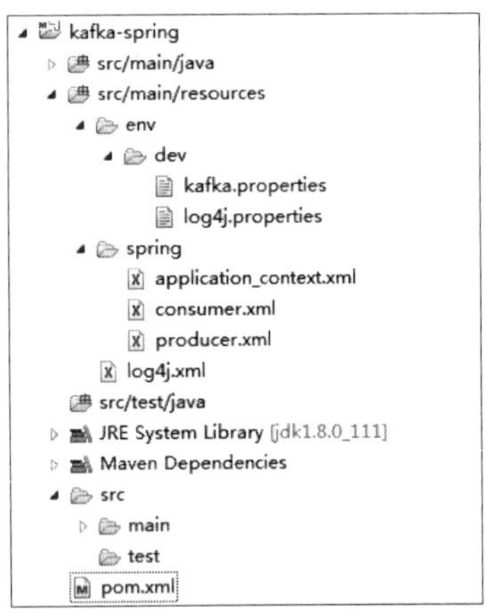

图 6-4 Spring 与 Kafka 整合工程的目录结构

然后创建一个主题用来存储用户交易委托信息。创建该主题命令如下：

```
kafka-topics.sh --zookeeper server-1:2181,server-2:2181,server-3:2181 --create
--topic trade-entrust --partitions 3 --replication-factor 2
```

到这里，Spring 与 Kafka 整合的前期工作基本完成。下面分两小节详细介绍通过 spring-kafka 实现生产者发送消息以及消费者消费消息的详细过程。

6.5.1 生产者

Spring 与 Kafka 整合后，创建生产者的相关操作交由 Spring 容器来管理。因此，我们创建一个 producer.xml 的文件，在该文件中实例化一个生产者。spring-kafka 将 KafkaProducer 相关的操作封装成一个 KafkaTemplate 对象，因此要创建一个生产者就是要完成 KafkaTemplate 对象的实例化。

KafkaTemplate 提供了 KafkaTemplate(ProducerFactory<K, V> producerFactory)和 KafkaTemplate (ProducerFactory<K, V> producerFactory, boolean autoFlush)两个构造方法。其中 ProducerFactory 是一个定义创建生产者的接口，该接口只定义了一个 Producer<K, V> createProducer()方法，该接口有一个实现类 DefaultKafkaProducerFactory。由于 KafkaProducer 是线程安全的，而且多个线程公用一个 KafkaProducer 实例比每个线程各自实例化一个 KafkaProducer 性能要好，因此 DefaultKafkaProducerFactory 以单例模式实例化了一个 Kafka Producer。参数 autoFlush 用于控制生产者发送消费的方式，当该参数为 true 表示是以同步形式发送。

DefaultKafkaProducerFactory 有两个构造方法，即 DefaultKafkaProducerFactory(Map<String, Object> configs) 和 DefaultKafkaProducerFactory(Map<String, Object> configs, Serializer<K> keySerializer, Serializer<V> valueSerializer)。这两个构造方法构造形参与 KafkaProducer 相应构造方法的参数相同，也是通过一个 Map 对象指定实例化生产者的相关配置信息。

KafkaTemplate 还提供了一个 ProducerListener 接口，该接口定义了 onSuccess()方法和 onError()方法两个方法，分别用于在消息发送成功和失败时进行相应处理。我们定义一个 SpringKafkaProducerListener 类实现该接口并重写这个方法，在消息发送成功或失败时打印输出相应信息。SpringKafkaProducerListener 类的具体实现代码如代码清单 6-30 所示。

代码清单 6-30　SpringKafkaProducerListener 类的具体实现代码

```
package com.kafka.action.chapter6.spring.producer;

import org.apache.kafka.clients.producer.RecordMetadata;
import org.springframework.kafka.support.ProducerListener;

public class SpringKafkaProducerListener implements ProducerListener<String, String> {
    public void onSuccess(String topic, Integer partition, String key, String value,
    RecordMetadata recordMetadata) {
        System.out.println("委托成功:主题[" + topic + "],分区["+
        recordMetadata.partition() + "],委托时间["+recordMetadata.timestamp()+"],委
        托信息如下: ");
        System.out.println(value);
    }
    public void onError(String topic, Integer partition, String key, String value,
    Exception e) {
        System.out.println("消息发送失败:topic:" + topic + ",value" + value+ ",exception:"
        + e.getLocalizedMessage());
```

```
    }
    public boolean isInterestedInSuccess() {
        return true;// 要 onSuccess 方法被执行，需要返回 true
    }
}
```

在介绍 produce.xml 配置之前，我们首先创建一个 kafka.properties 文件，该文件用于定义实例化 KafkaProducer 的相关配置信息，该文件的内容如代码清单 6-31 所示。

代码清单 6-31　kafka.properties 文件的具体内容

```
# 连接 Kafka broker 相关配置
bootstrap.servers=server-1:9092,server-2:9092,server-3:9092
# 消息 key 序列化类
key.serializer=org.apache.kafka.common.serialization.StringSerializer
# 消息序列化类
value.serializer=org.apache.kafka.common.serialization.StringSerializer
# 默认主题，即将当调用不指定主题的 send 方法时消息被发送到的主题
defaultTopic=trade-entrust
# 消息发送方式：true 表示以同步方式发送
autoFlush=true
```

在 producer.xml 文件中加入实例化 KafkaTemplate 相关的配置，该文件的内容如代码清单 6-32 所示。

代码清单 6-32　producer.xml 文件的具体内容

```
<?xml version="1.0" encoding="UTF-8"?>
<beans xmlns="http://www.springframework.org/schema/beans"
    xmlns:xsi="http://www.w3.org/2001/XMLSchema-instance"
    xmlns:context="http://www.springframework.org/schema/context"
    xsi:schemaLocation="http://www.springframework.org/schema/beans
        http://www.springframework.org/schema/beans/spring-beans.xsd
        http://www.springframework.org/schema/context
        http://www.springframework.org/schema/context/spring-context.xsd">

    <!-- 定义实例化 KafkaProducer 的参数 -->
    <bean id="producerProperties" class="Java.util.HashMap">
      <constructor-arg>
        <map>
          <entry key="bootstrap.servers" value="${bootstrap.servers}"/>
          <entry key="key.serializer" value="${key.serializer}"/>
          <entry key="value.serializer" value="${value.serializer}"/>
        </map>
      </constructor-arg>
    </bean>

    <!-- 实例化 DefaultKafkaProducerFactory,用于根据配置创建一个 KafkaProducer 实例  -->
    <bean id="producerFactory" class="org.springframework.kafka.core.DefaultKafka
ProducerFactory" >
       <constructor-arg>
```

```
        <ref bean="producerProperties"/>
      </constructor-arg>
    </bean>

    <bean id="producerListener" class="com.kafka.action.chapter6.spring.producer.
SpringKafkaProducerListener"/>
    <!-- 创建 kafkatemplate-->
    <bean id="kafkaTemplate" class="org.springframework.kafka.core.KafkaTemplate">
      <!-- 指定 ProducerFactory 实例 -->
      <constructor-arg index="0" ref="producerFactory"/>
      <!-- 同步模式 -->
      <constructor-arg index="1" value="true"/>
      <!-- 指定一个默认的主题 -->
      <property name="defaultTopic" value="${defaultTopic}"/>
      <!-- 指定一个自定义的 ProducerListener -->
      <property name="producerListener" ref="producerListener"/>
    </bean>

</beans>
```

在 application_context.xml 文件中导入 producer.xml 配置文件，即增加<import resource="classpath:spring/producer.xml" />配置。

最后，我们编写一个 Spring 控制器，用于模拟客户端提交交易委托，控制器接受交易请求后，将消息发送到 Kafka。控制器的具体实现如代码清单 6-33 所示。

代码清单 6-33　控制器接受前端交易委托并发送到 Kafka

```
package com.kafka.action.chapter6.spring.controller;

import Java.io.PrintWriter;

import Javax.servlet.http.HttpServletRequest;
import Javax.servlet.http.HttpServletResponse;

import net.sf.json.JSONObject;

import org.apache.commons.lang.StringUtils;
import org.apache.log4j.Logger;
import org.springframework.beans.factory.annotation.Autowired;
import org.springframework.kafka.core.KafkaTemplate;
import org.springframework.stereotype.Controller;
import org.springframework.web.bind.annotation.RequestBody;
import org.springframework.web.bind.annotation.RequestMapping;
import org.springframework.web.bind.annotation.RequestMethod;
import org.springframework.web.bind.annotation.ResponseBody;

@Controller
public class SpringKafkaController {
```

```
    private static final Logger LOG = Logger.getLogger(SpringKafkaController.class);

    @Autowired
    private KafkaTemplate<String, String> kafkaTemplate;

    @ResponseBody
    @RequestMapping(value = "/trade_entrust", method = { RequestMethod.POST })
    public void signIn(HttpServletRequest request, @RequestBody JSONObject params,
    HttpServletResponse response) {
        PrintWriter writer = null;
        String rspMsg = "委托失败";
        try {
            writer = response.getWriter();
            String entrustInfo = params.toString();
            // 这里通过验证请求参数不为空来表示一笔有效的委托
            if(StringUtils.isNotBlank(entrustInfo)){
                kafkaTemplate.sendDefault(entrustInfo);
                rspMsg = "委托成功";
            }else{
                rspMsg = "请求参数非法";
            }
        } catch (Exception e) {
            rspMsg = "消息发送失败";
            LOG.error(rspMsg,e);
        } finally {
            writer.append(rspMsg);
            if (writer != null) {
                writer.close();
            }
        }
    }
}
```

在 Eclipse 中运行该工程，同时通过 Postman 模拟用户交易委托。交易委托信息以 JSON 格式发送到后台。例如，定义交易委托的 JSON 数据如下：

```
{
    "user_id": "1000000",
    "sec_code": "601766",
    "sec_price": "10.01",
    "sec_name":"中国中车"
}
```

在 Postman 发送请求后，Eclipse 输出信息如下：

```
委托成功:主题[trade-entrust],分区[1],委托时间[1494633326839],委托信息如下:
{"user_id":"1000000","sec_code":"601766","sec_price":"10.01","sec_name":"中国中车"}
```

至此，Kafka 与 Spring 整合实现生产者发送消息的功能已介绍完成。下面介绍 Kafka 与 Spring 整合实现消费者的详细步骤。

6.5.2 消费者

spring-kafka 是通过监听模式消费消息的。spring-kafka 定义了一个消息监听者容器接口 MessageListenerContainer，该接口 KafkaMessageListenerContainer 和 ConcurrentMessageListenerContainer 有两个实现类，分别表示单线程容器和多线程并发容器。其实，多线程并发容器是根据用户指定的并发数（concurrency）来创建多个单线程容器。之所以称为线程容器，是由于消费者线程是交由消息监听者容器来管理，然而监听者容器并不是直接管理消费者线程，而是管理消费者工厂（ConsumerFactory）。spring-kafka 对消费者管理实现方式和对生产者管理实现方式相同，即每一个消费者是由消费者工厂直接管理，包括创建消费者、提交消费偏移量，因此我们只需要在配置文件中实例化一个消费者工厂，由它来创建 KafkaConsumer。

在介绍消息监听者容器配置之前，我们先来看这两个监听者容器的构造方法及主要属性。并发容器的构造方法为 ConcurrentMessageListenerContainer(ConsumerFactory<K, V> consumerFactory, ContainerProperties containerProperties)，单线程容器构造方法也是依赖一个 ConsumerFactory 对象和一个 ContainerProperties 对象。其中 ContainerProperties 类定义实例化容器的相关配置，包括消费者消费的主题、分区与消费者分配关系等。若不指定分区与消费者分配关系，多线程并发容器会根据并发数与分区数自动进行分配。并发消费监听者容器有一个重要的属性 concurrency，用于指定并发数，也就是消费者线程数。

由于是监听模式，所以需要创建一个监听器。spring-kafka 提供了一个 MessageListener 接口，客户端只需实现该接口，并覆盖该接口的 onMessage(ConsumerRecord<String, String> data) 方法，在该方法中实现消费者对消息的具体业务处理。在装配监听者容器时以构造器注入方式将该监听器注入到容器。

首先定义一个消费者监听器，该监听器监听到消息后将消息打印到控制台，具体实现如代码清单 6-34 所示。

代码清单 6-34　消费者监听器的具体实现代码

```
package com.kafka.action.chapter6.spring.consumer;

import org.apache.kafka.clients.consumer.ConsumerRecord;
import org.springframework.kafka.listener.MessageListener;

public class SpringKafkaConsumerListener implements MessageListener<String, String> {
    public void onMessage(ConsumerRecord<String, String> data) {
        // 当读取到用户委托信息后，将委托信息加入到委托队列中，然后由撮合程序完成撮合，
        // 这里我们只是简单地打印出委托信息
        if (null != data) {
        System.out.println("消费者线程:" + Thread.currentThread().getName()+ ",消息
        来自Kafka,主题[" + data.topic() + "],分区["+ data.partition() + "],委托时间[" +
        data.timestamp()+ "]消息内容如下：");
        System.out.println(data.value());
        }
```

```
    }
}
```

然后创建一个 consumer.xml 配置文件，用于装配消费者。本例我们创建一个 ConcurrentMessageListenerContainer 容器，同时指定 3 个消费者线程，这 3 个消费者属于同一个消费组。一个简单的消费者装配过程，主要包括以下几部分配置。

（1）装配一个 HashMap，定义实例化 KafkaConsumer 的配置参数。

（2）装配消费者工厂，以构造器注入方式指定消费者配置参数，消费者工厂负责消费者的创建。

（3）装配一个自定义的消息监听器，该监听器实现消费者具体业务逻辑。

（4）装配一个容器配置的 Bean，以构造器注入的方式指定消费者所消费的主题，同时以属性注入的方式注入自定义的监听器。

（5）装配消息监听容器，若是多线程并发，通过属性注入的方式指定并发数，也就是消费者线程数。

在介绍 consumer.xml 配置文件具体内容之前，首先在 Kafka.properties 文件中加入装配消费者相关的资源信息，如代码清单 6-35 所示。

代码清单 6-35　消费者的相关配置信息

```
# 消费组名
group.id=trade_entrust
# 是否自动提交偏移量
enable.auto.commit=true
# 自动提交偏移量的时间间隔
auto.commit.interval.ms=1000
# 线程数
concurrency=3
# 消息 key 反序列化类
key.deserializer=org.apache.kafka.common.serialization.StringDeserializer
# 消息反序列化类
value.deserializer=org.apache.kafka.common.serialization.StringDeserializer
```

consumer.xml 配置文件的详细内容如代码清单 6-36 所示。

代码清单 6-36　consumer.xml 文件的详细配置信息

```
<?xml version="1.0" encoding="UTF-8"?>
<beans xmlns="http://www.springframework.org/schema/beans"
    xmlns:xsi="http://www.w3.org/2001/XMLSchema-instance"
    xmlns:context="http://www.springframework.org/schema/context"
    xsi:schemaLocation="http://www.springframework.org/schema/beans
        http://www.springframework.org/schema/beans/spring-beans.xsd
        http://www.springframework.org/schema/context
        http://www.springframework.org/schema/context/spring-context.xsd">
    <!-- 1.定义实例化 KafkaConsumer 的参数 -->
    <bean id="consumerProperties" class="Java.util.HashMap">
        <constructor-arg>
```

```
            <map>
                <entry key="bootstrap.servers" value="${bootstrap.servers}" />
                <entry key="group.id" value="${group.id}" />
                <entry key="enable.auto.commit" value="${enable.auto.commit}" />
                <entry key="auto.commit.interval.ms"
                       value="${auto.commit.interval.ms}" />
                <entry key="key.deserializer" value="${key.deserializer}"/>
            <entry key="value.deserializer" value="${value.deserializer}"/>
            </map>
        </constructor-arg>
    </bean>

    <!-- 2.创建 consumerFactory -->
    <bean id="consumerFactory"
        class="org.springframework.kafka.core.DefaultKafkaConsumerFactory">
        <constructor-arg>
            <ref bean="consumerProperties" />
        </constructor-arg>
    </bean>

    <!-- 3.装配消息监听器，实现消费者具体业务处理逻辑-->
    <bean id="consumerListener"
          class="com.kafka.action.chapter6.spring.consumer.SpringKafkaConsumerListener" />

    <!-- 4.消费者容器配置信息 -->
    <bean id="containerProperties"
        class="org.springframework.kafka.listener.config.ContainerProperties">
        <!-- 可以指定多个主题，支持正则表达式形式 -->
        <constructor-arg value="${defaultTopic}" />
        <property name="messageListener" ref="consumerListener" />
    </bean>

    <!-- 5.创建一个支持多线程的 Listener 容器 -->
    <bean id="messageListenerContainer"
        class="org.springframework.kafka.listener.ConcurrentMessageListenerContainer"
        init-method="doStart">
        <constructor-arg ref="consumerFactory" />
        <constructor-arg ref="containerProperties" />
        <!-- 指定线程数 -->
        <property name="concurrency" value="${concurrency}"></property>
    </bean>
</beans>
```

至此，通过 Spring 管理消费者相关配置已完成。现在启动 Eclipse 运行该工程，同样通过 Postman 发送四条模拟股票买入委托的消息。Eclipse 控制台输出信息如下：

```
消费者线程:messageListenerContainer-0-C-1,消息来自 Kafka,主题[trade-entrust],分区[0],
委托时间[1494679846883]消息内容如下:
{"user_id":"1000000","sec_code":"601766","sec_price":"10.1","sec_name":"中国中车"}
```

```
消费者线程:messageListenerContainer-2-C-1,消息来自 Kafka,主题[trade-entrust],分区[2],
委托时间[1494679857031]消息内容如下:
{"user_id":"1000000","sec_code":"601766","sec_price":"10.5","sec_name":"中国中车"}
消费者线程:messageListenerContainer-1-C-1,消息来自 Kafka,主题[trade-entrust],分区[1],
委托时间[1494679869406]消息内容如下:
{"user_id":"1000000","sec_code":"601766","sec_price":"11.0","sec_name":"中国中车"}
消费者线程:messageListenerContainer-0-C-1,消息来自 Kafka,主题[trade-entrust],分区[0],
委托时间[1494679873753]消息内容如下:
{"user_id":"1000000","sec_code":"601766","sec_price":"11.3","sec_name":"中国中车"}
```

由 Eclipse 控制台输出的信息可知：3 个分区 3 个消费者，分区与消费者线程是以轮询的分配策略进行分配，每条消息被其中一个消费者消费。Spring 与 Kafka 整合应用就简单介绍至此，更多的应用请读者查阅 Spring 官方网站进行深入了解。

6.6 小结

本章讲解了 Kafka 提供的 API，首先讲解了与主题相关操作的 API、生产者及消费者相关操作的 API，然后讲解了自定义分区器及自定义序例化和反序列化，最后通过一个简单示例详细介绍了 Spring 与 Kafka 整合应用的步骤。

第7章 Kafka Streams

Kafka 在 0.10 之后版本增加了对流式处理的支持，即本章要介绍的 Kafka Streams。本章将对 Kafka Streams 的基本概念及基础 API 分别进行讲解。

7.1 Kafka Streams 简介

Kafka Streams 是一个用来构建流处理程序的 Java 库，而不是一个流式处理框架，这点与 Spark Streaming，Strom 等流式处理框架有着明显的不同。Kafka Streams 基于 Kafka 的分区水平扩展来对数据进行有序高效的处理，利用 Kafka 的并发模型来实现透明的负载均衡。Kafka Streams 除了依赖 Kafka 之外并没有任何其他的外部依赖，换句话讲，我们不需要额外再部署一个其他集群。特别是在输入是一个 Kafka 主题，输出是另一个 Kafka 主题的程序，Kafka Streams 程序其实是充当了 Kafka 普通消费者与生产者一样的角色，这在启动 Kafka Streams 应用时，从应用启动日志信息可以看到除了加载了 Kafka Streams 特有的配置信息之外，还加载了 Kafka 生产者与消费者的配置信息。虽然 Kafka Streams 只是一个 Java 库，但是它直接解决了在流处理中会遇到的很多难题：

（1）一次一件事件的处理而不是微批处理，延迟在毫秒级别。

（2）有状态的处理，包括连接操作（join）和聚合类操作。

（3）提供了必要的流处理原语，包括高级流处理 DSL 和低级处理器 API。高级流处理 DSL 提供了常用流处理变换操作，低级处理器 API 支持客户端自定义处理器并与状态仓库（state store）交互。

（4）使用类似于 DataFlow 的模型来处理乱序数据的时间窗口问题。

（5）分布式处理，并且有容错机制，可以快速地实现容错。

（6）有重新处理数据的能力，所以当 Kafka Streams 应用程序代码更改后可以重新计算输出。

7.2 Kafka Streams 基本概念

本节将对 Kafka Steams 相关的概念进行简要介绍，主要包括 Kafka Streams 对数据流的定义、流处理器和处理拓扑定义、KTable 与 KStream 的概念以及当前版本的 Kafka Streams 对应的时间窗口类型等。

7.2.1 流

流（stream）是 Kafka Streams 提供的最重要的抽象，它代表的是一个无限的、不断更新的数据集。一个流就是由一个有序的、可重放的、支持故障转移的不可变的数据记录（data record）序列，其中每个数据记录被定义为一个键值对。Kafka 流的基本结构如图 7-1 所示。

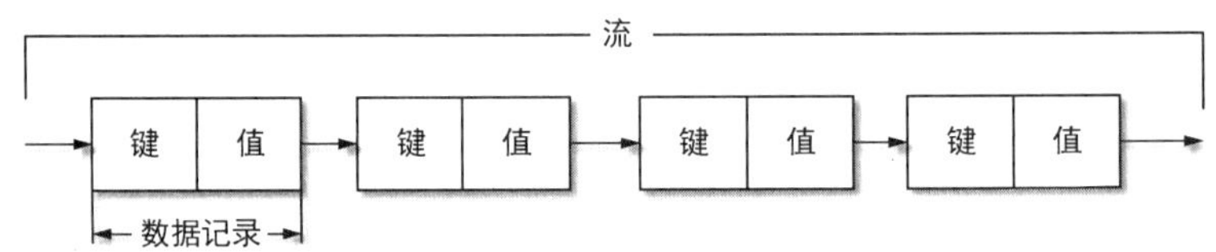

图 7-1 Kafka 流基本结构

7.2.2 流处理器

一个流处理器（stream processor）是处理拓扑中的一个节点，它代表了拓扑中的处理步骤。一个流处理器从它所在的拓扑上游接受数据，通过 Kafka Streams 提供的流处理的基本方法，如 map()、filter()、join()以及聚合等方法，对数据进行处理，然后将处理后的一个或多个输出结果发送给下游流处理器。一个拓扑中的流处理器当中有 Source 处理器和 Sink 处理器两个特殊的流处理器。

- Source 处理器：在一个处理拓扑中该处理器没有任何上游处理器。该处理器从 Kafka 的一个或多个主题消费数据作为处理拓扑的输入流，将该输入流发送到下游处理器。
- Sink 处理器：在一个处理拓扑中该处理器没有任何下游处理器。该处理器将从上游处理器接收到的任何数据发送到指定的主题当中。

7.2.3 处理器拓扑

处理器拓扑（processor topology）是流处理应用程序进行数据处理的计算逻辑。一个处理器拓扑是由流处理器和相连接的流组成的有向无环图，其中流处理器是图的节点，流是图的边。一个典型的 Kafka Streams 的拓扑结构如图 7-2 所示。

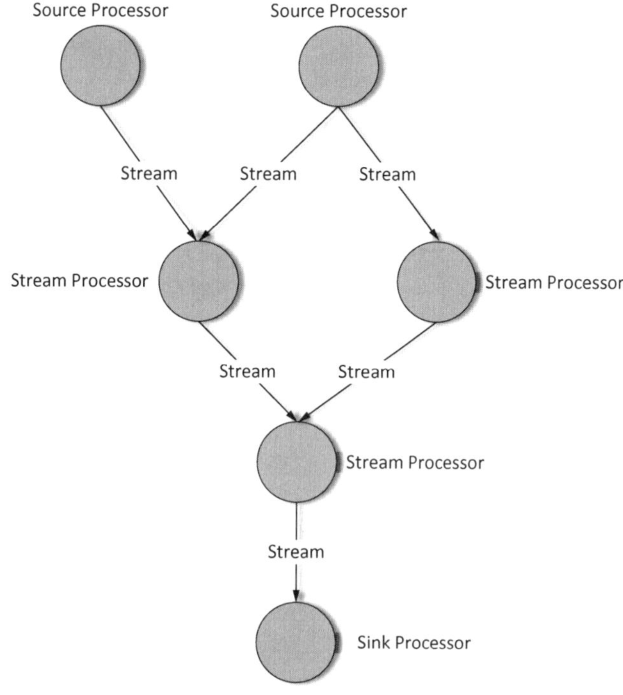

图 7-2 一个典型的 Kafka Stream 的拓扑结构

Kafka 提供了以下两种定义流处理拓扑的 API。

- Kafka Streams DSL API：这种类型的 API 提供了一些开箱即用的数据转换操作算子，如 map、filter、join 和聚合类算子。开发者无需处理底层实现细节。这种类型的 API 操作简单，但可能在一定程度上相对而言不够灵活。
- Low-Level Processor API：这种类型的 API 允许开发者自定义处理器，构造处理器拓扑，还可以与状态仓库进行交互操作。由于可定制处理器，因此该类 API 相对来说更加灵活，开发者根据自己业务需要定制开发相应的处理逻辑，但同时涉及底层的操作处理，因此开发成本相对较高，开发难度相对较大。

7.2.4 时间

时间（time）是流处理中一个比较重要的概念，如开窗操作就是根据时间边界来定义的。流处理定义的通用 3 种类型的时间如下。

- 事件时间（event time）：指事件或数据记录产生的时间，也就是 Kafka 消息源对应的时间。
- 处理时间（processing time）：指事件或数据记录被流处理应用处理的时间点，也就是对消息源进行处理时的时间。处理时间一般晚于事件时间，可能晚于事件时间若干毫秒、秒、小时不等。

- 摄入时间（ingestion time）：指消息被处理后保存到 Kafka 主题的时间。有可能消息不会被处理而直接保存到主题当中，这样严格意义来讲，就没有处理时间，而只有存储时间。

在 Kafka 0.10.x 版本之后，增加了时间戳类型，每条消息都会被附加一个时间戳，我们可以通过代理级别配置或者主题级别的配置项来设置消息的时间戳类型。例如，通过 message.timestamp.type 配置来设置时间戳类型是 LogAppendTime 还是 CreateTime，即分别对应处理时间和存储时间。

Kafka Streams 通过 TimestampExtractor 接口给每个数据记录赋一个时间戳，开发者可以根据不同的需要来确定时间戳的实现。每个数据记录赋予时间戳之后就可以对数据进行聚合操作，实现窗口功能，能够方便地解决数据乱序的问题。

7.2.5 状态

一些流处理并不关注状态（state），即对每个消息的处理都是相互独立的，如对消息进行简单的转换操作或者基于某些条件对消息进行筛选操作等。

然而，某些场景我们可能需要保存流处理的中间结果，即流的中间状态。同时保存状态的话可以提供更多复杂的操作，如对流进行 join，group 和聚合操作等。Kafka Streams DSL 提供了很多这样的包含状态的 DSL。Kafka Streams 提供了一种状态仓库（state store），被流处理应用用来存储和查询状态数据，默认状态存储在本地 RocksDB 当中，存储路径通过参数 state.dir 配置，默认路径为/tmp/kafka-streams。Kafka Streams 的每个 Task 使用一个或多个状态仓库，可通过 API 来访问和存储流处理需要的数据。这种状态仓库可以是持久化的键值对引擎，也可以是内存中的 HashMap 或其他方便合理的数据结构。

Kafka Streams 对本地状态仓库提供了容错和自动恢复，这是由于本地状态本身是通过 Kafka 进行复制的，所以当一个机器出现故障时，其他机器可以自动恢复本地状态，并且从故障出错点继续处理。

7.2.6 KStream 和 KTable

Kafka Stream 定义了 KStream 和 KTable 两种基本抽象。两者的区别在于，KStream 是一个由键值对构成的抽象记录流，每个键值对是一个独立单元，即使相同的 Key 也不会被覆盖，类似数据库的插入操作；KTable 可以理解成一个基于表主键的日志更新流，相同 Key 的每条记录只保存最新的一条记录，类似数据库基于主键更新。

无论是记录流（用 KStream 定义）还是更新日志流（用 KTable 定义），都可以从一个或多个 Kafka 主题数据源来创建。一个 KStream 可以与另一个 KStream 或者 KTable 进行 Join 操作，或者聚合成一个 KTable，同样，一个 KTable 也可以转换成一个 KStream。KStream 和 KTable 都提供了一系列转换操作，每个转换操作都可以转化为一个 KStream 或者 KTable 对象，将这些转换操作连接在一起就构成了一个处理器拓扑。

7.2.7 窗口

在一些应用场景对流处理时可能需要把数据记录按时间分组，也就是按时间把流分为多个窗口（window）。窗口是流处理状态转换操作的基本条件，一个窗口相关的操作通常需要存储中间状态，根据窗口的设置旧的状态在窗口中持续时间大于窗口大小之后就会被删除。一个窗口包括窗口大小和滑动步长两个属性。窗口大小是指一条记录在窗口中持续的时间，持续时间超过窗口大小的记录将会被删除。滑动步长指定了一个窗口每次相对于前一个窗口向前移动的距离。滑动步长不得大于窗口大小，如果步长超过了窗口大小，就会导致部分记录不属于任何窗口而不被处理。当前版本的 Kafka Streams 目前定义了以下 3 种窗口。

- 跳跃时间窗口（hopping time window）：该时间窗口基于时间间隔，描述了一个大小固定、可能会重叠的窗口模型。也就是说，滑动步长小于窗口大小。例如，窗口大小为 10 min、滑动步长为 5 min 的跳跃窗口示意图如图 7-3 所示。其中 X 轴上方的带数字的方框表示产生的数据记录，后续窗口示意图中带数字方框均表示这个含义。

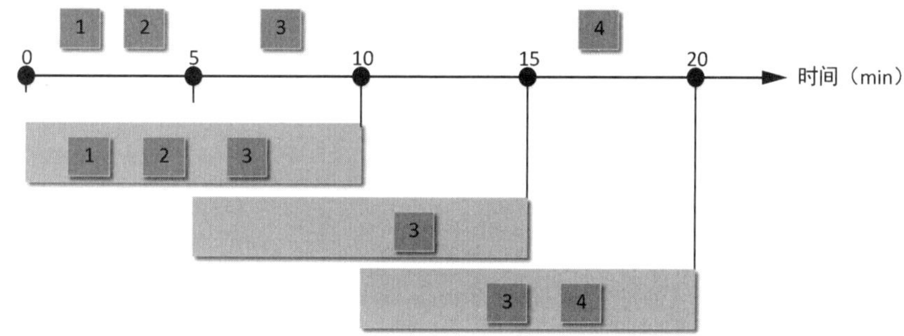

图 7-3　窗口大小为 10 min、滑动步长为 5 min 的跳跃窗口

- 翻转时间窗口（tumbling time window）：也是基于时间间隔，与跳跃窗口不同的是它被定义为大小固定、不可重叠、无间隙的一类窗口模型。这种窗口的滑动步长为其窗口大小，这样就保证窗口之间不会重叠，一条记录也仅属于唯一的窗口。例如，窗口大小为 10 min 的翻转窗口示意图如图 7-4 所示。

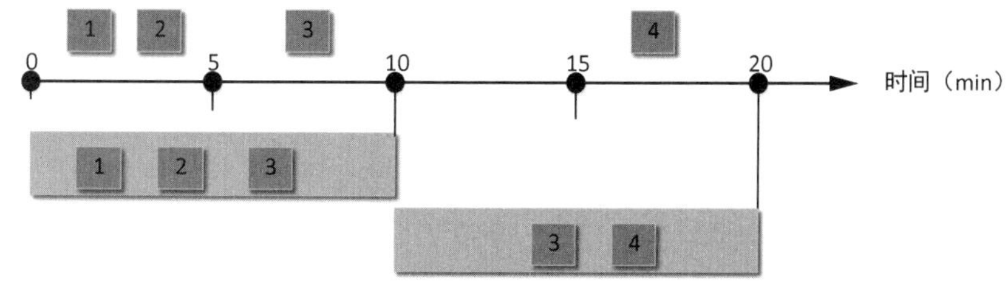

图 7-4　窗口大小为 10 min 的翻转窗口

- 滑动窗口（sliding window）：该窗口与前两种时间窗口都不同，它被定义为大小固定并沿着

时间轴连续滑动的窗口模型。如果两条数据的时间戳之差在窗口大小之内，则这两条数据记录属于同一个窗口。在 Kafka 流中，滑动窗口只有在 join 操作时才用到，也就是我们在 KStream 连接操作时用到的 JoinWindows，这样根据时间顺序滑动处理，在 join 操作时根据滑动窗口的大小逐步对数据进行处理。例如，窗口大小为 10 min 的滑动窗口示意图如图 7-5 所示。

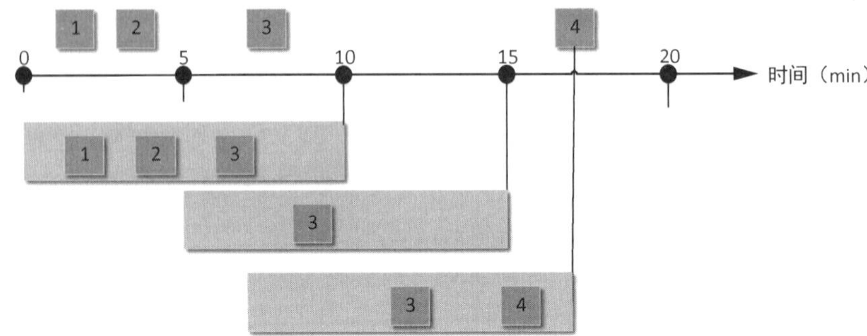

图 7-5　窗口大小为 10 min 的滑动窗口

7.3　Kafka Streams API 介绍

本节简单介绍 Kafka Streams 的部分 API 应用。为此，首先引入 Kafka Streams 的依赖包，在 pom.xml 文件中加入 Kafka Streams 的依赖。

```
<dependency>
  <groupId>org.apache.kafka</groupId>
  <artifactId>kafka-streams</artifactId>
  <version>0.10.1.1</version>
</dependency>
```

7.3.1　KStream 与 KTable

Kafka Streams 为高层流定义了 KStream 和 KTable 两种抽象。KTable 是一个日志更新流，即相同 Key 数据集是进行更新操作，同一个 Key 总是保留最新的值；KStream 是一个记录流，每条数据集都是一个独立的数据单元。下面分别定义一个日志流和一个日志更新流，通过输出这两个流处理结果来看两者在数据处理上的区别。

在介绍具体实现之前，我们先通过 Kafka shell 创建一个主题，创建主题命令如下：

```
kafka-topics.sh --zookeeper server-1:2181,server-2:2181,server-3:2181 --create
--topic streams-foo --partitions 1 --replication-factor 1
```

Kafka Streams 提供了一个 KStreamBuilder 类用于使用流 DSL 构建处理器拓扑，该类继承 TopologyBuilder。然后通过 KStreamBuilder 类的 stream()方法和 table()方法分别创建一个 KStream 和 KTable 对象。

以 Kafka 主题 streams-foo 作为数据源创建一个 KStream 记录流，并通过 print()方法将数据集输出到控制台。Kafka Streams 提供了对处理结果多种处理方式，例如，通过 print()方法输出到控制台，通过 to()方法写入到一个 Kafka 主题，通过 writeAsText()方法写入到文件。实现逻辑如代码清单 7-1 所示。

代码清单 7-1　创建 KStream 日志流并输出数据集到控制台的代码片段

```
// 构造实例化 KafkaStreams 对象的配置
Properties props = new Properties();
// 指定流处理应用的 id，该配置必须指定
props.put(StreamsConfig.APPLICATION_ID_CONFIG, "KStream-test");
props.put(StreamsConfig.BOOTSTRAP_SERVERS_CONFIG, "localhost:9092");
// Key 序列化与反序化类
props.put(StreamsConfig.KEY_SERDE_CLASS_CONFIG, Serdes.String().getClass());
// Value 序列化与反序化类
props.put(StreamsConfig.VALUE_SERDE_CLASS_CONFIG, Serdes.String().getClass());
props.put(ConsumerConfig.AUTO_OFFSET_RESET_CONFIG, "earliest");
KStreamBuilder builder = new KStreamBuilder();
// 构造 KStream 日志流
KStream<String, String> textLine= builder.stream("streams-foo");
// 输入日志流中数据
textLine.print();
KafkaStreams streams = new KafkaStreams(builder, props);
streams.start();
// 让线程休眠 5 秒
Thread.sleep(5000L);
streams.close();
```

通过 Kafka shell 为“streams-foo”主题发送几条消息，启动生产者的命令如下：

```
kafka-console-producer.sh --broker-list server-1:9092,server-2:9092,server-3:9092
--topic streams-foo --property parse.key=true --property key.separator=" "
```

该生产者指定消息 Key 和 Value 之间以空格分隔，在控制台输入以下信息：

```
jetty shanghai
jetty beijing
jetty Hangzhou
```

运行 KStream 程序后，在控制台输出信息如下：

```
[KSTREAM-SOURCE-0000000000]: jetty , shanghai
[KSTREAM-SOURCE-0000000000]: jetty , beijing
[KSTREAM-SOURCE-0000000000]: jetty , hangzhou
```

由 KStream 程序输出信息可知，每条数据集在日志流中都是一个独立的键值对。下面将代码构建 KStream 日志流这行代码修改为：

```
KTable<String, String> textLine = builder.table("streams-foo","KTable-test");
// 构造一个 KTable 更新流
```

再次启动并运行该程序，在控制台输入信息如下：

```
[KTABLE-SOURCE-0000000001]: jetty , (hangzhou<-null)
```

从输出信息可以看出，数据集经由 KTable 更新日志流后，相同 key 只会保留最新的一个值。以上数据集经由 KStream 和 KTable 处理的过程描述如图 7-6 所示。

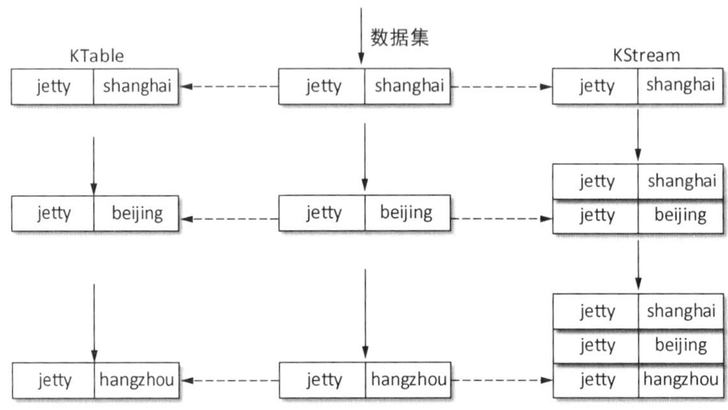

图 7-6　KStream 和 KTable 对数据集进行处理的过程

同时，KTable 与 KStream 可以相互转换，例如，KTable 通过 toStream()方法可以转为 KStream。而 KStream 通过变换处理先转为 KGroupedStream，然后由 KGroupedStream 转为 KTable。

7.3.2　窗口操作

流式处理有时可能需要将数据划分成多个时间段，以时间窗口滑动的形式处理，即通常所说的流上的窗口操作。窗口操作一般在连接和聚合等保存本地状态的程序中使用。

在 Kafka Streams 应用中，我们说窗口操作主要是指 KStream 之间连接操作的 JoinWindows 以及聚合操作中使用的 TimeWindows，这两个窗口都集成 Windows 类。通过指定窗口大小，将窗口内的数据集经过连接或聚合操作存储到状态仓库中

例如，指定 KStream 连接操作连接窗口为 5min，可定义为：

```
JoinWindows.of(TimeUnit.MINUTES.toMillis(5));
```

JoinWindows 除继承父类的属性和方法外，自定义了 before 和 after 两个属性，分别表示 join 操作取在之前最大时间及之后最大时间跨度的数据集。若调用的是 JoinWindows.of(long timeDifference)方法，则 before=after=timeDifference；若调用的是 JoinWindows.before(long timeDifference)方法，则 before=timeDifference，after=0；若调用的是 JoinWindows.after(long timeDifference)方法，则 before=0，after=timeDifference。

时间窗口一般在聚合操作中使用，在 7.2 节介绍过时间窗口有 3 种，而滑动窗口即是 KStream 连接操作使用的 JoinWindows，这里说的时间窗口是指由 TimeWindows 类定义窗口，

主要指跳跃窗口和翻转窗口，两者的区别在于翻转窗口的滑动步长与窗口大小相等，这样一条数据只属于一个窗口。

通过 TimeWindows.of(windowSizeMs).advanceBy(intervalMs)定义一个用于聚合操作的时间窗口，如在 KGroupedStream 类的 count()操作时需要指定时间窗口，当 windowSizeMs=intervalMs 时即表示是翻转窗口，当 windowSizeMs>intervalMs 时表示是跳跃窗口。至于该定义是跳跃窗口还是翻转窗口则取决了应用场景。

7.3.3 连接操作

连接操作是通过键将两个流的记录进行合并，并生成新的流。Kafka Streams 将流抽象为 KStream 和 KTable 两种类型，因此连接操作也是这两类流之间的操作。即 KStream 与 KStream、KTable 与 KTable、KStream 与 KTable 之间的连接。而 KStream 之间的连接操作往往是基于窗口的，否则每次所有数据都需再保存，这样记录就会无限增长。

连接操作要保证执行连接操作的 KStrams 或 KTable 数据源的分区数相同，同时生产者生产消息时分区分配策略相同，这样才能保证相同的键的消息分布在两个主题对应的分区相同。

Kafka Streams 提供了内连接、左连接和外连接 3 种连接操作，分别对应 join()方法、leftJoin()方法和 outerJoin()方法。这 3 种连接操作与传统关系数据库的连接操作类似，因此对连接操作结果不进行深入介绍。下面简单介绍 KStream 与 KTable 之间的组合连接操作 API 的调用。

1. KStream 与 KStream 连接

KStream 之间的连接是基于时间窗口的，这从 KStream 的 join()方法的参数就能体现出来，之所以是基于时间窗口，这是由于 KStream 中每一个记录流，若不集于时间窗口操作数据量达到一定程度时 join 操作的是一件很可怕的事，而且也是没有必要的。假设我们定义两个 KStream，两个 KStream 之间的连接操作的示例实现如代码清单 7-2 所示。

代码清单 7-2 KStream 之间的连接操作的简单样例代码

```
final Serde<String> stringSerde = Serdes.String();
KStreamBuilder builder = new KStreamBuilder();
KStream<String, String> leftStream = builder.stream(stringSerde, stringSerde,
"left-source");
KStream<String, String> rightSteam = builder.stream(stringSerde, stringSerde,
"right-source");
KStream<String, String> joinedStream = leftStream.join(rightSteam,
 new ValueJoiner<String, String, String>() {
     @Override
     public String apply(String leftValue, String rightValue) {
         return "left:" + leftValue + ", right:" + rightValue;
     }
}, JoinWindows.of(TimeUnit.MINUTES.toMillis(5)),// 指定时间窗口为 5 min
Serdes.String(), Serdes.String(), Serdes.String());
```

代码清单 7-2 表示两个 KStream 进行内连接操作，指定时间窗口为 5min。连接操作执行两个流值的合并是在 ValueJoiner 的 apply()方法中完成的。这样无论是 leftStream 还是 rightStream 有新数据集到达时都会触发 join 操作（这里直接借用代码清单 7-2 中定义的变量名 leftStream 和 rightStream 来描述 join 操作的两个 KStream）。例如，当 leftStream 收到一条消息时，就会从 rightStream 的本地状态仓库中取最近 5min 内数据执行 join 操作。如果将 leftStream 和 rightStream 看成数据库的两张表，当 leftStream 收到一条消息时，触发 join 操作逻辑类比 SQL 语句的话，对应的 SQL 语句如代码清单 7-3 所示；当 righStream 收到一条消息执行原理同 leftStream。

代码清单 7-3　leftStream 收到一条数据集与 rightStream 执行 join 操作类 SQL 语句

```
SELECT *
FROM leftStream as lf
INNER JOIN leftStream as rt
ON lf.key = rt.key AND rt.timestamp+timewindow >=lf.timestamp  AND lf.timestamp = ${新
数据的时间戳}
```

在代码清单 7-3 所示的 SQL 语句中，timewindow 即指我们设置的 JoinWindows。JoinWindows 继承 Windows 类，实质也是一种 TimeWindow。代码清单 7-3 所示的 SQL 语句仅是从单侧来表达 join 操作某个时间点的执行状态，对于 join 操作我们可用代码清单 7-4 所示的通用 SQL 来描述。

代码清单 7-4　join 操作类 SQL 语句表述

```
SELECT *
FROM stream1, stream2
WHERE stream1.key = stream2.key AND stream1.ts - before <= stream2.ts AND stream2.ts
<= stream1.ts + after
```

对于 join 操作左连接和外连接实现步骤与代码清单 7-2 类似，只需修改连接方式这行代码为相应的连接方式。

2. KTable 与 KTable 连接

由于 KTable 是一个更新日志流，相同 Key 的记录只会保存最新的值，也就是说，对同一个 Key 而言无论何时都只会有一条最新记录，因此 KTable 连接操作无需时间窗口。一个简单 KTable 之间的内连接操作的核心逻辑如代码清单 7-5 所示。左连接及外连接在代码实现上仅是方法调用的区别，不再一一介绍。在 ValueJoiner 的 apply()方法中对两个 KTable 数据集的值进行处理，这里依然是简单拼接成字符串。

代码清单 7-5　KTable 之间操作的简单样例代码

```
final Serde<String> stringSerde = Serdes.String();
KStreamBuilder builder = new KStreamBuilder();
KTable<String, String> leftTable = builder.table(stringSerde, stringSerde, "left-source",
"ktable-join-left");
KTable<String, String> rightTable = builder.table(stringSerde, stringSerde, "right-
source","ktable-join-right");
```

```
KTable<String, String> joinedTable = leftTable.join(rightTable,new ValueJoiner<String,
String, String>() {
    @Override
    public String apply(String leftValue, String rightValue) {
        return "left:" + leftValue + ", right:" + rightValue;
    }
});
```

3. KStream 与 KTable 连接

当前版本的 Kafka Streams 只支持 KStream 与 KTable 进行左连接，并不支持内连接及外连接。同时也只支持 KStream 左连接 KTable，而支持 KTable 连接 KStream。KStream 与 KTable 左连接得到一个 KStream，左连接操作右边连接数据的变化并不会触发 join 操作。当右边连接为 KTable 时，右边数据的变化仅是更新右边数据流。KStream 与 KTable 左连接的实例代码如代码清单 7-6 所示。

代码清单 7-6 KStream 与 KTable 左连接的实例代码

```
final Serde<String> stringSerde = Serdes.String();
KStreamBuilder builder = new KStreamBuilder();
KStream<String, String> kstream = builder.stream(stringSerde, stringSerde, "left-
source");
KTable<String, String> ktable = builder.table(stringSerde, stringSerde, "right-source",
"kstream-ktable-join");

KStream<String, String> joinedStream = kstream.leftJoin(ktable, new ValueJoiner<String,
String, String>() {
    @Override
    public String apply(String leftValue, String rightValue) {
        return "left:" + leftValue + ", right:" + rightValue;
    }
}, Serdes.String(), Serdes.String());
```

7.3.4 变换操作

Kafka Streams 提供了流变换处理的基本函数，包括过滤操作的 filter()，分组操作的 GroupBy()和 groupByKey()，映射操作的 map()、mapValues()、flatMap()和 flatMapValues()，以及转换函数 transform()等。这些变换操作都可以将一个 KStream 和 KTable 对象变换为另一个 KStream 或 KTable 对象并且传给下游处理拓扑，将所有的操作连接起来就组成了一个复杂的处理拓扑。

我们通过一个简单的单词统计实例简单介绍 Kafka Streams 基本变换函数的应用。待统计的单词之间以逗号分隔保存在 streams-foo 主题当中。

首先以 Kafka 主题 streams-foo 作为数据源创建一个 KStream 记录流，如代码清单 7-7 所示。

代码清单 7-7 以 Kafka 主题 streams-foo 作为数据源创建一个 KStream 记录流

```
Properties props = new Properties();
props.put(StreamsConfig.APPLICATION_ID_CONFIG, "wordcount");
props.put(StreamsConfig.BOOTSTRAP_SERVERS_CONFIG, "localhost:9092");
props.put(StreamsConfig.KEY_SERDE_CLASS_CONFIG, Serdes.String().getClass());
props.put(StreamsConfig.VALUE_SERDE_CLASS_CONFIG, Serdes.String().getClass());
props.put(ConsumerConfig.AUTO_OFFSET_RESET_CONFIG, "earliest");
KStreamBuilder builder = new KStreamBuilder();
// 构造一个 KStream 日志流
KStream<String, String> textLine = builder.stream("streams-foo");
```

然后通过 filter()方法处理过滤掉无效数据，我们在这里只去掉空行，实现代码如下：

```
KStream<String, String> filteredLine= textLine.filter(new Predicate<String, String>()
    @Override
    public boolean test(String key, String value) {
    // 过滤操作，将不满足条件的数据去掉，当返回为 false 表示将该条数据集过滤掉
        if(StringUtils.isBlank(value)){
            return false;
        }
        return true;
    }
});
```

在 filter()方法中我们定义一个过滤规则，创建一个匿名类，在 Predicate 接口的 test()方法中指定过滤规则，当满足某些条件返回 false 表示该条数据将被过滤掉。

然后通过 flatMapValues()方法按行解析出单词，将单词放入一个迭代器中，代码如下：

```
KStream<String, String> wordStream = filteredLine.flatMapValues(new ValueMapper
<String, Iterable<String>>() {
    @Override
    public Iterable<String> apply(String value) {
        return Arrays.asList(value.toLowerCase(Locale.getDefault()).split(","));
        // 单词不区分大小写
    }
});
```

同时，为了通过 groupByKey()方法将单词分组，我们再通过 map()函数进行处理，将每个单词构造成 KeyValue 实体，每一个 KeyValue 实体的键与值相同，即为单词本身。代码如下：

```
KStream<String, String> wordPairs = wordStream.map(new KeyValueMapper<String, String,
KeyValue<String,String>>() {
    @Override
    public KeyValue<String, String> apply(String key, String value) {
            return new KeyValue<String, String>(value, value);
    }
});
```

在构造 KeyValue 之后将单词按键分组，代码如下：

```
KGroupedStream<String, String> wordGroup= wordPairs.groupByKey();
```

通过 groupByKey()方法处理后将 KStream 变换成了一个 KGroupStream 对象，KGroupStream 与 KStream 的区别在于 KGroupStream 是由 KStream 中的每条数据集按照一定规则进行分组得到的分组日志流。

在分组之后通过调用 count(final String storeName)方法统计每组单词的个数，并将统计结果打印输出。从这个方法的形参可以得到该方法是有状态的，需要保存状态结果。代码如下：

```
KTable<String,Long> words=wordGroup.count("word-count");
words.print();
```

可以看到经由 count()变换后将 KGroupStream 转换成了一个 KTable 对象。

至此单词统计的核心逻辑已完成，然后我们创建一个 KafkaStreams 对象并启动。最后通过 Kafka shell 输入几行数据，如图 7-7 所示（其中第 2 行和第 6 行是空行）。

```
kafka stream,test

kdk,kafka,test,hadoop
test
kafka,streams,test

kafka,hadoop,hbase,hbase,kafka
```

图 7-7 单词统计样本

启动单词统计程序，在控制台的输出信息如图 7-8 所示。

```
<terminated> TransformationDemo [Java Application] C:\Program Files\Java\jdk1.8.0_111\bin\javaw.exe
  [KSTREAM-AGGREGATE-0000000004]: kafka stream , (1<-null)
[KSTREAM-AGGREGATE-0000000004]: kdk , (1<-null)
[KSTREAM-AGGREGATE-0000000004]: streams , (1<-null)
[KSTREAM-AGGREGATE-0000000004]: test , (4<-null)
[KSTREAM-AGGREGATE-0000000004]: hadoop , (2<-null)
[KSTREAM-AGGREGATE-0000000004]: hbase , (2<-null)
[KSTREAM-AGGREGATE-0000000004]: kafka , (4<-null)
```

图 7-8 单词统计的输出结果

在 Kafka shell 中输入统计样本，每次执行该程序时每个单词数都是基于上次结果累加，这是因为 count()操作是有状态的，执行结果会保存到本地存储仓库中，每次执行都会从本地查询上次的执行结果。

7.3.5 聚合操作

聚合操作是一种有状态的转换，在上一小节单词统计实例最后计算单词数的 count()方法就是聚合操作的一种。本书所用 Kafka Streams 只实现了 count()方法，但 Kafka Streams 定义一个 aggregate()方法，同时提供了一个 Aggregator 接口，我们可以通过该接口的 apply()方法，在该方法中实现聚集函数的相应功能，如求 max、min、avg、count、sum 等操作，Kafka Streams 提供的 count()方法，也是通过调用 aggregate()方法实现的。日志流和更新日志流都有 appregate()方法，不过在进行聚合操作前需要将 KStream 或 KTable 转为 KGroupedStream 或 KGroupedTable，然后再调用 appgregate()方法执行聚合操作。

现在通过 Kafka Streams 计算一组数据的最大值的简单程序来介绍 Kafka Streams 聚合类操作。对于 KStream 日志流，首先通过 groupByKey()方法将 KStream 转为 KGroupedStream，然后调用 aggregate()方法，实现逻辑如代码清单 7-8 所示。

代码清单 7-8 KStream 聚合操作求最大值的核心代码

```
kstream.map(new KeyValueMapper<String, String, KeyValue<String,Integer>>() {
    @Override
    public KeyValue<String, Integer> apply(String key, String value) {
        return new KeyValue<String, Integer>(key, Integer.parseInt(value));
    }})
.groupByKey(Serdes.String(),Serdes.Integer())
.aggregate(new Initializer<Integer>() {
    @Override
    public Integer apply() {
        return Integer.MIN_VALUE ;
    }}, new Aggregator<String, Integer, Integer>() {
        @Override
        public Integer apply(String aggKey, Integer value, Integer aggregate) {
            return value > aggregate?value : aggregate;
        }
    },Serdes.Integer() , "max")
```

由于是求最大值，所以在 Initializer 接口的 apply()方法中设置初始值为 Integer.MIN_VALUE，然后实现 Aggregator 接口在其 apply()方法中比较该 Key 的新、老值返回较大者。代码清单 7-8 所示代码是基于 JDK7 编写的，如果用 JDK8 的 Lambda 表达式，则可将代码简化如代码清单 7-9 所示。

代码清单 7-9 KStream 聚合操作求最大值核心代码的 JDK8 实现

```
kstream.map((key, value) -> {return new KeyValue<String, Integer>(key,
Integer.parseInt(value)); }) // 将 String 类型转为 Integer
.groupByKey(Serdes.String(),Serdes.Integer())
.aggregate( () -> Integer.MIN_VALUE,
(String key, Integer value,Integer aggregate) -> {return value > aggregate ? value:
aggregate;}, Serdes.Integer(), "max")
```

对于 KStream 日志流还提供了一个基于时间窗口的 aggregate()方法，如果求 1min 之内的数据集的最大值，则关于调用 aggregate()方法实现的逻辑修改如下：

```
aggregate(() -> Integer.MIN_VALUE, (String key,Integer value,Integer aggregate)
->{return  value > aggregate ? value : aggregate;}, TimeWindows.of(60 *
1000L).advanceBy(60*1000L), Serdes.Integer(), "max2").toStream().print();
```

当将时间窗口设置为 UnlimitedWindows.of()时即等同于不带时间窗口的集合操作。

如果对 KTable 对象通过聚合操作求最值，需要注意的是实例化 KTable 时需保证值的类型为数值型，如 Integer、Long 等，因为聚合操作时状态值会保存到 aggregate()方法指定的状态仓库，这个状态仓库保存的值为数值类型，aggregate()方法指定的状态值的类型要与创建 KTable 指定值的类型一致，因此 KTable 就要求被定义为 KTable<String, Integer>类型，这就要求生产者需指定消息的值序列化类型为数值类型对应的序列化类。

KTable 通过聚合操作求最值的实现逻辑如代码清单 7-10 所示。

代码清单 7-10 KTable 更新流聚合操作求最值的实现代码

```
Properties props = new Properties();
props.put(StreamsConfig.APPLICATION_ID_CONFIG, "ktable-aggregate-test");
props.put(StreamsConfig.BOOTSTRAP_SERVERS_CONFIG, "localhost:9092");
props.put(StreamsConfig.KEY_SERDE_CLASS_CONFIG, Serdes.String().getClass());
// Key 序列化与反序化类
props.put(StreamsConfig.VALUE_SERDE_CLASS_CONFIG, Serdes.Integer().getClass());
// Value 序列化与反序化类
props.put(StreamsConfig.COMMIT_INTERVAL_MS_CONFIG, "1000");
props.put(StreamsConfig.POLL_MS_CONFIG, "10");

KStreamBuilder builder = new KStreamBuilder();
KTable<String, Integer> ktable = builder.table("ktable-aggregate",
"ktable-aggregate-store");// 指定值的类型为 Integer
ktable.groupBy((String key, Integer value) -> {return new KeyValue<String, Integer>
(key, value); } ,Serdes.String(), Serdes.Integer())
.aggregate( () -> Integer.MIN_VALUE,
       (key, value, aggregate) -> value > aggregate ? value: aggregate,
       (key, value, aggregate) -> value > aggregate ? value: aggregate, "ktable-max").
       toStream().print();
KafkaStreams streams = new KafkaStreams(builder, props);
streams.start();
```

7.4 接口恶意访问自动检测

本节将通过一个简单的应用案例完整讲解 Kafka Streams 的具体用法。同时在本案例中我们将用到 Kafka Streams 的低级 Processor 相关的 API。

7.4.1 应用描述

开发一款产品时，防接口被恶意攻击也是进行系统设计时需要考虑的问题之一。特别是对于 Web 应用，例如，用户通过一个无限循环无限制地向服务端发送请求，就会导致服务端产生大量垃圾数据，同时还会增加服务器的负载。

针对这种恶意请求，本案例我们采用一种常见也较简单的方式：IP 地址黑名单过滤。首先从应用接口调用频率考虑，一般情况，1min 之内一个用户不可能频繁向后台发送 60 次请求，至少对同一个接口的访问一般 1min 之内不会超过 60 次。当然根据一个页面调用接口数对这个阈值进行适当调整，这里我们只是一种假设。那么当某个用户在 1 min 之内若访问次数超过我们预设的阈值 60 次，则认为该用户存在恶意请求的嫌疑，因此我们将该用户 IP 加入到黑名单之列，如写入到 Redis 中。在应用层处理时对于用户的每次访问首先查询 Redis，判断该用户的 IP 是否在黑名单之列，若该 IP 还在黑名单之列，则禁止本次访问，当然这个判断操作可以提前到负载均衡层，在负责均衡代理层就直接拦截掉。同时利用 Redis 有效期设置功能，我们在将每个用户 IP 拉入黑名单保存到 Redis 时设置其有效时间，如在 30 min 之内不能再次访问，那么我们就可以设置其有效时长为 30 min，30 min 之后，该用户 IP 从黑名单自动移除。

当然，这里我们只是简单模拟这种场景，并没有考虑一个局域网共用外网地址的情况，也没有对用户唯一标识进行过多分析判断。

7.4.2 具体实现

为了实现通过 IP 黑名单限制访问的功能，假设我们的系统的基础架构如图 7-9 所示。

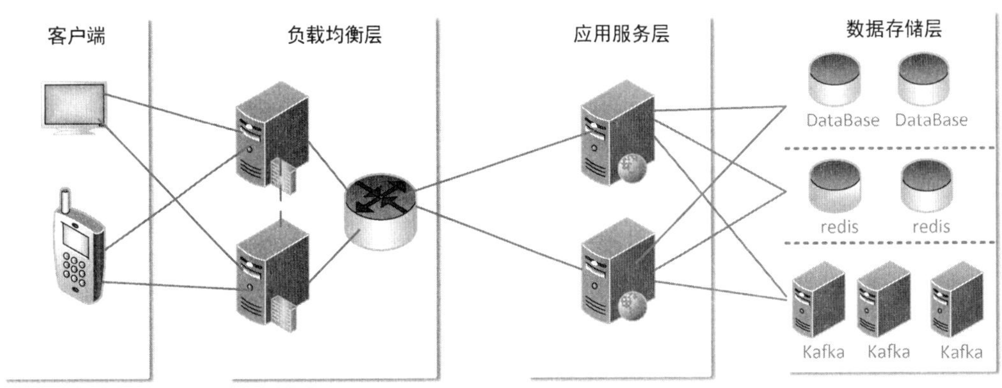

图 7-9 接口盗刷检测系统的基础架构

如图 7-9 所示，我们将用户请求日志发送到 Kafka，然后通过 Kafak Streams 实时计算 1min 之内每个用户请求的次数，若次数超过了我们预设的阈值，则将该 IP 写入 Redis。

对于 IP 黑名单的计算我们采用 Kafka Streams，同时为了简单，我们这里认为一个 IP 地址即能唯一标识一个用户的一次访问。将用户访问日志写入到 Kafka 的一个名为“access-log”的主题中，然后一个 Kafka Streams 应用订阅该主题，对 IP 实时计算。

由于本例设计的规则为用户 1min 之内的访问次数是否命中预设阈值，因此在编码实现时采用一个时间窗口大小为 1min，滑动步长为也为 1min 的翻转时间窗口，并利用 Kafka Streams 提供的低级 Processor API 自定义一个 Processor，将满足条件的 IP 插入到 Redis。由于我们在计算时采用了时间窗口，因此无需管理在状态仓库的计算结果，如果不用时间窗口计算，我们可以在自定义的 Processor 里将命中规则的 IP 插入到 Redis 后，更新该 IP 在状态仓库中的值为 0。

首先订阅 Kafka 主题创建一个 KStream 对象，具体实现如代码清单 7-11 所示。

代码清单 7-11 创建 IP 黑名单过滤计算的 KStream 对象的实例代码

```
Properties props = new Properties();
props.put(StreamsConfig.APPLICATION_ID_CONFIG, "ip-blacklist-checker");
props.put(StreamsConfig.BOOTSTRAP_SERVERS_CONFIG, "localhost:9092");
props.put(StreamsConfig.KEY_SERDE_CLASS_CONFIG, Serdes.String().getClass());
props.put(StreamsConfig.VALUE_SERDE_CLASS_CONFIG, Serdes.String().getClass());
props.put(ConsumerConfig.AUTO_OFFSET_RESET_CONFIG, "earliest");
// 设置保存处理器保存当前位置的频率
props.put(StreamsConfig.COMMIT_INTERVAL_MS_CONFIG, "1000");
// 设置轮询 Kafka 主题获取数据源的等待时间间隔
props.put(StreamsConfig.POLL_MS_CONFIG, "10");
// 实例化 KStream 对象
KStreamBuilder builder = new KStreamBuilder();
KStream<String, String> accessLog = builder.stream("access-log");
```

在代码清单 7-11 所示的代码块中，我们同时增加了后面实例化 KafkaStreams 对象的配置，在本书实例代码中，一般说实例化 KStream 对象，在这之前都会附带用于实例化 KafkaStreams 的配置相关代码。在这里为了加快 Kafka Streams 的作业执行频率，我们设置了 Kafka Streams 的 commit.interval.ms 配置项以及 poll.ms 配置项的值。其中 commit.interval.ms 用于指定保存当前位置的时间间隔，默认是 30s，poll.ms 用于设置轮询 Kafka 主题获取数据源的等待时间间隔，默认值为 100，其作用是将该值传递给 KafkaConsumer.poll(long timeout)方法。

在介绍计算单位时间访问次数之前，我们先自定义一个 Processor，该 Processor 功能是将命中时间窗口规则的 IP 写入到 Redis。鉴于篇幅原因，我们这里并没有真正写入到 Redis，而是简单打印输出，但这并不影响对 Kafka Streams 计算的讲解。自定义一个 Processor 只需要实现 org.apache.kafka.streams.processor.Processor 接口，在 process()方法中实现相应的业务处理逻辑，本例只简单打印 IP 信息。Processor 接口有 4 个方法，其中 init()方法可以获取 ProcessorContext 实例，用来维护当前上下文，通过上下文 ProcessorContext 得到状态仓库实例以及使用上下文调用周期性的任务；process()方法用于对收到的数据集执行业务处理的方法入口；punctuate()方法用于基于时间推移周期性执行，如在该方法中我们可以执行对状态仓库的操作；close()方法关闭相应资源操作，如关闭状态仓库实例。对于本例，我们只需要在 process()方法加入打印日志的逻辑，自定义的 IP 黑名单处理 Processor 的具体实现如代码清单 7-12 所示。

代码清单 7-12 自定义用于处理黑名单的 Processor 的具体实现

```
public class IpBlackListProcessor implements Processor<Windowed<String>, Long> {
    @Override
    public void init(ProcessorContext context) {
    }
    @Override
    public void process(Windowed<String> key, Long value) {
        System.out.println("ip:"+key.key()+"被加入到黑名单,请求次数为:"+value);
    }
    @Override
    public void punctuate(long timestamp) {
```

```
        }
        @Override
        public void close() {
        }
    }
```

在计算核心逻辑中对按 Key 进行分组统计时，调用的 count(Windows<W> windows, final String storeName)方法，指定时间窗口为 1min，即每次统计每个用户在 1min 之内的请求数。经 count()方法处理后得到一个 KTable 对象，然后将 KTable 对象转为 KStream，从 KStream 日志流中通过 filter 过滤提取在时间窗口内请求次数达到预设阈值的记录，交由下游的 process()方法处理，在该方法中调用我们自定义的 Processor，在自定义 Processor 中完成黑名单的处理。具体实现如代码清单 7-13 所示。

代码清单 7-13　计算 IP 黑名单的具体实现代码

```
accessLog.map(new KeyValueMapper<String, String, KeyValue<String, String>>() {
    // 由于在写入数据时并没有设置 Key，所以这里对每个数据集设置与 Value 相同的 Key
    @Override
    public KeyValue<String, String> apply(String key, String value) {
        return new KeyValue<String, String>(value, value); // 映射为 KeyValue 对
}})
.groupByKey() // 按 Key 分组
.count(TimeWindows.of(60 * 1000L).advanceBy(60*1000), "access-count")  // 指定时间窗口
.toStream()  // 转为 KStream
.filter(new Predicate<Windowed<String>, Long>() {// 提取满足规则的记录
    @Override
    public boolean test(Windowed<String> key, Long value) {// 指定规则
        f(null!=value&&value.longValue()>=2){// 为了测试，我们设置阈值为 2
        return true;
        }
        return false;
    }
})
.process(new ProcessorSupplier<Windowed<String>, Long>() {// 处理命中规则的记录
    @Override
    public Processor<Windowed<String>, Long> get() {
        return new IpBlackListProcessor(); // 由自定义的 Processor 执行具体业务处理
    }
}, "access-count");
```

为了便于讲解清晰代码清单 7-13 的代码是基于 JDK7 实现的，基于 JDK8 实现的代码如代码清单 7-14 所示。

代码清单 7-14　IP 黑名单计算的 JDK8 写法

```
    accessLog.map((key,value) ->new KeyValue<>(value, value))// 映射为 KeyValue 对
    .groupByKey().count(TimeWindows.of(60 * 1000L).advanceBy(60*1000),
"access-count")// 指定时间窗口为 1min
```

```
.toStream() // 转为 KStream
.filter((Windowed<String> key, Long value) -> null!=value && value >=2)
// 提取满足规则记录
.process(()-> new IpBlackListProcessor());// 调用自定义的 Processor 进行处理
```

最后，实例化一个 KafakStreams 对象并启动。为了便于测试效果，我们在指定规则代码块里加入一行日志输出，打印日志的代码如下：

```
System.out.println("请求时间: "+DateFormatUtils.format(new
Date(System.currentTimeMillis()), "HH:mm:ss")+",IP:"+key.key()+",请求次数:"+value);
```

通过 Kafka shell 启动一个生产者模拟用户访问，向 Kafka 写入 IP 地址信息，分别在两个时间窗口时间内输入几条 IP 信息，在 Eclipse 控制台的输出信息如图 7-10 所示。

```
BlackListChecker [Java Application] C:\Program Files\Java\jdk1.8.0_111\bin\javaw.exe (2017年
请求时间: 13:59:21,IP:15.14.13.201,请求次数:1    一个时间窗口之内
请求时间: 13:59:25,IP:15.14.13.201,请求次数:2
ip:15.14.13.201被加入到黑名单,请求次数为:2
请求时间: 13:59:30,IP:15.14.13.202,请求次数:1    时间窗口滑过后重新计数
请求时间: 14:00:42,IP:15.14.13.202,请求次数:1
请求时间: 14:00:46,IP:15.14.13.201,请求次数:1
```

图 7-10 模拟黑名单实时计算的输出结果

7.5 小结

Kafka Streams 是在 Kafka 0.10 版本之后新增的，它是一个非常轻量级的 Java 库，但提供了流数据处理的基本操作，除了依赖 Kafka 自身之外，Kafka Streams 不再依赖任何其他框架。客户端通过订阅 Kafka 收集的数据，然后由 Kafka Streams 程序可以很简单地进行实时数据分析，例如，通过用户访问日志、系统日志数据可以很方便地实时统计出 PV/UV 以及实现日志监控报警系统等。

本章先简单介绍了 Kafka Streams 的基本概念，然后讲解了常用 API，最后通过用户恶意攻击自动检测的案例，介绍了 Kafka Streams 的核心 API 的综合应用。

第 8 章

Kafka 数据采集应用

在介绍完 Kafka 基本组件、基本操作、相关 API 之后，从本章开始将逐步介绍 Kafka 与其他组件在数据收集方面的整合应用，包括 Log4j 与 Kafka 的集成，Flume 与 Kafka 的集成，以及 Flume、Kafka、HDFS 三者之间的集成。

8.1 Log4j 集成 Kafka 应用

8.1.1 应用描述

本节先从最轻量级的 Log4j 整合开始。之所以说是最轻量级，是因为我们只需在应用程序中引入 Log4j 与 Kafka 的依赖库，然后在 log4j.properties 文件中加入对 Kafka 的配置即完成两者的整合，这也是最简单的一种收集日志方法。

通常情况下，应用程序都会用 Log4j 来记录日志，一般是将日志保存在本地服务器。若将应用日志同步写在远程服务器，则会导致应用程序依赖于远程服务器，如果远程服务器宕机或者网络请求超时都会影响到应用程序，同时也增加应用程序的网络开销。因此，如果要将日志写到远程服务器，一定要结合应用场景综合考虑。

8.1.2 具体实现

应用程序可以通过 Log4j 直接将日志同步到 Kafka，一个简单应用的结构示意图如图 8-1 所示。

图 8-1　Log4j 与 Kafka 收集日志应用结构

本示例中，我们将 info 以上级别的日志写入到 Kafka，info 及其以下级别的日志按级别划分分别保存在本地不同的日志文件中。

首先，在应用程序中引入 Log4j 与 Kafka 集成的依赖库，当然 Log4j 自身的依赖库也是需要引入的。Log4j 通过 kafka-log4j-appender 库与 Kafka 集成，本书所使用的 Kafka 版本为 0.10.1.1，因此在工程 pom.xml 文件中引入 0.10.1.1 版本的 kafka-log4j-appender 版本，添加如下依赖：

```
<dependency>
  <groupId>org.apache.kafka</groupId>
  <artifactId>kafka-log4j-appender</artifactId>
  <version>0.10.1.1</version>
</dependency>
```

然后，编写 log4j.properties 文件。为了保证不同级别的日志分别输出到不同的文件，且每个级别的日志不再包含比该级别高的日志，例如，error 级别的日志不会出现在 info 级别对应的日志文件中，我们自定义一个 Appender，继承 DailyRollingFileAppender 类，重写 isAsSevereAsThreshold() 方法，让每个级别类型的日志只提取与之优先级（Priority）相等的日志。自定义的日志文件划分的 Appender 如代码清单 8-1 所示。

代码清单 8-1　自定义 Appender 的具体实现代码

```
import org.apache.log4j.DailyRollingFileAppender;
import org.apache.log4j.Priority;
public class LogAppender extends DailyRollingFileAppender{
    @Override
    public boolean isAsSevereAsThreshold(Priority priority) {
        return this.getThreshold().equals(priority);
    }
}
```

编写 log4j.properties 文件，配置日志输出到 Kafka，该文件具体内容如代码清单 8-2 所示。因篇幅有限，在该配置文件中只给出 info 及 error 级别的配置，日志其他级别的配置与之类似，读者可以根据业务需要按本例给出的示例代码进行配置。

代码清单 8-2　Log4j 与 Kafka 集成配置

```
log4j.rootLogger=info,stdout,info,kafka
log4j.logger.info=info
log4j.appender.info=com.kafka.action.log4j.LogAppender
log4j.appender.info.layout=org.apache.log4j.PatternLayout
log4j.appender.info.layout.ConversionPattern=%-d{yyyy-MM-dd HH\:mm\:ss} [%p]-[%c] %m%n
log4j.appender.info.Threshold = INFO
log4j.appender.info.append=true
log4j.appender.info.File=../logs/kafka-log4j-info.log
# 定义一个名为 kafka 为 Appender
log4j.appender.kafka=org.apache.kafka.log4jappender.KafkaLog4jAppender
# 指定日志写入到 Kafka 的主题
log4j.appender.kafka.topic=kafka-log4j
# 指定连接 Kafka 的地址
```

```
log4j.appender.kafka.brokerList=localhost:9092
# 压缩方式，默认为 none
log4j.appender.kafka.compressionType=none
# 指定 Producer 发送消息的方式，默认是 false 即异步发送
log4j.appender.kafka.syncSend=true
# 指定日志级别
log4j.appender.kafka.Threshold = ERROR
log4j.appender.kafka.layout=org.apache.log4j.PatternLayout
log4j.appender.kafka.layout.ConversionPattern=%-d{yyyy-MM-dd HH\:mm\:ss} [%p]-[%c]
%m%n
```

至此，Log4j 整合 Kafka 的相关配置已完成。下面进行简单验证。

首先，创建 log4j.properties 文件配置的主题。创建该主题的命令如下：

```
kafka-topics.sh --zookeeper server-1:2181,server-2:218,server-3:2181 --create
--topic kafka-log4j --partitions 3 --replication-factor 1
```

然后，编写一个简单输出不同级别的日志的程序，如代码清单 8-3 所示，在 main()方法中分别打印一条 info 和 error 级别日志。

代码清单 8-3 日志输出简单程序的实现代码

```
import org.apache.log4j.Logger;
public class Log4jProducer {
    private static final Logger LOG = Logger.getLogger(Log4jProducer.class);
        public static void main(String[] args) {
        LOG.info("这是一条 info 级别的日志!!");
        LOG.error("这是一条 error 级别的日志!!");
    }
}
```

运行该 main()方法之后，查看 Kafka 中采集的日志信息如图 8-2 所示。

```
Starting offset: 0
offset: 0 position: 0 CreateTime: 1495352782655 isvalid: true payloadsize: 105 magic:
mpresscodec: NoCompressionCodec crc: 585978346 payload: 2017-05-21 15:46:22 [ERROR]-[
afka.action.log4j.Log4jProducer] 这是一条error级别的日志!!
```

图 8-2 Kafka 收集的日志信息

同时，本地的 kafka-log4j-info.log 文件也只有 info 级别的日志，不再包括 error 级别的日志。

8.2 Kafka 与 Flume 整合应用

8.1 节介绍了通过 kafka-log4j-appender 将应用程序的日志直接写入到 Kafka，这种方式虽然简单，但由于应用程序依赖于 Kafka 运行环境，因此存在一定的不足。

通常做法是：应用程序将日志写入本地，然后通过日志采集工具将本地日志同步到远程服务器，而 Flume 就是最常用数据采集工具之一。现在引入 Flume，通过 Flume 将应用程序产生的日志同步到 Kafka，基本系统结构如图 8-3 所示。

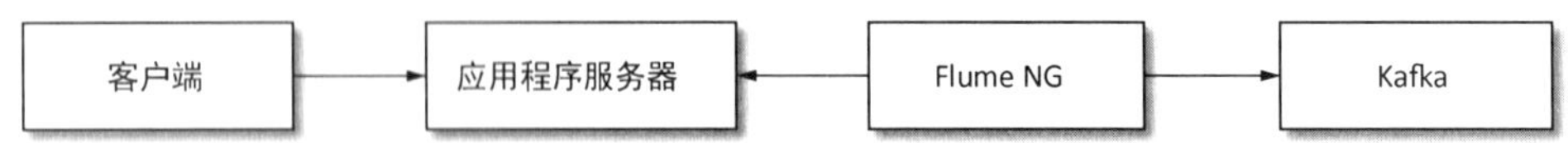

图 8-3　Flume 采集应用日志写入 Kafka 系统结构

8.2.1　Flume 简介

Flume 是由 Cloudera 公司开发的一个高可用、高可靠、分布式海量日志收集、聚合和传输的系统，目前已是 Apache 下的一个顶级项目。Flume 提供了很多与之对接的组件，可以很方便地进行数据传输。编写本书时，Flume 的最新版本为 1.7.0。Flume 1.x 版本相对 Flume 0.9.x 版本被称为 Flume next generation，简称为 Flume NG。本书所使用的 Flume 版本为 Flume NG 1.7.0 版本。

Flume NG 主要由事件源（Souce）、通道（Channel）和接收器（Sink）3 个组件构成，由这 3 个组件组成的一个代理 Agent，也就是通常所说的 Flume 代理，一个 Flume 代理可能包括多个源、通道和接收器。一个基本的 Flume 数据流模型如图 8-4 所示。

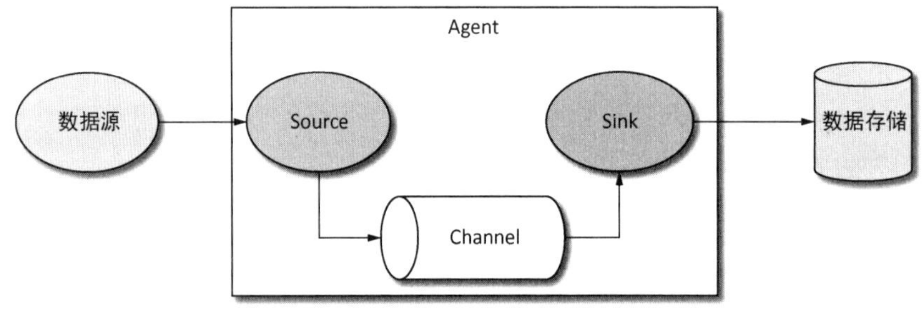

图 8-4　Flume NG 基本数据流模型

Flume 将一个具有有效负荷的字节数据流和可选的字符串属性集称为事件（Event），一个事件带有一个可选的消息头，消息头可用于路由判定或者一些用于消息标识的信息，事件是 Flume 数据传输的基本单位。

事件源就是负责从数据源采集数据将事件发送到一到多个通道中，是数据流入的入口。常见事件源有文件、网络、数据库、Kafka 等。

通道负责将事件源流入的数据进行聚合、暂存，通常数据在通道停留的时间不会太长，很快就会被接收器消费，它是位于事件源与接收器之间的构件。通道主要包括非持久化通道（如内存通道 Memory Channel）与持久化通道（如文件通道 File Channel、数据库 JDBC Channel）。

接收器负责从通道消费数据，将数据转移到其他存储系统，例如，将数据存储到文件、数据库、HDFS、Kafka、HBase 等。

同时，Flume 还提供了拦截器的功能，我们可以在源之后、接收器之前链接 0 个或多个拦截器，与 Spring AOP 作用类似，可以通过拦截器在数据流入通道之前或数据流出通道之后对数据进行处理。

Flume 提供了负载均衡（load_balance）和故障转移（failover）功能。负载均衡提供了轮询（round_robin）和随机（random）两种策略，可以通过 processor.selector 属性指定。故障转移是通过为接收器 Processor 配置维护一个优先级列表，以保证每一个有效事件都能够被处理。通过 processor.type 来指定是故障转移还是负载均衡，这里我们不进行深入介绍。

Flume 内置了很多的源组件和接收器组件，通过相关组件可以很方便地实现数据的传输，同时 Flume 也提供了很多自定义组件的接口，在本书我们也不再介绍。

8.2.2 Flume 与 Kafka 比较

在介绍 Flume 的基本概念时提到了源（Source）和接收器（Sink），这两个组件在介绍 Kafka 连接器时也曾提到，在数据采取传输方面 Flume 和 Kafka 实现原理很类似。然而两个框架侧重点还是不同的。Kafka 追求的是高吞吐量、高负载的消息系统及数据流存储平台，同时提供了对流实时计算功能，而 Flume 追求的是数据来源的多样性、数据流向的多样性，Flume 不提供数据存储功能而侧重于数据传输。两者的对比关系如表 8-1 所示。

表 8-1 Kafka 与 Flume 对比

对比项	Kafka	Flume
功能	侧重于数据存储，流数据实时处理	侧重于数据采取传输
开发语言	Scala 和 Java	Java
数据持久化	提供数据持久化	不直接提供数据持久化
副本机制	多副本机制	无副本机制
负载均衡	支持	支持
故障转移	支持	支持
可扩展性	良好	良好
容错机制	多副本机制以保证容错机制	通过维护一个接收器优先级列表
数据预处理	由外部应用程序处理	通过拦截器处理
传输方式	主动轮询拉取	主动轮询拉取与事件驱动

一般情况下，如果是为了追求高吞吐量、数据存储或用于实时计算，可以选择 Kafka；如果数据来源和数据流向较多，或者需要将数据进行简单处理，可以选择 Flume。然而，在有些应用场景将两者结合起来使用更方便、性能更好。例如，在程序分布式部署时，可以为每台应用程序服务器部署一个 Flume NG，通过 Flume 将数据传输给 Kafka，因为 Flume 部署较 Kafka 简单，相对轻量级。

8.2.3 Flume 的安装配置

在 Flume 官方网站 http://flume.apache.org/download.html 下载二进制格式的安装包，这里下

载的 Flume 版本为 apache-flume-1.7.0-bin.tar，将 Flume 安装文件上传至服务器进行解压，这里记 Flume 的安装路径为 FLUME_HOME，我们只介绍 Flume 单节点的安装，在本书涉及 Flume 的应用也是基于 Flume 单节点环境的。解压之后执行以下步骤进行安装配置。

（1）修改 flume-env.sh。Flume 运行在 JVM 之上，因此在安装 Flume 之前，要确保系统已安装了 JDK。进入$FLUME_HOME/conf 目录，在该目录下有一个 Flume 环境配置文件 flume-env.sh.template，对于单节点的 Flume 安装，我们只需修改环境配置文件即可。

首先通过 cp 命令将 flume-env.sh.template 复制一份并命名为 flume-evn.sh，然后通过 vi 命令打开 flume-env.sh 文件，在该文件中加入 Java 安装路径。具体执行命令如下：

```
cp flume-env.sh.template fluem-env.sh          # 复制一份 Flume 环境变量配置
vi flume-env.sh                                # vi 打开文件编辑
export JAVA_HOME=/usr/local/software/Java/jdk1.8.0_111  # 添加本机 Java 安装路径
:wq                                            # 保存修改
```

（2）设置系统环境变量。将 flume 安装路径加入到系统环境变量中，只需在/etc/profile 文件中加入 Flume 的安装路径，然后将 Flume 的 bin 目录添加到系统 Path 中，执行以下命令：

```
vi /etc/profile                                # vi 打开/etc/profile 文件
export FLUME_HOME=/usr/local/software/flume/flume-1.7.0  # 定义 Flume 环境变量名
export PATH=$PATH: $FLUME_HOME/bin             # 将 Flume 的 bin 目录添加至系统 Path 中
:wq                                            # 保存修改
source /etc/profile                            # 使修改立即生效
```

（3）验证。在$FLUME_HOME/conf 目录下有一个 Flume 采集数据的 Source 及 Sink 配置模板文件 flume-conf.properties.template，Flume 自带了一个用于生成测试数据的 Source，通道为内存，接收器为 Logger，即将数据以日志形式输出。运行以下命令启动 Flume，该启动命令参数说明如表 8-2 所示。

```
flume-ng agent --conf /usr/local/software/flume/flume-1.7.0/conf  --conf-file
conf/flume-conf.properties.template  --name agent -Dflume.root.logger=INFO,console
```

表 8-2 Flume 启动命令参数说明

参数名	参数说明
agent	指定以 agent 的角色启动，另外一个角色为 avro-client
conf 或 c	指定配置源和接收器配置文件的绝对路径，不包括配置文件名
config-file 或 f	指定配置源和接收器配置文件的相对路径，相对于执行该命令的目录
name 或 n	指定 agent 的名称
D	用-D 后接键值对，指定 Java 相关的配置，如本例指定将等级为 info 的日志信息输出到控制台

运行以上启动 Flume agent 命令需要保证--conf 和--config-file 正确配置，否则会出现以下警告信息而导致启动失败：

```
log4j:WARN No appenders could be found for logger (org.apache.flume.node.Application).
log4j:WARN Please initialize the log4j system properly.
log4j:WARN See http://logging.apache.org/log4j/1.2/faq.html#noconfig for more info.
```

8.2.4 Flume 采集日志写入 Kafka

现在通过 Flume 将日志文件的数据同步到 Kafka 的实例详细介绍 Flume 采集数据的基本配置。创建一个 flume-kafka.properties 文件，然后按以下步骤完成 Flume 采集数据写入 Kafka 的相关配置。

首先指定源、接收器和通道的名称，配置如下：

```
agent.sources = sc                # 指定源名称
agent.sinks = sk                  # 指定接收器名称
agent.channels = chl              # 指定道通名称
```

以上配置，agent 表示代理的名称，代理名称可以为任意字符串，当有多个代理时要保证代理名称唯一。

接着配置源，本例是 Flume 监听 tail 命令打开的/opt/data/flume/test.log 文件内容，主要配置信息如下：

```
agent.sources.sc.type = exec           # 指定源类型为 Linux 命令
agent.sources.sc.channels = chl        # 绑定通道，指定源将事件传递的通道，可以指定多个通道
agent.sources.sc.command =tail -f /opt/data/flume/test.log  # 以 tail 命令打开文件输出流
agent.sources.sc.fileHeader = false   # 指定事件不包括头信息
```

然后配置通道信息，本实例采用内存通道，内存通道配置信息如下：

```
agent.channels.chl.type = memory                    # 指定通道类型
agent.channels.chl.capacity = 1000                  # 在通道中停留的最大事件数
agent.channels.chl.transactionCapacity = 1000       # 每次从源拉取的事件数及给接收器的事件数
```

最后配置接收器，接收器从通道获取信息写入到 Kafka，配置信息如下：

```
# 接收器类型
agent.sinks.sk.type = org.apache.flume.sink.kafka.KafkaSink
# 绑定通道，指定接收器读取数据的通道
agent.sinks.sk.channel = chl
agent.sinks.sk.kafka.bootstrap.servers=server-1:9092,server-2:9092,server-3:9092
# 指定写入 Kafka 的主题
agent.sinks.sk.kafka.topic=flume-kafka
# 指定序列化类
agent.sinks.sk.serializer.class=kafka.serializer.StringEncoder
# 生产者 acks 方式
agent.sinks.sk.kafka.producer.acks = 1
# 指定字符编码
agent.sinks.sk.custom.encoding=UTF-8
```

配置接收器类型之所以能指定为 KafkaSink，是因为在$FLUME_HOME/lib 目录自带了与

Kafka 集成的 flume-ng-kafka-sink-1.7.0.jar 文件。在 lib 目录下还可以看到 Flume 从 Kafka 采集数据的 flume-kafka-source-1.7.0.jar 文件，以及 Flume 采集数据写入 HBase 和 HDFS 的 Sink jar 文件。同时，还可以指定生产者相关的其他配置，在生产者相关的配置属性名前加上“kafka.producer.”前缀即可。至此，Flume 采集文件写入 Kafka 的配置介绍完毕，在启动 Flume agent 之前，先创建主题“flume-kafka”，命令如下：

```
kafka-topics.sh --zookeeper server-1:2181,server-2:2181,server-3:2181 --create
--topic flume-kafka --partitions 3 --replication-factor 1
```

启动 Flume，为了在控制台打印启动日志，启动命令增加了--Dflume.root.logger=INFO,console 配置，启动本例配置的 Flume agent 命令如下：

```
flume-ng agent --conf /usr/local/software/flume/flume-1.7.0/conf  --conf-file
conf/flume-kafka.properties  --name agent  -Dflume.root.logger=INFO,console
```

为了验证日志是否成功写入到 Kafka，我们启动一个消费者消费“flume-kafka”主题，然后在控制台执行 echo 指令写入一条数据到/opt/data/flume/test.log 文件，命令如下：

```
echo "flume 实时从文件采集数据写入 Kafka" >/opt/data/flume/test.log
```

在控制台可以看到消费者及时收到 Flume 采集的数据，如图 8-5 所示。

```
[root@rhel65 bin]# kafka-console-consumer.sh --bootstrap-server server-1:9092,serve
r-2:9092 --topic flume-kafka
flume实时从文件采集数据写入Kafka
```

图 8-5　Flume 采集数据写入 Kafka 的效果

至此，Flume 采集数据写入 Kafka 的相关操作介绍完毕。

8.3　Kafka 与 Flume 和 HDFS 整合应用

Flume 是一个连接各种组件和系统的桥梁，上一小节提到过在$FLUME_HOME/lib 目录下有 Flume 与 HBase、HDFS 等集成的 jar 文件，可以很方便地与 HBase 和 HDFS 连接。在实际业务中，我们一般通过 Flume 从应用程序采集实时数据写入到 Kafka，而将历史数据通过 Flume 导入到 HDFS 以用于离线计算。当然，我们也可以通过 Flume 从 Kafka 将数据写入到 HBase 和 HDFS。例如，我们通过 Kafka Streams 实时对用户行为分析，将分析结果再写入到 Kafka，然后由 Flume 写入 HBase，供可视化应用系统展示。通过将这些系统整合在一起，可以很方便地实现一个扩展性好、高吞吐量的数据采集分析系统。一个可能的数据采集分析系统架构如图 8-6 所示。

本节只介绍数据采集相关实现，对数据离线计算与实时计算在第 10 章会有相应实例讲解。在上一小节介绍了 Flume 采集数据写入 Kafka，本节将介绍如何通过 Flume 将 Kafka 的数据写入到 HDFS 的详细步骤，当然我们也可以通过 Kafka 连接器来实现数据的写入。首先我们简要介绍 Hadoop 伪分布式的安装配置。

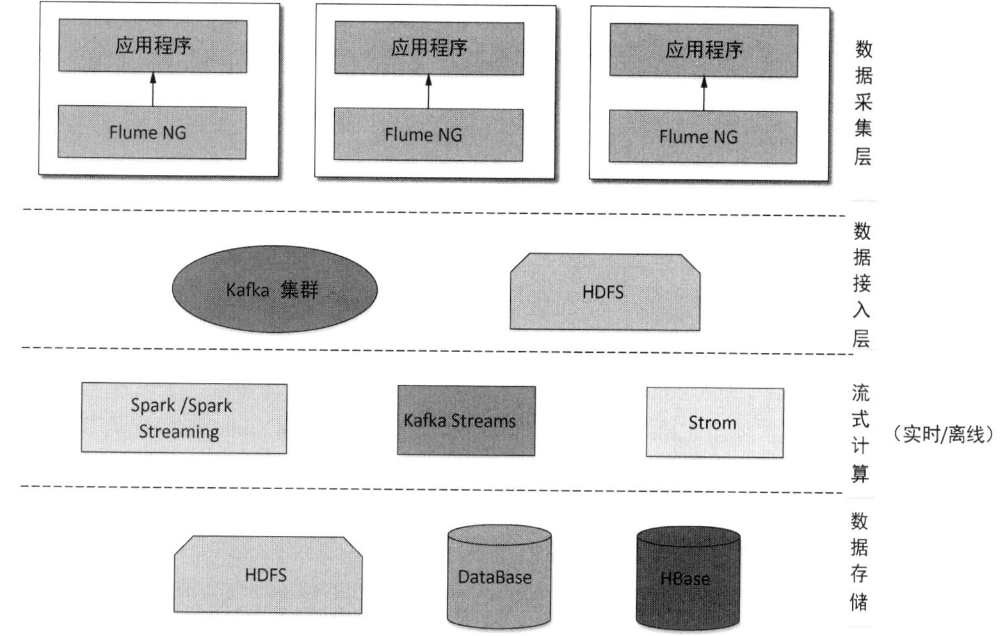

图 8-6 数据采集分析系统架构

8.3.1 Hadoop 安装配置

Hadoop 有单机模式、伪分布式与完全分布式 3 种运行模式。由于本书重点并不是介绍 Hadoop 相关知识，因此本书并不介绍 Hadoop 完全分布式的安装配置。由于单机模式较简单，几乎是解压 Hadoop 安装文件即可运行，所以单机模式请读者自己查阅相关资料进行安装，这里只介绍 Hadoop 伪分布式的安装。本书中所用 Hadoop 环境也是基于这种运行模式，虽然是伪分布式运行模式，但是并不会影响我们对相关应用的讲解。

进入 Hadoop 官方网站 http://mirror.bit.edu.cn/apache/hadoop/common/，下载 hadoop-2.7.3.tar.gz，将 Hadoop 安装包放置服务器待安装目录下。为了讲解方便，我们将该目录记为$HADOOP_HOME，按照以下步骤完成 Hadoop 伪分布式的安装配置。

（1）解压 Hadoop 安装包。

```
tar -xzvf hadoop-2.7.3.tar.gz
```

（2）环境配置。单机模式的 Hadoop 配置比较简单，只需修改$HADOOP_HOME/etc/hadoop 目录以下几个配置文件即可。

- 指定 JDK 安装路径。在 hadoop-env.sh 文件中添加 JDK 安装路径，配置信息如下：

```
export JAVA_HOME=/usr/local/software/Java/jdk1.8.0_111
```

- 修改 core-site.xml。修改 Hadoop 的核心配置文件（core-site.xml），在该文件中配置 HDFS

通信地址及文件存储路径。

```
<configuration>
   <property>
      <name>fs.defaultFS</name>
      <value>hdfs://server-1:9000</value>
   </property>
   <property>
      <name>hadoop.tmp.dir</name>
      <value>/opt/data/hadoop/tmp</value>
   </property>
</configuration>
```

配置项 fs.defaultFS 用于配置 NameNode 节点的 URI，其值包括协议、主机名或静态 IP、端口，这里配置时使用主机名。对于伪分布式模式该节点既是 NameNode 也是 DataNode。配置项 hadoop.tmp.dir 文件系统依赖的基础配置，若在 hdfs-site.xml 中不配置 NameNode 节点和 DataNode 节点的数据存放位置时，默认就放在该配置所配置的目录下。

- 修改 hdfs-site.xml。在该文件中配置 Hadoop 文件块的数据备份数，由于是伪分布式模式，因此将其值设置为 1。同时配置 NameNode 和 DataNode 节点文件块数据存储路径。

```
<configuration>
  <property>
      <name>dfs.replication</name>
      <value>1</value>
  </property>
  <property>
      <name>dfs.name.dir</name>
      <value>/opt/data/hadoop/namenode</value>
  </property>
  <property>
      <name>dfs.data.dir</name>
      <value>/opt/data/hadoop/datanode</value>
  </property>
</configuration>
```

- 修改 mapred-site.xml。将配置模板文件 mapred-site.xml.template 复制一份，命名为 mapred-site.xml，在该文件中配置 JobTracker 的主机名或者 IP 和端口。对于伪分布式模式该节点既是 JobTracker 也是 TaskTracker。

```
<configuration>
   <property>
      <name>mapred.job.tracker</name>
      <value>server-1:9001</value>
   </property>
</configuration>
```

（3）启动运行。在运行 Hadoop 之前先进行格式化 Hadoop 工作空间。进入$HADOOP_HOME/bin 目录下，执行以下格式化命令：

```
./hdfs namenode -format
```

在$HADOOP_HOME/sbin 目录下有很多可执行脚本，在这里不再一一介绍，读者可以根据需要启动相应脚本，这里直接运行 start-all.sh 启动 Hadoop。执行启动脚本后，通过 jps 命令可以查看 Hadoop 运行的进程，当前进程如下：

```
31968 Jps
31386 SecondaryNameNode
31678 NodeManager
31068 NameNode
31562 ResourceManager
31205 DataNode
```

在 Hadoop 启动后，在$HADOOP_HOME/bin 目录下执行以下命令来简单验证 Hadoop 安装是否成功。

在 HDFS 上创建一个 test 目录，命令如下：

```
./hdfs dfs -mkdir /test
```

查看 HDFS 上的目录，命令如下：

```
./hdfs dfs -ls /
```

输出以下信息：

```
Found 1 items
drwxr-xr-x   - root supergroup          0 2017-02-23 21:06 /test
```

还可以通过 Hadoop 提供的 Web 界面查看 Hadoop 运行情况。例如，通过 http://server-1:50090 查看 SecondNameNode 相应信息，界面部分内容如图 8-7 所示。

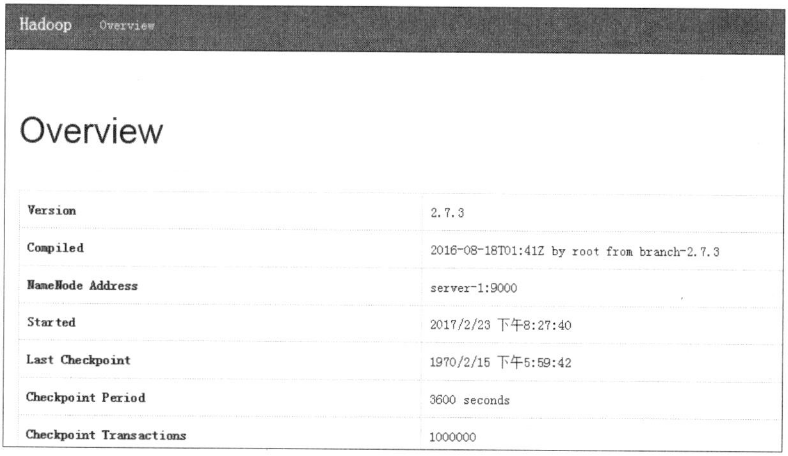

Hadoop　Overview

Overview

Version	2.7.3
Compiled	2016-08-18T01:41Z by root from branch-2.7.3
NameNode Address	server-1:9000
Started	2017/2/23 下午8:27:40
Last Checkpoint	1970/2/15 下午5:59:42
Checkpoint Period	3600 seconds
Checkpoint Transactions	1000000

图 8-7　Hadoop Web UI 界面

还可以通过在浏览器中修改端口查看其他信息。默认情况下，50070 端口查看 NameNode

运行情况，8088 端口查看集群所有的应用，50075 端口查看 DataNode 运行情况。其他端口不再一一列举。

8.3.2　Flume 采集 Kafka 消息写入 HDFS

首先创建一个 kafka-flume-hdfs.properties 文件，并完成源、通道和接收器名称的定义，配置信息如下：

```
agent.sources = kafka                    # 指定源名称为 kafka
agent.sinks = hdfs                       # 指定接收器的名称为 hdfs
agent.channels = kafka-channel           # 指定通道名称为 chl
```

然后分别配置源、通道和接收器。为了结构清晰，我们分为以下几小节进行介绍。

1. KafkaSource 配置

Flume 提供了从 Kafka 采取数据的 flume-kafka-source-1.7.0.jar 文件，该 jar 文件定义了一个 KafkaSource，因此我们配置一个类型为 KafkaSource 的源，详细配置如代码清单 8-4 所示。

代码清单 8-4　Flume 采集 Kafka 日志源的配置

```
# 指定源类型为 KafkaSource
kafka-agent.sources.kafka.type = org.apache.flume.source.kafka.KafkaSource
# 指定 Kafka 对应的 ZooKeeper 地址
kafka-agent.sources.kafka.zookeeperConnect = server-1:2181,server-2:2181,
server-3:2181
# 指定主题
kafka-agent.sources.kafka.topic = flume-kafka
# 指定消费者消费组 Id
kafka-agent.sources.kafka.consumer.group.id = kafka-flume-hdfs
# 一批写入的最大消息数
kafka-agent.sources.kafka.batchSize = 10000
# 批量写入时最长等待时间，单位为毫秒（ms）
kafka-agent.sources.kafka.batchDurationMillis = 1000
# 如果遇到异常则等待最长退避时间
kafka-agent.sources.kafka.maxBackoffSleep = 5000
# 绑定通道
kafka-agent.sources.kafka.channels = kafka-channel
```

2. KafkaChannel 通道配置

在前面介绍 Flume 采集数据时使用的都是内存通道，现在我们使用 KafkaChannel。在 $FLUME_HOME/lib 目录下有一个 flume-kafka-channel-1.7.0.jar 文件，该文件定义了一个 Kafka 通道，将采集到的数据写入到 Kafka 主题中。KafkaChannel 的基本配置如代码清单 8-5 所示。

代码清单 8-5　KafkaChannel 的基本配置

```
# 指定通道类型为 KafkaChannel
kafka-agent.channels.kafka-channel.type = org.apache.flume.channel.kafka.KafkaChannel
```

```
# 指定连接 Kafka 的地址
kafka-agent.channels.kafka-channel.kafka.bootstrap.servers = server-1:9092,server-2:
9092,server-3:9092
# 指定通道用于缓存数据的主题
kafka-agent.channels.kafka-channel.kafka.topic = kafka-channel
```

3. 写 HDFS 接收器配置

在$FLUME_HOME/lib 目录下有一个 flume-hdfs-sink-1.7.0.jar 文件，定义了一个将数据写入到 HDFS 的接入器 HDFSEventSink，可以通过该接收器提供的配置设置写入 HDFS 数据格式、文件切割方式、文件压缩方式等。

本例我们配置一个 HDFSEventSink，将 KafkaChannel 中的数据写入到 HDFS，以日期和小时来切割文件，即每天的每一小时生成一个子目录，在文件被归档重命名为目标文件之前是一个以“.tmp”为后缀名的临时文件，其中目标文件命名规则为${ filePrefix }.${创建文件时当前时间戳}.${ fileSuffix}。

Flume 采集数据输出到 HDFS 后默认为 Sequencefile，该类型文件内容无法直接打开浏览，为了便于直观查看输出的日志信息，我们将 fileType 设置为 DataStream，writeFormat 设置为文本（Text）。配置如代码清单 8-6 所示。

代码清单 8-6 Flume 采集 Kafka 数据写入 HDFS 接收器的配置

```
agent.sinks.hdfs.type = hdfs
# 配置 HDFS 路径，按照日期时间切割文件
agent.sinks.hdfs.hdfs.path = hdfs://server-1:9000/kafka-flume-hdfs/%Y-%m-%d/%H
# 指定文件前缀
agent.sinks.hdfs.hdfs.filePrefix = test
# 指定正在接收数据写操作的临时文件后缀名
agent.sinks.hdfs.hdfs.inUseSuffix = .tmp
# 指定文件被归档为目标文件的文件后缀名
agent.sinks.hdfs.hdfs.fileSuffix = .txt
# 指定使用本地时间
agent.sinks.hdfs.hdfs.useLocalTimeStamp = true
# 配置若以时间切割文件时，滚动为目标文件之前最大时间间隔，单位为秒。
# 如果设置成 0，则表示不根据时间来滚动文件
agent.sinks.hdfs.hdfs.rollInterval = 0
# 配置若以文件大小切割文件，滚动为目标文件之前最多字节数。
# 如果设置成 0，则表示不根据临时文件大小来滚动文件
agent.sinks.hdfs.hdfs.rollSize = 0
# 配置当事件数据达到该数量时候，将临时文件滚动成目标文件。
# 如果设置成 0，则表示不根据事件数据来滚动文件
agent.sinks.hdfs.hdfs.rollCount = 0
# 每个批次刷新到 HDFS 上的事件数量，默认值
agent.sinks.hdfs.hdfs.batchSize = 1000
# 文件格式，默认为 SequenceFile
agent.sinks.hdfs.hdfs.fileType = DataStream
# 写 sequence 文件的格式，Writable（默认）
```

```
agent.sinks.hdfs.hdfs.writeFormat = Text
# 配置当前被打开的临时文件在该参数指定的时间（秒）内，没有任何数据写入时，
# 则将该临时文件关闭并重命名成目标文件
agent.sinks.hdfs.hdfs.idleTimeout = 0
# 接收器启动操作 HDFS 的线程数,默认值为 10
agent.sinks.hdfs.hdfs.threadsPoolSize = 15
# 执行 HDFS 操作的超时时间，默认为 10s
agent.sinks.hdfs.hdfs.callTimeout = 60000
# 绑定通道
agent.sinks.hdfs.channel = kafka-channel
```

4. 启动验证

在启动本小节配置的 Flume NG 代理之前，我们需要将$HADOOP_HOME 目录下如表 8-3 所示的 jar 文件复制到$FLUME_HOME/lib 目录下。

表 8-3 Flume 采集数据写入 HDFS 所依赖 Hadoop 的 jar 文件

路径名	文件名
/share/hadoop/common	hadoop-common-2.7.3.jar
/share/hadoop/common	hadoop-nfs-2.7.3.jar
/share/hadoop/hdfs	hadoop-hdfs-2.7.3.jar
/share/hadoop/tools/lib	htrace-core-3.1.0-incubating.jar
/share/hadoop/tools/lib	hadoop-auth-2.7.3.jar
/share/hadoop/tools/lib	commons-io-2.4.jar
/share/hadoop/tools/lib	commons-configuration-1.6.jar
/share/hadoop/tools/lib	zookeeper-3.4.6.jar

在验证时，可以通过启动一个生产者向主题“flume-kafka”写入消息来模拟日志输出。启动 Flume 采集数据写入 Kafka 的 Flume 代理，然后在控制台向/opt/data/flume/test.log 文件通过 echo 指令写入数据的方式来模拟日志输出，具体执行命令如下。

启动使用 Flume 从日志文件采集日志写入 Kafka 的 Flume 代理：

```
flume-ng agent --conf /usr/local/software/flume/flume-1.7.0/conf  --conf-file conf/
flume-kafka.properties --name agent  -Dflume.root.logger=INFO,console
```

启动使用 Flume 从 Kafka 采集数据写入 HDFS 的代理：

```
flume-ng agent --conf /usr/local/software/flume/flume-1.7.0/conf   --conf-file conf/
kafka-flume-hdfs.properties --name kafka-agent  -Dflume.root.logger=INFO,console
```

打开一个控制台，执行 echo 指令，向/opt/data/flume/test.log 文件中写入数据：

```
echo "Flume 收集日志写入到 Kafka,再从 Kafka 采集日志写入到 HDFS" >/opt/data/flume/test.log
```

查看 HDFS 中的文件，最终效果如图 8-8 所示。

```
[root@rhel65 flume]# clear
[root@rhel65 flume]# echo "Flume收集日志写入到Kafka,再从Kafka采集日志写入到HDFS" >/opt/data/flume/test.log

[root@rhel65 bin]# ./hdfs dfs -ls /test/kafka-flume-hdfs/2017-05-23/
Found 2 items
drwxr-xr-x   - root supergroup          0 2017-05-23 20:08 /test/kafka-flume-hdfs/2017-05-23/19
drwxr-xr-x   - root supergroup          0 2017-05-23 20:09 /test/kafka-flume-hdfs/2017-05-23/20
[root@rhel65 bin]# ./hdfs dfs -ls /test/kafka-flume-hdfs/2017-05-23/19
Found 1 items
-rw-r--r--   3 root supergroup         44 2017-05-23 20:08 /test/kafka-flume-hdfs/2017-05-23/19/test.1495539314553.txt
[root@rhel65 bin]# ./hdfs dfs -ls /test/kafka-flume-hdfs/2017-05-23/20
Found 1 items
-rw-r--r--   3 root supergroup         69 2017-05-23 20:09 /test/kafka-flume-hdfs/2017-05-23/20/test.1495541365014.txt.tmp
[root@rhel65 bin]# ./hdfs dfs -cat /test/kafka-flume-hdfs/2017-05-23/20/test.1495541365014.txt.tmp
Flume收集日志写入到Kafka,再从Kafka采集日志写入到HDFS
[root@rhel65 bin]#
```

图 8-8 Kafka 与 Flume 和 HDFS 整合应用采集日志

至此，Flume、Kafka、HDFS 这 3 个系统之间的整合介绍完毕。尽管在实际应用中业务架构不尽相同，但这 3 个系统的整合却在本章所介绍的内容范围之内，只不过这 3 个系统在业务架构中所承担的责任不同而已，即区别在于 Flume 的源、通道、接收器的不同。

8.4 小结

本章主要介绍了 Kafka 在采集数据方面的应用，首先介绍了 Log4j 将应用程序日志写入到 Kafka 的具体实现，然后介绍了 Flume 相关知识以及 Kafka 与 Flume 的整合应用。最后介绍了 Kafka、Flume 和 HDFS 三者整合的应用。同时，为了方便读者阅读本书时可以跟随书中的内容进行实战，简要介绍了 Hadoop 的伪分布式的安装配置。

第9章

Kafka与ELK整合应用

日志对于任何系统来说都是极其重要的组成部分，通常日志分散在不同的设备上，对于一个大型的应用来讲，应用程序有可能分布在几十甚至上百台应用服务器上。如果对应用日志不进行统一收集，对于这种分布式部署的应用日志就非常不方便开发人员或运维人员查阅，同时分散的日志也不便于管理，因此，构建一个统一的日志管理系统就显得很有必要。通常一个日志管理系统包括日志采集、日志传输、日志存储、日志搜索、日志分析和日志监控及报警等模块。

本章介绍的ELK就是一款非常优秀的、开源的、用于搭建实时日志分析平台的组件。ELK是Elasticsearch、Logstash和Kiabana这3款开源框架首字母的缩写。

Elasticsearch是一个实时的分布式搜索和分析引擎，建立在全文搜索引擎Apache Lucene基础之上，使用Java语言编写，具有分布式、高可用性、易扩展、具有副本和索引自动分片功能、提供基于HTTP协议以JSON为数据交互格式的REST风格API、多数据源、实时分析存储等特点。

Logstach的功能类似于Flume，用于对日志进行收集、过滤，对数据进行格式化处理，并将所收集的日志传输到相关系统进行存储，如存储到HDFS、Kafka等。Logstash是用Ruby语言开发的，由数据输入端、过滤器和数据输出端3部分组成。其中数据输入端可以从数据源采集数据，常见的数据源包括文件、Syslog、Kafka等；过滤器是数据处理层，包括对数据进行格式化处理、数据类型转换、数据过滤等，支持正则表达式；数据输出端是将Logstash收集的数据经由过滤器处理后输出到其他系统，如Kafka、HDFS、Elasticsearch等。

Kibana是一款针对Elasticsearch开源分析及可视化平台，使用node.js开发，可用来搜索，展示存储在Elasticsearch中的数据。同时提供了丰富的图表模板，只需通过简单的配置就可以方便地进行高级数据分析和绘制各种图表。在Kibana界面我们可以通过拖拽各个图表进行排版，同时Kibana也支持条件查询、过滤检索等，还支持导入相应插件的仪表盘，如Metricbeat仪表盘。

一个由ELK构成的简单应用系统可能的架构如图9-1所示。

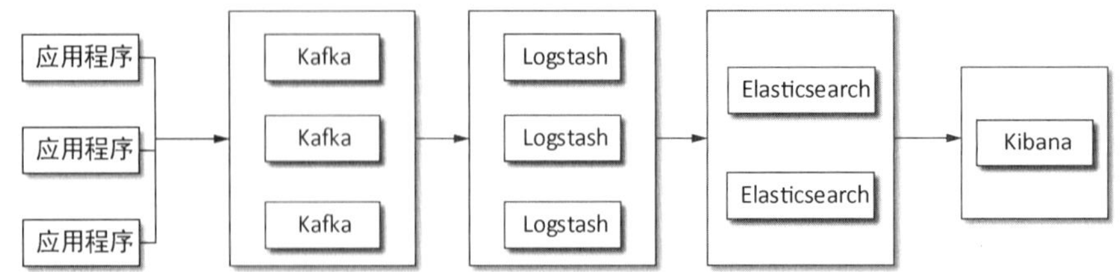

图 9-1　由 ELK 构建的应用系统的架构

下面首先绍 ELK 的安装配置，然后通过相应实例介绍 ELK 相关应用。

9.1　ELK 环境搭建

首先登录 Elasticsearch 官方网站 https://www.elastic.co/downloads/elasticsearch 下载 ELK 的安装包，这里下载的 ELK 版本分别为 elasticsearch-5.3.0.tar.gz、logstash-5.3.0.tar.gz 和 kibana-5.3.0-linux-x86_64.tar.gz，然后将安装包上传到服务器进行解压安装。

9.1.1　Elasticsearch 安装配置

将 elasticsearch-5.3.0.tar.gz 上传到服务器相应安装目录，这里上传至/ /usr/local/software/elasticsearch 目录，然后按照以下步骤进行安装验证。

（1）安装及配置。执行 tar –xzvf elasticsearch-5.3.0.tar.gz 解压安装包。这里不再介绍如何将 ELK 的安装路径添加到系统环境变量，为了讲解方便，我们记 Elasticsearch 的安装路径/ /usr/local/software/elasticsearch/elasticsearch-5.3.0 为 ELS_HOME。

解压后，进入${ELS_HOME}/config 目录，修改 elasticsearch.ym 配置文件，由于是 Elasticsearch 的单机版安装，所以仅增加或修改如表 9-1 所示的配置。

表 9-1　elasticsearch.ym 部分配置属性说明

属　性　名	描　　述
cluster.name	用于标示一个 elasticsearch 集群的集群名称，无论是单机版还是集群，建议都设置该配置
node.name	elasticsearch 集群中各节点名称
path.logs	设置日志文件的存储路径，默认是${ELS_HOME}/logs 目录
path.data	设置索引数据的存储路径，默认是${ELS_HOME}/data 目录，可以设置多个存储路径，以逗号隔开
network.host	设置节点 host，默认是 localhost，为了对外提供 HTTP 访问，这里修改一个可外部访问的 ip 地址或者域名
http.port	设置对外服务的 HTTP 端口，默认是 9200

在 config 目录下还有一个日志配置的 log4j2.properties 文件，Elasticsearch 使用 Log4j 来记

录日志，读者可以根据实际需要进行设置。

（2）启动运行。进入${ELS_HOME}/bin 目录下，运行 Elasticsearch 启动脚本，执行命令如下：

```
./ elasticsearch
```

因为是首次启动验证，希望在控制台直接打印启动日志以方便查看启动过程，所以在启动时并没有加参数-d，若启动时加参数-d 表示以后台服务线程方式运行。由于 Elasticsearch 是运行在 JVM 之上，因此在启动时还可以指定 JVM 相关参数设置。该命令执行后，控制台输出日志如图 9-2 所示。

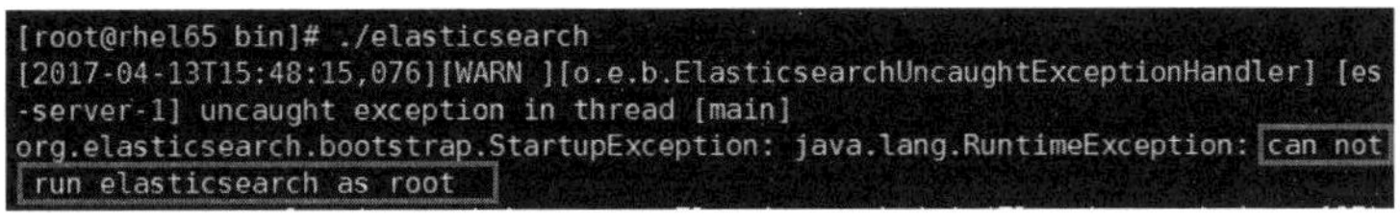

```
[root@rhel65 bin]# ./elasticsearch
[2017-04-13T15:48:15,076][WARN ][o.e.b.ElasticsearchUncaughtExceptionHandler] [es
-server-1] uncaught exception in thread [main]
org.elasticsearch.bootstrap.StartupException: java.lang.RuntimeException: can not
 run elasticsearch as root
```

图 9-2　Elasticsearch 启动时在控制台输出的日志

因为这里是在 root 用户下直接运行 Elasticsearch 的启动脚本，而 Elasticsearch 从安全方面考虑不允许以 root 用户的身份直接运行 Elasticsearch，所以会导致启动失败。因此，接下来要创建一个运行 Elasticsearch 的用户 elssearch，具体步骤如下。

（1）创建 elssearch 用户组。创建用户组，命令如下：

```
groupadd elssearch
```

（2）创建用户 elssearch。创建一个 elssearch 的用户，并将该用户加入到 elssearch 用户组，同时设置该用户登录密码为 elssearch，命令如下：

```
useradd elssearch -g elssearch -p elssearch
```

（3）更改 Elasticsearch 安装目录所属用户。修改 elasticsearch 安装目录及其子目录属于 elssearch 用户，进入/usr/local/software/elasticsearch 目录下，执行命令如下：

```
chown -R elssearch:elssearch  elasticsearch
```

（4）切换到 elssearch 用户。切换到新创建的用户 elssearch，命令如下：

```
su elssearch
```

进入${ELS_HOME}/bin 目录，再次启动 elasticsearch。控制台打印日志中包括警告信息如图 9-3 所示。

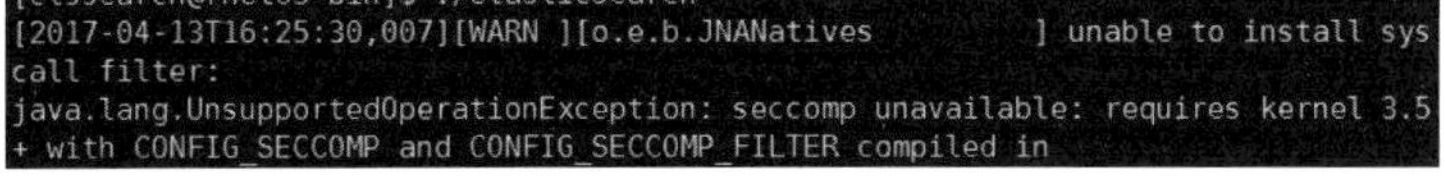

```
[elssearch@rhel65 bin]$ ./elasticsearch
[2017-04-13T16:25:30,007][WARN ][o.e.b.JNANatives         ] unable to install sys
call filter:
java.lang.UnsupportedOperationException: seccomp unavailable: requires kernel 3.5
+ with CONFIG_SECCOMP and CONFIG_SECCOMP_FILTER compiled in
```

图 9-3　Elasticsearch 启动时的警告信息

该警告信息显示由于当前的操作系统不支持 SecComp，而 Elasticsearch 默认配置项 bootstrap.system._call_filter 为 true，这会导致在运行系统调用过滤器进行检测失败，因而出现以下错误：

```
ERROR: bootstrap checks failed
system call filters failed to install; check the logs and fix your configuration or
disable system call filters at your own risk
```

因此禁止调用过滤器进行检测，修改 elasticsearch.yml 配置中关于 Memory 的两个配置项，修改结果如下：

```
bootstrap.memory_lock: false
bootstrap.system_call_filter: false
```

在启动时还会遇到用户最大可创建文件数过小、用户可创建的线程数过小以及最大虚拟内存太小问题，启动日志如图 9-4 所示。

```
ERROR: bootstrap checks failed
max file descriptors [4096] for elasticsearch process is too low, increase to at least [65536]
max number of threads [1024] for user [elssearch] is too low, increase to at least [2048]
max virtual memory areas vm.max_map_count [65530] is too low, increase to at least [262144]
```

图 9-4　Elasticsearch 启动时的相关错误信息

切换到 root 用户，分别执行以下操作。

- 编辑/etc/security/limits.conf 文件，增加以下配置：

```
*  soft nofile 65536
*  hard nofile 131072
*  soft nproc 2048
*  hard nproc 4096
```

- 编辑/etc/security/limits.d/90-nproc.conf 文件，将该文件中第一行设置

```
*          soft    nproc     1024
```

中的值改为 2048。

- 编辑/etc/sysctl.conf 文件，增加以下配置：

```
vm.max_map_count=655360
```

保存后，执行以下命令：

```
sysctl -p
```

进入 elssearch 用户，再次启动 Elasticsearch。启动成功后，在浏览器中访问 Elasticsearch 的 9200 端口，在浏览器中输出信息如下：

```
{
  "name" : "es-server-1",
  "cluster_name" : "es-application",
  "cluster_uuid" : "ecMHYeNITHSSDbPtxXFL2w",
  "version" : {
    "number" : "5.3.0",
```

```
    "build_hash" : "3adb13b",
    "build_date" : "2017-03-23T03:31:50.652Z",
    "build_snapshot" : false,
    "lucene_version" : "6.4.1"
  },
  "tagline" : "You Know, for Search"
}
```

至此，elasticsearch 安装成功。若希望关闭 elasticsearch，则直接杀掉其进程号。

9.1.2 Logstash 安装配置

将 Logstash 安装包解压到安装目录下，为了讲解方便，记 Logstash 安装目录为 LOGSTASH_HOME。关于 Logstash 的相关配置，在这里暂时不进行介绍，等我们将 ELK 与 Kafka 整合应用时会进行相应配置讲解。Logstash 的安装就这么简单，解压后基本完成了安装。

进入${LOGSTASH_HOME}/bin 目录下，执行以下命令启动 Logstash，验证 Logstash 安装是否成功：

```
logstash -e 'input{stdin{}}output{stdout{codec=>rubydebug}}'
```

以上命令指定了从控制台接收输入，并输出到控制台。参数 codec 指定了数据输出的表现形式，采用 RubyAwsomePrint 库来解析日志，若希望以 JSON 格式输出，则设置 codec=>json 即可。启动命令执行后，若在控制台输出如图 9-5 所示的启动日志，则表示 Logstash 启动成功。

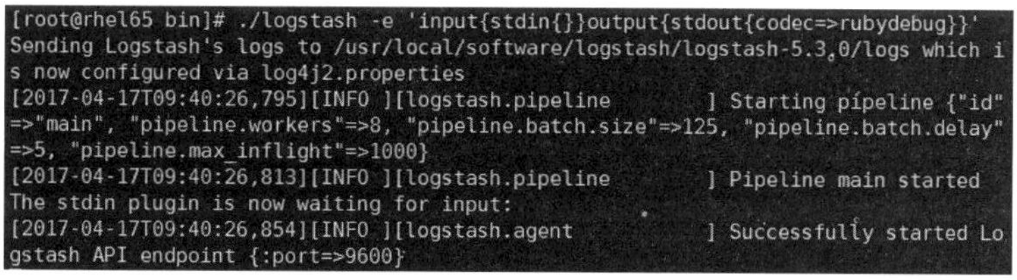

```
[root@rhel65 bin]# ./logstash -e 'input{stdin{}}output{stdout{codec=>rubydebug}}'
Sending Logstash's logs to /usr/local/software/logstash/logstash-5.3.0/logs which i
s now configured via log4j2.properties
[2017-04-17T09:40:26,795][INFO ][logstash.pipeline        ] Starting pipeline {"id"
=>"main", "pipeline.workers"=>8, "pipeline.batch.size"=>125, "pipeline.batch.delay"
=>5, "pipeline.max_inflight"=>1000}
[2017-04-17T09:40:26,813][INFO ][logstash.pipeline        ] Pipeline main started
The stdin plugin is now waiting for input:
[2017-04-17T09:40:26,854][INFO ][logstash.agent           ] Successfully started Lo
gstash API endpoint {:port=>9600}
```

图 9-5 Logstash 启动日志

Logstash 启动后在控制台等待用户的输入，我们在控制台输入“hello logstash”，控制台输出如图 9-6 所示信息。

```
{
    "@timestamp" => 2017-04-17T01:44:47.772Z,
      "@version" => "1",
          "host" => "rhel65",
       "message" => "hello logstash"
}
```

图 9-6 Logstash 在控制台显示收集的数据

由图 9-6 可知：在数据输出时增加了一个时间戳，@timestamp 默认是使用 UTC 时间表示，因此与北京时间相比会有 8 小时的时差。至此 Logstash 安装验证完成。

9.1.3　Kibana 安装配置

将 Kibana 安装包解压到安装目录下，为了方便讲解，这里将 Kibana 安装路径记为 KIBANA_HOME。然后进入${KIBANA_HOME}/config 目录下，修改 kibana.yml 配置文件，配置连接 Elasticsearch。这里仅修改如表 9-2 所示的配置。

表 9-2　kibana.ym 部分配置属性说明

属　性　名	描　　述
server.name	kibana 服务器的一个标识名称
server.host	配置 kibana 对外提供 HTTP 访问的地址，默认是 localhost
server.port	配置 kibana 对外提供 HTTP 访问的端口，默认是 5601
elasticsearch.url	连接 elasticsearch 的地址，即 elasticsearch 配置的对外 HTTP 地址
elasticsearch.username	设置 elasticsearch 所属用户的用户名
elasticsearch.password	设置 elasticsearch 所属用户的用户登录密码

进入${KIBANA_HOME}/bin 目录，执行 Kibana 启动脚本：

```
nohup ./kibana >> ../logs/kibana.log &
```

Kibana 启动成功后会默认占用 5601 端口，因此若希望关闭 Kibana，首先查看 5601 端口被占用情况，然后 kill kibana 对应的进程号，命令分别如下：

```
lsof -i:5601                    # 查看 kibana 进程
kill -9 kibana 进程号           # 关闭 kibana
```

在浏览器访问 Kibana，初次运行 Kibana 管理界面如图 9-7 所示。

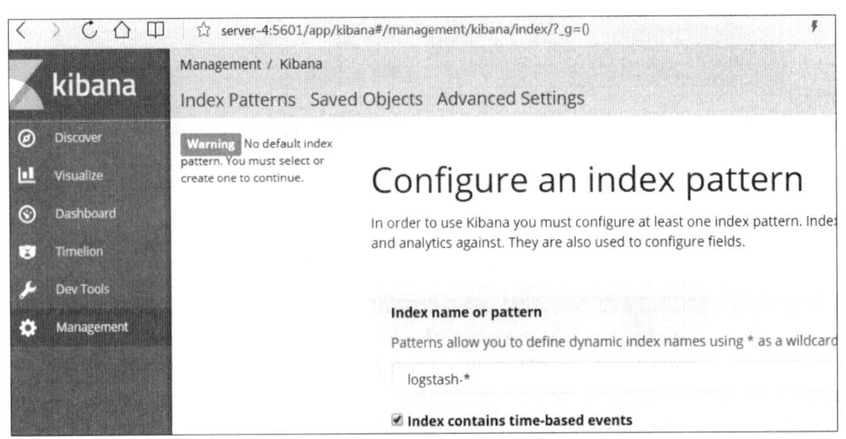

图 9-7　Kibana 管理界面

9.2 Kafka 与 Logstash 整合

本节将分别介绍如何通过 Logstash 收集消息并导入到 Kafka，以及如何通过 Logstash 从 Kafka 中拉取日志并写入到 Elasticsearch。为此创建一个主题，命令如下：

```
kafka-topics.sh --zookeeper server-1:2181,server-2:2181,server-3:2181 --create
--topic kafka-elk-log --partitions 1 --replication-factor 1
```

9.2.1 Logstash 收集日志到 Kafka

本小节将详细介绍如何通过 Logstash 收集信息写入到 Kafka，具体步骤如下。

（1）编写导入数据的配置。在${LOGSTASH_HOME}目录下，创建一个 etc 目录，在该目录下创建一个名为“logstash_input_kafka”的文件，在该文件中配置从控制台接收输入，并将收集到的信息输出到 Kafka。该文件内容如代码清单 9-1 所示。

代码清单 9-1 Logstash 从控制台收集信息写入到 Kafka 的配置

```
input{
    # 从控制台接收输入
    stdin{}
}
output{
    kafka{
        # 消息写入的主题
        topic_id => "kafka-elk-log"
        # 连接 Kafka 集群配置
        bootstrap_servers => "server-1:9092,server-2:9092,server-3:9092"
        # 批量写入配置
        batch_size => 5
        # logstash 导入数据编码方式
        codec => "plain"
    }
    stdout{
        # 设置控制台打印数据表现形式
        codec => rubydebug
    }
}
```

Logstash 配置包括 3 部分，分别为输入（input）、数据清洗（filter）、输出（output）。在代码清单 9-1 所示配置中没有涉及 filter 的配置，该实例只是简单地将从控制台收集的信息直接输出到 Kafka。

（2）启动 Logstash。进入${LOGSTASH_HOME}/bin 目录下，执行以下命令启动 Logstash：

```
./logstash -f ../etc/logstash_input_kafka
```

然后在控制台输入一行信息：

```
logstash collects logs to kafka
```

（3）验证。登录 ZooKeeper 客户端，查看该主题分区分布情况，然后在对应的节点查看分区数据。例如，执行以下命令查看分区数据：

```
kafka-run-class.sh kafka.tools.DumpLogSegments --files /opt/data/kafka-logs/kafka-
elk-log-0/00000000000000000000.log --print-data-log
```

在控制台输出信息如图 9-8 所示，在日志中加入 UTC 格式的时间戳及 Logstash 所在机器的 host 信息。

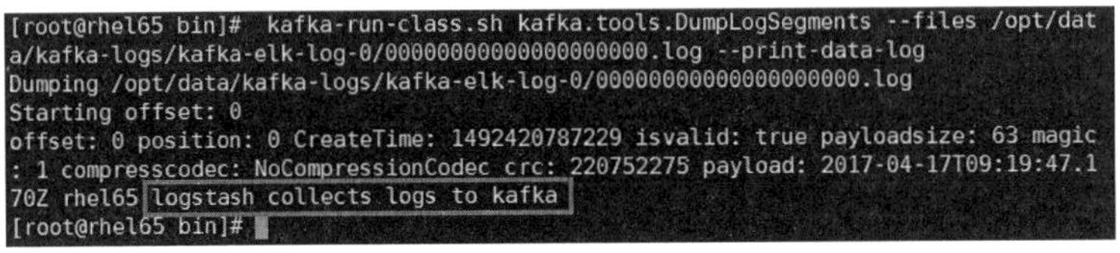

```
[root@rhel65 bin]#  kafka-run-class.sh kafka.tools.DumpLogSegments --files /opt/dat
a/kafka-logs/kafka-elk-log-0/00000000000000000000.log --print-data-log
Dumping /opt/data/kafka-logs/kafka-elk-log-0/00000000000000000000.log
Starting offset: 0
offset: 0 position: 0 CreateTime: 1492420787229 isvalid: true payloadsize: 63 magic
: 1 compresscodec: NoCompressionCodec crc: 220752275 payload: 2017-04-17T09:19:47.1
70Z rhel65 logstash collects logs to kafka
[root@rhel65 bin]#
```

图 9-8　Logstash 采集信息写入到 Kafka 效果

至此，Logstash 采集数据写入到 Kafka 的操作步骤介绍完毕。

9.2.2　Logstash 从 Kafka 消费日志

上一小节通过一个简单实例介绍了 Logstash 作为生产者从控制台采集日志消息写入到 Kafka，本小节将介绍 Logstash 作为消费者将 Kafka 消息导入到 Elasticsearch 中。

由于 Logstash 是以消费者的身份从 Kafka 消费数据，因此一个分区只能被一个消费者消费，同时 Logstash 可以通过配置 group_id 来控制多个 Logstash 客户端消费同一个主题。

（1）编写从 Kafka 消费消息的配置。在${LOGSTASH_HOME}/etc 目录下，创建一个名为“logstash_out_es”的文件，在该文件配置 Logstash 从 Kafka 中读取数据并写入 Elasticsearch 中。相关配置如代码清单 9-2 所示。

代码清单 9-2　Logstash 从 Kafka 读取数据并写入 Elasticsearch 的配置

```
input{
    kafka {
        # logstash 导出数据解码方式
        codec => "plain"
        # 消费组
        group_id => "kafka_elk_group"
        # 消费者标识
        client_id => logstash
        # 消费的主题
        topics  => "kafka_elk_log"
        # 连接 Kafka 集群配置
        bootstrap_servers => "server-1:9092,server-2:9092,server-3:9092"
        # 消费起始位置
        auto_offset_reset => "earliest"
        # 消费者线程数
```

```
            consumer_threads => 5
        }
    }
    output{
        # 导入 elasticsearch
        elasticsearch {
            # elasticsearch 集群地址，多个地址以逗号隔开
            hosts => ["es-server-1:9200"]
            # 指定数据导入 elasticsearch 格式
            codec => "plain"
            # 创建索引
            index => "kafka_elk_log-%{+YYYY.MM.dd}"
        }
    }
```

（2）启动 Logstash 并验证。执行以下命令启动 Logstash：

```
./logstash  -f  ../etc/logstash_output_es
```

在 logstash_out_es 文件中创建了一个以 kafka_elk_log 为前缀的索引，因此首先在 Kibana 的 Management 子菜单中增加一个索引模式，以便于搜索，如图 9-9 所示。

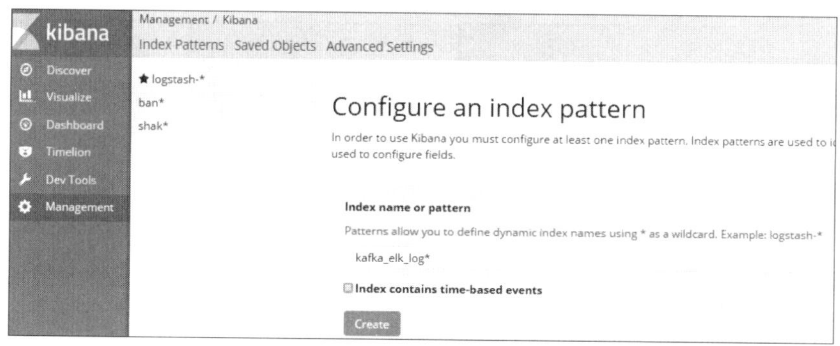

图 9-9 创建 kafka_elk_log 索引模式

然后打开 Kibana 的 Discover 子菜单，在左边的下拉列表中选择刚才创建的 kafka_elk_log 索引模式，同时添加只显示 message 和 timestamp 两列，查询日志结果展示如图 9-10 所示。

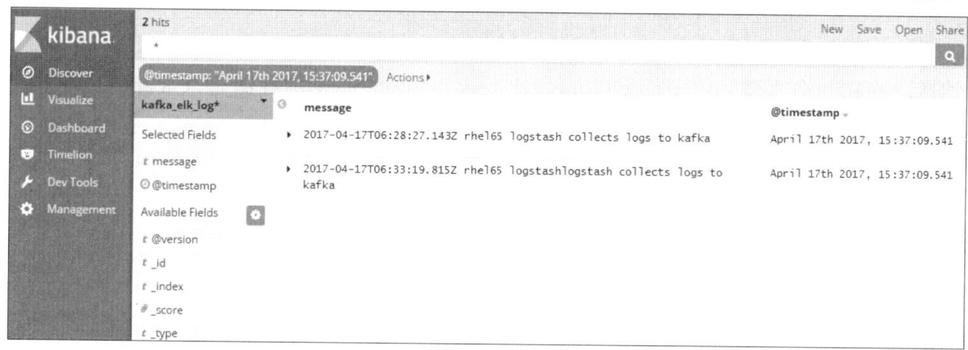

图 9-10 Kibana 查询 Logstash 从 Kafka 导出的日志

至此，Logstash 从 Kafka 消费日志存入 Elasticsearch 介绍完毕，关于 Kibana 相关查询条件的设置在这里也不再进行深入介绍。

9.3　日志采集分析系统

通过前面两节的介绍，读者应该已经掌握了 ELK 与 Kafka 的整合操作，本节将完整地实现一个简易的日志采集分析系统。通过 Flume 将日志采集到 Kafka 集群（当然也可以选择用 Logstash），然后由 Logstash 从 Kafka 中拉取日志存入 Elasticsearch 中，最后通过 Kibana 展示。该系统的系统结构如图 9-11 所示。

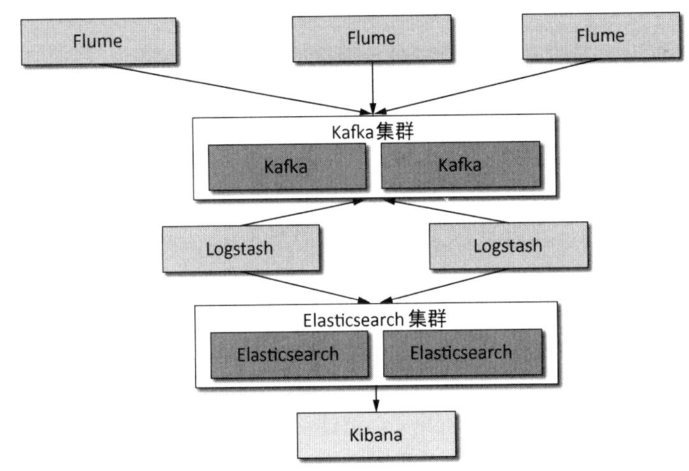

图 9-11　日志采集分析系统的系统结构

9.3.1　Flume 采集日志配置

首先，在 Kafka 中创建一个主题，该主题有 3 个分区、2 个副本，创建主题命令如下：

```
kafka-topics.sh --zookeeper server-1:2181,server-2:2181,server-3:2181 --create
--topic account-access-log --partitions 3 --replication-factor 2
```

然后，创建一个文件，用于配置 Flume 从 access.log 文件采集数据写入 Kafka 的 Flume NG 代理（access-log-agent）。例如，创建一个名为 flume-acccess-log-kafka.properties 的配置文件，该文件配置的内容如代码清单 9-3 所示。

代码清单 9-3　Flume 采集 access.log 日志数据写入 Kafka 的相关配置

```
access-log-agent.sources =access-log
access-log-agent.sinks = kafka
access-log-agent.channels = memory

# 然后指定源相关配置
```

```
access-log-agent.sources.access-log.type = exec
access-log-agent.sources.access-log.channels = memory
# 指定日志路径
access-log-agent.sources.access-log.command =tail -f /opt/data/flume/access.log
access-log-agent.sources.access-log.fileHeader = false

# 配置内存 channel
access-log-agent.channels.memory.type = memory
access-log-agent.channels.memory.capacity = 1000
access-log-agent.channels.memory.transactionCapacity = 1000
access-log-agent.channels.memory.byteCapacityBufferPercentage = 20
access-log-agent.channels.memory.byteCapacity = 800000

# 配置 KafkaSink
access-log-agent.sinks.kafka.type = org.apache.flume.sink.kafka.KafkaSink
access-log-agent.sinks.kafka.channel = memory
access-log-agent.sinks.kafka.kafka.bootstrap.servers=server-1:9092,server 2:9092
,server-3:9092
access-log-agent.sinks.kafka.kafka.topic= account-access-log
access-log-agent.sinks.kafka.serializer.class=kafka.serializer.StringEncoder
access-log-agent.sinks.kafka.kafka.producer.acks = 1
access-log-agent.sinks.kafka.custom.encoding=UTF-8
```

执行以下命令，启动 access-agent 代理：

```
flume-ng agent --conf /usr/local/software/flume/flume-1.7.0/conf   --conf-file
conf/flume-access-log-kafka.properties --name access-log-agent
-Dflume.root.logger=INFO, console
```

9.3.2 Logstash 拉取日志配置

假设我们的 access.log 日志文件格式为：

```
10.10.10.157 [2017-04-17 16:06:20.909 +0800] "POST /account/review_callback.json
{"token":"d1a8c275f4282b1adfc6c2723f3722d"}HTTP/1.1" 200 - "-" "Apache-HttpClient/
4.1.1 (Java 1.5)" 32 "C32A54056E518AA47412D038A504F869"
```

该日志记录了客户端的 IP、访问时间、HTTP 请求方式、访问的接口 URI、请求参数、响应状态码以及响应时间。对于以上格式的日志，我们重点关注客户端 IP、访问时间、访问的接口、接口响应状态码以及响应时间。对这些字段利用 Logstash 的 filter 进行提取。

创建一个文件，这里命名为 access_log_statis，在该文件中配置 Logstash 从 Kafka 拉取数据并存入 Elasticsearch。该文件的内容如代码清单 9-4 所示。

代码清单 9-4 access_log_statis 文件的内容

```
input {
    kafka {
        # 定义一个类型，以与其他日志类型区分
        Type => "access"
```

```
            # logstash 导出时数据解码方式
            codec => "plain"
            # 消费组
            group_id => "account-access-consumer"
            # 消费者标识
            client_id => "account-access-consumer-1"
            # 消费的主题
            topics  => "account-access-log"
            # 连接 Kafka 集群配置
            bootstrap_servers => "server-1:9092,server-2:9092,server-3:9092"
            # 消费起始位置
            auto_offset_reset => "latest"
            # 消费者线程数
            consumer_threads => 5
        }
    }

    filter {
        if [type] == "access" {
            grok {
                # 从日志中提取所关注的字段
                match => ["message",  "%{IP:client}\s+\[%{NOTSPACE:access_date}\s+%
                {NOTSPACE: access_time}\s+(\+0800\)]\s\"%{WORD:method} %{URIPATHPARAM:
                request}[\s\S]* (HTTP/1.1\") %{NUMBER:response}[\s\S]* %{NUMBER:cost}"]
            }
        }
    }

    output {
        # 导入到 elasticsearch
        elasticsearch {
            # elasticsearch 集群地址，多个地址以逗号隔开
            hosts => ["es-server-1:9200"]
            codec => "plain"
            # 创建索引
            index => "account_access_log-%{+YYYY.MM.dd}"
        }
    }
```

由于主题有 3 个分区，所以可以启动 3 个 Logstash 客户端来消费，这里只启动一个 Logstash 客户端，启动命令如下：

```
./logstash  -f  ../etc/access_log_statis &
```

9.3.3 Kibana 日志展示

登录 Kibana，首先创建一个“account_access_log*”索引，在创建好索引后，会在该索引对应的 Field 中显示我们通过 filter 正则表达式提取的字段。

执行 echo 指令向 access.log 中写入几条访问日志，在 Kibana 中展示如图 9-12 所示，在界

面左侧展示该日志所包括的域，图中方框标识区域即为通过 filter 提取的字段。

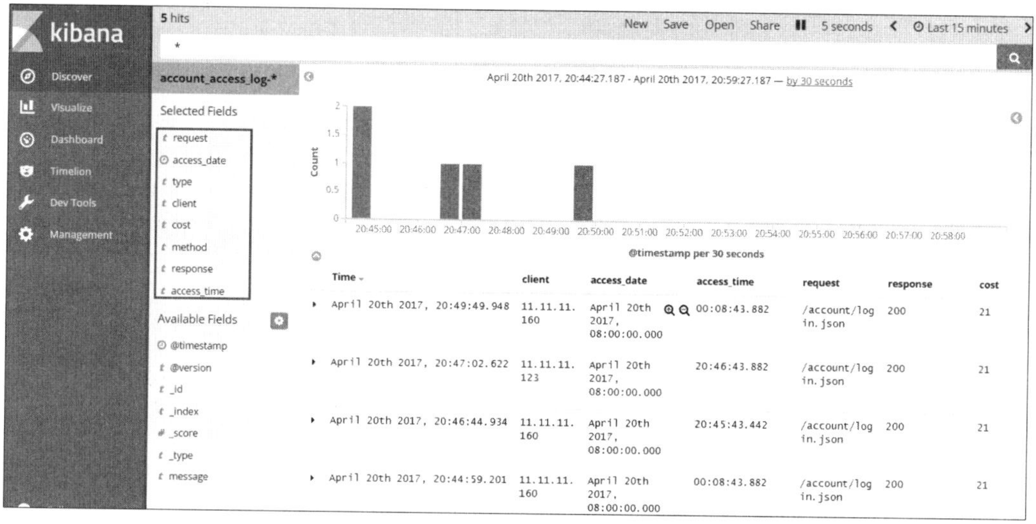

图 9-12 日志采集分析系统

9.4 服务器性能监控系统

上一节介绍了如何运用 Kafka 与 ELK 整合实现日志收集系统，在实际工作当中，常常有这样的需求：我们不仅要有统一的应用程序运行日志收集系统，而且要能够实时监控服务器的运行状况。因此这里介绍一种快速搭建服务器性能监控系统的方法，而这套系统的核心组件为 Metricbeat。

Metricbeat 是一款轻量级的系统级别性能指标采集工具，可以用于采集系统的负载、CPU、磁盘、内存使用情况等信息，还支持采集 Docker、Kafka、MySQL、Redis、MongoDB 等服务指标。同时支持与 ELK 无缝对接，协同工作。

我们通过 Metricbeat 与 ELK 集成实现一个简易的服务器性能监控系统，该系统结构图如图 9-13 所示。

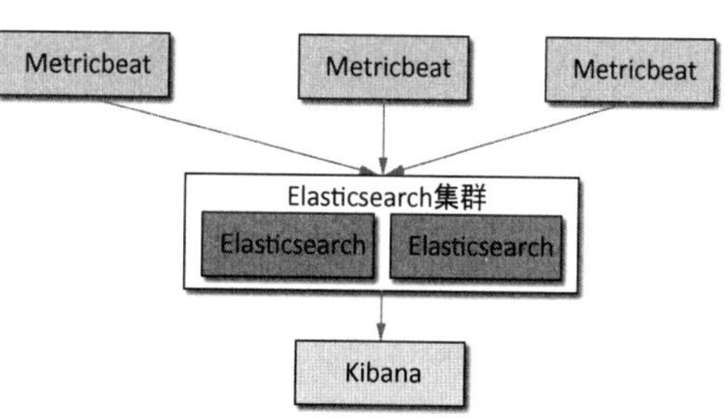

图 9-13 简易服务器性能监控系统结构

当然我们也可以在该系统中引入 Kafka 和 Logstash，其中一种实现方式的系统结构图如图 9-14 所示。

这两种实现方式的区别在于第二种方式将收集到的指标信息先存储 Kafka，然后由 Logstash 将系统指标信息导入到 Elasticsearch，这种实现方式在稳定性、吞吐量、扩展性等方面更佳，一般在生产环境下更多是采用第二种实现方式。但第一种实现方式可以作为安装 Metricbeat 的一种验证方式。

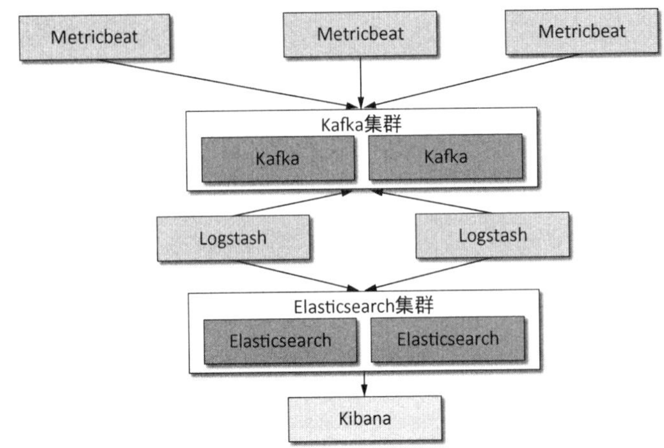

图 9-14 服务器性能监控系统另一种实现方式的系统结构

9.4.1 Metricbeat 安装

从 Metricbeat 官方网站下载 Metricbeat 安装包，下载的版本应为与本书所安装的 ELK 版本相对应的 5.3.0。将该安装包上传至任意需要采集性能指标的服务器，然后解压即完成安装。依然记 Metricbeat 安装路径为 METRICBEAT_HOME。

9.4.2 采集信息存储到 Elasticsearch

在 ${METRICBEAT_HOME} 目录下，有一个 metricbeat.yml 文件，在该文件中配置 Metricbeat 将要采集指标的对象，Metricbeat 将目标对象定义为 module。如果对服务器的性能指标采集，则对应的 module 为 system；如果对 Kafka 相应指标采集，则 module 为 kafka。然后还定义了对不同 module 采集的具体指标，不同 module 对应指标不尽相同，读者可以根据自身需要访问 Elasticsearch 官方网站进行查阅。在配置文件中还有对采集指标信息输出的配置，如输出到 Elasticsearch 或者 Logstash，默认是输出到 Elasticsearch。

修改 metricbeat.yml 文件中关于 output.elasticsearch 相关的配置，相关配置如代码清单 9-5 所示。

代码清单 9-5 Metricbeat 收集指标输出到 elasticsearch 的相关配置

```
output.elasticsearch:
    # Array of hosts to connect to.
    # 配置连接 elasticsearch 地址
    hosts: ["es-server-1:9200"]
    # Optional protocol and basic auth credentials.
    #protocol: "https"
    # 配置 elasticsearch 用户名
    username: "elssearch"
    # 配置 elasticsearch 用户名登录密码
    password: "elssearch"
```

```
# 指标模板名
template.name: "metricbeat"
# 指标模板文件路径
template.path: "metricbeat.template.json"
# 当elasticsearch中存在与之相同模板时是否覆盖现有模板
template.overwrite: false
```

代码清单 9-5 所示配置以自动加载文件的形式向 Elasticsearch 传递了一个索引模板文件，该模板文件配置了一个“metricbeat-*”模式的索引。当然也可以通过以下命令加载模板文件：

```
curl -XPUT 'http://es-server-1:9200/_template/metricbeat' -d@metricbeat.template.json
```

在 metricbeat.yml 文件中，通过 name 字段指定一个名称，该字段可用来区分不同的 metricbeat 实例，在监控多台服务器指标时，要保证 name 不同。执行以下命令运行 Metricbeat：

```
./metricbeat -c metricbeat.yml
```

也可以通过以下启动命令指定 metricbeat 实例名称：

```
./metricbeat -c metricbeat.yml -E name=your-name
```

若希望停止 Metricbeat，可以通过 ps –ef |grep metricbeat 命令查找进程号，然后通过 kill 命令关闭 Metricbeat 进程。

查看 Metricbeat 在 Elasticsearch 中创建的索引，命令如下：

```
curl -XGET 'http://es-server-1:9200/metricbeat-*/_search?pretty'
```

若在控制台输出索引配置信息，则表示 Metricbeat 已在 Elasticsearch 中成功创建索引。可以在 Kibana 中添加该索引模式（index pattern），添加后可以看到该索引模式对应的配置及类型。在 Kibana 左侧导航栏中选择 Discover 子菜单，然后选择“metricbeat-*”索引，同时可以在 Kibana 界面的右上角设置按一定时间间隔自动刷新，如设置每 5s 刷新一次，Metricbeat 采集的服务器信息在 Kibana 中的展示效果如图 9-15 所示。

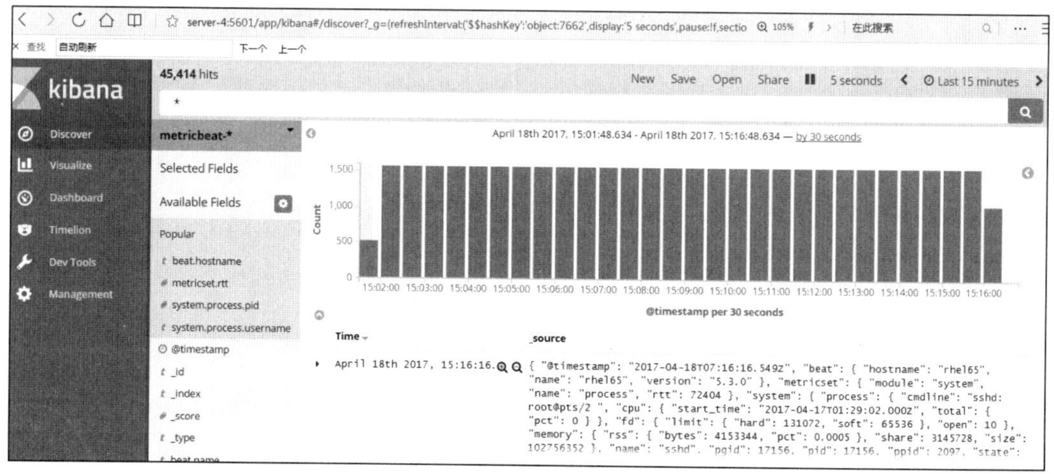

图 9-15 Kibana 展示 Metricbeat 采集的服务器性能指标

9.4.3　加载 beats-dashboards

为了能够在 Kibana 中将收集的指标进行统计展示，以各种仪表盘的形式展示，需要加载一个开源的 Metricbeat dashboards 插件。若服务器可访问外网，则可以通过执行以下命令在线安装该插件：

```
./scripts/import_dashboards -es http://es-server-1:9200 -user elssearch -pass elssearch
```

这里采用离线的方式安装。在 Elasticsearch 官方网站下载 dashboards 安装包，下载后上传至${METRICBEAT_HOME}目录下，并将该安装包重命名为 metricbeat-dashboards-1.1.zip（这里直接加载 dashboards 安装包时并未安装成功，安装失败提示错误信息为“Error importing URL/file: Failed to unzip the archive: metricbeat-dashboards-1.1.zip”，由此联想到对原安装包重命名为 metricbeat-dashboards-1.1.zip），然后执行以下命令导入 Metricbeat 的 dashboards：

```
./scripts/import_dashboards -es http://es-server-1:9200 -file metricbeat-dashboards-1.1.zip
```

然后访问 Kibana，选中左侧的 Dashboard 子菜单，会看到导入的 dashboard。在导入 metricbeat-dashboard 插件后，首次进入 Dashboard 子菜单时，显示为空白，通过在页面上点击“add”链接，将加载所导入的仪表盘，如图 9-16 所示。

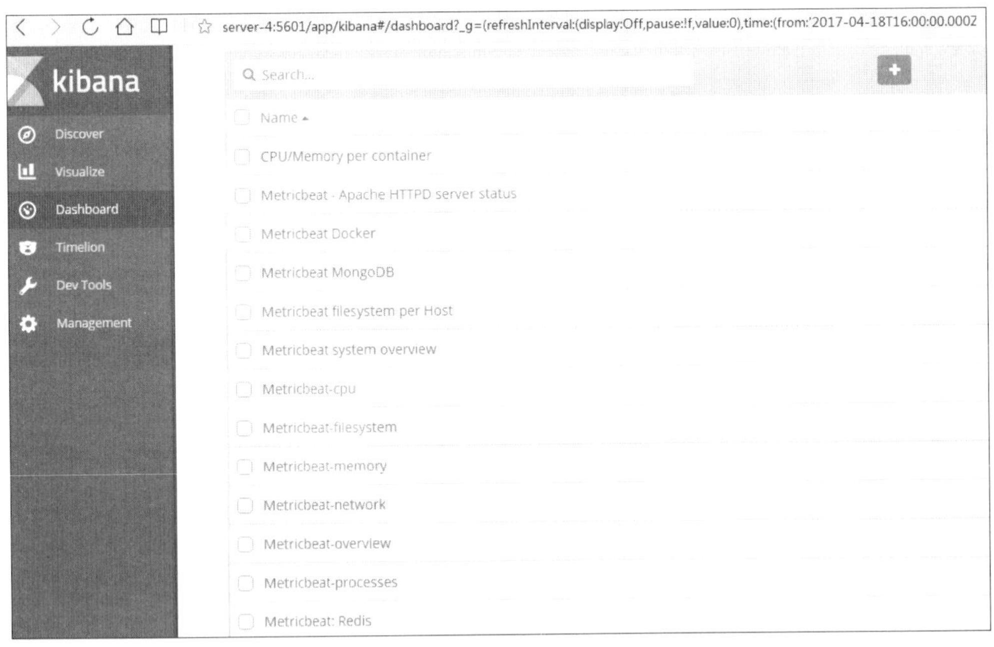

图 9-16　Kibana 导入的 Metricbeat Dashboard 结果

9.4.4　服务器性能监控系统具体实现

经过前面几小节的介绍，读者应该对 Metricbeat 有了大致的了解，本小节将完整介绍

Metricbteat 与 Kafka 结合实现服务器性能监控系统的具体步骤。

（1）创建主题。首先创建一个主题，命令如下：

```
kafka-topics.sh --zookeeper server-1:2181,server-2:2181,server-3:2181 --create
--topic server-metrics --partitions 1 --replication-factor 1
```

这里创建的主题只有一个分区，当然读者可以创建多个分区，这样就可以启动多个 Logstash 同时消费。

（2）配置 Metricbeat 输出到 Kafka。在${METRICBEAT_HOME}目录下创建一个 etc 文件夹，然后将 metricbeat.yml 文件复制到 etc 文件夹下。注释掉该文件默认输出到 Elasticsearch 的相关配置，增加输出到 Kafka 的配置。输出到 Kafka 的配置如代码清单 9-6 所示。

代码清单 9-6　Metricbeat 收集指标输出到 Kafka 的相关配置

```
# 输出到 kafka
output.kafka:
    # 连接 Kafka 集群的配置
    hosts: ["server-1:9092", "server-2:9092", "server-3:9092"]
    # 指标写入的主题,可以根据条件分别指定主题
    topic: 'server-metrics'
    # 消息的确认模式
    required_acks: 1
    # 指定压缩方式
    compression: none
    # 消息最大字节数
    max_message_bytes: 1000000
    # 发送失败重试次数，默认是 3
    max_retries: 3
```

同样，为了区分不同的服务器指标，要保证 metricbeat.yml 文件中的 name 字段值全局唯一。同时修改该文件中关于 module 的配置，设置 period 为 300 即每 5min 采集一次服务器指标信息。

（3）配置 Logstash 拉取指标信息。在${LOGSTASH_HOME}/etc 目录下，创建一个 metric_output_es 文件，在该文件中配置输入为 Kafka，输出为 Elasticsearch。相关配置如代码清单 9-7 所示。

代码清单 9-7　Logstash 从 Kafka 中消费系统指标信息输出到 Elasticsearch 的相关配置

```
input{
    kafka {
        # logstash 导出时数据解码方式
        codec => "plain"
        # 消费组
        group_id => "server-metric-group"
        # 消费者标识
        client_id => "server-metic-client1"
        # 消费的主题
        topics  => "server-metrics"
        # 连接 Kafka 集群配置
```

```
            bootstrap_servers => "server-1:9092,server-2:9092,server-3:9092"
            # 消费起始位置
            auto_offset_reset => "latest"
            # 消费者线程数
            consumer_threads => 5
        }
    }
    output{
        # 导入 elasticsearch
        elasticsearch {
            # elasticsearch 集群地址，多个地址以逗号隔开
            hosts => ["es-server-1:9200"]
            # 设置线程数
            codec => "plain"
            # 创建索引
            index => "metricbeat-%{+YYYY.MM.dd}"
        }
    }
```

（4）启动 Logstash。执行以下命令启动 Logstash。

```
./logstash -f ../etc/metric_output_es &
```

（5）启动 Metricbeat。在服务器上执行以下命令启动 Metricbeat。

```
./metricbeat -c etc/metricbeat.yml &
```

然后访问 Kibina，在 Kibina 界面的左边菜单中选择 Dashboard，查看 Metricbeat CPU 仪表盘展示的统计信息如图 9-17 所示。

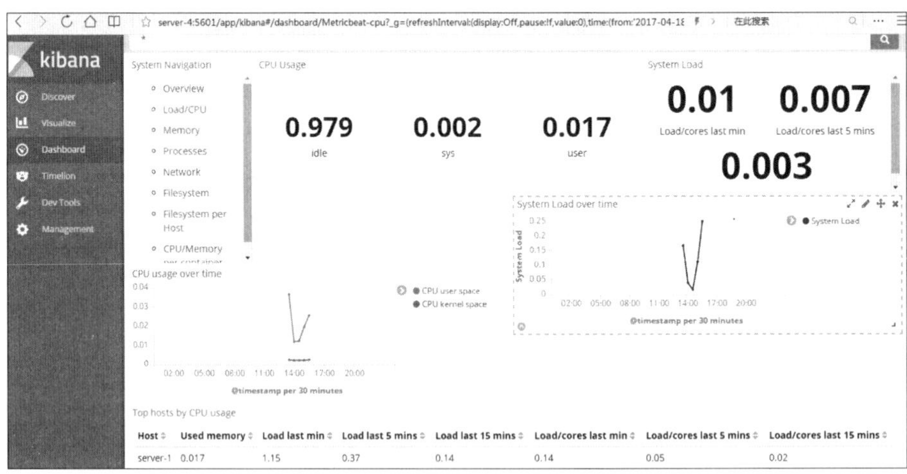

图 9-17　Metricbeat 监控服务性能效果

至此，一个简易的服务器性能监控系统搭建完成。在 Dashboard 中还可以查看采集到的其他系统指标信息，这里不再一一列举。

9.5 小结

本章先对 ELK 相关内容及其安装配置进行了介绍，然后详细介绍了 Logstash 与 Kafka 的整合应用、Logstash 从 Kafka 拉取数据写入 Elasticsearch 的详细配置，并通过将 Kafka、Logstash、Elasticsearch、Kibana 整合搭建日志采集系统的案例详细介绍了 Kafka 与 ELK 整合的具体步骤，最后通过服务器性能监控系统的搭建进一步体现了 ELK 在日志收集、系统监控方面的优势。

本章只是简要介绍了 Kafka 与 ELK 搭建的步骤，具体业务实现讲解并不多，主要是希望为读者搭建日志收集、监控系统提供一些思路。读者可以根据自身的业务需要，在本章介绍内容的基础上进行延伸。

第 10 章

Kafka 与 Spark 整合应用

当前，Flume，Kafka 和 Spark 已成为一个比较成熟的构建实时日志采集分析与计算平台的组件，例如，通过收集相应数据统计某个应用或网站的 PV/UV 信息，统计流量及用户分布，对访问日志进行实时或离线分析，以追踪用户行为或者进行系统风险监控等。通常在数据采集时会选择将 Kafka 作为数据采集队列，将采集的数据先存储在 Kafka，然后用 Spark 对 Kafka 中读取的数据进行处理。本章将通过两个具体案例详细讲解 Kafka 与 Spark 的整合应用。

10.1 Spark 简介

Spark 是一个快速、通用的计算引擎，起源于美国加州大学伯克利分校 RAD 实验室的一个研究项目，现在已是 Apache 的一个顶级项目。Spark 用 Scala 语言开发，提供了 Java、Scala、Python、R 语言相关的 API，运行在 JVM 之上，因此在运行 Spark 之前要保证已安装 JDK 环境。Spark 能够很方便地与大数据处理相关的框架（如 Flume、Kafka、HDFS、HBase 等）、工具进行整合应用。

通常我们说 Spark，其实是指 Spark 核心或 Spark 生态圈的统称，包括 Spark 的任务调度、内存管理、容错机制等基本功能。Spark 包括以下组件。

- Spark SQL：使 Spark 处理结构化数据，它支持通过 SQL 查询数据，类似于 HQL（Hive SQL），并且支持多数据源。
- Spark Streaming：用于实时流处理组件，Spark Streaming 支持 Kafka、Flume、ZeroMQ、HDFS 等多种数据输入源，使用诸如 map()、join()、window()等高级函数进行处理，并支持将处理后的最终结果存储到文件系统、数据库等。
- MLib：用于机器学习，包括机器学习通用的算法库，如分类、聚类、回归及协同过滤等算法，还包括模型评估及数据导入等。
- GraphX：是一个分布式图处理框架，提供与图计算和图挖掘相关的接口，包括常用图计算的算法。

Spark 将内存数据抽象为弹性分布式数据集（resilient distributed dataset，RDD），可以简单地理解为 RDD 是 Spark 分布式计算的数据结构，它表示一个不可变、可分区、可并行操作、有容错机制的数据集合。而 Spark Streaming 则提供了一个叫作 DStream（Discretized Stream）的高级抽象，DStream 表示一个持续不断输入的数据流，一个 DStream 实际上是由一个 RDD 序列组成的，它可由基于 Kafka、HDFS、Flume、Socket 等输入数据流创建。

RDD 提供了 transformations 和 actions 两种类型的操作。transformations 操作是得到一个新的 RDD，如 map、filter、groupByKey、flatMap、join、union 等；actions 操作是得到一个值或一个计算结果，如 reduce、collect、count、take、first、saveAsTestFile 等。所有的 transformations 操作都是采用惰性策略，即只有在 actions 类操作被提交时才会触发执行计算，而只将 transformations 类操作提交时是不会触发计算的。

Spark 采用 Master-Slave 架构模式。Master 对应集群中含有 Master 进程的节点，它是 Spark 集群的主控节点；Slave 是集群中含有 Worker 进程的节点，在集群模式下 Worker 是集群中任何可以运行 Spark 应用程序的节点，类似 Yarn 中的 NodeManager 节点，在基于 Yarn 的 Spark 集群模式 Worker 指的就是 NodeManager 节点，在单机模式下 Worker 负责管理本地节点资源，接收 Master 的命令并进行状态汇报。在 Spark 的整个架构中还包括 Driver、Executor、Client 几个角色。其中 Driver 是应用程序逻辑执行起点，负责作业的解析、生成作业 stage，并将作业调度到 Executor 上执行；Executor 是 Spark 应用程序运行在 Worker 节点上的一个进程，该进程负责运行 Task，并且负责将执行状态存储在内存或者磁盘上，在 Yarn 模式下，其进程名为 CoarseGrainedExecutorBackend；Client 则是客户端进程，负责提交作业到 Master。

Spark 有 5 种运行模式，5 种模式简要描述如下。

- 本地单机模式：该模式下，所有的 Spark 进程都运行在同一个 JVM 中。在该模式下可以通过 local[n]来指定 Master 变量以设置并行级别，n 表示线程数，通常 n 的设定与系统的 CPU 核数相关。
- 集群单机模式：该模式使用 Spark 内置的任务调度框架，通过 Spark://${masterIP}:${port}来指定连接 Spark 集群。
- 基于 Yarn 的集群模式：该模式 Spark 运行在 Yarn 资源管理器之上，即基于 Hadoop2，由 Yarn 负责资源管理，Spark 负责任务调度与计算。
- 基于 Mesos 的集群模式：运行在 Mesos 资源管理器之上。
- 基于 Amazon EC2 的集群模式：在 Amazon EC2 云端上部署 Spark 环境。

Spark 基础知识就简要介绍至此。至于不同模式下 Spark 具体运行流程本书不进行分析，读者可以查阅相关资料进行学习。下面逐一介绍 Spark 的基本操作及应用。

10.2 Spark 基本操作

本节简要介绍 Spark 环境的基本安装配置以及如何提交 Spark 作业，以便于读者能够在自己机器上运行本章中的相关案例。

10.2.1 Spark 安装

本书案例所用 Spark 为基于 YARN（Hadoop 2 以上版本）的本地单机模式，现在详细介绍该模式的安装配置。

首先进入 Spark 官方网站 http://spark.apache.org/downloads.html 下载 Spark 安装包。编写本书时 Spark 的最新版本为 2.1.0，选择 spark-2.1.0-bin-hadoop2.7.tgz 进行下载，下载后将 Spark 安装包上传至服务器相应安装目录下。将 Spark 安装文件上传至服务器 server-1 的/usr/local/software 目录下，将该目录记为$SPARK_HOME，按照以下步骤完成 Spark 单机模式的安装配置。

（1）解压 Spark 安装文件。执行以下命令，将 Spark 安装文件解压到安装目录下：

```
tar -xzvf spark-2.1.0-bin-hadoop2.7.tgz
```

（2）修改配置。进入$SPARK_HOME/conf 目录下，将 spark-env.sh.template 文件复制一份，并重命名为 spark-env.sh，在该文件中加入 JDK 及 Hadoop 的相关配置，同时根据服务器配置设置 Spark 运行时的资源分配。

```
export JAVA_HOME=/usr/local/software/Java/jdk1.8.0_111
export HADOOP_HOME=/usr/local/software/hadoop-2.7.3
export HADOOP_CONF_DIR=/usr/local/software/hadoop-2.7.3/etc/hadoop/
export SPARK_LIBRARY_PATH=/usr/local/software/hadoop-2.7.3/lib/native
# 设置 Master 的 host
export SPARK_MASTER_HOST=server-1
# 设置 Driver 或 Worker 运行的 IP
export SPARK_LOCAL_IP= server-1
# 每个 Worker 使用的 CPU 核数
export SPARK_WORKER_CORES=1
# 每个 Slave 中启动几个 Worker 实例
export SPARK_WORKER_INSTANCES=1
# 每个 Worker 使用多大的内存
export SPARK_WORKER_MEMORY=1G
```

以上关于 Spark 运行资源相关配置，仅是希望告知读者可以在该文件中进行相应设置。在实际应用中，请读者根据实际情况进行相应设置。

（3）运行 Spark。进入$SPARK_HOME/sbin 目录下执行 start-all.sh 脚本启动 Spark。脚本执行后，通过 jps 命令查看当前运行的进程信息如下：

```
31386 SecondaryNameNode
31678 NodeManager
993 Jps
799 Master
917 Worker
31068 NameNode
```

```
31562 ResourceManager
31205 DataNode
```

与 Hadoop 运行时的进程相比，Spark 启动后的进程多了 Master 和 Worker 进程。同时可以通过 Spark 提供的 Web 界面来查看 Spark 运行情况。例如，查看 Spark 的 Master 运行情况的 Web UI 默认端口为 8080，当其他应用程序占用该端口后，Spark 会将该端口自动加 1，但为了操作方便，当 Spark 的 Web UI 端口被占用时我们还是将相应端口修改为一个未被使用的固定端口。例如，在$SPARK_HOME/conf/spark-env.sh 文件中增加以下配置，分别修改 Master 和 Worker 的 Web UI 端口：

```
# Worker 的 Web UI 端口号
export SPARK_WORKER_WEBUI_PORT=8980
# Master 的 Web UI 端口号
export SPARK_MASTER_WEBUI_PORT=8981
```

再次启动 Spark，访问新的端口即可看到相应的 Web 界面。

10.2.2　Spark shell 应用

现在我们通过 Spark shell 运行一个简单而经典的单词统计（WordCount）实例来进一步验证 Spark 的安装配置情况。本实例通过读取 HDFS 上的一个文本，统计每个单词出现的次数，具体操作步骤如下。

进入$HADOOP_HOME/bin 目录，创建一个 wordcount.txt 的文本文件，在文本中输入以下内容，单词之间以空格分隔：

```
hello world
hello kafka
hello hello
spark hadoop
kafka spark
```

执行以下命令在 HDFS 上创建一个 test 目录：

```
./hdfs dfs -mkdir /test
```

将该文本上传到 HDFS 的 test 目录下，命令如下：

```
./hdfs dfs -put wordcount.txt /test/
```

进入$SPARK_HOME/bin 目录，执行./spark-shell 命令连接到 Spark，直接运行该脚本表示以本地模式单线程启动。若希望以多线程启动，则执行命令为./spark-shell local[n]，其中 n 表示线程数。如果希望以非本地模式启动，则执行命令为：

```
MASTER=spark://${master-hostname}:7077 ./spark-shell
```

以本地模式运行，启动后在控制台依次执行以下代码：

```
scala> val file=sc.textFile("hdfs://server-1:9000/test/wordcount.txt")
scala> val count=file.flatMap(line => line.split("\t")).map(word => (word,1)).
reduceByKey(_+_)
scala> count.collect()
```

最后一行代码执行后输出结果如下：

```
res0:Array[(String, Int)] = Array((word,1), (hello,4), (kafka,1), (spark,2), (key,1),
(hadoop,1))
```

第一行代码是从 HDFS 上加载 wordcount.txt 文件到 Spark 中；第二行代码按行读取文本内容并以制表符切割单词，同时统计每个单词出现的频次；第三行代码从 RDD 中提取数据项。最终结果以数组的形式展示出每个单词出现的次数。

10.2.3 spark-submit 提交作业

在$SPARK_HOME/bin 目录有一个 spark-submit 脚本，用于将应用快速部署到 Spark 集群中。假设我们开发了一个 Java 应用，希望通过 spark-submit 部署时，只需要将 Java 应用打包成 jar 文件上传到 Spark 集群中，然后通过 spark-submit 进行部署。

Spark 自带实例中有一个 Java 版的单词统计程序，本小节将详细介绍将该程序提交到 Spark 执行的步骤。

在$SPARK_HOME/ examples/jars 目录下有一个 spark-examples_2.11-2.1.0.jar 文件，通过执行以下解压命令后进入相应目录会看到一个 JavaWordCount.class，解压命令如下：

```
jar xf spark-examples_2.11-2.1.0.jar
```

该类接受一个参数，用于指定统计文本的路径。这里指定统计 HDFS 上的 wordcount.txt 文本，进入$SPARK_HOME/bin 目录下，执行提交作业命令。Spark 提交作业时根据部署方式不同可以选择不同的提交方式，这里只介绍 Spark Standalone 和 Yarn 方式提交。执行如下命令：

```
./spark-submit --class org.apache.spark.examples.JavaWordCount  --master spark:
//server-1:7077 /usr/local/software/spark-2.1.0-bin-hadoop2.7/examples/jars/spark-
examples_2.11-2.1.0.jar hdfs://server-1:9000/test/wordcount.txt 2>/dev/null
```

该命令参数 class 用于指定待运行作业的类路径，若 master 参数指定 Spark Master 的 URI，如本例指定 spark://server-1:7077 则表示以 Standalone 方式提交作业，若指定 master yarn 则表示是以 Yarn 方式提交。之后指定包含作业类的 jar 文件路径，最后一项指定的是文本路径，这里指定的是读取 HDFS 上/test/wordcount.txt 文件，若读取本地文件，则修改为 file://${文件绝对路径}。为了在控制台不打印 Spark 运行的日志信息，在命令之后加了 2>/dev/null。该命令执行后输出结果如下：

```
spark: 2
hadoop: 1
hello: 4
```

```
kafka: 2
world: 1
```

由输出结果可知，已成功将单词统计程序发布到 Spark 集群中，并完成了计算。

10.3 Spark 在智能投顾领域应用

在对 Spark 的基本操作进行简单介绍之后，本节将通过一个简单的案例介绍 Spark 在“智能投顾”领域的应用。所谓“智能投顾”，简而言之就是通过机器学习相关算法基于大数据进行分析处理为用户投资决策提出参考指标甚至自动帮助用户进行投资决策。例如，在证券行业，当前比较热门的“智能选股”就属于“智能投顾”范畴中的一类典型应用，金融机构或第三方根据股票行情、技术指标、财务指标、基本面指标等多种维度和策略进行分析计算，为股民提供各类选股方案。

本节将介绍如何通过 Spark 分析计算基于股票行情指标的两个最简单的选股策略：股价历史新高与历史新低。其中股价历史新高是指统计当日该股票的最高价是近一段时间该股票股价的最高价位，股价历史新低是指统计当日该股票最低价是近一段时间该股票的最低价位。

10.3.1 应用描述

本案例计算股票的历史新高与历史新低是基于历史行情进行计算的，也就是 T–1 天行情数据。本案例的引入是希望介绍如何应用 Spark 进行离线计算，并不太关注业务本身。当然，计算股票的历史新高与历史新低也可以直接对接实时行情，通过 Kafka Streams、Spark Streaming 或是 Storm 进行实时计算。

本实例行情数据流向如图 10-1 所示，股票行情在每日收盘后由行情推送系统发送到 Kafka 进行存储，然后由 Flume 将行情数据从 Kafka 同步到 HDFS，计算股票策略 Spark 定时作业会从 HDFS 上读取股票行情进行计算，然后将满足策略的股票分类写到数据库。

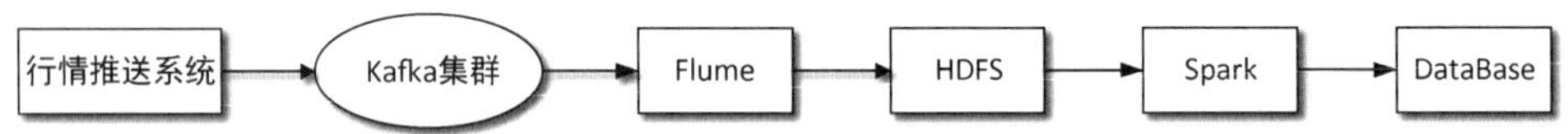

图 10-1 选股策略的行情数据的数据流向图

由于 8.2 节中已介绍了 Kafka 与 Flume 之间的整合应用，因此在本案例实现讲述中我们省去了将 Kafka 数据写入 HDFS 的讲解。假设在 HDFS 上有一个 stock20170301.txt 的文件，该文件记录了股票的历史行情归档信息，其中部分股票行情信息为：

```
'平安银行','000001','2017-03-01 00:00:00.000',9.4800,9.4900,9.5500,9.4700,9.4900
'平安银行','000001','2017-02-28 00:00:00.000',9.4300,9.4300,9.5100,9.4200,9.4800
'平安银行','000001','2017-02-27 00:00:00.000',9.5000,9.5000,9.5000,9.4200,9.4300
'山东黄金','600547','2017-03-01 00:00:00.000',37.0700,36.7000,36.8800,36.6000,36.8200
```

```
'山东黄金','600547','2017-02-28 00:00:00.000',37.4500,37.1100,37.2400,36.9000,37.0700
'山东黄金','600547','2017-02-27 00:00:00.000',37.5100,37.5500,37.9900,37.4000,37.4500
'海通证券','600837','2017-03-01 00:00:00.000',15.6700,15.7000,15.7200,15.6000,15.6100
'海通证券','600837','2017-02-28 00:00:00.000',15.7400,15.7200,15.8300,15.6400,15.6700
'海通证券','600837','2017-02-27 00:00:00.000',15.8100,15.7700,15.9000,15.6500,15.7400
```

该股票行情信息以逗号分隔，共 8 列，各列依次表示股票名称、股票代码、交易日、昨日收盘价、今日开盘价、今日最高价、今日最低价、收盘价。现在，我们要从这批股票中筛选出当日最高价或当日最低价是近 N 日出现的最值的股票，这即是 N 日新高或新低选股策略的算法思想。

10.3.2 具体实现

计算股票 N 日新高与新低最直接的算法为：首先根据股票交易日降序排列，然后拿第一条数据与之后数据进行比较。我们采用先计算股票 N 日的最值作为第一次筛选，然后再从筛选出的股票中进行二次筛选，比较第一次筛选出的股票入选日期是否是 N 日的最后一个交易日，是则入选，构造相应的输出结果，否则丢弃。

为实现计算股票在一段时间内的新高、新低的选股策略，要先创建一个 Maven 管理的 Java 工程，pom.xml 的内容详见代码清单 10-1。

代码清单 10-1 选股策略工程的 pom.xml

```
<project xmlns="http://maven.apache.org/POM/4.0.0"
         xmlns:xsi="http://www.w3.org/2001/XMLSchema-instance"
         xsi:schemaLocation="http://maven.apache.org/POM/4.0.0
         http://maven.apache.org/xsd/maven-4.0.0.xsd">
    <modelVersion>4.0.0</modelVersion>
    <groupId>com.kafka.action</groupId>
    <artifactId>kafka-spark</artifactId>
    <version>1.0.0</version>
    <properties>
        <junit.version>4.11</junit.version>
        <commons-lang3.version>3.4</commons-lang3.version>
        <spark-core.version>2.1.0</spark-core.version>
        <hadoop-client.version>2.7.3</hadoop-client.version>
        <project.build.sourceEncoding>UTF-8</project.build.sourceEncoding>
    </properties>
    <dependencies>
        <!-- spark starts-->
        <dependency>
            <groupId>org.apache.spark</groupId>
            <artifactId>spark-core_2.11</artifactId>
            <version>2.1.0</version>
        </dependency>
        <dependency>
            <groupId>org.apache.hadoop</groupId>
```

```
            <artifactId>hadoop-client</artifactId>
            <version>2.7.3</version>
        </dependency>
    <!-- spark ends -->
        <dependency>
            <groupId>org.apache.maven.plugins</groupId>
            <artifactId>maven-assembly-plugin</artifactId>
            <version>2.2-beta-5</version>
        </dependency>
        <dependency>
            <groupId>commons-lang</groupId>
            <artifactId>commons-lang</artifactId>
            <version>2.3</version>
        </dependency>
    </dependencies>
    <build>
        <finalName>kafka-action</finalName>
        <sourceDirectory>src/main/Java</sourceDirectory>
        <plugins>
            <!-- 设置源文件编码方式 -->
            <plugin>
                <groupId>org.apache.maven.plugins</groupId>
                <artifactId>maven-compiler-plugin</artifactId>
                <configuration>
                    <source>1.8</source>
                    <target>1.8</target>
                    <encoding>UTF-8</encoding>
                </configuration>
            </plugin>
            <!-- 打包 jar 文件时，配置 manifest 文件，加入 lib 包的 jar 依赖 -->
            <plugin>
             <groupId>org.apache.maven.plugins</groupId>
               <artifactId>maven-jar-plugin</artifactId>
                <configuration>
                  <archive>
                   <manifest>
                    <addClasspath>true</addClasspath>
                    <mainClass>com.kafka.action.spark.offline.job.StockStrategy
                    CalculateJob </mainClass>
                   </manifest>
                 </archive>
                </configuration>
            </plugin>
        </plugins>
     </build>
</project>
```

然后，将股票信息封装为一个 JavaBean，类名为 StockInfo.Java，该类的具体代码如代码清单 10-2 所示。鉴于篇幅考虑，其中省略了相应字段的 get 和 set 方法以及覆盖的 toString()方法。

代码清单 10-2 股票信息封装类

```
package com.kafka.action.spark.offline.model;
public class StockInfo implements Serializable {
    private static final long serialVersionUID = 1L;
    /** 股票名称 */
    private String stockName;
    /** 股票代码 */
    private String stockCode;
    /** 交易日期 */
    private String tradeDate;
    /** 当日最高价 --统计结果时记录统计周期内最高价 */
    private double highPrice;
    /** 当日最低价 --统计结果时记录统计周期内最低价 */
    private double lowPrice;
    /** 历史最低价对应的交易日期 */
    private String lowPriceDate;
    /** 历史最高价对应的交易日期 */
    private String highPriceDate;
    --省略了属性的 get,set 方法以及 toString()方法--
}
```

编写一个类名为 StockStrategyCalculateJob.java 的类，用于从 HDFS 上读取数据由 Spark 进行计算处理。该类的具体代码如代码清单 10-3 所示。同样鉴于篇幅考虑，该类只给出核心代码，去掉了异常处理相应的代码。

代码清单 10-3 股票最值计算处理类

```
package com.kafka.action.spark.offline.job;

import Java.util.List;
import Java.util.regex.Pattern;

import org.apache.commons.lang.StringUtils;
import org.apache.spark.SparkConf;
import org.apache.spark.api.Java.JavaPairRDD;
import org.apache.spark.api.Java.JavaRDD;
import org.apache.spark.api.Java.JavaSparkContext;
import org.apache.spark.api.Java.function.Function;
import org.apache.spark.api.Java.function.Function2;
import org.apache.spark.api.Java.function.PairFunction;

import scala.Tuple2;

import com.kafka.action.spark.model.offline.StockInfo;
public class StockStrategyCalculateJob {
    private static final Pattern SPACE = Pattern.compile(",");
    public static void main(String[] args) {
        if (args.length<1){
            System.out.println("Usage:<file>");
```

```
        System.exit(1);
    }
    // 1.初始化 JavaSparkContext
    SparkConf sparkConf = new SparkConf().setAppName("stock-strategy-calculator");
    sparkConf.setMaster("spark://server-1:7077");
    JavaSparkContext context = new JavaSparkContext(sparkConf);
    // 2.加载数据
    JavaRDD<String> lines = context.textFile(args[0], 1);
    // 3.过滤掉空行或不符合格式的数据
    JavaRDD<String> stockInfoRDD = lines.filter(new Function<String, Boolean>() {
        private static final long serialVersionUID = 1L;
        @Override
        public Boolean call(String line) throws Exception {
            String[] stockInfo = SPACE.split(line);
            if (null == stockInfo || stockInfo.length < 8) {
                return false;
            }
            return true;
        }
    });

    if(null!=stockInfoRDD){
        // 4.将每行数据转为 RDD
        stockInfoRDD = stockInfoRDD.distinct();// 先将数据去重
        JavaPairRDD<String, StockInfo> stockPair = stockInfoRDD.mapToPair(new
        PairFunction<String, String, StockInfo>() {
            private static final long serialVersionUID = 1L;

            @Override
            public Tuple2<String, StockInfo> call(String line) throws Exception {
                String[] values = SPACE.split(line);
                StockInfo stockInfo = new StockInfo();
                stockInfo.setStockName(StringUtils.trim(values[0]));
                String stockCode = StringUtils.trim(values[1]);
                stockInfo.setStockCode(stockCode);
                stockInfo.setTradeDate(StringUtils.trim(values[2]));
                stockInfo.setHighPrice(Double.valueOf(values[5]));
                stockInfo.setLowPrice(Double.valueOf(values[6]));
                return new Tuple2<String, StockInfo>(stockCode, stockInfo);
            }
        });
        // 5.求最值
        JavaPairRDD<String, StockInfo> result = stockPair.reduceByKey(new
        Function2<StockInfo, StockInfo, StockInfo>() {
            private static final long serialVersionUID = 1L;
            StockInfo temp = null;
            @Override
            public StockInfo call(StockInfo v1, StockInfo v2) throws Exception {
                temp = new StockInfo();
```

```
                    temp.setStockCode(v1.getStockCode());
                    temp.setStockName(v1.getStockName());
                    if (v1.getHighPrice() > v2.getHighPrice()) {
                        temp.setHighPrice(v1.getHighPrice());
                        // 若 tradeDate 为空，说明是比较之后的 temp 对象，
                        // 此时应直接取相应的最高价或最低价对应的日期
                        temp.setHighPriceDate(v1.getTradeDate() == null ?
                        v1.getHighPriceDate() : v1.getTradeDate());
                    } else {
                        temp.setHighPrice(v2.getHighPrice());
                        temp.setHighPriceDate(v2.getTradeDate() == null ?
                        v2.get ighPriceDate() : v2.getTradeDate());
                    }
                    if (v1.getLowPrice() < v2.getLowPrice()) {
                        temp.setLowPrice(v1.getLowPrice());
                        temp.setLowPriceDate(v1.getTradeDate() == null ?
                        v1.getLowPriceDate() : v1.getTradeDate());
                    } else {
                        temp.setLowPrice(v2.getLowPrice());
                        temp.setLowPriceDate(v2.getTradeDate() == null ?
                        v2.getLowPriceDate() : v2.getTradeDate());
                    }
                    return temp;
                }
            });

            // 6.提取结果输出
            List<Tuple2<String, StockInfo>> output = result.collect();
            for (Tuple2<String, StockInfo> tuple : output) {
                // 比较选出最值的日期是否为距离计算当日最近日期，然后构造输出结果，
                // 这里不再进行过滤操作，直接输出
                System.out.println(tuple._1() + ": " + tuple._2().toString());
            }
        }

        // 7.关闭 context
        context.close();
    }
}
```

该类运行时需要指定股票行情信息文件存放的路径。代码实现完后，将工程打包，这里用的是 Eclipse Maven 插件进行打包，读者也可以通过 maven 命令进行打包，打包命令在此不再介绍。打包后得到一个 kafka-action.jar 的 Java 文件，将该文件上传至 Spark 的 Master 服务器任一目录下，这里将该 jar 文件上传至$SPARK_HOME/examples/jars 目录下。进入$SPARK_HOME/bin 目录执行以下命令：

```
./spark-submit --class com.kafka.action.spark.offline.job.StockStrategyCalculateJob
--master spark://server-1:7077 /usr/local/software/spark-2.1.0-bin-hadoop2.7/examples/
jars/kafka-action.jar hdfs://server-1:9000/test/stock.txt 2>/dev/null
```

以上命令分别指定作业的类名、Master 的 URI、包含该类的 jar 文件绝对路径、股票行情信息文件的路径，其中股票行情信息文件的存放路径是 StockStrategyCalculateJob 类执行时需要指定的参数。

输出结果如下。需要说明的是，以下输出结果并不是 N 日新高策略的结果，而只是第一次筛选结果，这里省略了第二次筛选处理。

```
'000001': StockInfo [stockName='平安银行', stockCode='000001', highPrice=9.55,
lowPrice=9.42, lowPriceDate='2017-02-27 00:00:00.000', highPriceDate='2017-03-01
00:00:00.000']
'600837': StockInfo [stockName='海通证券', stockCode='600837', highPrice=15.9,
lowPrice=15.6, lowPriceDate='2017-03-01 00:00:00.000', highPriceDate='2017-02-27
00:00:00.000']
'600547': StockInfo [stockName='山东黄金', stockCode='600547', highPrice=37.99,
lowPrice=36.6, lowPriceDate='2017-03-01 00:00:00.000', highPriceDate='2017-02-27
00:00:00.000']
```

10.4　热搜词统计

上一节通过 Spark 读取 HDFS 上的历史行情数据计算股票的新高与新低案例，简单介绍了 Spark 离线计算的应用。本节将通过一个简单的搜索关键词统计案例介绍 Spark Streaming 与 Kafka 集成在实时计算方面的应用。

10.4.1　应用描述

实时统计一段时间内用户搜索的关键词，并将搜索次数最高的前 10 个关键词输出，本案例重点是展现 Spark Streaming 与 Kafka 集成的应用，因此并不关注业务本身的完整性。本例为了简单，将关键词总数排名前 10 的关键词称为热搜词，同时鉴于篇幅考虑，省去了关键词写入 Kafka 的步骤，简单地将计算结果直接打印在控制台。

本实例的主要目的是介绍 Kafka 与 Spark Streaming 的集成应用，因此我们先简单介绍两者集成相关内容。

在 Spark 官方网站关于 Spark Streaming 与 Kafka 集成给出了两个依赖版本，一个是基于 Kafka 0.8 之后版本（spark-streaming-kafak-0-8）的，一个是基于 Kafka 0.10 及其之后版本（spark-streaming-kafka-0-10）的。spark-streaming-kafak-0-8 版本 Kafka 与 Spark Streaming 集成有 Receiver 方式和 Direct 方式两种接收数据的方式。

Receiver 方式是通过 KafkaUtils.createStream()方法来创建一个 ReceiverInputDStream 对象。该方式是通过 Kafka 消费者高级 API 实现的，因此不用关注消费偏移量的处理。但这种方式在 Spark 任务执行异常时会导致数据丢失的情况，如果要保证数据的可靠性，需要开启 WAL（Write Ahead Logs）。同时在 Receiver 方式中，Spark 中的 RDD 分区和 Kafka 的分区并不是相关的，因此增加 Kafka 主题的分区数并不能增加 Spark 处理的并行度，而仅是增加接收器接收数据的并行度。

Direct 是通过 KafkaUtils.createDirectStream()方法创建一个 InputDStream 对象，使用的是

Kafka 消费者低级 API。该方式 Kafka 的一个分区与 Spark RDD 对应，通过定期扫描所订阅 Kafka 每个主题的每个分区的最新偏移量以确定当前批处理数据偏移范围。与 Receiver 方式相比，Direct 方式不需要维护一份 WAL 数据，由 Spark Streaming 程序自己控制偏移量的处理，通常通过检查点机制处理消费偏移量。

spark-streaming-kafak-0-10 版本只提供 Direct 方式，同时底层使用的是 Kafka 新版消费者 KafkaConsumer，因此通过 KafkaUtils.createDirectStream()方法构建的 DStream 数据集是 ConsumerRecord 类型。同时提供了对消费偏移量相关的操作，不过这个版本相关的 API 目前还处于实验阶段，后续相关 API 可能会被调整。在本章的相关案例中使用的是与 spark-streaming-kafak-0-10 版本相关的依赖。

10.4.2 具体实现

一个较完整的热词搜索统计处理平台的基础架构如图 10-2 所示。本例我们只关注 Spark Streaming 从 Kafka 拉取数据进行计算部分。

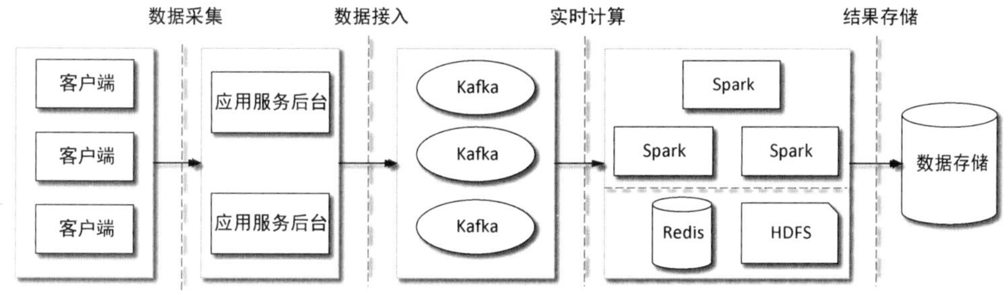

图 10-2 热词实时统计平台的基础架构

我们通过 Java 语言编写 Spark Streaming 与 Kafka 集成统计一段时间内被搜索的关键词总数以及搜索次数排名的程序，首先需要在工程的 pom.xml 文件中添加 Spark Streaming 与 Kafka 集成的依赖包。

```
<dependency>
  <groupId>org.apache.spark</groupId>
  <artifactId>spark-streaming_2.11</artifactId>
  <version>2.1.1</version>
</dependency>
```

由于要统计一段时间内每个关键词被搜索的次数，因此需要用到 Spark Streaming 的窗口操作，同时我们将这个时间段内的计算中间状态进行存储，因此开启 checkpoint 功能，将中间状态存储在 HDFS 上。

现在，简要介绍 Spark Streaming 与 Kafka 集成实现热搜关键词统计的程序实现的基本步骤。

首先，实例化 SparkConf 对象，连接 Spark Master。通过 setAppName()方法指定应用程序

在 Spark 集群的应用名称，该名称会在 Spark Web UI 上展示。通过 setMaster()方法连接到 Spark 集群，可以通过指定 Spark 集群 Master URL 的方式，也可以以本地模式连接。本地模式连接时若是 local[*]则表示使用逻辑 CPU 个数量的线程来本地化运行 Spark，local[n]表示使用 n 个 Worker 线程本地化运行 Spark，若以这种方式连接，建议 n 至少为 2，因为 Spark Streaming 应用程序运行时，至少需要一个线程用于轮询接收数据，同时至少需要一个线程用于数据处理。通常情况下我们根据 CPU 的核数来设定此值。

在实例化 SparkConf 之后，创建 StreamingContext，StreamingContext 是 Spark Streaming 程序的入口。由于我们是用 Java 语言实现的，所以创建一个 JavaStreamingContext，这里通过前面实例化的 SparkConf 来创建一个 JavaStreamingContext，同时指定 Spark Streaming 任务执行的时间间隔。

StreamingContext 创建好后，就需要实例化一个 DStream 对象，用于定义输入源。本例我们是将 Spark Streaming 与 Kafka 集成从 Kafka 实时消费数据，因此通过 KafkaUtils.createDirectStream()方法创建一个 JavaInputDStream。从 Kafka 相应主题消费数据，因为本质是一个消费者，因此该方法需要指定实例化 KafkaConsumer 的相关配置。同时该方法需要指定在 Spark Executor 上 KafkaConsumer 与分区分配的策略 LocationStrategies，LocationStrategies 提供了两种策略：一种是 PreferBrokers 策略，必须保证 Executor 和 Kafka Broker 在相同节点上；另一种是 PreferConsistent 策略，该策略将所订阅主题的分区分布在所有的 Executor 上。该方法另一个参数是指定消息的消费策略 ConsumerStrategies，该策略提供了订阅主题的 subscribe()方法和订阅指定主题特定分区的 assign()方法，用法与 KafkaConsumer API 相同，这里不再赘述。KafkaUtils.createDirectStream()方法返回的 DStream 是一系列的 ConsumerRecord。

然后，在创建 DStream 之后，就可以通过 DStream 相应的转换操作来实现流计算。例如，本例从 DStream 中获取 ConsumerRecord 之后，首先通过 DStream.mapToPair()方法将读取的 ConsumerRecord 切分成元组，在后续处理时需要通过计算每个关键词的数量，即 ConsumerRecord 对应的 Value，因此将元组的键和值都设置为消息 Value。然后调用进行简单的过滤去掉空字符串，按 Value 统计每个时间窗口内关键词搜索次数，最后迭代每个 RDD，将关键词按搜索次数进行排序打印排名前 10 的关键词。

最后，通过 StreamingContext.start()方法启动 Spark Streaming 接收数据和处理数据的流程，并使用 streamingContext.awaitTermination()方法等待处理结束。该方法会在调用 StreamingContext.stop()方法手动结束或者应用程序发生异常时退出。

在介绍了该应用实现的基本思路之后，给出具体实现代码。首先创建一个 WordsTopSearchJob 的 Java 类，在该类中定义一个 initKafkaConsumerConf()方法和 println()方法，分别用于 KafaConsumer 参数配置和将计算结果排序输出。具体实现如代码清单 10-4 和代码清单 10-5 所示。

代码清单 10-4 initKafkaConsumerConf()方法的具体实现

```
public static Map<String, Object> initKafkaConsumerConf(){
    Map<String, Object> kafkaParams = new HashMap<>();
```

```
    kafkaParams.put("bootstrap.servers", "server-1:9092,server-2:9092");
    kafkaParams.put("key.deserializer", StringDeserializer.class);
    kafkaParams.put("value.deserializer", StringDeserializer.class);
    kafkaParams.put("group.id", "words-top-search");
    kafkaParams.put("auto.offset.reset", "latest");
    kafkaParams.put("enable.auto.commit", false);
    return kafkaParams;
}
```

代码清单 10-5 println()方法的具体实现

```
public static void println(List<Tuple2<String, Long>> wordConutList) {
    if (CollectionUtils.isNotEmpty(wordConutList)) {
        List<Tuple2<String, Long>> sortList = new ArrayList<Tuple2<String,
        Long>>(wordConutList);
        sortList.sort(new Comparator<Tuple2<String, Long>>() {// 降序排列
            @Override
            public int compare(Tuple2<String, Long> t1, Tuple2<String, Long> t2) {
                if (t2._2.compareTo(t1._2) > 0) {
                   return 1;
                } else if (t2._2.compareTo(t1._2) < 0) {
                   return -1;
                }
                return 0;
            }});
        // 输出统计结果
        System.out.println("======================================");
        System.out.println("时间: ["+ DateFormatUtils.format(new Date(System.
        currentTimeMillis()), "yyyy-MM-dd HH:mm:ss") + "],热搜词如下: ");
        for (Tuple2<String, Long> wordCount : sortList) {
            System.out.println(wordCount._1 + ":" + wordCount._2);
        }
        System.out.println("======================================");
    }
}
```

然后在main()方法中实现关键词统计相关功能，具体实现如代码清单 10-6 所示。以下代码是应用 JDK8 的 Lambda 表达式来实现的。

代码清单 10-6 热搜关键词统计的具体实现

```
public static void main(String[] args) {
    // 1.事例化 SparkConf,用于连接 Spark
    SparkConf sparkConf = new SparkConf().setAppName("kafka-sparkstreaming").setMaster
    ("spark://server-1:7077");
    // 2. 事例化 StreamingContext 实例，每 10s 执行一次
    JavaStreamingContext streamContext = new JavaStreamingContext(sparkConf, new
    Duration(10000));
```

```
// 3. 初始化 Kafka 消费者相关配置
Map<String, Object> kafkaParams = initKafkaConsumerConf();

// 4.指定计算中间结果存储在文件系统即 HDFS 中，对应 hdfs://server-1:9000/words-top-search
streamContext.checkpoint("/words-top-search");
try {
    // 5. 订阅 Kafka 的"words-search"主题
    final JavaInputDStream<ConsumerRecord<String, String>> inputDStream =
    KafkaUtils.createDirectStream(
        streamContext,
        LocationStrategies.PreferConsistent(),// 指定分区与 Executor 对应策略
        ConsumerStrategies.<String, String>
        Subscribe(Arrays.asList("words-search"), kafkaParams));

    // 6. 将读取单词切分成元组
    JavaPairDStream<String, String> keyWords =
        inputDStream.mapToPair(record->{return new
        Tuple2<>(StringUtils.trimToEmpty(record.value()),
        StringUtils.trimToEmpty(record.value()));});

    // 7. 统计在窗口时间内单词被搜索次数，每 5min 滑动一次窗口，统计 5min 内单词被搜索的次数
    keyWords.map((value) -> value._2())
.filter((word) -> {// 去掉空格
    if (StringUtils.isBlank(word)) {
        return false;
    }
    return true;
}).countByValueAndWindow(new Duration(5 * 60 * 1000), new Duration(5 * 60 * 1000))
// 指定每 5min 滑动一次时间窗口，处理前 5min 内的数据
      .foreachRDD(records->{println(records.sortByKey(false).take(10));});
      // 输出结果

      streamContext.start(); // 启动 Streaming 开始接收数据和处理流程
      streamContext.awaitTermination(); // 等待处理结束(手动结束或者程序运行发生异常错误)
    } catch (InterruptedException e) {
        if(null!=streamContext){
            streamContext.close();
        }
    }
}
```

至此，该应用具体实现的代码介绍完毕。现在通过 Maven 插件将该工程打包为 jar 文件，并上传至 Spark 服务器上。在提交任务到 Spark 运行之前先执行以下命令创建该程序订阅的主题：

```
kafka-topics.sh --zookeeper server-1:2181,server-2:2181,server-3:2181 --create
--topic words-search --partitions 3 --replication-factor 1
```

然后，执行以下命令提交 Spark Streaming 任务执行。

```
./spark-submit --class com.kafka.action.spark.online.job.WordsTopSearchJob --master
spark://server-1:7077 /usr/local/software/spark-2.1.0-bin-hadoop2.7/examples/
jars/kafka-spark.jar
```

如果在运行时出现找不到 Kafka 相应类文件的情况，则将 kafka-clients-0.10.1.1.jar 文件复制到$SPARK_HOME/jars 目录下，或在提交作业时通过--jars 指定 kafka-clients-0.10.1.1.jar 的绝对路径，再次提交任务执行即可。

然后通过 Kafka 命令行启动一个生产者，命令如下：

```
kafka-console-producer.sh --broker-list server-1:9092,server-2:9092,server-3:9092
--topic words-search
```

在控制台模拟关键词搜索，如在第一个 5min 时间内输入以下消息。

```
高考
国考
国考
高考作文
上海高考作文
高考
中国大学排名
清华大学
北京大学
计算机专业怎么样
计算机专业怎么样
武汉大学
清华大学
武汉大学
```

在 Spark Streaming 程序运行的控制台可以看到，任务启动 5min 后，在控制台输出了统计结果，接着在 Kafka 生产者控制台继续输入以下消息：

```
人民的名义
人民的名义
达康书记
人民的名义
高考后怎么放松
kafka 实战
kafka 实战
kafka 入门与实践
kafka 入门与实践
kafka 入门与实践
特斯拉
Kafka
kafka 入门与实践
kafka 入门与实践
```

两个时间窗口的消息经由 Spark Streaming 程序处理之后，统计结果在控制台上的输出结果如图 10-3 所示。Kafka 与 Spark Streaming 整合在实时计算方面的应用就介绍至此，相信通过本案例讲解之后，读者对开发实时流计算程序的步骤会有清晰的认识，这样在实际工作中根据具体业务需求就能够快速开发出满足需求的实时计算程序。

```
====================================
时间：[2017-06-07 17:32:03],热搜词如下：
高考:2
计算机专业怎么样:2
清华大学:2
武汉大学:2
国考:2
高考作文:1
北京大学:1
中国大学排名:1
上海高考作文:1
====================================
====================================
时间：[2017-06-07 17:37:01],热搜词如下：
kafka入门与实践:5
人民的名义:3
kafka实战:2
高考后怎么放松:1
达康书记:1
特斯拉:1
kakfa:1
====================================
```

图 10-3　热点搜索的统计结果

10.5　小结

本章主要介绍了 Kafka 与 Spark 整合的应用。为了方便读者在阅读本书之后能对本书所讲案例进行实践，本章首先对案例运用的 Spark 环境的安装配置进行了讲解，然后对 Spark 提交任务操作进行了简单介绍，最后结合两个简单案例介绍了 Kafka 和 Spark 在离线计算与实时计算领域的应用。

相信通过这两个案例的实战，读者一定能够对流式处理过程有一定的了解，并在此基础上再举一反三，根据实际业务需求，编写出满足业务场景的流式处理程序。

欢迎来到异步社区！

异步社区的来历

异步社区（www.epubit.com.cn）是人民邮电出版社旗下 IT 专业图书旗舰社区，于 2015 年 8 月上线运营。

异步社区依托于人民邮电出版社 20 余年的 IT 专业优质出版资源和编辑策划团队，打造传统出版与电子出版和自出版结合、纸质书与电子书结合、传统印刷与 POD 按需印刷结合的出版平台，提供最新技术资讯，为作者和读者打造交流互动的平台。

社区里都有什么？

购买图书

我们出版的图书涵盖主流 IT 技术，在编程语言、Web 技术、数据科学等领域有众多经典畅销图书。社区现已上线图书 1000 余种，电子书 400 多种，部分新书实现纸书、电子书同步出版。我们还会定期发布新书书讯。

下载资源

社区内提供随书附赠的资源，如书中的案例或程序源代码。

另外，社区还提供了大量的免费电子书，只要注册成为社区用户就可以免费下载。

与作译者互动

很多图书的作译者已经入驻社区，您可以关注他们，咨询技术问题；可以阅读不断更新的技术文章，听作译者和编辑畅聊好书背后有趣的故事；还可以参与社区的作者访谈栏目，向您关注的作者提出采访题目。

灵活优惠的购书

您可以方便地下单购买纸质图书或电子图书，纸质图书直接从人民邮电出版社书库发货，电子书提供多种阅读格式。

对于重磅新书，社区提供预售和新书首发服务，用户可以第一时间买到心仪的新书。

用户账户中的积分可以用于购书优惠。100 积分 =1 元，购买图书时，在 0 使用积分 里填入可使用的积分数值，即可扣减相应金额。